兽医药理学

沈建忠　谢联金　编著

中国农业大学出版社

图书在版编目(CIP)数据

兽医药理学/沈建忠,谢联金编著.—北京:中国农业大学出版社,2000(2018.5 重印)
ISBN 978-7-81066-267-3

Ⅰ.兽… Ⅱ.①沈… ②谢… Ⅲ.兽医学-药理学 Ⅳ.S859.7

中国版本图书馆 CIP 数据核字(2000)第 39711 号

责任编辑 刘 军
封面设计 郑 川

出版发行 中国农业大学出版社
经 销 新华书店
印 刷 北京时代华都印刷有限公司
版 次 2000 年 8 月第 1 版
印 次 2018 年 5 月第 7 次印刷
开 本 16 18.125 印张 452 千字
规 格 787×1 092
定 价 39.00 元

前　言

《兽医药理学》是中国农业大学动物医学院药理教研室组织编写的本科生教材。本书参考了国内外与药理学相关的大量资料，容纳了教研室老师多年的教学经验和临床实践经验。书中内容征求了相关专业的专家意见，经过几次易稿修改而成。

全书共分四十一章，主要内容有药物动力学、药效动力学、影响药物作用的因素和临床合理用药，以及根据药理学的内部联系，按外周神经系统药理、自体活性物质药理、中枢神经系统药理、内脏系统药理和化学治疗药物药理分类，逐个章节地进行详细叙述。对每个药物从体内过程、药理作用、临床应用、不良反应和中毒解救等方面作了介绍。在制剂与用法中，力求按照《中国兽药典》(2000 年版）及有关兽药使用法规规范上所收载的进行编写。书中药物名称也尽可能与《中国兽药典》(2000 年版）和中华人民共和国卫生部药典委员会编写的《中国药品通用名称》相一致。

本书内容的理论部分深度和广度力求适中，在理论的阐述中，常用实验数据和生产实践来进一步确证和说明。本书可作为兽医专业、兽药专业本科生的教科书，也适用于从事畜牧兽医科研、教学及生产人员使用。

特别要提出的是，在本书的编写过程中，中国农业大学动物医学院朱蓓蕾教授给予了许多指导性的建议，在此谨表衷心的感谢。另外，在校对过程中，本室的刘金凤副教授、研究生江海洋、侯晓林及其他教师也给予了不少的帮助，在此一并致谢。

在编写过程中虽对药物统一名称、药物中英文对照、各项数据等方面进行多次审阅和核对，但限于人力和时间仓促，仍恐有遗漏和错误之处，希读者不吝指出和指正，并提出宝贵的建议和意见，以供下次修订时改正。

作　者

2000 年 7 月

目　录

第一章　绪　　言

一、兽医药理学的研究对象与任务

兽医药理学（Veterinary Pharmacology）是药理学的重要组成部分。它是研究药物与机体（包括病原体）间相互作用的规律及其原理的科学。因此，它是合理用药、防治疾病、诊断疾病以及为促进动物生长、提高经济效益提供基本理论的兽医学基础科学。

药物（Drug）一般是指能使机体的生理、生化过程产生有益影响的化学物质。这些化学物质可以来自天然的植物、矿物或微生物的产物，也可以是人工合成品。为了便于药物的应用及符合防治疾病的要求等，则需将其制成制剂（Preparation）如片剂、注射剂、溶液剂等。

兽医药理学的研究内容可归纳为：

（1）药物动力学（Pharmacokinetics），简称药动学。它是研究药物在动物体内的过程随时间而变化的动态规律。

（2）药效动力学（Pharmacodynamics），简称药效学。它是研究药物对动物机体各种生理功能系统的作用及其原理。

兽医药理学的任务就是阐明药物在动物体内的药动学规律及药效学原理，指导兽医临床用药。很明显，兽医药理学是基础学科与兽医临床学科之间紧密相连的桥梁。

兽医药理学的研究核心是阐明药物对动物机体或病原体的作用，属于基础兽医学，为兽医专业学生必修的专业基础课，也是兽药学等专业学生的必修课。应用药物为特殊手段，通过与动物实验相结合的实验方法，阐明其生理或生物化学的作用机理或基本规律，同样能为基础医学或基础兽医学的发展做出积极贡献。

二、兽医药理学发展简述

古代，凡能用来治疗疾病的植物、动物及矿物均称为“本草”。《神农本草经》是我国现存最早的一部药书，为人畜通用的中药专著，堪称全世界第一部（公元1世纪）药物学著作。该书收载365种中药，其中如大黄导泻、麻黄止喘、常山治疟、雷丸驱虫及海藻治瘿等，至今仍然有效。有些药物经近代药物学者研究并提纯有效成分，经药理实验证实确有药理学的科学依据。古代药物学发展到明代达到高峰，李时珍（1578）通过毕生对药物大量调查、考证、实践，去伪存真，写出了举世闻名的《本草纲目》52卷，约190万字，共收藏药物1 892种，插图1 160帧，药方11 000余个，对药物的生态、形态、性味、功能做了比较系统的记述。其中对兽医药物，甚至有毒植物也尽有详细阐述。这部伟大著作不仅是中药的典籍，还被译成日、朝、德、法、英、俄、拉丁等七种文字，现已成为全人类共享的医药学遗产，为全世界人民健康做出了巨大贡献。16世纪初，明代兽医巨著喻本元与喻本亨的《元亨疗马集》，收载了药400余种、方400余个，成为我国民间兽医的宝贵文献。我国本草学把药物作用称为药性。以四气（寒、热、温、凉）五味（辛、甘、酸、苦、咸）和阴阳五行说说明药物的性味功用，配合脏腑经络学说说明药物的作用部位，形成了一套独特医学理论体系。

现代药理学是19世纪药物化学与生理学相继发展而创新的学科。德国药师Sertürner（1803）从鸦片中提取吗啡，通过犬的麻醉观察到了吗啡的麻醉作用；法国F. Magendie（1819）通过对士的宁的青蛙实验确定士的宁对中枢系统的作用部位在脊髓；继后，Schmiedberg对洋地黄进行实验研究，揭示了洋地黄的基本作用部位在心脏，且以此为药理学实验建立方法。自此之后，许多植物药物的有效成分被提纯，如咖啡因（1819）、奎宁（1820）、阿托品（1831）、可卡因（1860）等，人工合成药也相继问世，如氯仿（1831）、氯醛（1831）。乙醚（1842）用于外科麻醉与无痛拔牙（1846），伦敦皇家兽医学院（1847）对马的氯仿麻醉以及用可卡因（1865）对犬的脊髓麻醉，均在广泛实验基础上被应用到临床上。

19世纪药理学是在实验生理学的基础上，利用化学药物分析生理功能效应的研究建立的，许多研究仅停留于作用现象的描述。20世纪初，德国Ehrlich（1909）发现砷凡纳明（606）能治疗梅毒，从而开创了应用化学药物治疗传染病的新纪元，并创立“化学治疗”（Chemotherapy）的概念。从此，药理学研究有了长足的进步。Domagk（1935）首先报道偶氮染料百浪多息（Prontosil）对小白鼠溶血性链球菌感染有保护及治愈作用，从而发现磺胺药。磺胺药是第一个治疗全身性细菌感染的化学治疗药。随后，英国Florey（1940）在青霉菌培养液中提取出青霉素（Penicillin），从此进入抗生素的新时代。随着研究的广泛与深入，人们发现抗生素是有效抗菌药的重要来源。时至今日，在防治传染性疾病中抗生素仍占据极为重要的地位。

20世纪六七十年代，生物化学的飞速发展，把药理学从器官组织和细胞水平的研究引入分子水平。把细胞中具有特殊生物活性的结构——受体分离、提纯及建立其测试方法。从电鳗分离到乙酰胆碱受体蛋白，测定其分子量为42 000，之后又分离得到肾上腺素受体、组胺受体等等，受体学说在亚细胞或分子水平上阐明药物作用机制。受体又能进一步分型（分成亚型）。受体药理学的研究既能指导临床合理用药减少药物的不良反应，又能为研制新药在理论与实践方面提供科学依据。药理学已迅速向深度和广度发展，出现了临床药理学、生化药理学、分子药理学、免疫药理学及遗传药理学等众多分支学科。

我国现代药理学发展主要在新中国成立之后，药理学实验从药物学叙述性课程中独立出来。为保障人民健康与畜牧业生产的需要，在全国各地发掘医学遗产，研制新药及新制剂。如从唐古特山莨菪中提取并人工合成山莨菪碱（654-2）；从青蒿中提取速效、高效青蒿素；从黄芩中提取黄芩苷，制成双黄连注射剂等。在传统中草药研究中对防治冠心病药、降压药、抗肿瘤药、抗寄生虫药以及促进动物生长的中草药添加剂等的研究均获得重要成就。药理学发展推动了兽医药理学进步。依据受体学说，研究动物化学保定剂二甲苯胺噻唑（静松灵）的作用机理；应用免疫药理学，研究左旋咪唑非特异性免疫调节功能；依据药动学原理，研制抗寄生虫药牛羊瘤胃控释制剂；应用神经药理学原理，研究伊维菌素抗线虫的作用机理等等，这些研究均获得重大科研成果，为兽医药理学发展奠定了基础，也为国民经济建设做出了贡献。

尽管近十几年，我国兽医药理学工作者做了许多工作，但与我国市场经济繁荣的需要还不相适应，与世界先进水平相比还有一定差距，我们应努力学习先进科学技术，应用近代电子学技术、生物化学技术、放射免疫学技术及其它先进技术，在兽医药理学实验研究中发展药理学的研究成果，为兽医药理学研究做出新贡献。

三、兽医药理学的研究方法

兽医药理学是一门实验科学。其研究方法就是药理实验方法。该方法大致可归纳为三个方面：

（1）实验药理学方法　该方法常可用来分析药物的作用、作用部位和作用机理及药物动力学过程的特征。该实验方法既可以在健康清醒的动物体内进行，也可以在麻醉动物体内的某些器官或系统内进行。甚至在动物离体器官、组织细胞内进行。

（2）实验治疗学方法　用实验病理学的方法使动物产生病理变化，即使动物产生实验性的病理状态，以用于观察药物的治疗作用，研究药物所产生的治疗范围。

（3）临床药理学方法　临床药理学是药理学研究的最后综合阶段。它是以临床病例为对象的研究方法。

药理学研究方法服从于药物研究的需要。药物的药理效应是药物研究的核心。任何一种药物都必须通过药理实验的方法检验其安全性与有效性。随着现代化科学技术的发展，药理学的实验方法也不断发展与完善。药理学的研究从宏观向微观转化。药理学的理论也不断地充实与创新。

第二章　药物动力学

药物动力学简称药动学，是研究机体对药物处置过程的学科，即研究药物体内过程的动力性质。它可用数学模型公式来描述药物在体内的代谢变化过程和血中药物浓度与时间的函数关系。获得药动学的资料，有助于临床选用最佳的给药方案，发挥药物的最大疗效，减少毒性反应，有助于新药设计与剂型改进。

一、生物膜的结构与药物转运机制

生物膜是细胞膜和细胞器膜的总称。药物的体内过程主要受生物膜的通透性及药物与组织细胞膜的亲和力的影响。

（一）细胞膜的基本结构

细胞膜主要是由类脂、蛋白质及少量多糖所组成。类脂或脂质以亲水性的磷脂和疏水性的脂肪酸两部分构成。膜中的脂质呈双分子层，起支架作用。亲水性的磷脂向膜表面，疏水性的两条脂肪酸链向膜内部。具有各种生理功能的蛋白质镶嵌于膜内。在膜上还有贯穿于内外的孔道。药物可以通过脂质、蛋白质或孔道而进行转运。

（二）药物的转运机制

药物在体内吸收、分布、代谢及排泄均涉及到通过细胞膜。药物通过膜的机制可以分为被动转运和主动转运。

（1）被动转运（Passive transport）　被动转运包括简单扩散（Simple diffusion）和滤过（Filtration）。

简单扩散称为顺流转运，即药物从浓度高的一侧扩散到浓度低的一侧，转运的速度与膜两侧的浓度差成正比，待两侧浓度相等时达到平衡，扩散暂时停止。药物简单扩散是许多药物的转运方式。滤过是借助于膜两侧流体静压或渗透压的作用，使小分子或离子型的药物通过亲水孔道。在药物的转运过程中仅少数直径小于膜孔的药物分子通过。故微孔途径在药物转运中仅占很次要地位。分子量大于100～200的药物通常不能通过这种亲水孔道。

（2）主动转运（Active transport）　又称载体转运，其特点是药物逆浓度差和电化学梯度，由低浓度一侧转运到高浓度一侧的逆流转运。

主动转运是必须有细胞膜载体存在，且需消耗能量，有饱和现象的转运。如有两个类似的药物均由一种载体转运，则此两药物间还存在着竞争性抑制作用；药物的转运速度可因过高浓度所饱和，达到最高速度。主动转运受药物在体内分布不均和肾脏对药物的排泌影响较大；与药物的吸收关系较小。

易化扩散（Facilitated diffusion）为载体转运的一种特殊形式，依靠镶嵌于膜上多肽蛋白质的构型变化，不消耗能量，不逆浓度转运。其实，此种扩散与药物的转运关系不大。

（三）影响药物转运的因素

绝大多数药物转运途径是药物溶于脂质层的扩散转运。药物的理化性质可影响扩散过程，脂溶性大，极性小时易于通过细胞膜。

药物的解离度也影响药物的转运。药物多属于弱酸或弱碱。它们在溶液中可部分解离为离子型，部分未解离的为非离子型。非离子型的药物脂溶性大，易于扩散。离子型的药物脂溶性下降，不易穿过类脂屏障，从而影响药物经膜的转运（吸收、分布及排泄等）。

药物通过膜的速度取决于药物的 pKa 及溶液的 pH，这可用 Henderson-Hasselbach 公式说明。

$$\text{对酸：} pH - pKa = \lg \frac{\text{解离酸的浓度}}{\text{非解离酸的浓度}}$$

$$\text{对碱：} pH - pKa = \lg \frac{\text{非解离碱的浓度}}{\text{解离碱的浓度}}$$

该公式中，弱酸与弱碱药物溶液的解离常数用 pKa 表示，pKa 值为药物所固有的，当 pKa 与 pH 值相等时，各有 50%的药物处于解离与非解离两种状态。大多数药物具有 3 与 11 之间的 pKa 值，因而生理 pH 值的范围内存在非解离与解离两种形式。很清楚，体液中 pH 的微小变化，可明显地改变药物的解离度，从而影响药物在机体中的转运。

弱酸性药物在 pH 值低的溶液中解离度小，易经膜转运，进入 pH 值较高的体液中，因而体液内浓度较高；弱碱性药物在 pH 值较高的溶液中解离度较小，也易经膜转运，因而在 pH 值较低的体液中有较高的浓度。例如临床应用碱化尿液的措施，既有促进碱性药物的重吸收（延缓药物的排出）和延长药物的疗效，又有增进酸性药物的排出，达到其中毒解救的功效。

二、吸收

吸收（Absorption）为药物进入血液循环的过程。除静脉给药（通称无吸收）外，一般的给药方法都需经过细胞膜的转运而吸收。此外，还有巨噬细胞对药物微粒的吞噬（Phagocytosis）及蛋白质分子的胞饮（Pinocytosis）。

给药途径是影响药物吸收的最重要因素。根据给药部位的不同，可将其分为消化道吸收与消化道外吸收。

（一）消化道吸收

消化道的吸收部位是指胃、小肠和直肠。吸收方式主要是简单扩散。每一药物的吸收程度、速度及主要部位既取决于药物的理化性质，也受动物生理因素的影响。影响药物吸收的理化因素表明，解离度低和油/水分配系数高的非解离型的药物及原子或分子半径小的水溶性物质等都易吸收。极性分子吸收很差或根本不吸收。药物的溶解度和溶解速度常是完全吸收的限时过程，它们决定药物吸收的速度和程度，也影响药物奏效时间、作用强度及持效的时间。药物的剂型不同，吸收速度也不同，即水溶液剂＞混悬液＞散剂＞胶囊剂＞片剂。药物的粒型、晶型、盐型直接影响药物的溶解性，从而影响药物的吸收。药物在消化道内的稳定性也是影响药物吸收的因素。胃肠道中的多价离子如 Ca^{2+}、Mg^{2+}、Fe^{3+} 等能与四环素类抗生素形成络合物沉淀而阻碍药物吸收。肠道中有许多酶还可降解药物，药物间的相互作用也可影响药物稳定性，从而影响吸收。

影响药物消化道吸收的生理因素，首先是胃肠道功能。胃肠道的消化机能能直接代谢蛋白质等药物，使药物吸收减少。肝脏也代谢由胃肠道吸收，经肝门静脉进入的药物，使药物在血液中浓度下降，疗效降低，与不完全吸收相似，称此为首过效应（First-pass effect）。肠道功能失常时，药物通过小肠的速度过快或过慢，从而影响药物的吸收。胃肠内容物能减少药物与胃肠粘膜接触，减缓药物溶解，延缓胃的排空，减少药物吸收。反刍动物瘤胃大，内容物多，多数药物经口投服后其吸收速度与程度较单胃动物差。

（二）消化道外吸收

常用给药部位有静脉、肌肉、皮下、皮内、肺、腹腔、眼、鼻等。静脉注射药物直接进入血液。肌内注射药物经毛细血管壁的膜孔吸收。肌肉内血管丰富，血流量大，血管壁膜孔较大，吸收速度比口服、皮下给药快。腹腔内注射给药吸收速度与肌内注射相当。用于呼吸道或经皮肤或粘膜吸收的药物，具有较高或更高脂溶性的特点，应用时应注意防止过量而中毒。注射药物的剂型可影响药物吸收速度。混悬液、胶体液因溶解度低而吸收缓慢，然而，可延长持效时间。混悬液、胶体液这些制剂不宜静脉给药，以免招致毛细血管栓塞。

三、与血浆蛋白结合

药物进入血液后，与之结合的血浆蛋白主要是白蛋白。结合型药物的活性暂时消失，又不易透过毛细血管壁，因而不被代谢或消除。但该结合是疏松、可逆的，始终处于动态平衡，因而结合型是药物的一种暂时储存方式。结合型药物也不显示毒性，对毒性较大的药物仍能起到减毒或保护作用。血浆蛋白结合率为临床剂量时药物与血浆蛋白结合的百分率，血药浓度的增高使药物的结合量增加而结合率下降。

药物与血浆蛋白的结合率在正常时相对稳定。在超剂量或病理变化时，结合率可发生变化，如血浆中白蛋白减少。两种药物合并应用如果发生于竞争血浆蛋白的同一结合部位时，与蛋白质结合力强的药物可使结合力弱的药物的结合率大大降低，游离型浓度增加，向组织效应器或靶细胞转移药物增多，因而增强药物疗效，但也可能增加意外毒性。这种现象在合并用药时应特别注意。

四、分布

药物进入血循环系统经各种细胞膜屏障向各器官组织转运的过程称做分布(Distribution)。药物在体内分布多数不均匀，且为动态平衡状态。药物的药理作用强度依赖于靶细胞的药物浓度。研究药物体内分布特点，具有特别重要的临床价值。

影响药物在体内分布的主要因素，归纳起来不外是两种，一种为机体的生理、解剖因素；另一种是药物的理化性质。

1. 血液循环与毛细血管的通透性

药物向各组织分布是通过血循环系统进行的。除中枢神经系统外，药物在机体内的分布主要是取决于循环的速度，其次是毛细管的通透性。肝、肾、肺等器官的血循环极好，肌肉和皮肤次之，脂肪与结缔组织极差。药物由循环系统向组织转运，首先从毛细血管壁内渗出。脂溶性药物可以被动扩散，水溶性药物的渗出与分子量大小有关且随分子量增加而通透性减小。

2. 细胞膜屏障

这些屏障有血脑屏障、胎盘屏障和血眼屏障。中枢神经系统内的毛细血管内皮细胞外有一层紧密的神经胶质细胞。该细胞具有脂质为主要成分的特点。因此，其通透性差，仅让脂溶性物质通过，其它大分子或离子化的物质难以通过，形成保护大脑的生理屏障。脑组织这种对外来物质有选择性地摄取的能力称为血脑屏障。脂溶性药物能迅速通过该屏障发挥药理作用。新生幼畜血脑屏障尚未完全形成，因而对药物的屏障作用差呈现高度敏感。在脑部炎症，如脑膜炎症时可增加其通透性使药物进入。

胎盘屏障和血眼屏障，其作用以及作用方式与血脑屏障相似。妊娠动物应用药物应警惕对胎儿的不良反应。

3．脂肪组织

脂肪组织是脂溶性药物的巨大储库。脂溶性高的药物，如硫喷妥钠静脉注射后迅速、大量地进入脑组织产生麻醉作用。而后又迅速自脑组织向脂肪组织转移进行再分布，故作用甚短。

4．药物的理化特性与体液 pH 值

药物的化学结构、分子量、脂溶性、极性和解离度、与组织的亲和力及稳定性等均能影响药物的分布。生理状态下细胞内液 pH 值较低，约为 7.0，细胞外液 pH 为 7.4。对弱酸性药物来说，其在细胞内的浓度应略低于细胞外；对弱碱性药物则相反。升高血液中 pH 值可促使弱酸性药物向细胞外转运；降低血液 pH 值则可使弱酸性药物向细胞内液浓集。口服碳酸氢钠碱化尿液，可促进苯巴比妥从脑组织向血浆浓集，并促进药物从尿液中排出，是该药中毒时的重要救治措施之一。

五、生物转化

多数药物在体内各种酶的作用下发生结构的变化称为生物转化（Biotransformation），或转化（Transformation）。绝大多数药物经生物转化后失去活性，形成水溶性或极性代谢产物，以利于由肾脏或胆道排泄。另有一些药物经过转化后增加活性或毒性。即便是后者，机体还能通过进一步代谢将其灭活。药物的生物转化是机体对药物的防御机能，是药物与机体相互作用的结果。

（一）药物结构的转化形式

药物转化可分为氧化、还原、水解、结合等类型。其转化的主要器官是肝脏，转化后的药物可能有以下结果：①由有活性的药物变化成无活性的代谢产物；②由无活性的药物变成有活性的代谢产物；③由有活性的药物变成仍具有活性的代谢产物；④由无毒或毒性小的药物变成具有毒性的代谢产物。

1．氧化（Oxidation）

氧化是体内生物转化的重要反应。药物的氧化形式是多种多样的，如芳香环的羟基化，氨基氧化，醇（醛）基氧化，烷基氧化，去烷基化等。

（1）羟基化

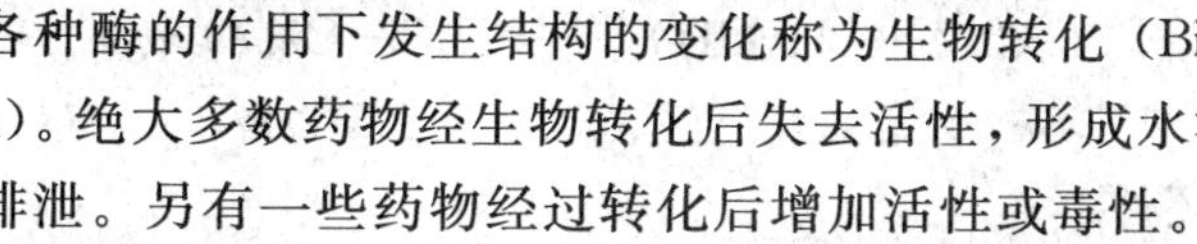

乙酰苯胺　　对乙酰氨基酚

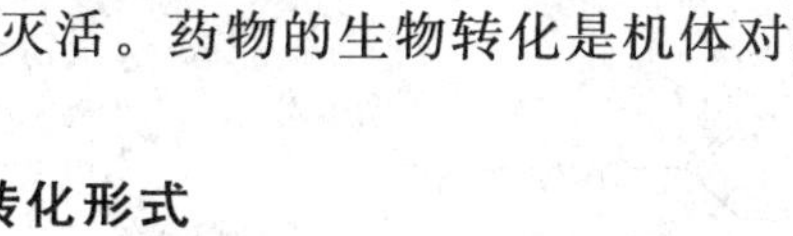

（氨基羟基化）

（2）醇（醛）基氧化

$$CH_3-CH_2-OH \longrightarrow CH_3-CHO+2H^+$$

乙醇　　乙醛

(3) 烷基氧化：

$$C_{16}H_{32} \longrightarrow C_{15}H_{30}-COOH$$

(4) N、S 脱烷基及脱氨基氧化：

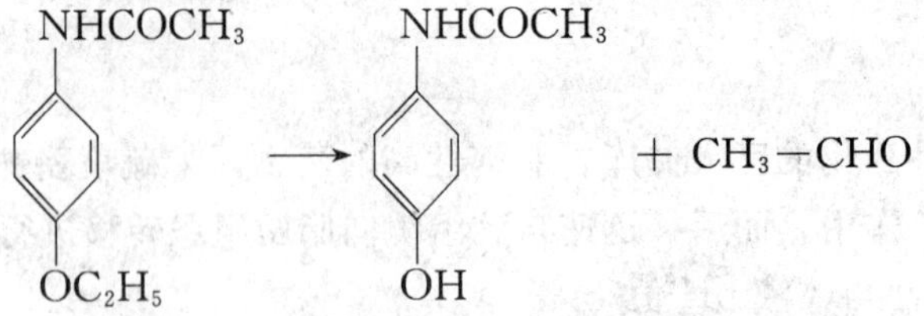

非那西丁　　对乙酰氨基酚

2. 还原（Reduction）

还原反应为体内药物转化的重要反应。多见于硝基还原、醛（醇）还原及偶氮物还原。

(1) 硝基还原

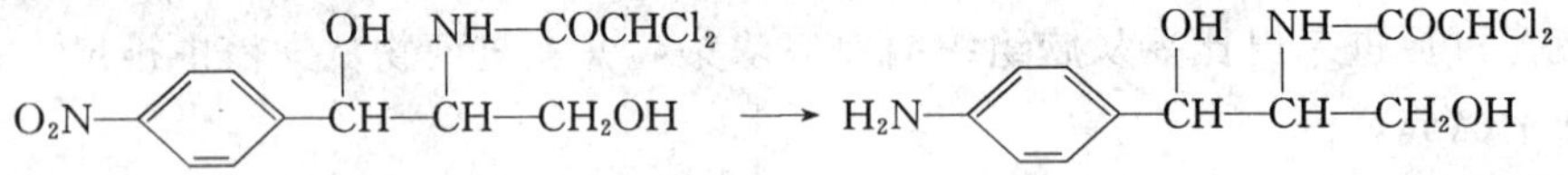

氯霉素

(2) 醛基还原

$$Cl_3C-CH(OH)_2 \longrightarrow Cl_3C-CH_2OH$$

水合氯醛　　三氯乙醇

(3) 偶氮化合物还原

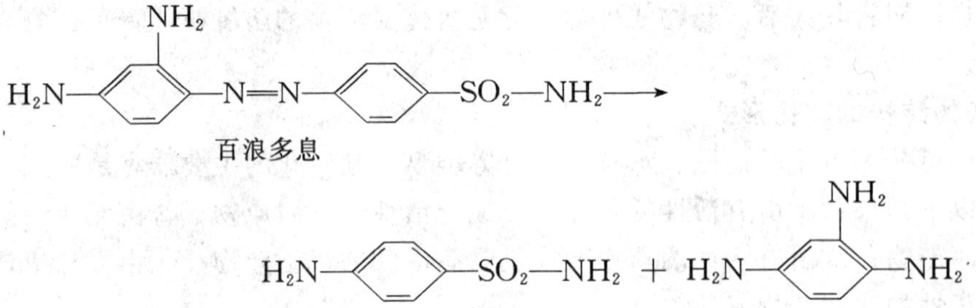

百浪多息

磺胺

3. 水解（Hydrolysis）

多见于酯类药物在体内转化。

(1) 酯类水解

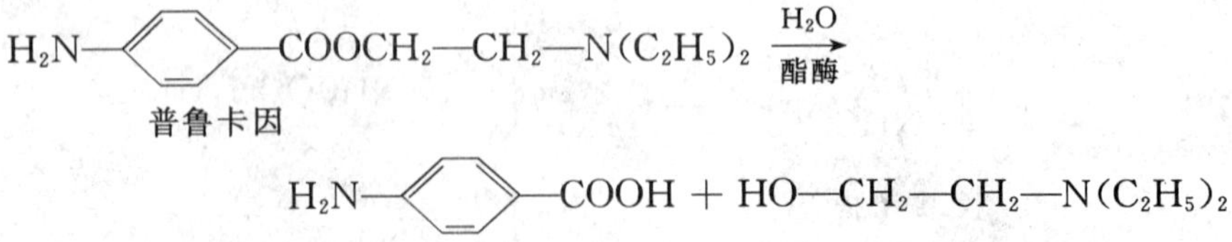

普鲁卡因

对氨基苯甲酸　　二乙氨基乙醇

(2) 糖苷水解

洋地黄毒苷 $\xrightarrow{\text{水解}}$ 洋地黄毒糖＋洋地黄毒苷配基

4. 结合（Conjugation）

结合反应在动物体内普遍存在，主要有 4 种方式：

(1) 与葡萄糖醛酸结合

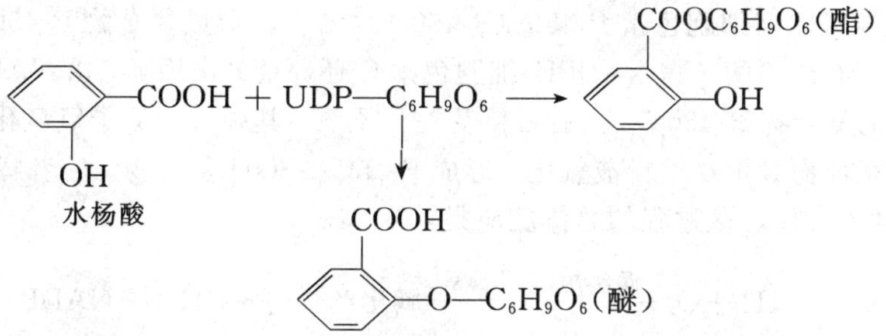

水杨酸

UDP－$C_6H_5O_6$为二磷酸尿嘧啶葡萄糖醛酸

(2) 硫酸酯的形成

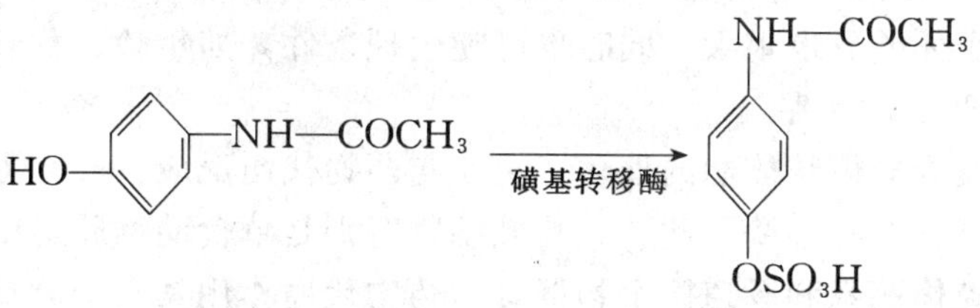

对乙酰氨基酚

(3) 乙酰化

在体内乙酰辅酶A作用下形成乙酰化合物。

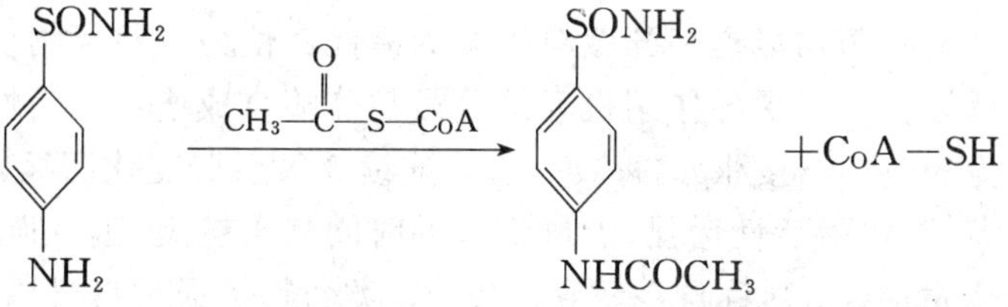

磺胺　　　　乙酰化磺胺

(4) 硫氰酸盐化

$$CN^- + Na_2S_2O_3 \xrightarrow{\text{转硫酶}} NaSCN + Na_2SO_3$$

药物在机体内的代谢转化，以氧化、还原和水解三大类型为第一阶段，结合反应为第二阶段。各种药物在体内的过程不同，有些药物只经受第一阶段或第二阶段的转化，有些需要第一阶段再经第二阶段的转化。此外，有些药物不经生物转化直接将原形排出体外。其排出速度主要取决于药物及其代谢产物的理化性质。药物及其代谢产物的脂溶性高，排出就慢，药物作用持续时间长，毒性作用也大。反之，药物排出快，作用持续时间短，毒性作用也小。

(二) 肝微粒体酶系

药物的任何一种转化都需药物代谢酶催化。这些酶类可分为肝微粒体酶和非微粒体酶。其中以肝微粒体酶最为重要。

动物肝细胞微粒体滑面内质网膜的氧化酶能参与药物和甾体激素的氧化作用。它主要催化药物等外源性化学物质的代谢，所以称为肝微粒体药物代谢酶（又简称肝药酶）。由于此酶的专一性差，又能进行各种类型的氧化作用，故通常称其为混合功能氧化酶。

混合功能氧化酶的氧化作用在微粒体膜上的细胞色素P-450上进行。细胞色素P-450的辅基是血红素，属于b族细胞色素，能进行氧化还原。还原型细胞色素P-450^{++}与一氧化碳结合时，在可见光谱450 nm波长处具有最大吸收峰，故称其为细胞色素P-450。药物进入细胞内作为底物（S），先与氧化型细胞色素P-450（$P\text{-}450^{3+}$）结合，形成复合物$P\text{-}450^{3+}$。再在NADPH-细胞色素P-450还原酶（称NADPH-细胞色素C还原酶）作用下，由NADPH供电子而还原，产生还原型复合物$P\text{-}450^{2+}\text{-}S$。后者接受一分子氧，其中一个原子氧氧化药物，另一个原子氧形成水。复合物P-450重新被氧化，形成$P\text{-}450^{3+}\text{-}SOH$复合物。后者释放出氧化产物（S-OH）完成氧化过程，该过程的总体反应是：

$$\text{NADPH}+\text{底物（S）}+H^{+}+O_2 \xrightarrow{\text{混合功能氧化酶系}} \text{氧化产物（S-OH）}+\text{NADP}^{+}+H_2O$$

肝微粒体药物代谢酶主要催化氧化反应。各种动物的细胞色素P-450的含量有明显种属差异，因而小鼠、大鼠、豚鼠与家兔对乙基吗啡（Ethylmorphine）脱N-甲基的活性存在明显差异。该酶系统的个体差异也很大，同时也可随生理条件，如年龄、营养状态、应激反应及疾病状况不同而改变酶的活性。

药物在体内也受到非微粒体酶的催化，它参与药物代谢反应。肝、肾和神经细胞内的线粒体及细胞液同时还存在各种酶。此外，哺乳动物特别是草食动物肠道中的微生物群也都参与药物代谢。非微粒体酶系和肠道微生物群参与药物代谢作用具有十分重要意义。

（三）药物代谢酶的诱导与抑制

药物代谢酶所催化的反应类型极为广泛。但其活性也易受到某些药物或化学物质诱导或抑制。

（1）酶的诱导　某些药物能提高肝微粒体酶的活性，使另一些药物代谢速度加快，作用减弱，即此称酶的诱导作用。诱导作用机理是肝微粒体酶合成增加，活性增强，大鼠腹腔注射苯巴比妥，剂量为50～70 mg/kg，每日一次，连续3天后肝变化明显，肝重量增加，细胞色素P-450含量升高，羟化酶活性增强，大鼠麻醉的时间越来越短，脑及血清中药物浓度下降。药物若能诱导自身代谢加快，则称自身诱导。巴比妥类药物可通过自身诱导作用形成耐受性。酶的诱导作用可以加速药物代谢，减弱其疗效。对于经代谢而活化的药物，酶的诱导可使其作用增强，甚至可增强药物的毒性。

（2）酶的抑制　酶可被某些药物所抑制，使另一些药物作用和疗效明显增强。该作用机理可能是由于药物代谢酶的专一性差，在催化一种药物转化的同时，明显阻碍另一些药物的转化，使之作用时间延长。在连续合并用药时，蓄积作用增强，甚至毒性增强。临床用药时，应注意酶的抑制作用。合理用药既可提高疗效又可避免毒副作用。

六、排泄

排泄（Excretion）是药物经过贮存，转化，最后从体内消除的过程。

大多数药物从肾、胆道、肠道以及肺部排出。汗腺、唾液腺、乳腺也可排出少量药物。肾脏排泄是最重要的。

（一）肾脏排泄

肾脏排泄药物的两个重要机理是肾小球滤过和肾小管分泌。药物排泄的速度取决于药物在肾小球滤过、肾小管分泌及肾小管重吸收三种方式的转运速度。水在肾小管内重吸收大于药物，所以尿液中药物浓度常常高于血浆药物浓度。

影响药物从肾脏排出的因素，首先是肾小球滤过速率。该滤过速率受药物蛋白结合率的影响，结合率高的药物，肾小球滤过原尿中药物浓度低，排泄慢。其次是肾小管分泌。肾小管分泌是一特殊转运过程。它能分泌弱酸性和弱碱性两类药物，并由两类不同的主动转运载体来完成。其转运速率不受药物蛋白结合率的影响，而取决于药物对载体的亲和力。亲和力高的药物，肾小管主动分泌快。同类药物间由于载体亲和力的差异，可使两药合并应用时产生竞争性拮抗作用。磺胺甲噁唑与磺胺吡嗪合用，血液中持效时间比单用时长得多。弱酸性与弱碱性两种不同类型药物间的主动分泌可由两种不同载体完成，互不影响。

经肾小球滤过和肾小管分泌的药物在肾小管中浓缩，并在肾脏远曲小管中重吸收。药物的脂溶性及尿液 pH 值影响药物重吸收，从而影响药物排泄速率。弱碱性药物在酸性的尿液中解离度大，重吸收少，排泄增多；而在碱性尿液中药物则重吸收增多，排泄减少。临床上可根据这个规律，改变药物排泄速率或用于药物中毒的解救，也可用于增强药物的效应。

药物排泄速率与肾功能状态密切相关。肾脏患病时，主要经肾脏排泄的药物或代谢产物排出缓慢而易于蓄积，故应适当控制药物的用量，同时，应避免使用对肾脏有损害的药物。

（二）胆道排泄

由胆道排入十二指肠的药物多为脂溶性高的药物，如激素、催眠药、氯霉素、己烯雌酚等均可经胆汁排出。排入肠道的药物又可从肠道吸收并经肝脏重新进入循环系统。这种胆汁、小肠及肝脏间的药物循环称肝肠循环。药物的肝肠循环能延长药物的作用时间。截断肝肠循环，药物作用时间会大大缩短，由此可作为药物中毒时解救措施之一。

（三）乳腺及其它排泄

药物也可经乳汁排出。同血浆相比，乳汁偏酸，因而碱性药物易进入乳汁。弱酸性药物虽可从血浆扩散到乳汁，但其浓度较血浆为低。乳汁排泄的药物既有临床应用价值，又应注意用量过大时易引起哺乳幼畜的中毒。

药物还可由唾液、汗腺及肺部呼出等途径排泄，但这些都不是药物排泄的重要途径。

七、药动学的房室模型与基本参数

（一）房室模型概念

药物进入机体后，它在体内有吸收、分布、代谢、排泄等过程。为了分析药物在体内运动（转运与转化）的动态规律，用数学方程式加以表示，就需要建立一个模型模拟动物机体，称为动力学模型。生理学可将体液分为血浆、细胞外液及细胞内液，药物就分布于此各部分（也称房室，Compartment）。药动学的房室模型概念与此不同，它建立在一种抽象的数学概念中，其划分依赖于药物转运速率的不同而概括为不同房室。只要药物在各器官细胞组织中的转运速率相同，尽管其解剖位置不同，就可划归成一个房室。如药物在体内组织间转运速率高，瞬时间体内药物分布达到平衡，就可将机体称为单一房室模型。如果药物在体内不同组织器官内转运速率有明显差异，血流丰富的组织药物迅速在血浆中达到平衡；而血流量少、转运速率慢的组织，不能立即与血浆达到平衡，前者称为中央室，后者称为周边室，因而视机体为二室模型。大多数药物在体内的转运和分布符合二室模型。药物在机体内的房室模型应根据实验结果（血药浓度-时间曲线）来具体分析。

（二）半衰期（Half-life time）

半衰期（$t_{1/2}$）是指血浆中药物浓度下降一半时所需的时间。药物在动物体内按一级动力学规律消除，因而药物在动物体内的半衰期有固定的数值。半衰期是表示药物在体内消除能力的一种指标。半衰期改变的程度可作为临床用药方案调整的主要依据。

(三)表观分布容积(Apparent volume of distribution,*Vd*)

按照血浆药物浓度(C)推算体内药物总量(A)在理论上所占有的体液容积。Vd(ml)$=A$(mg)$/C$(mg/ml)。Vd 是一个很重要的药动学参数。它可以推测出在体液和组织中的摄取、分布情况。Vd 值大,表示其分布广,或提示药物与生物大分子结合量大,或兼而有之。反之,Vd 值小。在临床上,常可根据这一数值推算出要达到某一血浆有效浓度所需的药物剂量。

(四)消除速率常数(*K*)

消除速率常数(K)表示单位时间内药物从体内消除的分数。单位为时间的倒数。它表示药物从体内总体消除的一种常数,包括肾排泄、胆道排泄、生物转化及其它途径消除。每一药物均有特定的 K 值。K 值的大小反映出药物消除速率的快慢。

(五)清除率(Clearance,*Cl*)

对整个动物,药物清除率是指每单位时间内能有多少容积中药量经体内消除。药物的总体清除率为包括肾排泄、肝脏生物转化、胆道排泄等消除容积中的药量之总和。故 $Cl=Vd\cdot K$,即等于表观分布容积(Vd)与消除速率常数(K)的乘积。

(六)生物利用率(Bioavailability)

生物利用率是指给药后,药物进入大循环的相对药量与速度。它能显示药物的作用强度与速度,在药动学中是一个重要参数。它能指导临床给药方案的拟定,具有实际的应用价值。一般用吸收百分率表示。即:

$$(\text{生物利用率})\ F=\frac{\text{进入体循环的药量}}{\text{给药剂量}}\times 100\%$$

第三章　药效动力学

一、药物作用的基本规律

药物作用（Drug action）就是药物对机体组织细胞原有的生理、生化机能的影响。凡能使组织活动增强或生化变化的酶的活性增高称兴奋作用；反之，使之组织活动减弱或酶活性降低的称抑制作用。药物对机体各器官或组织细胞可以有相同或截然相反的作用，如肾上腺素能引起心肌兴奋，增强心肌收缩力，然而，对骨骼肌血管有明显舒张作用。药物对机体各机能的作用虽是有明显的质和量的差异，但都是在原有机能的基础上增强或减弱，而不能使机体产生新的机能。

不同药物的作用在强度和范围上有明显差别，但在某些方面是相同的。这些相同方面显示着药物作用的一般规律性，现分述如下：

（一）选择性

药物作用的选择性（Selectivity）或选择性作用是指动物机体和组织器官对同一药物的反应各不相同。对少数器官反应强烈，更多的反应微小，甚至完全无反应。青霉素可以杀灭微生物，对动物的毒副作用极小。药物的选择作用是相对的，不是完全专一的或特异性的。肾上腺素既可兴奋心脏，又能舒张骨骼肌血管。

药物作用的选择性规律，在临床上具有非常实际的意义。它表明有特定的适应症（Indication），使药物起到对症治疗的作用。药物选择性高，应用时副作用少。

（二）两重性

药物作用的两重性（Dualism）是：

1. 治疗作用（Therapeutic action）

能符合治疗的目的或达到预防效果的作用称治疗作用。它可根据治疗效果分为对症治疗和对因治疗。

（1）对症治疗　药物的作用在于改善症状，但不能消除病因，又称治标。在某种特定条件下，对症治疗能解除危急，延长生命。如破伤风毒素中毒而发生惊厥时，对症治疗显得尤为重要。

（2）对因治疗　药物作用在于消除原发致病原，常称治本。如抗菌药物应用于杀灭病原菌等。

2. 不良反应（Untoward reaction）

（1）副作用（Side effect）　在治疗剂量下产生与治疗的目的无关的作用。副作用为药物所固有，一般动物反应轻微，能适应，停药后能自行消失。药物的副作用是药物选择性低的结果。药物的副作用可随治疗的目的变化而改变，临床上可以将药物副作用作为治疗作用加以应用。

（2）毒性作用（Toxic effect）　在剂量过大或用药时间过长后，药物引起机体生理或生化和组织结构的病理变化。根据毒性发生的快与慢，可分为急性毒性（Acute toxicity）和慢性毒性（Chronic toxicity）。前者能立即发生，后者经一定时间蓄积之后才发生。药物的致畸、致癌、致突变的毒性作用，在慢性中毒实验中并非能看到，用药时应予警惕。

（3）特殊反应（Unusual reaction） 这是指与药物的药理作用及剂量无关，不能预测的不良反应。有似异性蛋白引起的变态反应。该反应严重时可引起休克、死亡。产生原因可能是由遗传基因缺陷的特异质造成的。

（三）量效关系

药物剂量-效应的关系（Dose-effect relationship）简称量效关系。它阐明药物剂量与其作用强度间的规律性。量效关系表明，在一定剂量范围内，药物作用随剂量（或浓度）的增加（或减少）药物效应也相应增加（或减弱）。

用纵坐标表示效应强度，横坐标表示对数剂量，所得到的量效曲线为“S”型曲线，从（图 3-1）中产生总效应 50％的剂量，即半数有效量（ED_{50}）。

量效关系的规律表明，药物需在一定剂量下才能产生一定效应。

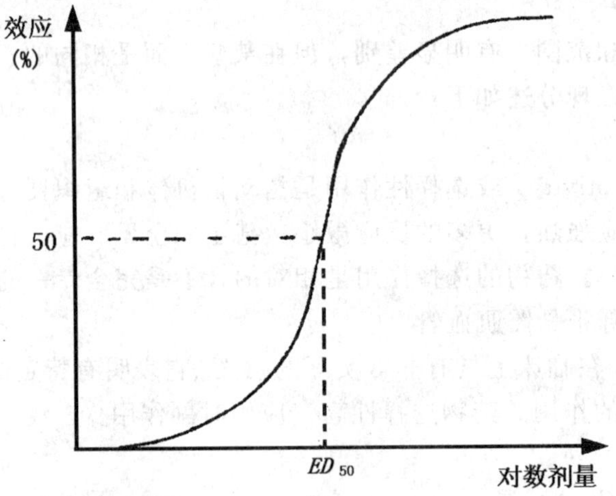

图 3-1 对数剂量-效应曲线

（四）时效关系

药物作用时间-效应的关系，简称时效关系（Time-effect relationship），其意指药物效应随时间而变化。一般来说，在时效关系曲线上药物效应可分为潜伏期、高峰期、持效期及残留期（图 3-2）。

潜伏期（Latent period）为用药后直到开始发生疗效的一段时间。可反映药物的吸收、分布过程。静脉注射给药时一般没有潜伏期。

高峰期（Peak time）为药物在体内达到最大浓度并呈现最强效应的时间。峰高与剂量成正比。

持效期（Persistent period）为药物维持最小有效浓度或基本疗效的时间。其时间的长短依赖于药物吸收速度和消除速度的快慢。

残留期（Residual period）为药物降到基本疗效浓度以下，直到药物在体内完全消除的一段时间。

药物的时效关系的规律性，阐明了为维持药物有效治疗浓度，必须重复给药。而在重复

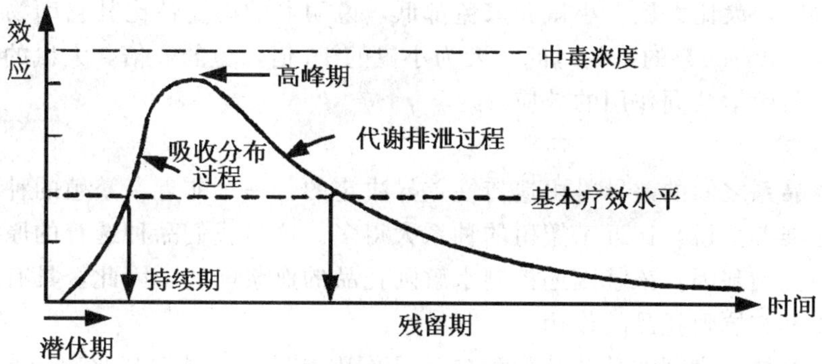

图 3-2 时效关系示意图

给药时，应注意避免体内残留药物的蓄积而产生蓄积性中毒（Cumulative intoxication）。

（五）差异性

差异性（Variability）是指同一种药物可引起不同种属动物或同种动物不同个体之间的反应不同。

1. 种属差异性

种属差异是指不同种属动物对同一药物所表现出量或质的不同反应。种属差异就其产生原因可归纳于下述两类。

（1）药动学上的种属差异　动物种属不同，其药物的吸收、分布、代谢转化及排泄速度明显不同。大鼠和田鼠吸收^{131}I 非常快，家兔和豚鼠却很慢。去甲基丙咪嗪与血浆蛋白结合率，人和大鼠比犬和猫要高 4～5 倍。羊与其它草食动物不易缺乏维生素 C，但豚鼠、猴和人体内缺乏 *L*-古洛糖醛酸内酯氧化酶，不能将 *L*-古洛糖醛酸内酯氧化成 *L*-抗坏血酸，易引起维生素 C 缺乏症。抗风湿药保泰松，在兔体内的生物半衰期只有 3 h，在大鼠、豚鼠和犬的半衰期仅有 5 h，而人体中半衰期可达 72 h。

种属差异还表现出药物代谢产物不同。鱼类及水生两栖动物缺乏药物代谢氧化酶，因此，其代谢产物中既没有葡萄糖醛酸结合物，又没有硫酸酯类结合物。鸟类、爬虫类及哺乳动物中有偶氮和硝基还原酶，而两栖类只有偶氮还原酶。麻黄碱的代谢产物有明显种属差异性。犬多以去甲麻黄碱出现于尿中；大鼠多以原形和羟基化衍生物排出；人都以原形排出。家兔尿中几乎没有上述各种代谢产物。

（2）药效学上的种属差异　动物种属不同参与药物反应的系统也不同。以下几点可以肯定：①种属不同，动物的解剖、生理及生化的条件明显差异。小鼠、大鼠及家兔，与犬、猫或人不同，药物不能引起呕吐，因这些动物不具备呕吐的生理条件。②动物种属间体内活性物质的差异。动物机体内的活性物质分布和动态随动物的种属不同而有明显差异。大鼠的皮下有大量的肥大细胞，受刺激后能释放组织胺和 5-羟色胺，而其皮肤血管对组织胺与 5-羟色胺更为敏感，因而为该类拮抗药物筛选的常用实验动物。③感受器官反应性的差异。动物种属不同对药物的反应性有明显差异。5-羟色胺注入脑室能使猫体温上升，而家兔体温下降。组织胺能使豚鼠支气管挛缩窒息死亡，对家兔则是表现肺血管收缩和右心室功能不全而致死。琥珀酰胆碱等肌松药物能使人和猫产生去极化作用，但对大鼠、豚鼠、兔和猴既有去极化作用又有箭毒样竞争性作用。

药动学与药效学共同产生的种属差异的有力证明是环已巴比妥催眠试验。试验证明觉醒时血中药物浓度，犬比大鼠、小鼠和家兔都低，说明犬的感受性比其它动物高。同样剂量环己巴比妥（100 mg/kg）的持效时间，犬为小鼠的16倍，兔的6倍，大鼠的3倍。此试验结果是药动学与药效学共同作用的效应。

2. 品系差异

同种动物品系之间的差异是由遗传性差异决定的。一个非近亲繁殖的种系动物之间的差异性（可用标准差测得）比近亲繁殖的种系大得多。这是我们品种选育的原因。黑色家兔有黑色素沉着的控制基因，该基因还控制水解阿托品的血浆酯酶，因此，具有这种遗传特性的黑色家兔多数都有抗阿托品的作用。

动物品系差异还表现在药物代谢酶的诱导作用差异上。苯巴比妥对小鼠C57和DBA两品系都有作用，使肝脏蛋白质、细胞色素P-450和NADPH-细胞色素C还原酶的量明显增加，增强对许多药物的代谢作用。但是，对3-甲基胆蒽，C57品系小鼠芳香羟化酶形成增加，而DBA品系则无此作用。

3. 个体差异

在同一种属动物中，不同个体之间存在对同一药物反应的量与质的差异。即不同个体需要不同剂量才能产生同等的效应。这种差异称为个体差异。个体中对药物特别敏感的称为高敏性（Hypersusceptibility），特别不敏感的称为耐受性（Tolerance）。

造成个体差异的原因主要是生理因素和遗传因素。生理因素可因年龄、性别、营养状况和药物作用（如重复用药及联合用药等）不同而异。遗传因素在个体差异中起重要作用。这些因素主要影响药动学各个环节，使不同个体在应用同一剂量时血浆中药物浓度出现极大差异，导致不同个体的药物效应的不同。此外，这些因素可以改变受体对药物的敏感性或反应性，影响药效过程，但这种影响较小。

大鼠为常用实验动物。其药物代谢的性别差异远比其它动物突出，且超过品系间的差异。雄性和雌性的差异在体内外实验中易于观察。雌性大鼠经睾丸酮处理可表现出药物代谢加快；而雄性大鼠经雌二醇预先处理可出现药物代谢缓慢。在大鼠实验时应注意这些现象！

依据药物作用中的个体差异，在临床选用药物时应根据个体情况选择适当的剂量。

二、药物作用的机理

药物作用的机理（Mechanism of drug action）是指药物小分子如何对机体细胞（或病原体）、组织、器官起作用，以及由此产生的生理生化反应的科学理论。对于药物作用机理的研究，现今进展很快。归纳起来，主要是从受体学说，构效关系及其它机理来阐明药物的作用。

（一）受体学说（Receptor theory）

现代药理学研究认为，大多数药物是通过药物小分子与机体的大分子“受体”（Receptor）相结合后才发生作用的。受体是药物作用并使机体产生典型生物效应的特殊部位。受体学说所解释的药物作用机理不断得到证实，已被公认为药效学的基本理论。

受体是指能与药物分子结合并产生反应的细胞成分，属于存在细胞膜上或细胞浆内的大分子蛋白质（糖蛋白或脂蛋白）。受体也是机体内自身存在，有特定分布点，对机体内源性物质，如神经递质、激素及自体活性物质，或其它相类似化学结构的药物具有高度特异性或选择性的一种实体。这些与受体有专一性相结合的化学物质称为配体。受体与配体有高度亲和力。高度生理活性的微量配体与受体结合——复活物激活的一系列生物化学反应的完成，称为生物放大系统。酶的逐级激活或抑制，细胞膜上离子通道的开闭均可受到受体的影响，受体在生物放大系统中起初级换能器的作用。

药物与受体的特异性的结合——药物-受体复合物是药物产生药理效应的基础。药物仅与受体分子中活性基团结合，这些基团被称为受点（Receptor site）。这种结合多数通过氢键、离子键或分子间引力，而呈现可逆性。只有少数药物通过共价键与受体结合，作用比较持久。很明显，药物与受体的关系类似于底物和酶的关系，但不被受体所破坏。

药物与受体结合的复合物如何引起效应器产生药物效应，现在了解甚少，其可能有两种：

（1）改变酶的活性　药物-受体复合物的形成，使受体被激活。激活的受体产生一系列生物化学或生物物理的过程，即酶系统活性引起一系列链锁反应。如 β-肾上腺素受体受到激动剂作用，使腺苷环化酶活化，促使环磷腺苷（cAMP）水平升高。因此，人们把 cAMP 称为“第二信使”，把神经递质称为“第一信使”。cAMP 是药物-受体复合物产生后的第二传递系统，在激活一系列酶活性中起放大作用，因而最终使小剂量的药物或内源性配体引起强烈的组织效应。

（2）改变细胞膜通透性　细胞膜的受体或酶受到激活后，可使膜上的蛋白质构型发生变化，诱使原有各种离子通道性能改变，影响离子转运。乙酰胆碱激活 N-受体，使骨骼肌细胞 Na^+ 及 K^+ 被动扩散增加，导致膜电位改变，使肌纤维兴奋，产生肌肉收缩效应。

受体的数目有限，故在与药物作用上反映出最大效应与竞争性对抗作用。同种受体在与不同配体结合中还显示明显差异性。如乙酰胆碱受体被分为毒蕈碱敏感性和烟碱敏感性两类亚型，简称 M-胆碱受体及 N-胆碱受体。类似情况还有肾上腺素受体被分为—α_1、α_2、β_1 和 β_2 等受体亚型。

受体作用学说中受体的概念在不断演变，药物与受体作用的学说也在发展，目前以“占领学说”较为突出。

占领学说（Occupation theory）为 Clark 所提出。其主要内容是：一种药物有一种受体，药物作用仅占领部分受体而不影响其余部分；药物的效应与被占领的受体数量呈正比关系。很明显，该学说仅适用于激动剂的解释。Ariëns 与 Stephenson 提出新的假说：一种药物要与受体结合引起效应，既要有亲和力（Affinity）使之与受体结合，又要有内在活性（Intrinsic activity）或效能（Efficacy）才能发挥最大效应。亲和力表示药物与受体结合的程度，内在活性表示药物与受体形成复合物后发生生理效应的能力。

根据这个理论能比较好地解释激动剂、拮抗剂及部分激动剂的作用。激动剂（Agonist）是与受体的亲和力大且内在活性也大的，能使受体兴奋而产生强大的生理效应的药物。拮抗剂（Antagonist）是与受体的亲和力强且基本上不具有内在活性，而能阻断激动剂兴奋受体的药物。部分激动剂（Partial agonist）是一类亲和力一般，但内在活性不强，与受体结合后仅能使部分受体活性激动的药物。因此，该药物仅能引起较弱的生理效应，却又能对抗激动剂的部分生理效应。

（二）构效关系（Structure-effect relationship）

药物对某一器官组织细胞的作用，与药物的化学结构及组织的生化过程的特征密切相关。药物在具有与组织细胞的某些成分结构相似时才能参与组织生化过程，改变特定组织器官的功能而呈现药物的作用。药物在化学结构上与动物体内参与组织生化过程的物质如神经递质、激素和维生素相似时，往往才具有相似的药理效应。例如麻黄碱的化学结构类似于肾上腺素，作用也相近。

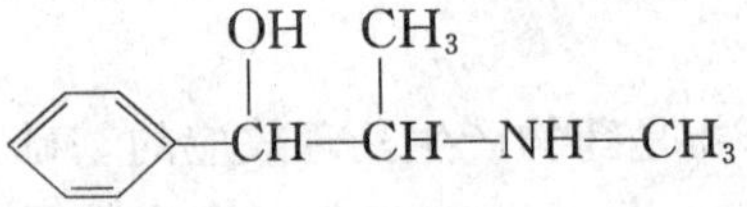

麻黄碱

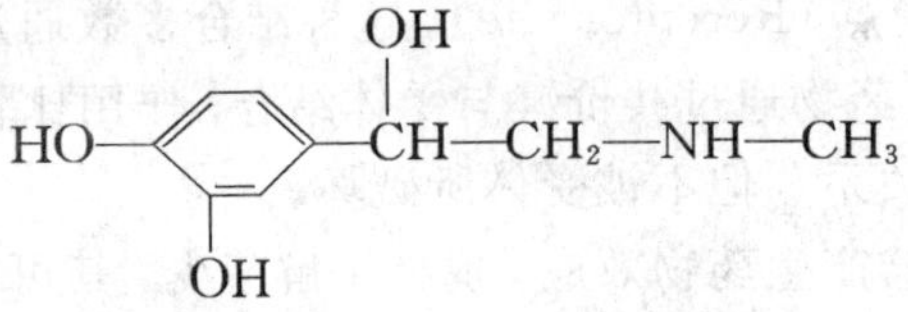

肾上腺素

化学结构相似的药物，既可得到相似的药理作用，也可能产生相反的药理效应。众所周知，对氨基苯甲酸为某些细菌生长代谢所必需的物质，但它与磺胺类药物的化学结构极为相似，两者同时作用于细菌酶系统可以相互竞争，在足够剂量磺胺作用下使细菌得不到对氨基苯甲酸而被抑制。磺胺类药物的抗菌作用的机理就在于此。

多数药物通过化学反应而引起药理效应。这种效应的特异性完全取决于化学反应的专一性，并与药物的化学结构，如基本骨架、主体构型、活性基团及其侧链等有紧密的联系与普遍的规律性，特称为构效关系。化学结构完全相同的光学异构体，作用可能完全不同，多数药物左旋体具有药物作用而右旋体则无作用，如左旋咪唑，左旋氯霉素等。根据这些规律，用化学合成方法改变已知药物的化学结构，完全能合成许多效力强、毒性小的新药。

（三）其它机理

有些药物不依赖于与受体形成复合物而产生特异药理效应，而是通过非特异性作用，参与或干扰机体内的各种生理和生化过程显示药理效应，因此各种药物作用机理也是多样化的。

（1）改变理化条件　有些药物是通过改变细胞周围环境的理化性质而发挥作用。碳酸氢钠中和胃酸或碱化尿液，氯化铵酸化尿液等均属于此种作用。又如甘露醇高渗液的渗透利尿、消除脑水肿等也属于此种作用。

（2）干扰细胞膜的功能　细胞膜具有物质转运、传递信息和运动功能。有些药物能暂时抑制细胞膜离子通道产生作用。局麻药抑制钠离子通道而阻断神经冲动传导。抗生素中多粘菌素与细胞表面的 PO_4^{3-} 结合，使细菌细胞膜通透性遭到破坏，大量活性物质外渗而死亡。

（3）参与或干扰细胞的物质代谢过程　药物与正常代谢物的化学结构非常相似时可以参与代谢过程，但又不能起到正常代谢的生理效应，在化学上以假乱真的“欺骗”作用导致抑制或阻断正常物质代谢，这些药物又称为抗代谢物。

（4）对酶的抑制或促进作用　许多药物通过对酶的抑制或激活而发挥作用。新斯的明通过抑制胆碱酯酶（Choline esterase，ChE）而显示药物效应。巴比妥类药物通过诱导肝药酶而产生效应。有些药物本身就是酶，如胰蛋白酶。

（5）药物分子与体液或血液中的离子相互作用　药物分子与体液离子相互作用的最好例子就是螯合剂。多种特殊解毒剂的作用，就是使金属离子或原子形成可溶性无毒的螯合物，进而从尿中排出体外。

（6）改变神经递质或激素的释放水平　麻黄碱能促进肾上腺素能神经末梢释放去甲肾上腺素，产生拟肾上腺素药的作用，大量碘抑制甲状腺素的释放。

上述药物作用机理的区分不是绝对的、互不相关的。药物的作用过程常为一系列生理生化过程的链锁反应。因此不应将有关药物作用原理或学说看成是固定不变的，完美无缺的，而应视为发展的，逐渐趋于完善的理论。

第四章　影响药物作用的因素与临床合理用药

一、影响药物作用的因素

为了获得临床的最佳疗效和最小的不良反应的治疗目的，单纯根据药物的效应选择用药显然是很不够的；还应根据对药物的各种影响因素及机体病情，决定治疗方案；并在用药过程中根据个体的反应，做出相应的调整，直达治疗的目的。

影响药物作用的因素很多，有来自药物方面的因素，也有来自动物方面的因素；此外，还有来自病原微生物、动物饲养管理及环境诸因素。这些因素的作用既可使药物的药理效应减弱或增强，也可以增强或减弱其毒副反应。

（一）剂型与剂量

药物选定之后，应根据临床症状和病情的需要选择药物剂型与剂量。药物的剂型与制造工艺可影响药物的吸收。有时即使是同一厂家生产而批号不同的制剂，也可产生很大差异，产生不同的生物利用度。灰黄霉素及抗球虫药二硝托胺，可因颗粒大小不同而明显地影响疗效。药物的剂量是用药的份量，在一定范围内药物剂量大小与药物的作用强度呈正比关系，临床选用药物剂量应随给药途径不同酌情增减。

（二）给药途径

临床上应根据病情的需要、药物的性质、动物的种类来选择相应的给药途径。

1．口服给药

口服给药是简便、经济、安全的给药方法。经口给药是药物通过消化道的局部作用（如多数的泻下药）以及吸收作用发挥药理作用。多数药物口服后，大部分被胃肠粘膜吸收。有的可在口腔粘膜吸收。

影响药物在消化道吸收的因素很多。消化道 pH 影响药物的解离度，因而影响药物的吸收。胃液的酸性环境可减小弱酸性药物的解离而有利于吸收；肠道的碱性环境可减少弱碱性药物的解离而利于碱性药物的吸收。猫、犬和猪等肉食动物和杂食动物的胃肠液酸度较大，因而弱酸性或中性药物容易吸收且较完全。草食动物的胃肠液酸度较弱，又常有大量内容物，这可减少药物与胃肠道粘膜接触机会，因而使弱酸性药物的吸收缓慢而不完全。

胃肠道的机能状态也直接影响药物的吸收，特别是肠道机能状态。口服经胃肠道吸收的药物，肠道的吸收远比胃更重要。肠道有较大吸收面积，有较强和较大的蠕动幅度，有使药物充分被吸收的时间。因而，肠道功能直接影响药物吸收。药物经胃肠道吸收后，经肝门静脉进入肝脏，然后分布于全身。有些药物容易在肝脏受到灭活，降低效力。此过程的作用为首过效应（First-pass effect）。直肠给药可不经肝门静脉，因而无明显首过效应。

药物的剂型、处方组成及制剂工艺等也是影响胃肠道药物吸收速度和程度的因素。固体剂型，药物的溶解性是其吸收的先决条件，缓慢地溶解可限制药物的吸收速度和程度，多成分的处方有可能增加药物相互作用而影响吸收。高脂肪饲料可增加脂溶性药物的吸收。

口服给药也存在一些缺点，如口服刺激消化道的药物，可引起呕吐、腹泻，甚至肠炎等症状。危急病例不宜口服给药，以免因吸收时间过长，作用缓慢，延误治疗。

2. 注射给药

注射给药的吸收比口服迅速而可靠，剂量也更准确。急救时注射给药更显得重要。注射给药方式有以下几种。

（1）静脉给药　静脉注射可将药物直接注入血循环中。其优点是药物迅速进入血液，作用快，剂量易控制。注射可缓慢进行，如有不良反应，可立即停止。大量液体可用恒速滴注。给药速度可以长时间保持恒定。为了保持血浆浓度在一定范围内或不低于所需的最低药物浓度，可用连续滴注。

静脉滴注为给药最安全的方法，对排泄快或代谢快的药物特别适用，同时也适用于不易从胃肠道或组织中吸收的药物，以及吸收前易被破坏的药物（如蛋白质激素等），甚至一些有刺激性的药物。

静脉注射的缺点是药物一旦进入血管后不易撤回。静脉注射太快可引起循环或呼吸系统不良反应，血压下降，心律失常，严重时心跳停止及呼吸骤停。有沉淀或微粒混悬液不应静脉注射，以免发生栓塞。肌内注射时也应避免误入静脉。注射低渗或高渗溶液，易导致溶血或红细胞凝集，较长时间滴注有可能损伤血管壁而并发局部静脉血栓。

静脉给药应注意灭菌。大量输液时应注意热原反应。过量液体可使血压升高及心血管循环衰竭，尤其是肾功能不良病例。

（2）肌内注射　肌内注射为常用的给药方法。肌内给药的吸收速度取决于注射部位的血管分布、药物的解离度和脂溶性、注射的容量、溶液的渗透压及其它因素等。小分子药物可从肌内注射部位直接吸收进入毛细血管，大分子如蛋白质等药物可通过淋巴系统进入血循环。药物吸收过程主要受血流的限制。以油为溶媒的药物在肌肉组织中形成一个贮存库，药物在此缓缓吸收。这种给药方法可以使药物持效时间延长，减少重复给药的次数。

（3）皮下给药　影响皮下给药吸收速度的因素与肌内注射的因素相同。皮下血流量比肌肉少，所以吸收速度比较缓慢。有些药物还能使血管收缩，如将微量肾上腺素与皮下注射药物合用，前者能使血管收缩而减缓后者的吸收速度，因而延长药物的疗效。在局麻药物中加入少量肾上腺素就是这个道理。

畜牧生产中有时为了达到长时间缓慢吸收的目的，常将药物制成小丸，植埋于皮下。应用皮下植入法，能使药物在数日内以恒定速度释放到体内，保持一种稳定水平，有如恒速静脉滴注的效果。皮下注射药物不应产生剧烈疼痛、局部坏死和无菌脓疡。皮下注射吸收缓慢，因此在急救时，通常不予应用。

（4）腹腔给药　腹腔内注射给药在动物实验中较常用。其吸收速度与肌内注射相当。药物吸收的因素基本上与肌内注射相近，所给药物不应有刺激性。在观察药物对呼吸循环系统功能影响的试验时，尤应注意。有严重刺激性的药物可导致腹膜炎。

3. 吸入给药

吸入药物能以气态通过肺泡膜进入血循环。这些药物都有较高的油/水分配系数。它们都有非常小的分子或原子半径，容易透过肺泡膜，能很快与肺泡毛细血管的血液平衡。吸入性麻醉药就是这些药物的代表。

药物也可以气雾剂的形式吸入。气雾剂是很小液体或固体粒子，可在空气中悬浮较长时间而不因重力影响很快沉降。气雾剂常用于肺部疾病的治疗或用于畜群防疫。

4. 局部用药

粘膜及皮肤用药可称为局部用药。多数药物难以通过完整的皮肤或粘膜。有些药物在局部炎症或外伤治疗时能发挥药效的作用。有些药物不易通过皮肤而易通过粘膜吸收，这些药物常用于直肠、阴道、尿道、乳管和口鼻粘膜等部位给药。脂溶性极大的药物还可以通过皮肤给药。但过量吸收时，可产生中毒。

（三）合并用药

为增强疗效，减少或消除药物的不良反应，或在同时或分别先后用两种或两种以上药物，称合并用药。两种或多种药物在一起配制时，产生不利于治疗目的的变化，称为配伍禁忌。产生配伍禁忌的原因是药物在配制时发生明显的物理化学变化，如混浊或沉淀或化学性质变化，如抗生素效价下降或消失。合并用药时药物在体内相遇可产生不良影响，使药物的疗效降低或毒性增强。为正确使用药物和取得更好的疗效，应充分了解药物的相互作用。药物相互作用的产生机理，大致体现在药动学和药效学两大方面上。

1. 药动学机理

药动学机理认为两种或两种以上药物在机体内相遇时，可使药物的体内过程（吸收，分布，生物转化及排泄）任何一环节发生变化，而影响血浆药物水平，改变其作用强度。

(1) 吸收过程的相互作用　两种或两种以上药物在消化道中，可以改变消化道的pH值而改变药物解离度，也可能相互结合或络合而沉淀，或一种药物改变胃肠道的蠕动或消化液的分泌而减少药物的吸收。弱酸性药物可因合并应用抗酸药增加消化道pH值，增强其解离而减少吸收，四环素类抗生素易与硫酸亚铁、硫酸钙等络合而沉淀。对羟基苯乙酮促进胆汁排出，促进灰黄霉素的吸收，为后者的增效剂。

(2) 血浆蛋白结合的竞争作用　酸性药物与血浆蛋白结合较碱性药物的结合为强。两种酸性药物合并应用时，可能会竞争血浆蛋白结合部位，亲和力强的药物可置换比其亲和力弱的药物。从而使后者血浆药物浓度明显增高而增强药物效力或毒性反应。保泰松或水杨酸盐与磺胺药合并应用时，可增强磺胺的血浆浓度，结果使磺胺的毒副反应增多。

(3) 生物转化的相互作用　肝微粒体酶是许多药物代谢的催化酶系。现已知道有些药物为该酶的诱导剂或抑制剂。在药物应用中如合并应用该酶诱导剂时，可以减弱该药物的药效应或缩短持效时间；与抑制剂合并应用时可增强药物的效应和延长作用时间。抗生素、杀虫剂、饲料添加剂及周围环境中的各种化学物质均存在药物代谢转化中的相互作用，在临床合并用药时应予以注意。

(4) 肾脏排泄的相互影响　应特别注意肾小管主动分泌是有专一性的特殊转运系统，并能为相应的抑制剂所抑制。抑制剂占据转运机构后，使相应药物无法从转运机构中排出，如丙磺舒可抑制青霉素、对氨基苯甲酸、磺胺药及消炎痛的排出，提高后者的血浆浓度，增强效应，同时也增强这些药物的毒性。

药物间的相互作用，可改变药物在肾小管原尿中的解离度，增强或减少非离子型药物浓度，增强或减弱药物的重吸收，减缓或促进药物的排出。

2. 药效学机理

一种药物改变了另一种药物的药理效应，有时不使另一种药物血浆浓度明显改变，而在于影响药物与机体或作用部位的反应强度。表现以下几种类型。

(1) 相加作用（Additive effect）　两种药物合用时药物效应等于各自单用药物双倍剂量

的效应。这种作用机理是两药同时作用于同一受体或相同部位的结果。将能发生相加作用的药物合用时，各药剂量应减半，否则，就易使动物发生中毒。服用氯丙嗪，不宜用常用剂量的安乃近，否则易因退热作用增强，导致严重的体温下降。

（2）增强作用（Potentiation） 两药分别作用于不同部位或不同受体，而产生相同药理效应。合并应用时大于各药单用时效应的总和。磺胺与增效剂TMP合用时可明显提高抗菌效应。

（3）拮抗作用（Antagonism） 两种或两种以上药物合用后，由于同时作用于同一受体或同一作用部位而产生竞争性对抗作用，使之作用减弱或消失。

（4）敏感化现象（Sensitization） 一种药物可使组织或器官的受体对另一种药物的作用敏感性增强。如排钾利尿药使血钾水平下降，从而使心肌细胞对强心苷敏感性增强，易诱发心律失常。

合并用药又称联合用药。合并用药的目的在于取得更大的疗效，减少单一药物的用量或不良反应。合理的合并用药往往可以避免药物相互作用产生不良反应。临床上利用相加作用，特别是增强作用，以提高疗效；利用拮抗作用，减轻或消除不良反应，甚至可用来对抗某药物的毒性，作为某一药物中毒时急救的措施。

（四）重复给药

为获得药物的持续疗效，需要连续重复给药。反复用药时，有些药物易产生蓄积作用和耐受性。

1．蓄积作用（Cumulative effect）

反复给药因剂量过大或给药次数过频而间隔时间过短，或由于消除功能减退，消除速度缓慢，引起体内药物蓄积。体内药物蓄积可以增强药物效应和持续作用，但也可引起蓄积性中毒。

2．耐受性（Tolerance）与耐药性（Resistance）

反复用药后机体对药物的反应性减弱，为了获得疗效，需逐渐地增加剂量，这种现象称耐受性。产生耐受性的机理可能是药物吸收减少、生物转化加快或器官感受性下降。有些药物的耐受性的发生，可以在极短时间内经反复用药多次后即刻产生，称为快速耐受性。这种耐受性可在停药后自行消失。

耐受性与耐药性有严格区别，后者为微生物中一些抗药菌株得以保存和繁殖，产生抵抗性能，称为耐药性。对一种药物产生耐药性的同时，又对化学结构相近和作用机理相似的药物也产生耐药性，称为交叉耐药性。病原微生物等的耐药性是影响化学治疗药物作用的严重问题。耐药性的产生往往是治疗过程中剂量不足或疗程不够长，或者给药途径选择不当引起的。要防止耐药性产生，取得理想治疗效果，既要注意选用对病原微生物敏感的抗菌药物，又要注意选择适当剂量、疗程和合理给药途径。

（五）动物及其饲养管理、环境因素

影响药物作用的因素，除前所述的药物因素外，还有来自动物的种属、系别、年龄、性别及个体等。这些在药动学及药效学各节中已讨论过，在此不再重述。

合理的饲养管理是预防疾病，保障动物健康的基本条件。动物营养不良，体质瘦弱，药物疗效明显下降，对药物的敏感性也增高，因而容易出现不良反应。在治疗疾病的同时，应认真做好对动物的护理工作，增强其自身的抵抗能力，以利于促进和发挥药物的作用。

良好的环境，如保持安静、避风、室温适宜等，对于麻醉后体温下降、士的宁中毒的痉挛与惊厥或其它中毒病的动物的机能恢复十分重要。

二、临床合理用药

临床合理用药的目的是要达到最理想的疗效和最大安全性。

（一）选择用药原则

用于预防或治疗疾病的药物，种类很多，各自有独特的优点和缺点。临床实践证明，任何一种疾病常有多种药物对之有效。为了获得最佳疗效，就应根据病情、病因及症状加以选择。选用药物应坚持疗效高，毒副反应低，价廉易得的基本原则。

（1）疗效高　疗效高是选择药物首先考虑的因素。在治疗和预防疾病中，选用药物的基本点是药物的疗效。如具有抗菌作用的药物可有数种，选用时应首先选用对病原菌最敏感的抗菌药。

（2）毒副反应低　毒副反应低是选择用药考虑的重要因素。多数药物都有不同程度的毒性，有些药物疗效虽好，但毒性反应严重，因而不得不放弃，临床上多数选用疗效稍差而毒性作用更低的药物。

（3）价廉易得　价廉易得是兽医人员应高度重视的问题。除珍禽异兽、稀有动物外，应尽量选用疗效确切，价廉易得的药物。滥用药物，贪多求全，既可降低疗效，增加毒性或产生耐受性，又可直接给畜主造成经济损失和药品浪费。

（二）临床合理用药

在选择用药基本原则指导下，认真制订临床用药方案。临床用药原则应该是：

（1）明确诊断　明确诊断是合理用药的先决条件。选用药物要有明确的临床指征。要根据药物的药理特点，针对病例的具体病症，选用疗效可靠、使用方便、价廉易得的药物制剂。注意避免滥用药物及疗效不确切的药物。

（2）选择最适宜的给药方法　给药方法应根据病情缓急、用药的目的以及药物本身的性质等决定。病情危重或药物局部刺激性强时，宜以静脉注射。油溶剂或混悬剂应严禁用于静脉注射，可用于肌内注射。治疗消化系统疾病的药物多用于经口投药。局部关节、子宫内膜等炎症可用局部注入给药。

（3）适宜剂量与合理疗程　选择剂量的根据是《兽药典》及《兽医药品规范》。该《药典》及《规范》中的剂量适用于多数成年动物。对于老弱、病幼的个体，特别是肝、肾功能不良的个体，在使用规定剂量时，应酌情调整。有些药物排泄缓慢，药物半衰期长，在连续应用时，应特别预防蓄积中毒。为此，在经连续治疗一个时间过程——一疗程之后，应停药一定时间，才可开始下一疗程的治疗。疗程可长也可短。一般认为，慢性疾病的疗程要长，急性疾病的疗程要短。传染病需在病情控制之后有一定巩固时间，必要时，可用间隙性休药再给药的方式进行治疗。

（4）配伍用药合理　在临床用药时，多数合并用药。此外，既要考虑药物的协同作用、减轻不良反应，同时还应注意避免药物间的配伍禁忌。尤其应注意避免药理性配伍禁忌。药理性配伍禁忌包括药物疗效相互抵消和毒性的增加，如胃蛋白酶和小苏打片配伍使用，会使胃蛋白酶活性下降。又如氯霉素抑制肝微粒酶对苯妥英钠的灭活，会导致血药浓度增加而毒性加剧。药物理化性配伍禁忌，在临床用药时应认真对待。在两种药物配伍时，由于物理性质的改变，使药物或制剂发生变化，给使用带来困难，如由于药物溶解度改变，出现沉淀或油水不相混溶。化学性配伍禁忌的发生，既可使两种药物化学本质的变化而失效，有时还产生有毒的反应，如解磷定与碳酸氢钠注射配伍时，可产生微量氰化物而增加毒性。

第五章　全身麻醉药

全身麻醉药简称全麻药，是指能可逆地引起不同程度的意识和感觉消失，肌张力消退，但仍保持延脑生命中枢正常功能的药物。理想的全麻药应是能消除全部疼痛伤害性刺激的反射活动，使肌肉松弛，对呼吸和循环中枢机能无明显影响，药物体内浓度易调节，吸收快，排出迅速的药物。目前临床应用的全麻药都不够理想。

临床应用的全麻药，有吸入麻醉药和静脉麻醉药。某些静脉麻醉药亦可经肌内注射给药。

一、吸入麻醉药

吸入麻醉药是气体或低沸点易挥发的液体的麻醉药。这些麻醉药经肺部吸收和排出皆快，靠肺通气，经肺泡进入血流而到脑组织，调节吸入气体的浓度，连续给予吸入麻醉药就能有效地控制脑组织内麻醉药的浓度，使中枢神经系统产生由浅至深的麻醉过程。停止给药后，药物从呼气中迅速排出，机能很快恢复，因而较安全。其不足之处，是在进行麻醉时需要有专人负责和专门设备，因而目前兽医临床上很少应用。

【作用机理】

全麻药可有许多化学结构不同的药物，如醚、卤烃、醇及惰性气体等。因而可以推论全麻药与机体神经成分结合时，并非要有特殊分子结构，可能含有一种物理现象。一般认为，麻醉药物的作用强度与油/气分布系数有密切关系，该系数越大，药物脂溶性越大，麻醉作用强度也越大。

全麻药可能作用于神经细胞上的类脂质、蛋白质或水分子。它很可能使膜的脂质分子排列失常，致使膜上蛋白质分子不能行使正常功能而产生可逆性麻醉作用，尤以突触部位明显。因而有人认为脑干网状结构上行激活系统对麻醉药特别敏感，其丰富的神经突触对麻醉药的亲和力高是主要原因。至于其它各种解释还不够完善。

【麻醉分期】

中枢神经系统各部位对麻醉药的敏感性有明显差异。其产生抑制的顺序，先是大脑皮层，其次是皮层下中枢，再次是脊髓。脊髓的感觉功能先于运动功能被抑制，最后是延脑。这一过程是连续不间断的过程。为了掌握麻醉的深度，维持满意的麻醉效果，可根据一些主要指标：意识、感觉、呼吸、血压、脉搏、瞳孔、角膜反射和骨骼肌的张力等，将麻醉的过程人为地分为四期，其实各期之间并无明显的界限。

第一期——镇静期　是指从麻醉开始至意识和痛觉近于消失的一段时间，为大脑皮层和网状结构上行激活系统受到抑制。此期中各种反射活动存在，肌张力正常。临床上可出现呼吸加快，血压升高，脉搏增快等，这些变化为吸入麻醉药对呼吸道的刺激所致。

第二期——兴奋期　为意识完全丧失到眼睑反射迟钝的一段时间。动物对外来刺激表现出过度或失常反应，异常兴奋，鸣叫或挣扎，瞳孔放大，眼球转动，骨骼肌张力增强，各种反应亢进，血压上升，脉搏增强，角膜、皮肤和吞咽等活动正常。

一般认为此期是大脑皮层功能进一步受到抑制，使皮层下中枢失去控制与调节而使动物呈现运动性兴奋。第一、二期合称诱导期。

第三期——麻醉期　此期呼吸规则为显著特点。该期内动物安静，肌肉松弛，痛觉和脊髓反射活动消失，为良好外科手术期。麻醉药的抑制作用由间脑、中脑、桥脑自前向后逐渐展开，脊髓机能也由后向前逐渐被抑制。延脑机能仍保持。由于肌肉活动减少，间脑体温调节中枢被抑制致使体温下降。

外科手术时尚可根据症状，将其分为浅麻醉与深麻醉两期相。

浅麻醉期　该期的明显特征是动物安静，呼吸深而规则且缓慢，骨骼肌张力消退，对锐痛不引起反射性肌收缩，舌肌松弛，脉搏整齐，瞳孔大小正常，角膜、咽喉反射几近消失。此时为外科手术良好期相。

深麻醉期　角膜、眼睑、咽喉反射等均消失，眼球固定，排粪排尿频繁，瞳孔由缩小转向扩大，脉搏变弱，呼吸浅而弱，以腹式呼吸为主，血压下降，此时应立即停药。人工呼吸急救，以免呼吸停止而死亡。

第四期——延脑麻醉期　此期为呼吸停止至心跳停止一段时间，为延脑呼吸中枢麻痹所致。呼吸停止在先，心跳停止在后。

乙醚 Ether

$$CH_3CH_2OCH_2CH_3$$

本品为无色透明液体，极易挥发。其蒸气易燃烧，遇光和热也易分解，故应置于有色瓶内，密封，置阴凉避火处保存。

【体内过程】

吸入乙醚的蒸气随血流进入富有类脂质的中枢神经系统，迅速产生麻醉作用，同时乙醚又分布于体内脂肪组织。停止给药，乙醚可从脂肪组织中释放，再度进入脑组织，维持麻醉状态。乙醚在体内极少被代谢转化，而绝大部分以原形经肺排出体外。

【药理作用】

(1) 安全可靠　乙醚麻醉时能有效地抑制中枢神经系统，而对机体其它系统无明显不良影响，即使逾量，呼吸停止先于循环衰竭，只要及时处理仍可能转危为安。故有易于控制麻醉深度之特点。在麻醉期间，药物对心、肝、肾等的毒性小或无，是比较安全的麻醉药。但对牛、羊的毒性较其它动物可能要大。

(2) 麻醉力强　乙醚是良好的骨骼肌松弛全麻药，优于现有的任何全麻药。它既有对中枢神经系统的锥体和锥体外系途径的抑制作用，又有对骨骼肌运动终板箭毒样的阻断作用，因而有良好镇痛和骨骼肌松弛作用。

(3) 麻醉诱导期与苏醒期长　乙醚麻醉作用比较弱，达到一定麻醉深度的乙醚浓度所需的时间较长，因而诱导期长。停止给药后，乙醚消除呼出的时间较长，所以苏醒期较长。

【不良反应】

(1) 呼吸道刺激性　吸入乙醚初期对呼吸道粘膜刺激性大，促进腺体分泌大量粘液，再加之乙醚麻醉过程缓慢，诱导期长，因而显示强而长时间的刺激作用。为防止此不良反应，临床必须用硫酸阿托品作为麻醉前给药进行复合麻醉。

(2) 胃肠功能紊乱　乙醚能刺激胃肠粘膜引起恶心和呕吐，在麻醉之后可导致胃肠蠕动减缓。

【临床应用】

主要用于鼠、猫、犬及仔猪等中小动物麻醉。用于马属动物时应在封闭式设备中进行。此外，可作为吸入麻醉药的还有氯仿，氟烷和氧化亚氮等。

二、静脉麻醉药

静脉麻醉药是临床中很重要的全麻药。其特点是操作简便，麻醉迅速，诱导期短或不明显，对呼吸道不易产生刺激作用或不引起异物性肺炎等危险，因而在兽医临床上应用最普遍。

常用静脉麻醉药物有巴比妥类和非巴比妥类。

（一）巴比妥类

巴比妥类的麻醉药是以巴比妥酸或硫巴比妥酸为基本结构的衍生物。其结构式如下：

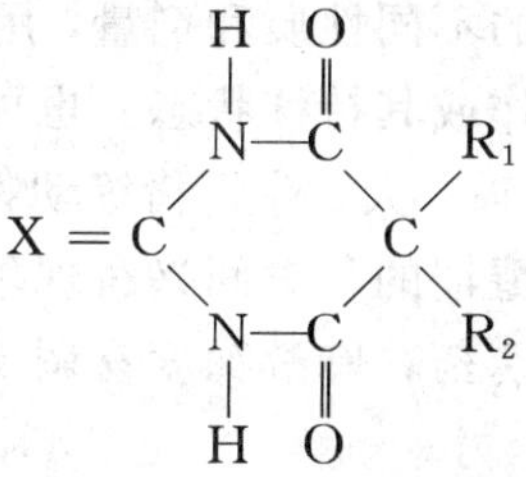

X＝O，为巴比妥酸；X＝S，为硫巴比妥酸。临床上重要衍生物列于表 5-1 中。巴比妥类的注射剂均为钠盐。

表 5-1　常用的巴比妥类衍生物

名　称	R_1	R_2	X	持效时间
苯巴比妥 Phenobarbital	$-C_2H_5$		O	长
巴比妥 Barbital	$-C_2H_5$	$-C_2H_5$	O	长
异戊巴比妥 Amobarbital	$-C_2H_5$	$-CH_2-CH_2-CH(CH_3)_2$	O	中
戊巴比妥 Pentobarbital	$-C_2H_5$	$-CH(CH_3)-CH_2-CH_2-CH_3$	O	中
硫喷妥 Thiopental	$-C_2H_5$	$-CH(CH_3)-CH_2-CH_2-CH_3$	S	短

【体内过程】

巴比妥类药物无论口服，皮下注射，肌内注射都易吸收。吸收后药物达到血峰值时间可随巴比妥类药物的种类不同而异。长效型的巴比妥类药物吸收缓慢，与血浆蛋白结合率较低。短效型易吸收，与血浆蛋白结合率高。支配巴比妥类药物在机体内分布的不仅是蛋白结合率，而且与脂溶性密切相关。短效型的硫喷妥脂溶性极高，静脉注射后 30 s 即可在血流旺盛的脑、肾、肝、心等器官达到峰值浓度，因而对中枢神经系统迅速产生麻醉作用。而肌肉内达到峰值浓度的时间需要 10～20 min，脂肪组织要数小时。硫喷妥迅速作用于中枢神经系统之后，再逐渐向肌肉、脂肪转移进行再分布，这是使硫喷妥持效作用短暂的重要原因。长效型巴比妥脂溶性低，脑神经组织内药物浓度升高缓慢，因而作用迟缓。脑组织与机体脂肪间的再分布变化平稳，脑内浓度下降缓慢因而持效时间也长。

巴比妥类药物在体内代谢程度与其化学稳定性有关。长效型的巴比妥主要以原形从尿中排出，且有重吸收作用；短效型的巴比妥主要在肝内转化，因而肝功能可影响药物转化速度。

转化时可以是 R_1 或 R_2 侧链氧化。

【药理作用】

(1) 中枢神经系统　巴比妥类药物对中枢神经系统呈现抑制作用。短、中效型的药物在相应的剂量下可得到镇静、催眠直至麻醉等作用。长效型的苯巴比妥有对皮层运动中枢选择性抑制的作用，为良好抗痉挛、癫痫药物。这些作用是巴比妥类选择性地抑制脑干网状结构上行激活系统从而使大脑皮层兴奋性下降，进而转入抑制状态的结果。

(2) 呼吸系统　巴比妥类药物静脉麻醉容易发生呼吸抑制，过量时则麻痹延脑呼吸中枢而致死。

(3) 循环系统　在麻醉剂量下，巴比妥类对心血管系统的作用不显著。注射过快或剂量过大，可致使外周血管扩张，血压显著下降。

【临床应用】

巴比妥类的药物可根据各药物的不同性质和剂量，用于镇静、催眠、抗痉挛及全身麻醉。

苯巴比妥：用于治疗癫痫大发作或其持续状态。也可用于抗惊厥、抗痉挛。

戊巴比妥（异戊巴比妥）：用于猫、犬、牛、猪等动物的全身麻醉或基础麻醉。用于马时宜为基础麻醉，以避免兴奋期与苏醒期的长时间兴奋现象发生。小剂量可用做镇静、催眠。

硫喷妥：为巴比妥类良好的全麻药，麻醉深度易调节，兴奋性弱。但镇痛效能弱，肌肉松弛差。

【不良反应与中毒解救】

(1) 肌肉松弛不良　用于麻醉时宜与肌松药并用。

(2) 刺激性　巴比妥类的钠盐都有一定刺激性，应静脉注射给药。

(3) 呼吸抑制　大剂量口服或静脉注射过快或过量可引起急性中毒。巴比妥类脂溶性高的药物毒性更强。呼吸抑制时可用呼吸兴奋药解救，并用碳酸氢钠碱化尿液促进其排出。

（二）非巴比妥类

非巴比妥类的全麻药种类繁多。现仅介绍常用几种。

水合氯醛 Chloral Hydrate

水合氯醛（三氯乙醛-水分子结合物）为具有芳香与刺激性气味的白色晶体，易溶于水、乙醇、乙醚等。本品化学稳定性差，不宜煮沸消毒。其结构为：

$$CCl_3-CH(OH)_2$$

【体内过程】

口服或直肠内给药都能迅速吸收，吸收后在肝脏内转化为三氯乙醇，再与葡萄糖醛酸结合从尿中排出。

【药理作用】

(1) 中枢神经系统　水合氯醛对中枢神经系统的作用随剂量不同，可产生镇静、催眠和麻醉作用。其作用机理可能是抑制网状结构上行激活系统。大剂量时对大脑皮层运动区有较强抑制作用，并对脊髓神经冲动传导产生抑制，故能降低运动机能。

(2) 呼吸系统　本品对呼吸系统的抑制作用较强，即使催眠剂量也可对呼吸产生一定抑制作用。麻醉时血药浓度与呼吸麻痹时的浓度相近，因而用于麻醉时的安全范围小。

(3) 心血管系统　水合氯醛能直接抑制心肌代谢，同时能加强迷走神经效应，致使心脏活动减弱，血压下降；对血管运动中枢有抑制作用和扩张血管作用，能使体温下降。

【临床应用】

水合氯醛可做镇静、催眠、抗惊厥和全麻药用。全麻醉时多为静脉注射给药，口服、灌肠也可。除猪及马属动物外，其它动物副作用大。此外还用于止酵、驱风。

临床上与氯丙嗪或硫酸镁注射剂并用，可增强麻醉效果，减少副作用。

【不良反应与中毒解救】

(1) 刺激性　用于静脉注射漏出血管外时可导致局部炎症与坏死。口服时应将其稀释成2%～3%溶液，并配与粘浆保护剂。

(2) 呼吸抑制　水合氯醛中毒出现呼吸抑制时应选用安钠咖或尼可刹米等药物解救。但不能用肾上腺素解救，以免招致心肌纤颤。

乌拉坦 Urethane

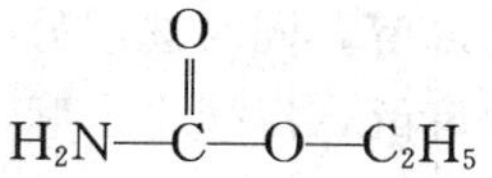

乌拉坦为氨基甲酸乙酯。本品口服易吸收，仅产生催眠作用。静脉注射给药可使小鼠、大鼠、兔、猫和家禽产生镇静、催眠和麻醉作用。用于犬、马等动物时仅有镇静和催眠作用。现为实验室小动物的麻醉药。

氯胺酮 Ketamine

临床常用其盐酸盐，盐酸氯胺酮为白色晶粉，易溶于水。其结构为：

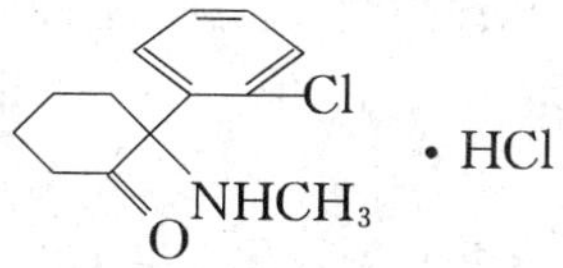

【药理作用】

(1) 抑制大脑皮层和间脑　静脉注射迅速作用，持效时间短。在1 min内可使意识模糊，持效约10 min，30 min内可恢复正常。肌肉不松弛，眼对光反射、角膜与喉反射仍存在，但痛觉明显消失。这是氯胺酮抑制痛觉冲动对丘脑及新皮层系统的作用，而对脑干及边缘系统起兴奋作用的结果。氯胺酮麻醉可使意识与痛觉、抑制与兴奋分离，故称为分离麻醉(Dissociative anesthesia)。

(2) 呼吸系统　临床剂量对呼吸系统无影响，过大剂量或注射过快可使呼吸骤停而死亡。

(3) 兴奋心血管系统　氯胺酮能增强肾上腺素能神经的活动，增加心率，增加心输出量，增加动脉压。

【临床应用】

氯胺酮可用于猫、羊、猪、虎及珍禽不需要肌松的手术，或动物保定，也用于诱导麻醉或基础麻醉。

三、合并用药

现有的麻醉药都有不同程度的缺点。为了减少麻醉药的不利影响或增强麻醉效果，达到诱导期短，镇痛和肌松完全，用量少和容易调节麻醉的深度，安全可靠，临床上多采用合并用药，称为“复合麻醉”。常见的复合麻醉有以下几种。

（1）麻醉前给药　在全麻药给予前，给一种或两种以上的药物，以减少麻醉药的副作用或增强麻醉的效果。如欲减少水合氯醛引起支气管腺体的大量分泌，可给予注射阿托品。

（2）基础麻醉　在吸入麻醉药之前先用一种中枢抑制药使动物进入浅麻醉作为基础，再用另一种麻醉药使之达到麻醉的深度。兽医临床常用水合氯醛浅麻醉，再用吸入麻醉药维持麻醉的深度。

（3）混合麻醉　把数种有麻醉作用的药物混合配制，进行麻醉。优点是增强麻醉强度，减少毒性。常见有水合氯醛-硫酸镁注射液和水合氯醛-酒精注射液等。

（4）配合麻醉　先用某种麻醉药麻醉，同时选用另一种麻醉药作为辅助剂。临床上常用全麻药做浅麻，再配以局麻药做局部麻醉，以减少全麻药的用量与毒性。

制剂与用法

(1)巴比妥钠注射液　静脉注射(催眠)量：马 0.03 g/kg。肌内注射量：猪 0.3～0.5 g/kg，犬 0.03～0.1 g/kg。

（2）苯巴比妥钠粉针剂　肌内注射或静脉注射量：马、牛 10～15 mg/kg，羊、猪 0.25～1 g，犬 0.1～0.3 g。

（3）戊巴比妥钠粉针剂　静脉注射量（麻醉）：马、牛 15～20 mg/kg，猪 10～20 mg/kg，羊 30 mg/kg，犬 25～30 mg/kg。静脉注射量（镇静、基础麻醉）：马、牛、羊、猪 5～15 mg/kg。

（4）硫喷妥钠粉针剂　基础麻醉量：马、羊 10～15 mg/kg，牛 7～10 mg/kg。全麻量：犊牛、猪、犬 15～20 mg/kg。

（5）水合氯醛　内服或灌肠（镇静）量：马、牛 10～25 g，羊、猪 2～4 g，犬 0.3～1 g。

(6)水合氯醛-硫酸镁注射液　为硫酸镁 5%、水合氯醛 8%和氯化钠 0.9%的灭菌水溶液。静脉注射量（麻醉）：马 200～400 ml。镇静量：马 100～200 ml。

（7）水合氯醛乙醇注射液　为水合氯醛 5%、乙醇 15%灭菌水溶液。静脉注射量（麻醉）：马、牛 100～300 ml。

（8）乌拉坦　麻醉用药，静脉注射量：1～1.2 g/kg。腹腔注射量：1～1.5 g/kg。

（9）氯胺酮注射液　麻醉用药，静脉注射量：马 1 mg/kg，牛、羊 2 mg/kg。镇静性保定，肌内注射量：羊 20～40 mg/kg，猪 12～20 mg/kg，鹿 10 mg/kg，水貂 6～14 mg/kg，熊8～12 mg/kg。

第六章　催眠药、镇静药和抗痉挛药

催眠药是能抑制中枢神经系统，引起睡眠的药物。镇静药是对中枢神经系统起安静作用的药物。两者都是轻度抑制中枢神经活动。临床上用于消除动物的烦躁、不安等高度兴奋或对抗惊厥等。

抗痉挛药是用于对抗中枢神经系统对骨骼肌发出过多冲动，表现出全身肌肉阵发性或强直性收缩作用的药物。主要用于治疗动物痉挛性的疾患，或者缓解症状，但不能消除病因。

一、催眠药、镇静药

用于动物的催眠药，在用法和剂量上都是起到镇静作用，故统称为镇静催眠药。严格地讲，镇静药是呈现比催眠药更轻的中枢神经抑制性药物。所以应用比催眠剂量小的催眠药，也能达到镇静的作用。

临床上除可选用中枢神经系统的全面抑制药物如全麻药外，还可选用对中枢神经系统某些部位有选择性抑制作用的药物。

溴化物 Bromides

溴化物包括溴化钾、溴化钠、溴化铵和溴化钙，前三者并用时称三溴合剂。

溴化物内服易吸收。溴离子在体内的分布与氯离子相同，多在细胞外液中，主要经肾脏排泄。肾脏排出溴离子的速度随氯离子浓度增加而加快，增加氯离子浓度可促进溴离子的排出。溴离子的排出，服药初期较快，以后逐渐缓慢，因而长时间应用易产生蓄积作用。

溴离子主要是选择性地抑制大脑皮层运动区和皮层的感觉机能，从而使动物呈现镇静作用。剂量过大或产生蓄积中毒时，动物表情冷漠，眼结膜反射消退。临床剂量仅有镇静作用，可用于中、小动物抗惊厥和治疗破伤风等兴奋性疾病。

赛拉嗪 Xylazine

本品又称二甲苯胺噻嗪或隆朋（Rompun），常用其盐酸盐，易溶于水。其结构为：

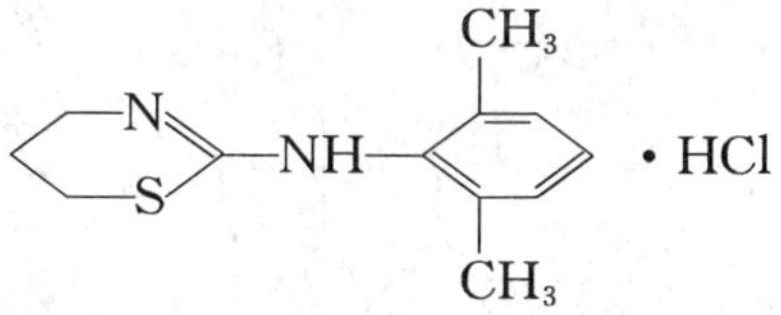

【药理作用】

赛拉嗪既是镇静药，又是镇痛药和肌肉松弛药，但不具有麻醉性的作用。其镇静及镇痛作用为中枢神经系统的抑制作用结果。由于中枢神经元之间的冲动传递被抑制，因而产生肌肉松弛作用。剂量增加镇静、嗜睡作用加强，动物低头、流涎、舌肌松弛、针刺反应迟钝愈明显。该药的镇静作用强于镇痛作用；肌松作用比镇静作用维持时间短而消失快。

【临床应用】

动物对本品反应的种属差异很大，以牛最敏感，野生动物及鹿也敏感。

(1) 镇静药　小剂量为镇静剂，用于牛、马及野生动物保定、运输、换药及外科小手术。

(2) 镇痛药　大剂量结合局部麻醉药可用于乳房手术，阉割术及剖腹产等较大手术。

(3) 强化麻醉　与水合氯醛、硫喷妥钠或戊巴比妥钠盐合用，减少麻醉用量，增强麻醉效果。

【不良反应与中毒解救】

(1) 抑制心肌传导　马对本品反应较弱，个体差异大，静脉注射时宜缓慢，同时易出现心肌传导抑制，用药前先注射阿托品可消除不良反应。

(2) 促进子宫收缩　妊娠后期的牛、马可引起流产，不宜使用。

(3) 其它　本品注射过快或过量易引起牛呼吸抑制，猫呕吐。

二甲苯胺噻唑 Xylazole

本品又称静松灵，为无色结晶，易溶于水。其盐酸盐结构为：

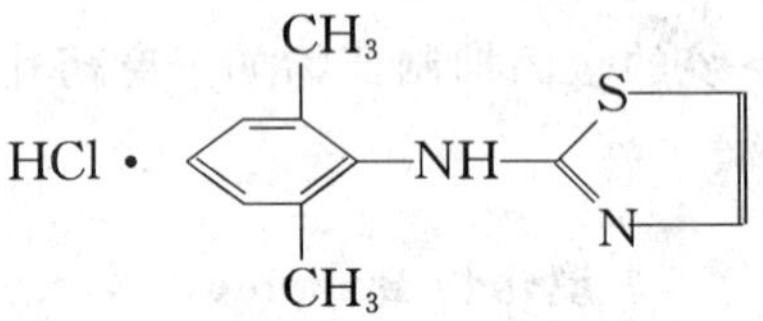

为我国合成的药剂，具有镇静、镇痛和中枢性肌松作用。在临床剂量下动物首先镇静，肌肉明显松弛，痛觉消失，麻醉状态可达 0.5～1 h。然后痛觉首先恢复，肌松现象消失，镇静状态还可维持较长时间。本品对家畜如牛、马、犬作用效果好，安全及无明显不良反应；对猫、兔及野生动物不敏感；有严重肺、心疾患及怀孕后期动物慎用。

临床上主要用于动物镇痛、保定及运输等。

二、抗痉挛药

抗痉挛药为消除或抑制骨骼肌痉挛的药物，能特异性地抑制大脑皮层运动中枢异常的兴奋性。

苯妥英钠 Phenytoin Sodium

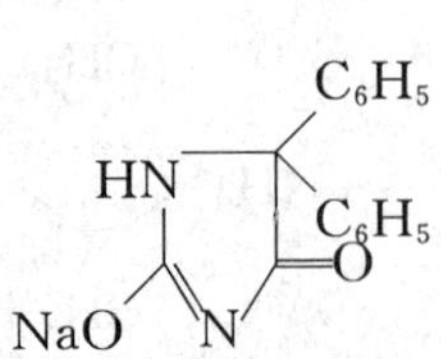

对大脑皮层运动区有高度选择性抑制作用，能防止癫痫大发作，但作用缓慢。口服一般需经数日才能达到抗痉挛的作用水平，出现疗效。故控制临床症状仍以苯巴比妥为优。

苯巴比妥 Phenobarbital

苯巴比妥在通常剂量下能完全消除大脑皮层运动区的电兴奋性，提高惊厥发作阈值。对于脑炎疾病中的中枢兴奋症状和中枢兴奋药的中毒有对抗性作用，消除痉挛症状。

用量过大引起呼吸中枢抑制时，可用安钠咖、尼可刹米等中枢兴奋药抢救。

硫酸镁注射液 Magnesium Sulfate Injection

硫酸镁注射液抗痉挛的药理作用在于镁离子能对抗中枢神经系统活动，产生抑制作用。镁离子对神经肌肉运动终板传导有阻断作用，使骨骼肌松弛。其机理是：

（1）镁离子在神经肌肉的传导部位对抗钙离子作用。

（2）钙离子的作用被阻断，运动神经末梢释放乙酰胆碱减少，骨骼肌兴奋性下降，使骨骼肌松弛。

【临床应用】

肌内注射或静脉注射时可用于解除破伤风、士的宁中毒等引起惊厥性疾病及胆道平滑肌解痉。

【不良反应与中毒解救】

硫酸镁注射量过大或过快可引起呼吸抑制。其麻醉呼吸中枢的浓度几乎近于麻醉浓度，因而不宜单独用做麻醉剂。

中毒时应立即停止注射，并用5%氯化钙静脉注射解救。

制剂与用法

（1）溴化钠　内服量：马10～50 g，牛15～60 g，猪5～10 g，羊5～15 g，犬0.5～2 g，家禽0.1～0.5 g。

（2）三溴合剂（含溴化钾、溴化钠和溴化铵各3%的水溶液）　内服量：马、牛200～300 ml，羊、猪20～30 ml。

（3）盐酸拉嗪粉针剂　静脉注射量：马0.5～1 mg/kg。肌内注射量：马1.5～3 mg/kg，牛0.2～0.3 mg/kg，羊3～4 mg/kg。

（4）二甲苯胺噻唑注射液　肌内注射量：黄牛、牦牛、犏牛0.2～0.6 mg/kg，水牛0.4～1.0 mg/kg，羊1.0～3.0 mg/kg，马、骡0.5～1.2 mg/kg，驴1～3 mg/kg，马鹿2～5 mg/kg，梅花鹿1～3 mg/kg。静脉注射量：马、骡0.3～0.8 mg/kg。

（5）苯妥英钠片　内服量：牛1～2 g，犬0.1～0.2 g，1日2～3次。

（6）硫酸镁注射液　肌内注射或静脉注射量：马、牛10～25 g，羊、猪5～10 g。

第七章　安　定　药

安定药又称精神安定药，是指能消除异常兴奋、狂躁不安等，达到安稳的精神状态的一类药物。安定药能选择性地抑制不安和紧张状态等异常兴奋，用药后能使动物进入安静、嗜睡状态。通常的镇静药、催眠药仅使正常的精神活动和行为能力下降而呈现抑制作用。

兽医临床上经常使用的安定药为吩噻嗪类的氯丙嗪、乙酰丙嗪和苯二氮䓬类的地西泮、咪达唑仑。其它药物目前在兽医上较少应用。

一、吩噻嗪类

氯丙嗪 Chlorpromazine

其盐酸盐为白色或白色微红色晶体粉末，易溶于水。水溶液呈酸性。与碳酸氢钠、巴比妥类钠盐等配伍可产生沉淀，遇氧化剂能变色而失活。

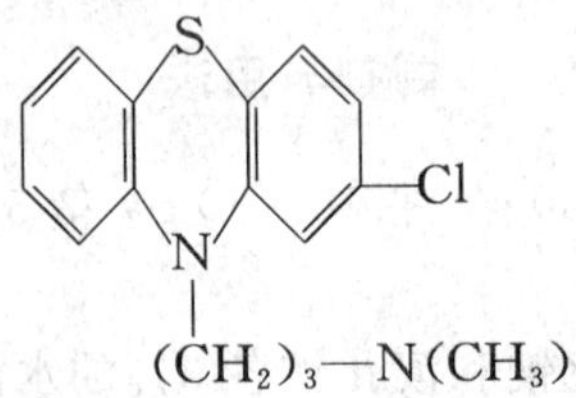

【体内过程】

口服或注射易吸收，吸收后主要分布于脑、肺、肝和肾上腺皮质，其次在淋巴结、脾和胸腺。氯丙嗪能通过胎盘进入胎儿。体内代谢的过程比较复杂，部分形成氯丙嗪亚砜，部分与葡萄糖醛酸结合，另有部分以原形从尿中排出。葡萄糖醛酸结合物可进行肝肠循环，因而排泄需要较长时间。内服时，粪便排出较多。

【药理作用】

氯丙嗪具有广泛的药理作用。

（1）中枢神经系统　氯丙嗪对皮层下中枢各部位有强烈的抑制作用；对丘脑下部与脑干网状结构也同样具有很强的抑制作用。给药后动物呈现安静、嗜睡、对外界刺激反应冷漠，容易入睡。丘脑下部受抑制，直接抑制了植物性神经高级中枢的兴奋性，抑制体温调节中枢，降低基础代谢；抑制血管运动中枢兴奋性，促使血管扩张。各器官的机能活动减少，产热减少，散热增加，动物体温下降。氯丙嗪能抑制延脑催吐化学感受器和呕吐中枢的兴奋性，呈现较强的止吐作用。

（2）植物神经系统　氯丙嗪能对抗植物神经递质的作用，阻断 α-肾上腺素能受体的兴奋性，增强 β-肾上腺素受体的作用，使血管扩张，血压下降。本品能抑制胆碱能神经末梢释放乙酰胆碱而表现出轻度抗乙酰胆碱作用，因而能缓解乙酰胆碱引起肠痉挛和支气管痉挛，减少支气管和唾液腺体的分泌。

（3）内分泌机能　本品作用于丘脑下部，长期应用会导致垂体内分泌机能减退，进而影响肾上腺皮质及性腺机能，影响动物生长发育。这些作用在兽医临床少见。

【临床应用】

（1）镇静药 用于犬、猫、猪及马等动物镇静。

（2）强化镇静药、催眠药、镇痛药及麻醉药的作用 与乙醚、巴比妥类等全麻药并用，增强麻醉深度和延长麻醉时间；与麻醉镇痛药合用增强镇痛效应。冬眠灵合剂（氯丙嗪：异丙嗪：哌替啶为50：50：100）就是一例。

（3）辅助治疗 用于平滑肌解痉作用的辅助药，或用于抗休克、中暑、降温及高温运输防暑等辅助药。

【不良反应与中毒解救】

（1）低血压症 用量过大易引起低血压，解救时应用去甲肾上腺素等兴奋 α-受体的拟肾上腺素药，禁用肾上腺素药。

（2）特异反应 马、牛或其它动物因个体差异，应用药物后出现兴奋与惊厥时，应选用中枢抑制药控制症状。

乙酰丙嗪 Acepromazine

本品常用马来酸盐，为黄色、无臭的晶粉，味苦，易溶于水和醇。

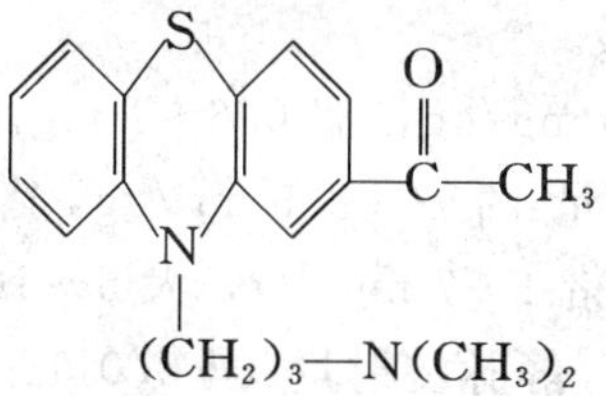

乙酰丙嗪作用与氯丙嗪相似，具有镇静、降温、止吐等作用，但增强催眠与麻醉作用较氯丙嗪强。对中枢神经系统的作用，主要是抑制皮层下中枢，且表现广泛的抑制作用。给药后动物表现出镇静，活动减少，肌松和抗惊厥等。

本品毒性比氯丙嗪少，主要不良反应可能有心动迟缓或窦房传导阻滞，与硫酸阿托品配合应用可防止其发生。

临床上主要是强化麻醉剂，国外常与埃托啡配合，作为动物化学保定剂，也可用于马痉挛疝。

二、苯二氮草类

地西泮 Diazepam

本品又称安定或苯甲二氮䓬，为白色或类白色晶粉，不易溶于水。

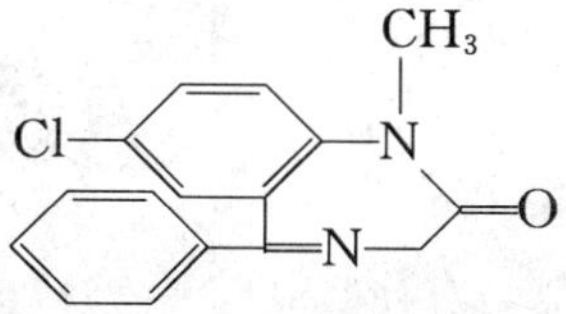

本品内服吸收快。肌内注射后吸收不完全，静脉注射后与血浆蛋白结合率高（马为87%）。由于地西泮的代谢物在体内仍有较大的药理活性，不能仅从其血中浓度来预测药效时间。

本品具有安定、镇静、催眠、肌肉松弛和抗惊厥作用，可降低动物攻击性，驯服动物。其作用机理，小剂量地西泮能抑制中脑网状结构中的多突触通路；中等或大剂量还能抑制强直刺激后增强的突触传递作用，可能具有中枢抑制性递质甘氨酸样的作用。兽医临床上，地西泮与盐酸赛拉嗪或氯胺酮合用，用于配合麻醉。国外还用做减轻动物应激反应的药物。

静脉注射时应注意控制注射速度，以免引起呼吸抑制或呼吸骤停、血压下降。

咪达唑仑 Midazolam

本品又称咪唑二氮䓬，内服、肌内注射吸收快而完全。静脉注射后与血浆蛋白结合率高（马 94%～97%），在肝内代谢快。

本品的药理作用，临床应用与地西泮相同。

制剂与用法

（1）盐酸氯丙嗪注射液　肌内注射量：马、牛 1～2 mg/kg，羊、猪 1～3 mg/kg。静脉注射量：各种家畜 0.5～1 mg/kg。

（2）复方氯丙嗪注射液（含盐酸氯丙嗪和盐酸异丙嗪各 50 mg）　肌内注射：0.1～1 mg/kg（按盐酸氯丙嗪计算）。

（3）马来酸乙酰丙嗪注射液　肌内注射或静脉注射剂量：马 0.05～0.1 mg/kg，羊、牛、猪 0.5～1 mg/kg，猫 1～2 mg/kg。

（4）地西泮片　内服量：鹿 5 mg/kg，貂 0.6～1 mg。

（5）地西泮注射液　肌内注射量：牛 2～2.5 mg/kg，猪 1～7 mg/kg，鸡 5.5～11 mg/kg。静脉注射量：牛 0.8～1 mg/kg，猪 1～7 mg/kg，犬 5～10 mg/kg。

（6）咪达唑仑针剂　术前给药，静脉注射量：马 0.011～0.044 mg/kg，犬、猫 0.066～0.22 mg/kg。

第八章　镇　痛　药

镇痛药（Analgesics）为选择性抑制痛觉，缓解疼痛的药物。在镇痛时，意识清醒，对其它感觉不受影响。根据镇痛药的作用特点可分为麻醉性镇痛药和非麻醉性镇痛药。

麻醉性镇痛药为吗啡类镇痛药，其作用特点为镇痛性强，但反复应用易成瘾。本类药物属于控制使用的剧毒药品。兽医临床少用或不用。非麻醉性镇痛药镇痛作用弱，反复多次应用不成瘾，但具有退热、消炎镇痛作用（见第九章）。

一、阿片碱类镇痛药

阿片为罂粟植物罂粟未成熟蒴果浆汁的干燥物。吗啡和可待因为阿片生物碱中有效镇痛成分。

吗啡 Morphine

吗啡是阿片中主要生物碱，含量达 10%。吗啡的分子结构如表 8-1。

表 8-1　吗啡及其衍生物的化学结构

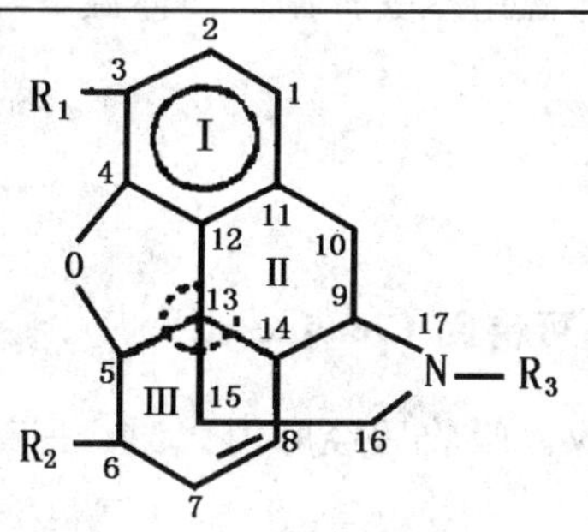

药物	R_1	R_2	R_3
吗啡 Morphine	$-OH$	$-OH$	$-CH_3$
可待因 Codeine	$-OCH_3$	$-OH$	$-CH_3$
烯丙吗啡 Nalorphine	$-OH$	$-OH$	$-CH_2CH=CH_2$
纳洛酮 Naloxone	$-OH$	$=O$	$-CH_2CH=CH_2^{(1)(2)}$

注：◌ 为季碳原子；(1) 7～8 位间为单键；(2) 14 位有羟基。

【体内过程】

口服容易从胃肠道吸收。皮下给药后吸收迅速，吸收后部分吗啡与血浆蛋白结合，游离型吗啡迅速分布全身组织，其中仅少量通过血脑屏障，发挥药理作用。其余在肝脏或肾内与葡萄糖醛酸结合，或从肾脏排泄，或由肝肠循环从肠道排出。猫的肝脏内缺乏尿苷二磷酸葡萄糖醛酸及葡萄糖醛基转移酶，故不利于吗啡葡萄糖苷酯化。其体内过程与大多数哺乳动物不同。

【药理作用】

吗啡为镇痛药之代表。吗啡的镇痛药理为镇痛药基础。特介绍如下：

(1) 中枢神经系统　动物种属间差异非常大。对中枢神经系统的作用可分为兴奋型与麻醉型。

兴奋型：给药后并经一定潜伏时间动物呈现兴奋、不安、跳跃、突进和狂暴等行为。这种状态即使去除大脑皮层后仍然存在，但破坏丘脑下部会消失。属于该类型的动物有猫、猪、羊、牛、马、狮子、熊和狐等。

麻醉型：给药后动物仅有短暂的兴奋状态，出现唾液分泌、呕吐和排粪，而后痛觉迟钝，睡眠逐渐加深，甚至难得苏醒。这种作用既可抑制丘脑与大脑皮层之间冲动传递，又能使脊反射活动延缓和消失。除人之外，这类动物有犬、兔和豚鼠等。

(2) 呼吸系统　吗啡能抑制各种动物呼吸中枢，降低呼吸中枢对 CO_2 的敏感性，小剂量即可表现出来；过大剂量时使动物呼吸中枢麻痹。

(3) 循环系统　一般剂量对心血管无明显影响，大剂量可抑制延脑血管运动中枢兴奋性，致使外周血管扩张、血压下降。

(4) 肠道平滑肌　小剂量吗啡可缓解反刍动物及马肠道痉挛，但能提高括约肌张力而呈现继发性便秘；大剂量先呈现肠道机能亢进而腹泻，后继发便秘。常多见于犬和猫等动物。

(5) 瞳孔　对瞳孔的作用与动物种属有关。兴奋型动物呈现瞳孔扩大；麻醉型动物的瞳孔强烈缩小，为针眼瞳孔。

(6) 体温　麻醉型动物由于丘脑体温中枢受抑制而使体温下降；兴奋型由于丘脑体温中枢兴奋性升高而体温上升。

【临床应用】

实验室应用于犬麻醉前给药。

可待因 Codeine

可待因又称甲基吗啡。口服易吸收。吸收后经肝内代谢，一部分脱去甲基而成吗啡。可待因镇痛作用为转化成吗啡后所产生。

可待因的作用机理与吗啡相近，只经代谢之后才产生，因转化部分较少，故镇痛作用较弱。呼吸抑制或成瘾性也比吗啡弱。

临床上可用可待因治疗无痰的干咳。磷酸可待因为祛痰止咳糖浆剂的成分之一。

二、人工合成镇痛药

吗啡易成瘾是其严重的缺点。人工合成的镇痛药具有成瘾性较弱的优点。

哌替啶 Pethidine

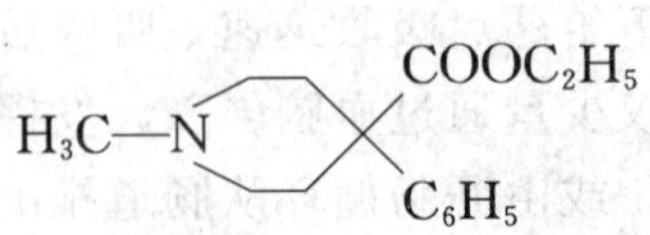

本品又称度冷丁 (Dolantin)，为较好的吗啡代用品。常用其盐酸盐。

本品有吗啡样的中枢性镇痛作用，其强度为吗啡的 1/3～1/2，催眠、镇静、镇咳作用较吗啡弱得多。有较强的解痉作用，其强度为阿托品的1/10左右，因而作用温和且不影响肠道分泌机能。作用较吗啡迅速。

因反复应用可产生依赖性，故按麻醉药品严格管理。

【临床应用】

（1）镇痛　可用于各种剧痛的镇痛药。

（2）麻醉前给药或合剂　强化麻醉，增强镇痛效果；与氯丙嗪和异丙嗪组成冬眠灵合剂。

其它人工合成镇痛药

安那度（Anadol）、芬太尼（Fentanyl）、喷他佐辛（Pentazocine）及罗通定(Rotundine)等均为人工合成镇痛药。以芬太尼镇痛最强，为吗啡的100倍，对呼吸抑制作用较弱。安那度的镇痛作用较哌替啶略强，作用迅速且短。喷他佐辛既是吗啡受体激动剂，又是吗啡受体的拮抗剂，能减弱吗啡的镇痛效果。喷他佐辛的镇痛效力为吗啡的1/3，增加剂量不增加镇痛效应，能明显增加呼吸抑制作用，该作用可为吗啡拮抗剂纳洛酮所对抗。罗通定即为中药延胡索所含延胡索乙素有效成分四氢巴马丁的左旋体。现为人工合成品。口服延胡索乙素与罗通定吸收良好，镇痛作用较哌替啶为弱，而较常用的解热镇痛药为强。临床上仅适用于钝性疼痛和慢性疼痛。此外尚有一定镇静作用。

三、吗啡受体拮抗剂

吗啡受体拮抗剂有吗啡类似的化学结构。对吗啡受体有较强的亲和力，能阻断吗啡与受体结合，因而有拮抗吗啡类的呼吸抑制与镇痛作用。可用于解除吗啡类急、慢性中毒。

吗啡受体拮抗剂有烯丙吗啡（Nalorphine）与纳洛酮（Naloxone），对抗吗啡类药物的作用，后者较前者强10～30倍。纳洛酮为麻醉性镇痛药急性中毒的良好解救药。

第九章　解热镇痛及抗风湿药

解热镇痛抗风湿药是一类具有镇痛、解热和抗风湿作用的药物。这类药物能抑制体内环加氧酶，从而抑制花生四烯酸转变成前列腺素（PG），减少PG的生物合成，因而有广泛的药理作用。

(1) 解热作用　本类药物能选择性地降低发热动物的体温，而对正常体温无明显影响。这与氯丙嗪降体温机理完全不同。

微生物或其它毒素作用下能使中性粒细胞释放内热原，或其本身代谢产物直接激活下丘脑的PG合成酶，增加PG的生物合成。PG是已知的最强致热原。在本类药物作用下，下丘脑的PG合成酶（环加氧酶）活性受到抑制，减少了PG的生物合成，故使发热的动物体温下降至正常。

(2) 镇痛作用　本类药物对轻、中度钝痛，如头痛、关节痛、肌肉痛、神经痛及局部炎症所致的疼痛有效。常用于慢性疼痛，通常不产生依赖性和耐受性。对创伤性剧痛与平滑肌绞痛无效。本类药物的镇痛机理，目前认为是其药物作用部位在外周的损伤或炎症组织内。局部组织在炎症或各种损伤时能释放有致痛性的血管活性物质，统称炎症介质。这些介质有组织胺、5-羟色胺、缓激肽、PG、慢反应物质（SRS-A）等。PG具有痛觉增敏作用，增加伤害感受器对各种刺激的敏感性。该类药物能抑制PG的生物合成，故有明显镇痛作用。至于该类药物的中枢性镇痛，阻断丘脑痛觉冲动向皮层传导的作用可能是很重要的原因。

(3) 消炎抗风湿作用　本类药物除非那西丁、对乙酰氨基酚外，都具有较强的消炎抗风湿作用。抗风湿作用除解热、镇痛外，主要是消炎作用。消炎反应是机体的防御机能。受刺激产生炎症的部位能释放炎症介质，这些介质能使炎症局部产生红、肿、热、胀等一系列反应。本类药物的消炎抗风湿机理是抑制PG的生物合成，控制炎症的继续发展，减轻局部炎症的症状。此外，这类药物还能稳定溶酶体膜，减少溶酶体内酸性水解酶的释放，减轻炎症介质的形成与释放，减少PG的合成也去除了PG与缓激肽等致炎物的协同作用。本类药物抑制PG的合成，从而除去PG对致炎物质的增敏作用，达到消炎作用。

一、苯胺类

苯胺类药物有非那西丁（Phenacetin）和对乙酰氨基酚（Acetaminophen），对乙酰氨基酚又称扑热息痛（Paracetamol），为非那西丁的代谢产物，与之具有相同的药理作用。

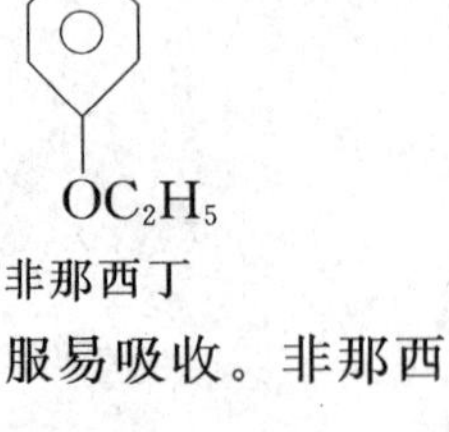

非那西丁

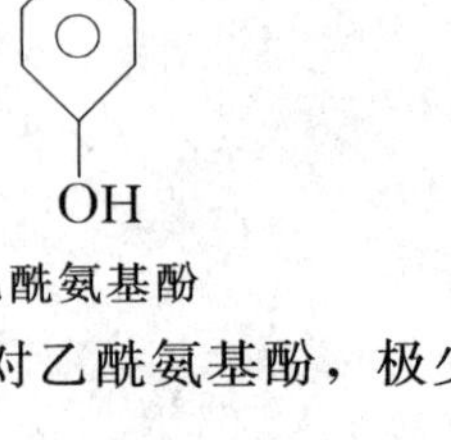

对乙酰氨基酚

本类药物口服易吸收。非那西丁在肝内转化为对乙酰氨基酚，极少数可转化为对氨基苯乙醚。这些代谢物能与葡萄糖醛酸或硫酸结合，随尿排出体外。对氨基苯乙醚能使血红蛋白氧化成高铁血红蛋白呈现毒性反应。

非那西丁和对乙酰氨基酚的解热镇痛作用持久和缓和，强度与阿司匹林相近，而无抗炎作用。非那西丁与对乙酰氨基酚均有解热作用，但后者毒副作用小。实验证明，对乙酰氨基酚抑制中枢PG合成酶的作用与阿司匹林相近，而外周作用远比阿司匹林弱，因而表明该类药物无抗炎之作用。临床上非那西丁不宜单独应用，可与其它解热镇痛药配成复方。对乙酰氨基酚则可单独应用。这些药物可用于中小动物解热镇痛，但不宜用于猫。

二、吡唑酮类

吡唑酮类（Pyrazolones）药物有氨基比林、安乃近、保泰松和羟布宗，该类药物结构式如下：

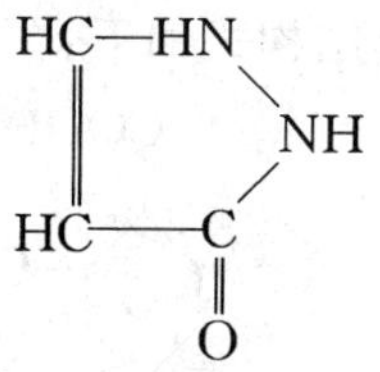

吡唑酮

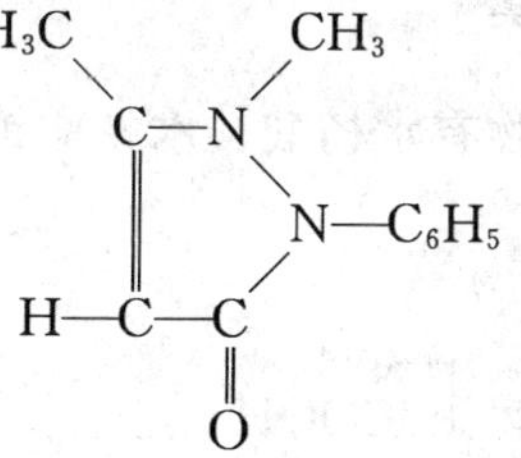

安替比林

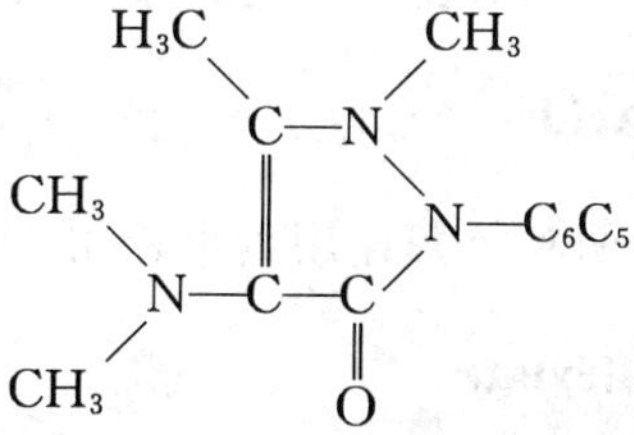

氨基比林

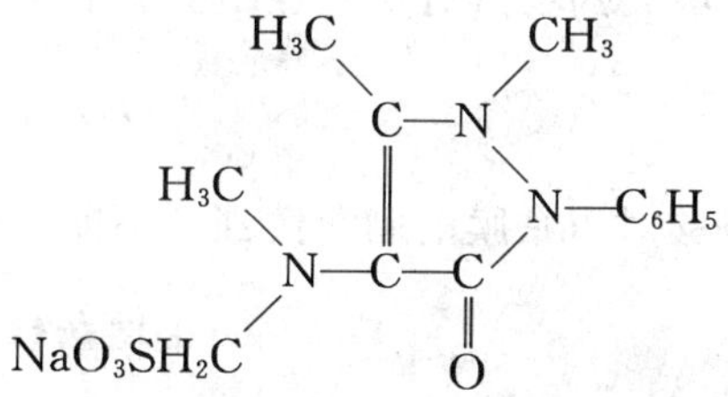

安乃近

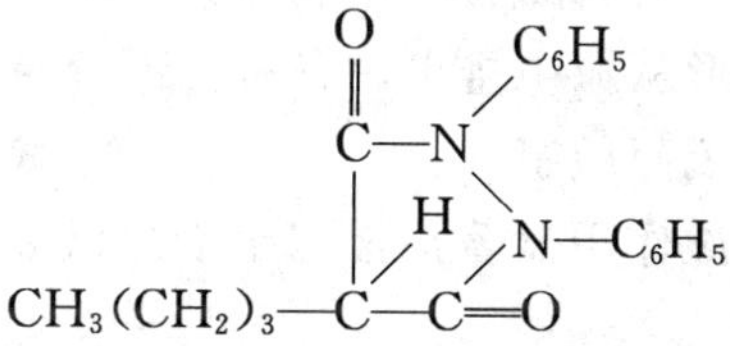

保泰松

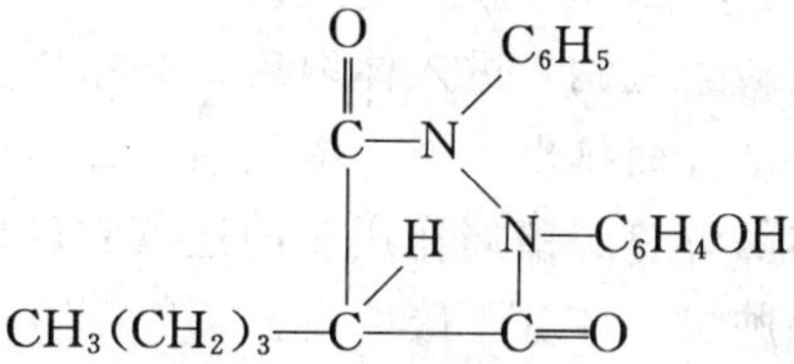

羟布宗

氨基比林 Amidopyrine

本品为白色晶粉，易溶于水，遇光和氧化剂易氧化，应避光保存。

解热作用强而持久，毒性较小，与巴比妥类合用能增强其镇痛作用。本品还具有消炎、抗风湿作用。可用于肌肉、关节、神经痛及各种风湿痛。

安乃近 Analgin

本品为氨基比林与亚硫酸钠的化合物，白色或黄色晶粉，易溶于水和醇。

本品为解热、镇痛及抗炎、抗风湿药物。其特点是作用迅速、持效时间较长。临床上可用于解热、镇痛及抗风湿，也用于各种动物的肠痉挛痛。

保泰松 Phenylbutazone 及羟布宗 Oxyphenbutazone

保泰松为微黄色结晶，难溶于水，化学性质稳定。羟布宗又称羟基保泰松。

保泰松口服易吸收，并在肝药酶作用下转化为羟布宗及葡萄糖醛酸结合物。羟布宗仍然有与其母体相近的生物活性。该类药物作用与氨基比林相似，但解热和镇痛作用较差，而抗炎、抗风湿作用较强。羟布宗较保泰松药理作用略强，副作用较小。临床上这两种药物主要用于风湿症、关节炎等。用于风湿症时必须连续应用，直至病情好转。连续应用可能有严重胃肠道反应，发现后应立即停药。

三、水杨酸类

水杨酸类药物有水杨酸、水杨酸钠及阿司匹林。其结构式如下：

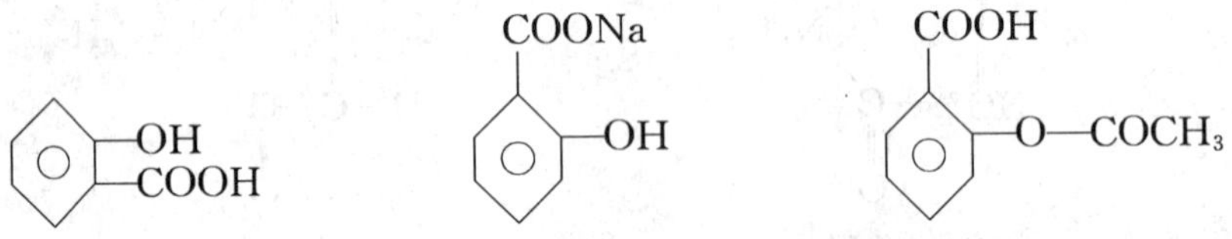

水杨酸　　水杨酸钠　　阿司匹林

水杨酸类药物具有比吡唑酮类弱的解热镇痛作用，但有良好的抗风湿、消炎作用。

水杨酸 Salicylic Acid

水杨酸对胃粘膜的刺激性强，不能口服，有杀真菌和抗菌作用，可外用。

水杨酸钠 Sodium Salicylate

本品为无色晶体，易溶于水和醇。水溶液在酸性时较稳定。

口服本品能吸收且速度快，以猪为突出。口服后对胃肠有一定刺激，为缓和刺激可配合一定量碳酸氢钠。进入体内后，分布广泛，多以原形从尿中排出。另有一部分与葡萄糖醛酸或硫酸结合而排出体外，猫因后一部分作用很弱或无而敏感。

本品解热、镇痛作用较前述其它药弱。但抗风湿作用显著，常用于治疗风湿症。作用迅速，消肿快，体温下降明显。

阿司匹林 Aspirin

本品又称乙酰水杨酸，为白色晶粉，难溶于水，易溶于醇。水溶液呈酸性反应。

阿司匹林内服后迅速吸收，在体内转化为水杨酸与醋酸。该药的药理作用主要为抑制环加氧酶活性，减少PG的生物合成，达到解热镇痛和抗风湿作用。其解热作用与扑热息痛、氨基比林相近，略差于安乃近。镇痛作用与安乃近、氨基比林相仿而不及吲哚美辛、甲芬那酸等。兽医临床主要用于中小动物的解热、抗风湿和镇痛。该药常配制成复方，如复方阿司匹林（APC）。

用于抗风湿时连续使用应注意其抑制凝血酶原形成，而引起出血倾向。遇有胃肠溃疡等症状时应选用碳酸氢钠解救。

四、其它抗炎镇痛药

作为抗炎镇痛药，除前述之外，还有肾上腺皮质激素。这里要介绍非激素类新的抗炎症药。

吲哚美辛 Indomethacin

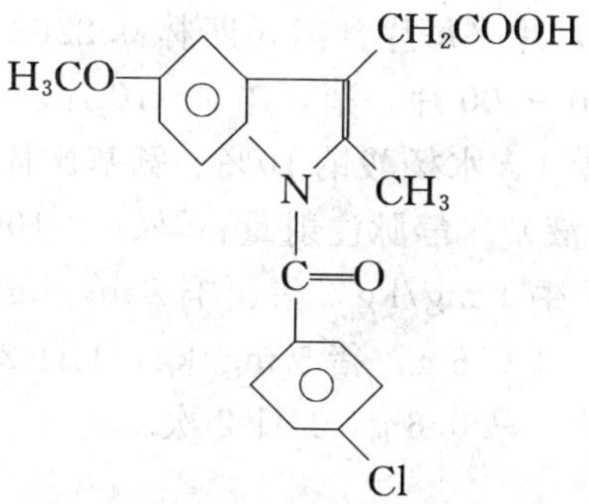

本品又称消炎痛，为人工合成的吲哚衍生物，为白色晶粉，不溶于水。只供口服。

本药单胃动物口服吸收快而完全。吸收后呈现强的消炎和镇痛作用。其消炎作用强于氢化可的松，为最强的药剂。吲哚美辛能明显地抑制花生四烯酸代谢的环加氧酶，抑制PG的生物合成；还能抑制多形核白细胞对炎症部位的移走和浸润，减少溶酶体酶的释放和组织的损伤，因而有显著的抗炎和镇痛作用。其解热作用与阿司匹林相近或略高。临床上主要用于各种动物急性风湿性关节炎、神经痛、腱鞘炎和肌肉损伤。马对消炎痛反应敏感，可呈现精神沉郁和共济失调，故不宜应用。

灭酸类衍生物

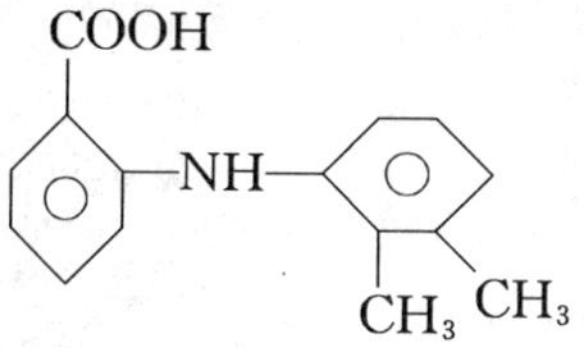

甲芬那酸

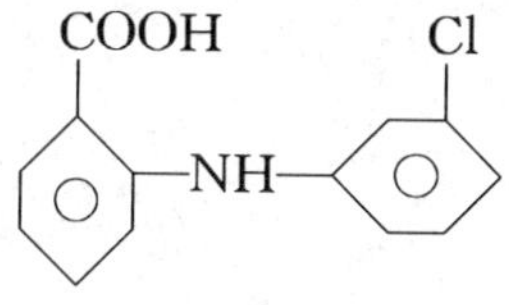

氯灭酸

本类药物为邻氨苯甲酸（灭酸）衍生物。这类化合物有甲芬那酸（Mefenamic Acid）又称甲灭酸；氯灭酸（Chlorfenamic Acid）又称抗风湿灵；氟芬那酸（Flufenamic Acid）又名氟灭酸；甲氯芬那酸（Meclofenamic Acid）又名甲氯灭酸。这些都可抑制PG合成酶而具有抗炎、解热及镇痛作用。本类药物以消炎为突出，而以甲氯芬那酸为最强。但其解热及镇痛作用不比其它解热镇痛药为优。临床上这些药物主要用于治疗风湿性关节炎和类风湿性关节炎。

制剂与用法

（1）对乙酰氨基酚　内服量：马、牛 10～20 g，猪 1～2 g，羊 1～4 g，犬 0.1～1 g。

（2）氨基比林　内服量：马、牛 8～20 g，猪、羊 2～5 g。

（3）复方氨基比林注射液（含氨基比林 7.15%，巴比妥 2.85%）　肌内注射量：马、牛

20～50 ml，猪、羊 5～10 ml。

（4）安乃近注射液　静脉注射量：马、牛 3～6 g。肌内注射量：马、牛 3～10 g。

（5）保泰松　内服量：马 2～4 g，羊、猪 33 mg/kg，犬 0.2 g/kg。1 日 2 次，3 日后剂量酌减。

（6）羟布宗　内服量：马 12 mg/kg，两天后减半，维持 5 天。

（7）水杨酸钠　内服量：马 10～50 g，牛 15～75 g，羊、猪 2～5 g，犬 0.2～2 g。

（8）阿司匹林　内服量：马、牛 10～30 g，猪、羊 1～3 g，犬 0.2～2 g。

（9）复方阿司匹林（APC）片（每片含阿司匹林 0.2268 g、非那西丁 0.162 g、咖啡因 0.0324 g）　内服量：马、牛 30～100 片，猪、羊 2～10 片。

（10）复方水杨酸钠注射液（含水杨酸钠 10%、氨基比林 1.43%、巴比妥 0.57%、乙醇 10%、葡萄糖 10%的灭菌水溶液）　静脉注射量：马、牛 100～200 ml，猪、羊 20～50 ml。

（11）吲哚美辛　内服量：牛 1 mg/kg，猪、羊 2 mg/kg。

（12）甲芬那酸　内服量：马 0.6 g，猪 5 mg/kg，1 日 2 次。

（13）甲氯芬那酸　内服量：马 0.6 g，1 日 2 次。

第十章　中枢兴奋药

中枢兴奋药(Central stimulants)是对中枢神经系统具有选择性兴奋，提高机能活动的一类药物。这类药物对中枢神经系统各部位的兴奋作用强度呈现有主次、强弱之差异，因而可分为下列几类：①主要兴奋大脑皮层的药物，如咖啡因；②主要兴奋延脑呼吸中枢的药物(称呼吸兴奋药)，如尼可刹米；③主要兴奋脊髓的药物，如士的宁。这种分类是相对的，随着剂量增大中枢兴奋作用的范围也扩大，过量时可导致整个中枢兴奋，产生惊厥。

一、大脑皮层兴奋药

咖啡因 Caffeine

本品为茶叶或咖啡豆提取的生物碱，又称咖啡碱。难溶于水，临床上应用为苯甲酸钠咖啡因复盐，俗称安钠咖。

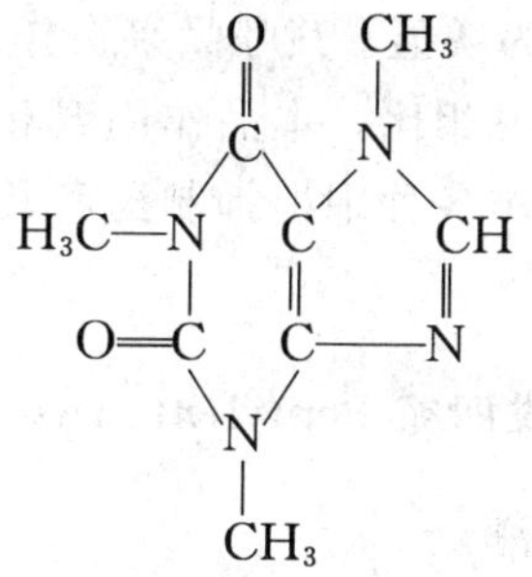

【药理作用】

(1) 兴奋大脑皮层　咖啡因能兴奋整个神经系统，而对大脑皮层的感受性高。小剂量时首先兴奋大脑皮层的感受区和运动区。随剂量的增加能兴奋延脑和脊髓。中毒时可诱使动物惊厥。

(2) 兴奋心脏、升高血压　咖啡因能直接兴奋心肌，加快心率，增加心血输出量；较大剂量时能兴奋血管运动中枢，升高血压。

(3) 兴奋呼吸中枢　中、高剂量咖啡因能直接兴奋延脑呼吸中枢，增加呼吸中枢对血液中 CO_2 的敏感性。这种作用在呼吸抑制时尤为明显。

(4) 兴奋骨骼肌、松弛平滑肌　咖啡因能增强骨骼肌的收缩力，增加骨骼肌的耗氧量和乳酸的生成，促进糖元分解，增强骨骼肌的工作能力，延缓疲劳。咖啡因能松弛平滑肌，解除支气管平滑肌和胆道平滑肌痉挛，增加冠状动脉、肾动脉的血流量。在整体时后者的作用被血管运动中枢兴奋所掩盖，没有临床价值。

(5) 利尿作用　咖啡因能抑制肾小管对钠离子的重吸收，又有促进血循环的作用，因而有利尿作用。

【临床应用】

(1) 中枢兴奋药　用于对抗中枢抑制药中毒，以及其它因素引起的呼吸中枢抑制和循环衰竭。

(2) 利尿药　用于各种水肿。

(3) 治疗心脏衰竭　用于各种急性心力衰竭。

【不良反应与中毒解救】

咖啡因治疗指数较大，但剂量过大可引起中毒。其症状为呼吸、心跳过快，体温升高，严重时可出现惊厥。急救时可用镇静剂等中枢抑制药如水合氯醛，溴化物等解救。

二、呼吸兴奋药

尼可刹米 Nikethamide

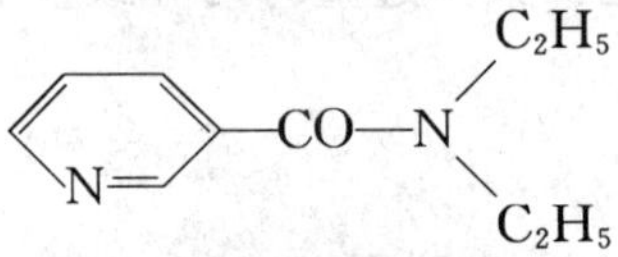

本品又称可拉明，为澄明、无色或淡黄色的油状液体。能与水或醇混溶。

内服或注射都易吸收，以静脉注射给药为最有效。其作用主要兴奋呼吸中枢，使呼吸加快，加深。尼可刹米的作用是直接兴奋延脑呼吸中枢和通过颈动脉体化学感受器反射性兴奋呼吸中枢。此作用在呼吸抑制时尤为明显。其呼吸兴奋作用短暂，一般维持不足0.5 h，但间歇注射效果较好。与戊四氮、回苏灵相比，本品作用温和，安全范围较大。

临床上作为呼吸兴奋药，可用作各种中枢抑制药和其它疾病所致中枢性呼吸抑制的解救药。

戊四氮 Pentylentetrazole

本品为白色晶粉，易溶于水和醇。

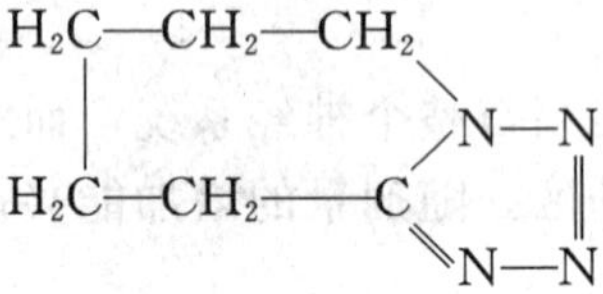

戊四氮能直接兴奋延脑，作用迅速而有力，在呼吸中枢抑制时尤为显著。对血管运动中枢有一定兴奋作用，本品能使血压回升，微循环改善。与尼可刹米相比，戊四氮的效力较强，但安全范围窄小，作用剧烈，应用时应严格掌握剂量。

洛贝林 Lobeline

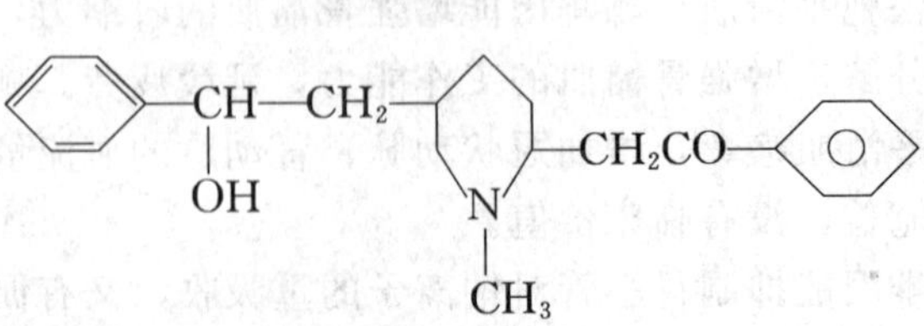

本品又称山梗菜碱，原为北美山梗菜的一种生物碱。现已人工合成，药用其盐酸盐。本品可兴奋颈动脉体化学感受器，反射性地兴奋呼吸中枢。对正常动物作用短暂。用于呼吸微弱的动物，该药作用明显，持效作用时间可达1～2 h。临床上可用于各种原因引起的呼吸抑制或新生幼仔窒息。

应用时应严格掌握剂量，较大剂量可引起心动过缓，传导阻滞，特大剂量可引起惊厥。

樟脑 Camphor

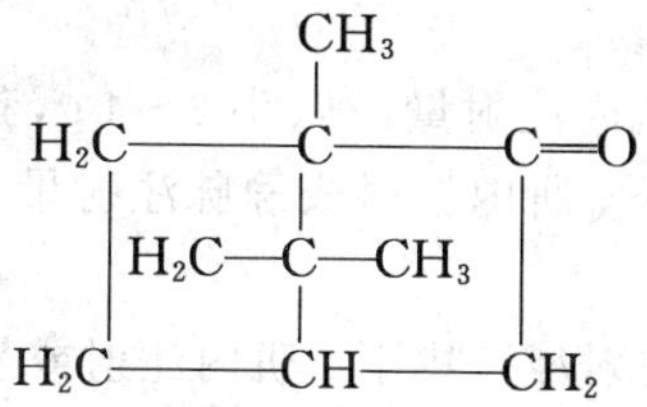

本品易从皮下或粘膜吸收，吸收后可在体内转化为氧化樟脑。樟脑和氧化樟脑都能兴奋延脑呼吸中枢和血管运动中枢；具有强心，增强心肌收缩力，增加心血输出量等作用。临床上注射樟脑注射液能兴奋已衰竭的呼吸和心脏功能。

樟脑有缓和的局部刺激作用，能促进外周血管扩张和增强汗腺的分泌。内服时樟脑有防腐止酵、健胃的作用。因而可用做局部刺激剂和驱风止酵剂。

三、脊髓兴奋药

士的宁 Strychnine

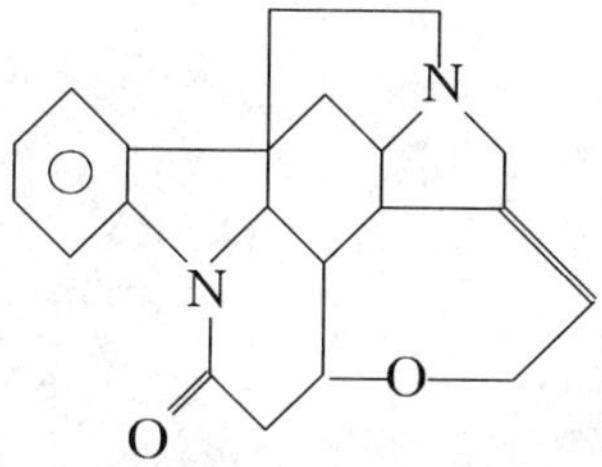

士的宁为马钱属植物马钱种子的生物碱。常用其硝酸盐和盐酸盐，味极苦，有剧毒。

本品内服或注射极易吸收，吸收后体内广泛分布，并大部分在肝内破坏。一小部分以原形从肾脏和消化腺中缓慢排出，长期应用应注意其蓄积作用。

士的宁能选择地兴奋脊髓反射机能，缩短反射，增加骨骼肌的紧张度，改善骨骼肌无力症状。其作用机理是士的宁阻断脊髓运动神经元轴突所发出的返回性侧枝与该神经元之间的中间神经元-润绍细胞（Renshau cell）突触的甘氨酸递质的作用。润绍细胞与运动神经元之间的递质是抑制性递质，能抑制运动神经元兴奋性的扩散和活动性。士的宁能对抗甘氨酸的作用，使感受冲动产生过高反射性反应，以致于引起惊厥反应。大剂量的士的宁可兴奋延脑和大脑皮层。临床上主要用于神经麻痹性的疾病，如四肢神经麻痹。

本品毒性大，又易蓄积，应用时应严格掌握临床剂量。过量时易引起惊厥。中毒时应保持安静，减少刺激，可用静脉注射麻醉药或镇静药解救。

制剂与用法

(1)苯甲酸钠咖啡因注射液　肌内注射量：马、牛 2～5 g，猪、羊 0.5～2 g，犬 0.1～0.3 g。

(2)尼可刹米注射液　皮下、肌内或静脉注射量：马、牛 2.5～5 g，猪 0.25～1 g，犬0.125～

0.5 g。

(3) 戊四氮注射液　皮下、肌内或静脉注射量：马、牛 0.5～1.5 g，羊、猪 0.05～0.3 g，犬 0.02～0.1 g。

(4)盐酸洛贝林注射液　皮下注射量：马、牛 0.1～0.15 g，羊、猪 6～20 mg，犬 1～10 mg。静脉注射量：马、牛 0.05～0.1 g。

(5)樟脑油注射液　皮下或肌内注射量：马、牛 2～4 g，猪、羊 0.4～0.8 g，犬 0.2～0.4 g。

(6) 樟脑磺酸钠注射液　皮下、肌内注射或静脉注射量：马、牛 1.0～2.0 g，猪、羊 0.2～0.4 g，犬 0.5～1.0 g。

(7) 氧化樟脑（维他康复）注射液　皮下、肌内注射或静脉注射量：马、牛 0.15～0.2 g，羊、猪 0.05～0.15 g。

(8)盐酸士的宁注射液　皮下注射量：马、牛 15～30 mg，猪、羊 2～5 mg，犬 0.5～0.8 mg。

第十一章　局部麻醉药

局部麻醉药（Local anesthetics）简称局麻药，是用于局部并能可逆性地阻断神经冲动的发生与传导，使特定部位或区域丧失痛觉的药物。正常局麻时，动物的意识和其它机能不受影响。

【化学结构】

局麻药的化学结构均由三个部分组成：①芳香烷基；②中间链；③胺基团。芳香烷基为亲脂疏水性基团；胺基团也是亲脂疏水基团，有弱碱性，能与氢离子结合。结合后的胺基团具有疏脂亲水性，因而临床使用局麻药常为盐酸盐制剂。溶于水后离子化，铵离子为阳离子；中间链为酯链或酰胺链，有协调局麻药溶解度和局麻药麻醉强度的作用。

局麻药在化学结构上，根据中间链的键型可分为酯类和酰胺类（见表11-1）。

表11-1　局麻药的化学结构

药名	亲脂链	中间链	胺基团
普鲁卡因	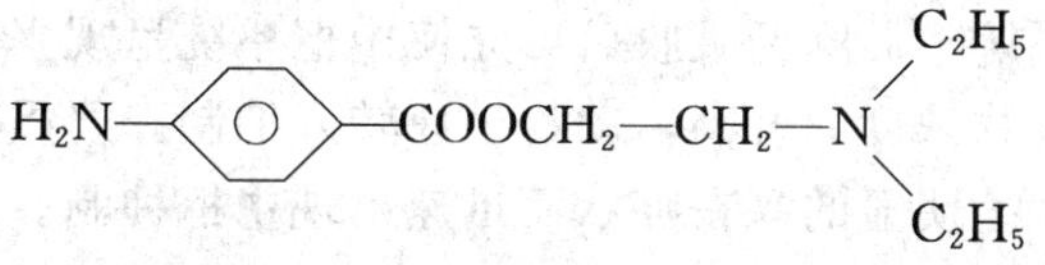		
丁卡因	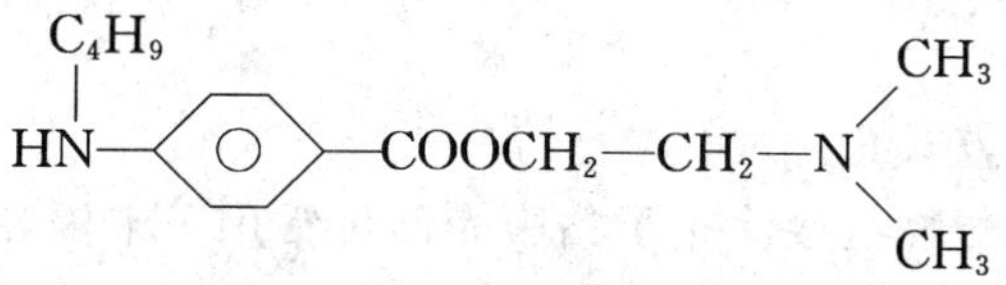		
利多卡因	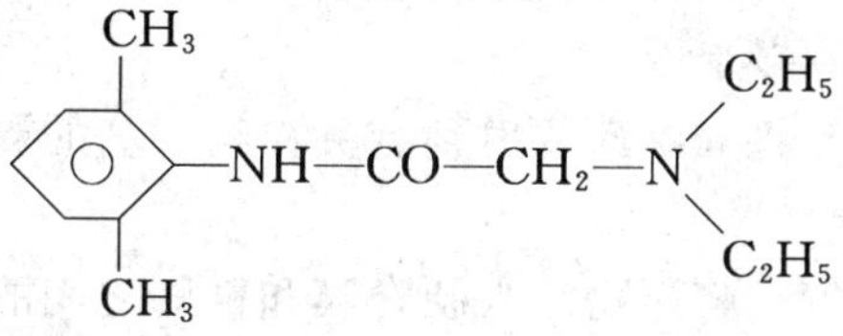		

（1）酯类：普鲁卡因，丁卡因。

（2）酰胺类：利多卡因。

药物吸收进入血循环后，酯类局麻药主要由血浆中的胆碱酯酶水解而失活。脑脊液中酯酶极低，因而水解速度极慢。酰胺类局麻药主要在肝脏细胞微粒体膜上水解灭活。其水解速度与肝功能状态关系密切。

【作用机理】

局麻药能对各种类型的神经轴突产生传导阻滞。一般是细的神经纤维比粗的神经纤维更易为局麻药所阻滞，恢复较慢；无鞘神经纤维比有鞘神经纤维麻痹快，恢复慢。在混合神经干内，局麻药阻滞冲动传导的先后顺序是痛觉在先，其次是冷觉、温觉、压觉，最后是运动神经元。所以局麻药在浓度高时也能引起运动麻痹。

局麻药为弱碱盐，其盐酸盐水溶液呈酸性，并解离成带电荷的阳离子。注入组织后，在生理性pH值作用下，有部分离子状态的药物可转化为非离子型。这些非离子型药物易穿透脂质层，到达神经细胞膜上。透入神经纤维的局麻药必须转换成阳离子型才有活力。阳离子能与神经细胞膜内侧的钠离子通道闸门的磷脂分子中 PO_4^{3-} 相结合且与钙离子竞争结合部位，使钙离子失去与神经细胞膜的结合活力。药物与神经细胞膜上脂质的结合相当稳固，以致当神经冲动到达时药物阳离子型还不离开，进而使钠离子通道封闭，阻止钠离子内流，抑制去极化过程而阻滞神经冲动的传导。

炎症组织常因处于酸性环境，使注入局麻药不易转换成非离子型而降低到达神经细胞膜上的药物浓度，因而明显地降低局麻药的临床疗效。

【吸收作用与不良反应】

局麻药从给药部位进入血液，达到一定浓度后可引起心血管系统和中枢神经系统兴奋反应。剂量过大时可出现强烈反应。

（1）心血管系统　局麻药能使心肌细胞膜电位稳定，能抑制心脏异位起搏点的自律性，常能用于治疗某些心律失常。剂量过大时还能抑制心脏传导系统，使心肌收缩无力，心输出量减少。严重时可使房室传导阻滞，心搏停止。对血管平滑肌，普鲁卡因、利多卡因有松弛、扩张作用。

（2）中枢神经系统　局麻药吸收后可先使中枢系统呈现兴奋的症状，动物不安，阵发性痉挛；其后随脑内药物浓度的升高，动物迅速转入抑制，严重时可出现呼吸中枢麻痹，动物死亡。有时动物不发生明显的兴奋症状而迅速出现中枢抑制。因此，局麻药对中枢神经系统的抑制作用是其主要特点。

【临床应用】

局麻药的局部麻醉方式有：

（1）表面麻醉　将药物直接涂布于粘膜表面，常用丁卡因和利多卡因。

（2）浸润麻醉　将药物注射到皮下或手术野的组织中，阻滞该部位神经纤维及末梢。常用药有普鲁卡因和利多卡因。

（3）传导麻醉　将局麻药注射到有关神经干丛的周围，阻断其神经传导功能，常用普鲁卡因和利多卡因。

（4）硬膜外麻醉　将药物注入硬脊膜和椎管之间的硬膜外腔，以阻断部分脊神经根，使该神经支配的区域麻醉。常用药是普鲁卡因。

（5）脊髓麻醉　将药液注入蛛网膜下腔，麻醉该部脊神经根产生一定区域麻醉。此方式兽医上少用。

普鲁卡因 Procaine

本品为盐酸盐的无色晶体，易溶于水，毒性小，对组织无刺激性。药物稳定性良好。

普鲁卡因注射给药时作用较快，有扩张血管作用，吸收也快，为较好的浸润麻醉及传导麻醉药，除因粘膜穿透力差，不宜用于表面麻醉外，临床上还可用于硬膜外麻醉及局部封闭用药。吸收进入血循环时被血浆胆碱酯酶水解灭活快。为了减少吸收，延长疗效，可在药液内加入少许肾上腺素（1：10万～1：20万），进而减轻其毒性。

丁卡因 Tetracaine

本品又名的卡因（Dicaine）或潘托卡因（Pantocaine），具有良好的穿透力，作用强，持效时间也长，是良好的表面麻醉药。本品吸收迅速，毒性较普鲁卡因大，故不宜作浸润麻醉或传导麻醉。

利多卡因 Lidocaine

又称昔罗卡因（Xylocaine），其盐酸盐水溶液性能稳定。利多卡因对粘膜穿透力强，对组织无明显刺激，持效时间较长，毒性较小。可用于各种形式的局部麻醉。对普鲁卡因过敏患畜可改用此药。利多卡因能稳定心肌细胞膜电位，因而可用于制止心脏异常节律，治疗室性心律失常。利多卡因在动物机体内代谢缓慢，使用时应严格掌握剂量。

制剂与用法

（1）盐酸普鲁卡因注射液　注射量：马、牛 0.5～2 g，羊、猪 0.2～0.5 g。极量：马2.5 g，牛 2 g，犬 0.5 g。

（2）盐酸利多卡因注射液　用 2%～4%溶液做表面麻醉；0.25%～0.5%溶液作浸润麻醉；1%～2%溶液作传导麻醉，马、牛每注射点 6～7 ml。2%溶液做硬膜外麻醉，马、牛每 100 kg 体重 2.5 ml。此剂量可供普鲁卡因用时参考。治疗心律失常静脉注射或静脉滴注量为 2～3 ml/kg 体重。

第十二章　传出神经系统药理概述

作用于传出神经系统的药物，是指作用于交感神经、副交感神经及运动神经的药物，也就是作用于神经节内的节前神经末梢与次一级神经元的接头处，即称突触（Synapse），或是作用于神经末梢与效应器的接点（Junction），也称突触，影响神经冲动传导的生理生化过程而表现出拟似传出神经功能或拮抗传出神经功能的药物。因此，充分了解传出神经系统的解剖和生理，对于理解和掌握传出神经系统的药理，是十分有帮助的。

一、传出神经系统的解剖学分类

中枢神经系统向外周传出的神经有植物神经和运动神经。植物神经主要支配心脏、平滑肌和腺体等效应器；运动神经支配骨骼肌。

植物神经又分交感神经和副交感神经。无论交感神经或是副交感神经都需要在神经节内的突触更换神经元，然后才到达所支配的效应器。因此所有植物神经都有节前和节后纤维之分。不同的是，多数交感神经节处于交感神经链中，而多数副交感神经节则分散于效应器附近或者分布在效应器组织中（图 12-1）。

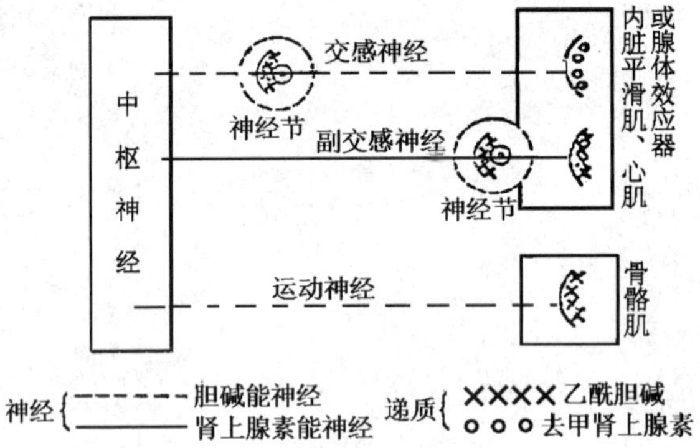

图 12-1　传出神经分类示意图

运动神经由中枢神经发出后，中间无需更换神经元，直接抵达所支配的骨骼肌。

二、传出神经系统的递质与受体

传出神经末梢与其支配的效应器细胞或次一级神经元的交换处，两者并不直接相连而有细微的空隙，如运动神经元与骨骼肌的接头，其间隙为 15～20 nm，称此为突触间隙。很显然，突触由突触间隙及其前膜和后膜所组成。神经冲动到达传出神经末梢时，就依靠其细胞膜（突触前膜）内释放一种化学物质，称为递质（也称为介质，Transmitter），作用于次一级神经元或效应器上细胞膜（突触后膜），发生效应，而完成神经冲动的传递过程。

（一）传出神经系统的递质的合成与转化

传出神经末梢释放的递质有乙酰胆碱与去甲肾上腺素。

释放乙酰胆碱的神经称胆碱能神经。乙酰胆碱由胆碱能神经末梢泡浆内的胆碱乙酰化酶和乙酰辅酶A的催化而生成，然后储存于囊泡中。当神经冲动抵达神经末梢时产生去极化，细胞膜的通透性增加，Ca^{2+}内流，并使突触前膜与囊泡膜融合，形成裂孔，将囊泡中的乙酰胆碱排放到突触间隙中（称泡裂外排）。所释放的乙酰胆碱与突触后膜上受体结合，引起效应器或次一级神经元兴奋或抑制。乙酰胆碱在数毫秒内可被胆碱酯酶水解失活。当神经冲动到达时可能有数百个囊泡以泡裂外排的方式向突触间隙释放乙酰胆碱（图 12-2）。

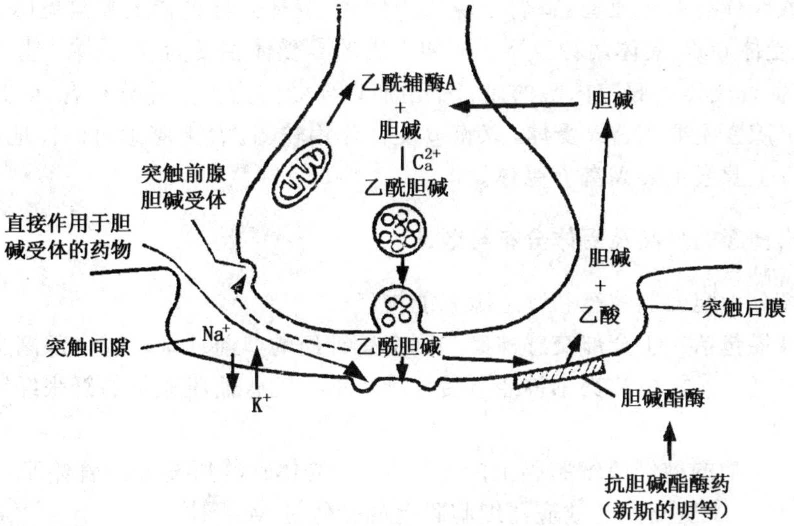

图 12-2　胆碱能神经元突触传递过程示意图

去甲肾上腺素是肾上腺素能神经末梢释放的主要递质（约占 90%）。其过程是以神经末梢内轴浆中的酪氨酸为原料，在酪氨酸羟化酶催化下生成多巴（Dopa），再经多巴脱羧酶的脱羧作用，生成多巴胺（Dopamine），多巴胺进入囊泡中又经多巴胺-β-羟化酶催化，最后转化成去甲肾上腺素，并储存于囊泡内。神经冲动抵达神经末梢时，以泡裂外排的方式由囊泡向突触间隙释放去甲肾上腺素。被释放的去甲肾上腺素与效应器细胞膜的受体结合，产生一系列生理生化过程，完成冲动的传递。

进入突触间隙的去甲肾上腺素大部分（约 90%）由突触前膜摄取，重新进入囊泡内储存，有一部分在囊泡外被单胺氧化酶（Monoamine oxidase，MAO）破坏。未被突触前膜摄取的去甲肾上腺素可被非神经组织如心肌、平滑肌等细胞摄取，并被其细胞内的儿茶酚氧位甲基转移酶（Catechol-o-methyltransferase，COMT）和 MAO 所破坏。

（二）传出神经系统的受体

受体是突触传递中的关键物质，为细胞膜上有特殊功能并能选择性地与相应递质或药物相结合的蛋白质或酶的大分子结构物。受体可依其与它相结合的递质来命名。凡能与乙酰胆碱递质相结合的受体称胆碱受体。凡能与去甲肾上腺素相结合的受体称肾上腺素受体。

1. 胆碱受体

胆碱受体依其对药物的高度选择性，还可分两种亚型。

（1）毒蕈碱（Muscarine）型胆碱受体（M 胆碱受体、M 受体） 为副交感神经节后纤维所支配的效应器细胞膜上的胆碱受体。因对毒蕈碱敏感故名。阿托品类药物能选择性地阻断 M 受体兴奋。

（2）烟碱（Nicotine）型胆碱受体（N 胆碱受体、N 受体） 为植物神经节细胞膜和骨骼肌细胞膜上的胆碱受体。因对烟碱敏感故名。六烷季胺等能选择性地阻断神经节细胞膜上的 N 受体，而筒箭毒碱能选择性地阻断骨骼肌细胞膜上的 N 受体。故此，称前者为 N_1 受体，后者为 N_2 受体。

2. 肾上腺素受体

肾上腺素受体有两种亚型：α 肾上腺素受体（α 受体）与 β 肾上腺素受体（β 受体）。β 受体又分为 β_1 受体和 β_2 受体两种亚型。例如心脏的 β 受体主要为 β_1 受体，支气管和血管平滑肌的 β 受体为 β_2 受体。腹腔内脏的血管平滑肌以 α 受体为主，并分布有 β_2 受体。

去甲肾上腺素主要兴奋 α 受体，兴奋 β 受体作用较弱。肾上腺素可同样地兴奋 α 受体和 β 受体；异丙肾上腺素主要兴奋 β 受体。

三、传出神经的分类及受体分布与效应

传出神经分为胆碱能神经和肾上腺素能神经。

胆碱能神经包括：①全部交感神经和副交感神经的节前纤维；②全部副交感神经节后纤维；③运动神经；④极少数交感神经节后纤维，如支配骨骼肌血管的舒张纤维和汗腺神经纤维。

其中①所支配的神经节细胞膜上的受体是 N_1 受体；③所支配的骨骼肌细胞膜上的受体为 N_2 受体；②、④所支配的效应器细胞膜上的受体是 M 受体。

肾上腺素能神经包括大部分交感神经节后纤维。它所支配的效应器细胞膜上的受体为 α 受体与 β 受体。

动物机体内的绝大部分器官都接受上述两大类传出神经的双重支配。副交感神经节后纤维兴奋，相当于 M 受体兴奋时，引起心脏活动抑制，支气管与胃肠平滑肌以及瞳孔括约肌收缩。交感神经节后纤维兴奋时，相当于肾上腺素能受体兴奋，引起心脏兴奋，皮肤粘膜和内脏血管收缩，支气管和肠胃道平滑肌扩张，瞳孔扩大。从上可见，在一同器官上的胆碱能神经和肾上腺素能神经之间具有一定的相互对抗、制约的作用。这些作用都在中枢神经系统的调节下既对立又统一。其细节见表 12-1。

作用于传出神经系统的药物种类繁多，应用极广泛。就其对传出神经的功能影响，可能是拟似药或拮抗药之作用。

四、传出神经系统药物的作用机理

传出神经系统药物主要影响突触传递过程而发挥作用。其作用环节有：

（1）直接作用于受体 许多作用于传出神经系统药物能直接与受体结合，结合后产生与递质相似作用，激动受体，这种药物称激动药或拟似药；结合后使之产生与递质相反的作用，阻断与递质结合，这种药物称拮抗药或阻断药，如产生与乙酰胆碱递质相似的药物称为拟胆碱药，而相反作用的药物称为抗胆碱药。

（2）影响递质的转化和摄取 递质从神经末梢释放后，迅速经生物转化或被重新摄取而

失活。乙酰胆碱释放后，主要在突触间隙受胆碱酯酶水解而失活。抗胆碱酯酶药就是抑制胆碱酶的活性，减少乙酰胆碱的失活，增高突触间隙中乙酰胆碱的浓度，产生拟似作用。该药物的作用仅是间接作用于受体，也应为拟胆碱药。去甲肾上腺素作用于受体之后，主要依靠突触前膜主动回收入神经元，储存于囊泡内。这是去甲肾上腺素主要失活的方式。抑制肾上腺素能神经元及其囊泡对去甲肾上腺素的回收称肾上腺能神经阻滞药，从而减少囊泡内去甲肾上腺素的储存而至耗竭，阻碍神经冲动的传递，可表现出抗肾上腺素能神经作用。如胍乙啶、利血平等，这些药物在兽医临床中少见。

表 12-1　传出神经的受体及效应

效应器			肾上腺素能神经兴奋		胆碱能神经兴奋	
			效　应	受　体	效　应	受体
心脏		心肌	收缩力增强	β_1	收缩力减弱	M受体
		窦房结	心率加快		心率减慢	
		传导系统	传导加快		传导减慢	
平滑肌	血管	皮肤、粘膜	收缩	α	舒张（交感神经）	
		内脏	收缩	$\alpha\ \beta_2$		
		骨骼肌	舒张	$\alpha\ \beta_2$		
		冠状动脉	舒张	$\alpha\ \beta_2$		
		支气管	舒张	β_2	收缩	
		胃肠壁	舒张	$\alpha\ \beta$	收缩	
		膀胱逼尿肌	舒张	β	收缩	
		胃肠括约肌	收缩	α	舒张	
		胆道与胆囊	舒张		收缩	
	眼	虹膜	瞳孔扩大肌收缩	α	瞳孔括约肌收缩	
		睫状肌	舒张	β	收缩	
腺体		汗腺	分泌	$\alpha \cdot \beta$	分泌	
		唾液腺	分泌粘稠唾液	α	分泌水样唾液	
		胃肠道及呼吸道腺体			分泌 分泌	
代谢		肝脏糖代谢	肝糖原分解及异生	$\alpha \cdot \beta$		
		骨骼肌糖代谢	肌糖原分解	β		
		脂肪代谢	脂肪分解	β_2		
		肾上腺髓质 植物神经节			分泌肾上腺素和去甲肾上腺素兴奋	N_1
		骨骼肌			收缩	N_2

（3）影响递质的释放　有些药物可有促进递质释放而发挥拟似的作用。麻黄素能促进肾上腺素能神经末梢释放去甲肾上腺素发挥拟似药的作用，即为其中之一例。

（4）影响递质的合成　密胆碱（*Hemicholine*）能抑制乙酰胆碱的合成。该药物仅为理论研究之工具。

五、传出神经系统药物的分类

常用的传出神经系统药物，根据它们对受体或递质的作用性质，大体归类如下：

（1）拟胆碱药　产生和乙酰胆碱作用或副交感神经兴奋相似效应的药物。

（2）抗胆碱药　阻断乙酰胆碱或拟胆碱药与胆碱受体结合的药物。

（3）拟肾上腺素药　产生同节后交感神经兴奋相似效应的药物。

（4）抗肾上腺素药　阻断去甲肾上腺素及拟肾上腺素药与肾上腺素能受体结合的药物，又称肾上腺素受体阻断药。

第十三章　拟　胆　碱　药

根据拟胆碱药作用方式，可分为：①直接作用于胆碱受体的拟胆碱药；②抑制胆碱酯酶活性的抗胆碱酯酶药。

一、直接作用于胆碱受体的拟胆碱药

（一）乙酰胆碱 Acetylcholine

本品为拟胆碱药的原型药。

【药理作用】

1. 兴奋 M 受体

（1）心脏活动减弱，心率减慢。

（2）支气管平滑肌、胃肠平滑肌收缩；唾液腺、汗腺、胃肠道及呼吸道腺体的分泌增强。

（3）瞳孔括约肌和睫状肌收缩，瞳孔缩小。

（4）骨骼肌血管扩张。

2. 兴奋 N 受体

N_2 受体兴奋时骨骼肌收缩。N_1 受体兴奋可出现复杂效应。小剂量乙酰胆碱以副交感神经兴奋的表现为强；中剂量乙酰胆碱以交感神经兴奋表现突出；大剂量时，乙酰胆碱可很快引起神经节产生抑制作用，同时还引起骨骼肌松弛。

乙酰胆碱性质极不稳定，作用极广泛，无临床应用价值。而氯化乙酰胆碱常作为实验工具药。

（二）胆碱酯类

乙酯胆碱作用的选择性差，且短暂，该同系物的胆碱酯类药为化学结构发生了改变，选择性增强，作用时间较持久的新药物。这些同系物有乙酰甲胆碱，氨甲酰胆碱和氨甲酰甲胆碱，其结构式如下：

$CH_3-COO-CH_2-CH_2-N^+(CH_3)_3$　　乙酰胆碱

$CH_3-COO-CH-CH_2-N^+(CH_3)_3$　　乙酰甲胆碱 Methacholine

|

CH_3

$NH_2-COO-CH_2-CH_2-N^+(CH_3)_3$　　氨甲酰胆碱 Carbamylcholine

$NH_2-COO-CH-CH_2-N^+(CH_3)_3$　　氨甲酰甲胆碱 Carbamylmethylcholine

|

CH_3

【作用特点】

（1）作用持久　乙酰胆碱酯酶水解乙酰甲胆碱的活性低，对氨甲酰胆碱及氨甲酰甲胆碱无作用，因而使其作用较为持久。

（2）选择性作用差和副作用大　乙酰甲胆碱与乙酰胆碱作用相似，可为阿托品拮抗。氨甲酰胆碱为该衍生物中作用最强的，又不易为阿托品所拮抗，故本品使用时应十分谨慎。氨甲酰甲胆碱，其作用与上述两者相似，但对胃肠道及膀胱等平滑肌有较强的选择性，对心血管系统作用较弱，又易为阿托品所对抗。因此，在临床上远较上述其它药物更为安全。

【临床应用】

氨甲酰甲胆碱主要用于马肠道等弛缓引起的肠臌气、结肠和盲肠便秘；牛的前胃弛缓，子宫收缩，促进死胎及子宫脓汁排出等治疗；猪催产。该类药物其它应用甚少。

（三）拟胆碱生物碱

拟胆碱生物碱主要有毛果芸香碱和槟榔碱。

毛果芸香碱 Pilocarpine

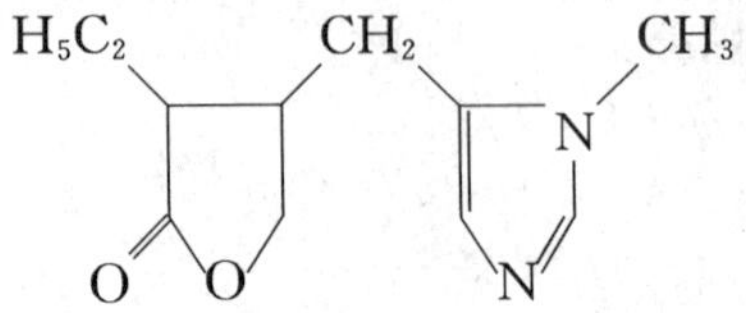

本品又称匹罗卡品，为硝酸盐，能溶于水且稳定。

【药理作用】

(1) 促进腺体分泌　本品能兴奋M受体，促进腺体分泌作用特别显著，可促进唾液腺、泪腺、支气管腺体及胃肠道腺体等分泌，对动物汗腺作用不显著。

(2) 增强胃肠平滑肌的活动机能　毛果芸香碱能选择性地作用于胃肠道平滑肌的M受体，促进胃肠道蠕动，粪便排出。

(3) 缩瞳　毛果芸香碱兴奋虹膜括约肌上M受体，使虹膜括约肌收缩，瞳孔缩小，虹膜变薄，眼前房角间隙扩大，促进眼房水经巩膜静脉丛进入血循环，眼房水减少，眼内压迅速下降，故可用于青光眼病例的治疗。

【临床应用】

(1) 瘤胃兴奋药　用于牛前胃弛缓、瘤胃不全麻痹。

(2) 胃肠弛缓症　用于胃肠蠕动弛缓、结肠便秘。

(3) 缩瞳药　与阿托品交替用于虹膜炎。

槟榔碱 Arecoline

本品从槟榔的果实中提取，与毛果芸香碱作用相似，但作用较强烈，安全范围小。马属动物更敏感，兽医临床上仅用于驱虫。

二、抗胆碱酯酶药

胆碱酯酶是体内迅速水解乙酰胆碱的酶。该酶蛋白分子表面有两个活性中心，即阴离子部位（Anionic site）和酯解部位（Esteratic site），与乙酰胆碱作用时，酶活性中心的阴离子部位与乙酰胆碱中的五价氮离子（$-N^{+}\equiv$）通过静电引力结合，然后再使乙酰胆碱分子中的乙酰基部分与酯解部分接近，并与组氨酸残基的咪唑基以氢键结合。在咪唑基的影响下，经电子转移交换，使乙酰胆碱的羧基碳原子以共价键和丝氨酸残基的羟基氧相连，然后脱下胆碱，形成乙酰化胆碱酯酶。乙酰化胆碱酯酶经水解作用，迅速分解出乙酸，胆碱酯酶又恢复原状（图13-1）。

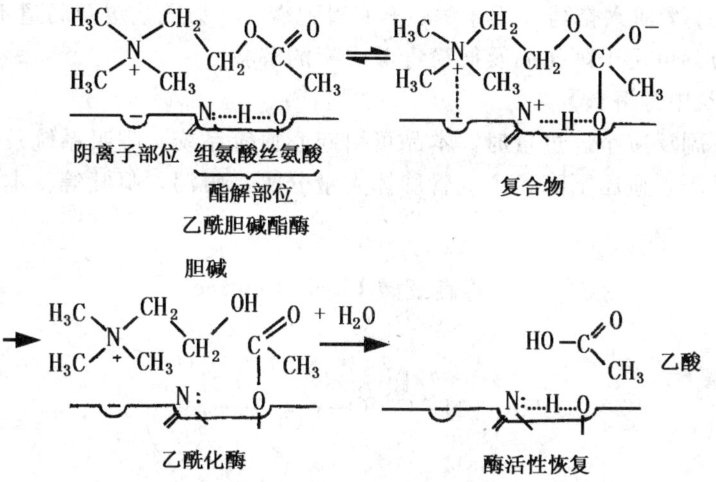

图 13-1　胆碱酯酶催化作用示意图

一分子乙酰胆碱完全水解仅需 80～100 μs，可见胆碱能神经兴奋时末梢释放的乙酰胆碱在作用于胆碱受体引起效应后，立即受到酶的水解失活。

抗胆碱酯酶药也能与胆碱酯酶结合，其与酶的结合力要比乙酰胆碱大得多，因而该复合物水解缓慢，甚至有些难以水解，使酶失活，乙酰胆碱在突触间隙中浓度升高，因而使 M 受体和 N 受体兴奋，表现出拟胆碱药的作用。

抗胆碱酯酶药与胆碱酯酶结合后，就其水解的速度不同，可分为可逆性抗胆碱酯酶药和难逆性抗胆碱酯酶药。前者如新斯的明等，后者有有机磷酸酯等。

新斯的明 Neostigmine

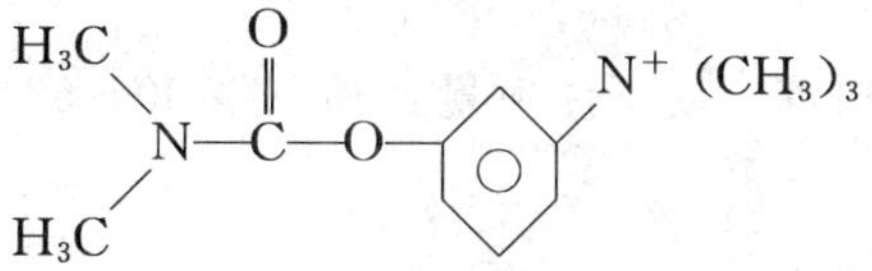

本品为人工合成品。常用品为甲基硫酸新斯的明，可溶于水。

【体内过程】

本品为季铵盐类化合物，口服不易吸收。临床以注射给药为主。注射后奏效快，持效时间 1 h 左右。不易透过血脑屏障，中枢作用小。常作为毒扁豆碱的替代用品。

【药理作用】

(1) 增强平滑肌的张力　兴奋 M 受体，对胃肠道、膀胱和子宫等平滑肌有较强作用。对心血管及支气管平滑肌等作用弱。

(2) 促进腺体分泌　在增强平滑肌张力的剂量下，对腺体分泌有一定促进作用；但不及毛果芸香碱。

(3) 兴奋骨骼肌　对骨骼肌的作用除能由抑制胆碱酯酶引起外，还有由直接兴奋骨骼肌效应细胞上 N_2 受体所引起。

【临床应用】

(1) 胃肠道平滑肌兴奋药　用于牛、羊前胃弛缓，马肠道弛缓及肠道不完全阻塞性便秘。

(2) 解救药　可用于阿托品及筒箭毒碱中毒的解救。

【不良反应及中毒解救】

临床剂量下副反应小。过量时，本品可引起心血管系统、呼吸系统及消化道平滑肌强烈反应，如心动迟缓，血压下降，支气管腺体大量分泌，腹泻，呕吐等。本品中毒可用阿托品解救。

毒扁豆碱 Physostigmine

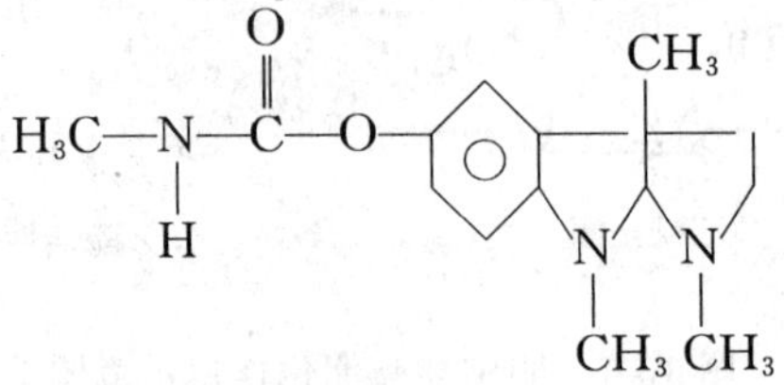

本品为豆科植物毒扁豆种子提取的生物碱。现已人工合成，又称依色林（Eserine）。

毒扁豆碱为叔铵盐，脂溶性高，口服易吸收，可通过血脑屏障。给药后易引起全身性乙酰胆碱蓄积，产生广泛的胆碱能神经反应。

本品可用做眼科缩瞳药，常与阿托品交替使用，防止虹膜炎时虹膜与角膜粘连。

制剂与用法

(1) 氯化氨甲酰甲胆碱注射液　皮下注射量：各动物 5～8 mg/100 kg。

(2) 硝酸毛果芸香碱注射液　皮下注射量：马、羊 30～300 mg，羊、猪 5～50 mg，犬3～20 mg。兴奋反刍，牛 40～60 mg。

(3) 甲基硫酸新斯的明注射液　皮下或肌内注射量：马 3～10 mg，牛 4～20 mg，羊、猪 2～5 mg，犬 0.25～1 mg。

(4) 水杨酸毒扁豆碱注射液　皮下注射量：马、牛 30～50 mg，羊、猪 5～10 mg。

第十四章　抗　胆　碱　药

抗胆碱药（Anticholinergic drugs）能与乙酰胆碱竞争受体，阻断乙酰胆碱或拟胆碱与胆碱受体结合，进而产生抗乙酰胆碱的作用。抗胆碱药可分为M胆碱受体阻断药和N胆碱受体阻断药。

一、M胆碱受体阻断药

M胆碱受体阻断药即节后抗胆碱药，以阿托品为代表，能阻断副交感神经节后纤维支配效应器上的M受体，对抗乙酰胆碱及拟胆碱药的作用，表现出松弛多种平滑肌，抑制腺体分泌、扩散瞳孔等作用，临床上常用于解除胃肠平滑肌痉挛，故又称平滑肌解痉药。

这类药物除阿托品外，还有山莨菪碱和东莨菪碱等。

阿托品 Atropine

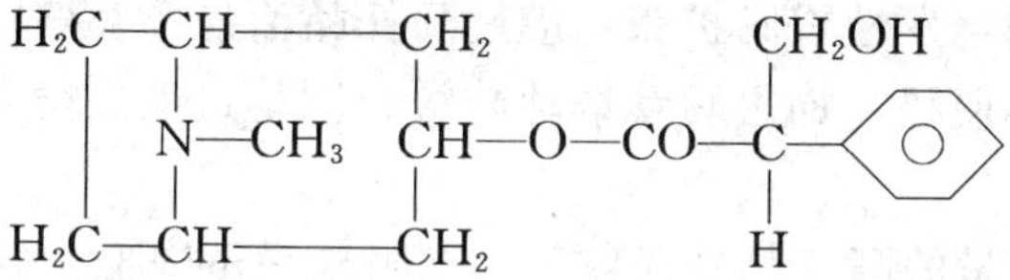

天然阿托品是从茄科植物颠茄（Atropa belladonna）、曼陀罗（Datura stramonium）及莨菪（Hyoscyamus niger）等的根叶中提取的生物碱。常用其硫酸盐。

【体内过程】

阿托品在肠道内易吸收，且迅速分布于全身组织，可在组织内为阿托品酯酶水解。由于动物种属差异，各动物体内阿托品酯酶活性不同，因此，其原形及代谢产物排出比例差异很大。黑色家兔各组织中均有阿托品酯酶，故多以代谢产物形式排出。此酶在豚鼠体内仅存于肝中，因而两者排出比例近似。阿托品能透过胎盘进入胎儿循环，大剂量时，阿托品还能进入脑组织。

【药理作用】

阿托品的作用广泛而复杂，临床剂量主要阻断M受体，过量时也能阻断神经节及骨骼肌N受体。

（1）平滑肌　治疗剂量的阿托品对正常胃肠道平滑肌活动的作用较小，在平滑肌强烈收缩时可使其张力降低，蠕动减弱，平滑肌松弛作用明显。因此，它对各种内脏平滑肌，如胃肠道、输尿管、膀胱、胆管均有解痉作用。

（2）腺体分泌　阿托品能抑制腺体分泌，以唾液腺、支气管腺、泪腺、胃和肠道腺体为明显。对汗腺可随动物种属而异，马、牛等汗腺为肾上腺素能神经支配，影响甚小；对乳腺一般无影响。

（3）瞳孔　阿托品可松弛虹膜括约肌，使瞳孔扩大，持效可达数日。此作用为其阻断M受体的结果。

(4) 心血管系统　小剂量阿托品能阻断M受体，解除迷走神经对心脏的支配，使心率加快。该作用对于正常生理状态下迷走神经兴奋性较高的犬、猫和马等动物的效应特别明显。小剂量阿托品对血管没有明显的作用，大剂量时能直接扩张血管，增加血流量。

(5) 中枢神经系统　大剂量阿托品能透过血脑屏障，出现兴奋中枢的作用。中毒时动物可呈现强烈不安，运动失调，随后转入抑制、昏迷及呼吸麻痹而死亡。

【临床应用】

(1) 解除平滑肌痉挛　治疗动物肠道痉挛。

(2) 抑制腺体分泌　小剂量阿托品能防止支气管腺体分泌过多。麻醉前给药可预防应用吸入性全麻药时，因腺体分泌过多而引起呼吸道阻塞和异物性肺炎。

(3) 抗休克　大量阿托品静脉注射能扩张血管，增加血流量，改善微循环，因而可用于中毒性休克。

(4) 散瞳　本品0.5%～1%溶液点眼，能扩大瞳孔，应与毛果芸香碱交替使用，治疗周期性眼炎。

(5) 解救有机磷酸酯类中毒（见第十五章）。

【不良反应与中毒解救】

阿托品作用范围广泛，其不良反应随治疗目的而异。主要有以下几点：

(1) 抑制腺体分泌和继发性胃肠扩张　应用阿托品治疗肠痉挛时易引起消化液分泌减少或停止，常可引起口干和便秘，加之肠管蠕动减缓，饲草过度发酵，易造成胃肠过度扩张甚至肠管破裂。

(2) 中枢兴奋　大剂量的阿托品被吸收后，能明显兴奋中枢，引起动物不安，肌肉震颤、运动失调，严重时可导致呼吸麻痹死亡。中毒时可用毛果芸香碱、新斯的明或毒扁豆碱解救。

山莨菪碱 Anisodamine

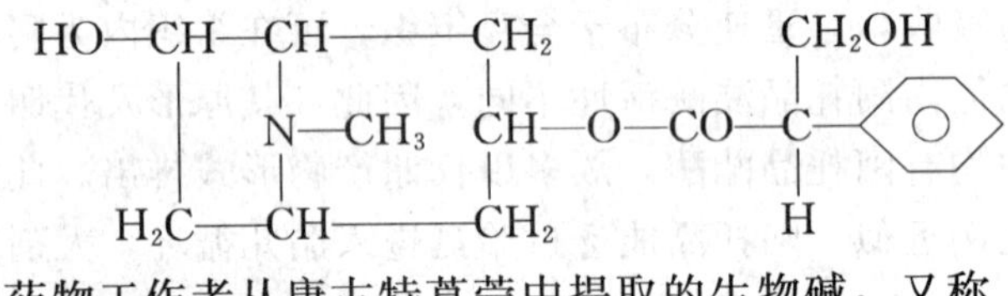

山莨菪碱为我国药物工作者从唐古特莨菪中提取的生物碱，又称“654”。人工合成品称“654-2”。天然山莨菪碱为消旋品。

“654”与“654-2”作用与用途基本一致，均与阿托品相近。其解除胃肠平滑肌痉挛和心血管抑制作用与阿托品强度相近或略弱，它能解除微血管痉挛，改善微循环。但它抑制腺体分泌和散瞳作用较弱。不易透过血脑屏障，中枢兴奋的作用较小。因此，与阿托品相比，“654”具有选择性较高、副作用较小、毒性较低等优点。

“654”在临床上替代阿托品用于疝痛、中毒性休克及有机磷酸酯中毒等治疗及内脏平滑肌解痉。近年来发现，本品具有防止血小板凝集和血管栓塞等作用。

本品口服吸收较差，通常用量比肌内注射大3倍，个别动物还有过度敏感呈现阿托品样中毒性反应。发生中毒时可用毛果芸香碱和毒扁豆碱等解救。

东莨菪碱 Scopolamine

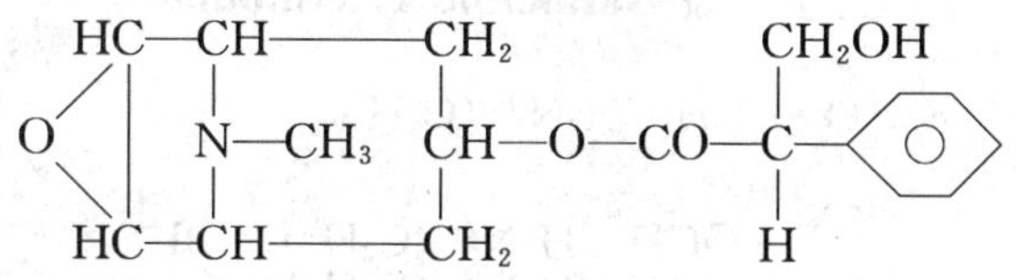

东莨菪碱为洋金花（Datura metel L.）中提取的一种生物碱。常用其氢溴酸盐。

东莨菪碱的作用与阿托品相似，对腺体分泌的抑制作用与瞳孔扩大作用较阿托品为强；对胃肠及支气管平滑肌作用较弱；对中枢作用较外周作用为强，并可随剂量或动物种属不同而异，单用时可使马属动物呈现中枢兴奋作用，对其它动物多呈现较强的镇静、催眠乃至麻醉的作用；与氯丙嗪有明显的协同作用。小剂量时多数动物呈现抑制作用，大剂量则可产生兴奋，但又较阿托品为轻。

本品的临床应用主要有，与氯丙嗪合并应用，则可作为马、牛、犬的麻醉药；与硫喷妥钠、二甲苯胺噻唑、吗啡等中枢抑制药或镇痛药合用，可作为强化麻醉剂；与解磷定合用，可用于治疗有机磷酸酯类中毒。临床上主要副作用为大剂量时有中枢神经兴奋作用，常有口干、心率加快及血压升高等不良反应。

颠茄 Belladonna

颠茄由茄科植物颠茄叶和根干燥而得。其主要成分为莨菪碱，作用与阿托品相同，因含量低而作用弱。临床上常制成酊剂或浸膏剂等供口服，主要用于胃肠解痉及抑制腺体分泌。

二、骨骼肌松弛药

兽医上 N 受体阻断药，主要选用 N_2 受体阻断药，使骨骼肌松弛，又称骨骼肌松弛药。依其作用机理不同，又分为竞争型肌松药和去极化型肌松药，在兽医临床上主要用于动物保定和辅助麻醉。

竞争型肌松药与乙酰胆碱争夺运动终板膜上 N_2 受体，阻止乙酰胆碱去极化的作用而使骨骼肌松弛；去极化型肌松药与内源性乙酰胆碱共同作用于终板后膜上 N_2 受体，使终板后膜持续去极化而不能复极化，产生冲动传导阻滞使骨骼肌麻痹及松弛。

竞争型肌松药有筒箭毒碱及戈拉碘铵。

去极化型肌松药有琥珀胆碱。

筒箭毒碱 d-Tubocurarine

筒箭毒碱为南美生产的植物浸膏箭毒（Curare）中提取的生物碱，右旋体有效。本品为季铵盐，口服不吸收，肌内注射、静脉注射或伤口给药有效。大部分以原形随尿排出。

筒箭毒碱肌内注射后作用迅速，头部小块肌肉、四肢、颈部、躯干依次松弛，最后侵犯呼吸肌。大剂量可使呼吸肌麻痹而死亡。其持效时间可达 1 h。动物种属间有明显差异，犬和猫较其它动物敏感。

此药除肌松作用外，还能阻断神经节和促进组胺释放，故可产生血压下降，心跳迟缓，支气管痉挛和唾液分泌增多等不良反应。中毒时可用新斯的明解救。

临床上应用于缓解破伤风等骨骼肌痉挛，或作为猪、犬、羔羊及犊牛的骨骼肌松弛药。

戈拉碘铵 Gallamine Triethiodide

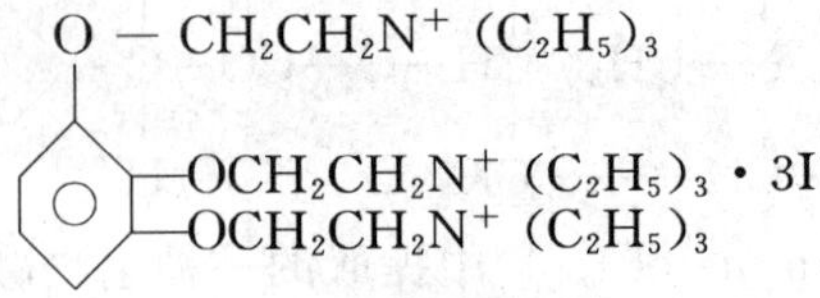

本品又称三碘季铵酚或弛肌碘，为人工合成品，极易溶于水或酒精。

与筒箭毒碱作用相似，但作用快而短。其优点是安全可靠，对心肌、神经节及中枢作用不明显，因而副作用小。临床可用做化学保定药，或配合全麻药，促进骨骼肌松弛。用量过大时可用新斯的明对抗解救。

琥珀胆碱 Succinylcholine

$$(H_3C)_3—N^+—CH_2—CH_2—O—\overset{\overset{\displaystyle O}{\|}}{C}—CH_2—CH_2—\overset{\overset{\displaystyle O}{\|}}{C}—O—CH_2—CH_2—N^+\ (CH_3)_3$$

本品为人工合成药，易溶于水。

肌内注射或静脉注射给药后，进入血液内的药物易受假性胆碱酯酶水解。由于动物种属间差异，血液中假性胆碱酯酶活性差异明显。因此，各种动物间所持效的时间长短明显不同。动物中羊、犬和牛对琥珀胆碱敏感，马和猪对其反应要差得多。

琥珀胆碱的肌松作用的顺序与筒箭毒碱相近。临床上可用做麻醉辅助药或化学保定药。用药时，琥珀胆碱有拟胆碱作用，可使唾液腺和支气管腺大量分泌。为避免发生呼吸道阻塞，可在给药前注射小剂量阿托品。中毒时可用阿托品解救。

制剂与用法

（1）硫酸阿托品注射液　皮下注射量：马、牛 15～30 mg，羊、猪 2～4 mg，犬 0.3～1 mg，严重中毒或休克时可酌情增加剂量。

（2）氢溴酸山莨菪碱注射液　静脉注射量：马 100～200 mg，宜稀释后缓滴。

（3）氢溴酸东莨菪碱注射液　皮下注射量：马、牛 1～3 mg，羊、猪 0.2～0.5 mg，犬0.1～0.3 mg。

（4）氯筒箭毒碱注射液　静脉注射量：猪 0.2～0.3 mg/kg，犊牛、羔羊 0.05～0.06 mg/kg，犬 0.4～0.5 mg/kg，猪 0.3 mg/kg，兔 0.2 mg/kg。

（5）戈拉碘铵注射液　静脉注射量：马 0.5～1 mg/kg，猪、猫 2 mg/kg，其余动物均按 0.25～0.5 mg/kg。肌内注射量：鹿 0.5～0.6 mg/kg。

（6）氯琥珀胆碱注射液　肌内或静脉注射量：马 0.125～0.2 mg/kg，牛、羊0.016～0.02 mg/kg，猪 2 mg/kg，犬 0.06～0.15 mg/kg。

用于肌松保定药，静脉注射量：大家畜 0.06～0.16 mg/kg，猴 1～2 mg/kg。肌内注射量：梅花鹿、马鹿 0.08～0.12 mg/kg，水鹿 0.04～0.06 mg/kg。通常肌内注射量：公梅花鹿11～16 mg，母梅花鹿 9～12 mg，公马鹿 18～27 mg，母马鹿 16～19 mg。

第十五章　有机磷酸酯类的毒理及胆碱酯酶复活剂

一、有机磷酸酯类的毒理

有机磷酸酯为广泛应用的有效杀虫剂。目前，常见的有机磷酸酯类农药有对硫磷（1605）、内吸磷（1059）、马拉硫磷（4049）、敌百虫、乐果、敌敌畏等，总数可达50余种。这些农用杀虫剂能与昆虫或动物体内胆碱酯酶结合而不易水解，故称难逆性抗胆碱酯酶药。因此，有机磷酸酯对昆虫或动物都具有强烈的毒性。兽医临床上，有机磷酸酯类农药中毒比较常见。

【体内过程】

有机磷酸酯易经皮肤、呼吸道、口腔粘膜、消化道途径进入动物体内。被吸收的有机磷酸酯可迅速分布全身各器官，以肝脏浓度为高。在体内可迅速生物转化，主要是氧化或水解。总的来说，含硫的有机磷酸酯，在肝脏内可氧化成含氧有机磷酸酯而使毒性增加，如对硫磷氧化成对氧磷。水解作用使有机磷酸酯毒性减弱，如敌百虫水解成三氯乙醛。最后由肾脏排出体外。

【中毒机理】

有机磷酸酯的基本化学结构为：

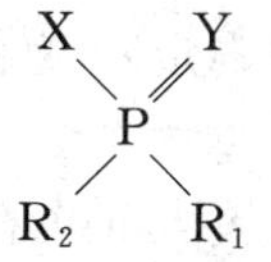

其中 R_1、R_2 为烷基或烷氧基等基团；X 为卤素；Y 为氧或硫。有机磷酸酯进入机体后，其亲电子性的磷原子迅速与胆碱酯酶的酯解部位上丝氨酸的羟基产生共价键结合，生成磷酰化胆碱酯酶（图 15-1）。此反应与乙酰胆碱和该酶作用相似。不同点是，生成磷酰化胆碱酯酶后不易水解，难以恢复胆碱酯酶活性，丧失催化乙酰胆碱水解的能力，使乙酰胆碱在体内蓄积，胆碱能受体过度兴奋出现中毒症状。急性中毒的程度与酶活性的减弱成平行关系。

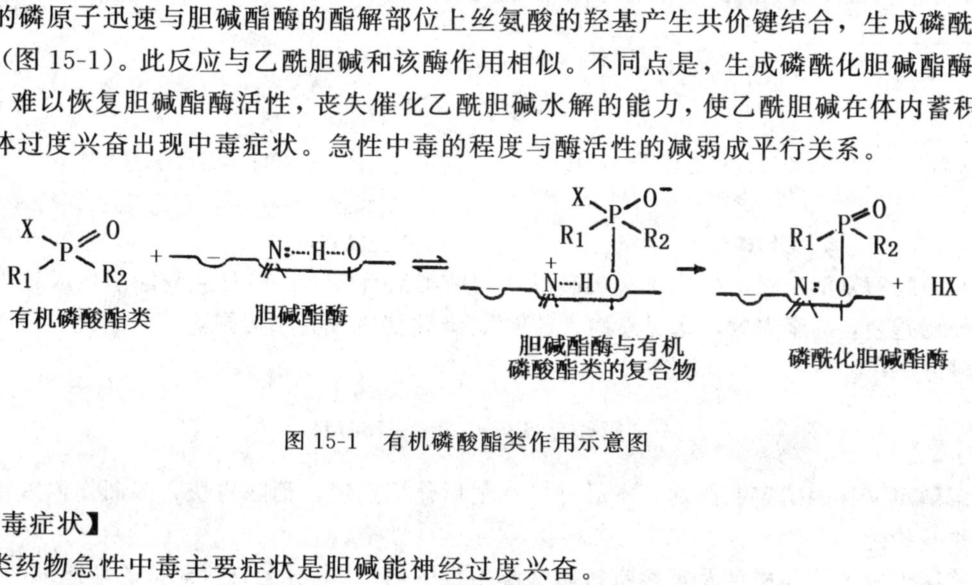

图 15-1　有机磷酸酯类作用示意图

【中毒症状】

该类药物急性中毒主要症状是胆碱能神经过度兴奋。

(1) M受体兴奋　M受体兴奋可出现唾液腺和支气管腺体分泌增多，呕吐，肠蠕动增强，腹泻，瞳孔缩小，排粪频繁，呼吸急促等。

(2) N受体兴奋　表现为骨骼肌颤动，抽搐及步态失调。动物皮肌频频活动。

(3) 中枢神经系统中毒　动物不安，狂躁，呼吸抑制，循环衰竭，呼吸肌麻痹，中枢神经系统抑制而死亡。

有机磷酸酯中毒，轻度时以M受体兴奋为主；中度中毒可同时出现M受体和N受体兴奋；严重中毒时，除M受体和N受体兴奋外，还有严重的中枢神经系统的中毒反应。

【急性中毒解救】

将动物驱离现场，立即清除毒物，阻止吸收，采用对症治疗和对因治疗。

(1) 对症治疗　阿托品能阻断有机磷酸酯中毒引起M受体的过度兴奋，对抗乙酰胆碱的蓄积效应。大剂量注射阿托品为重要措施。但阿托品阻断N受体过度兴奋的作用弱，又不能恢复胆碱酯酶的活性，故仅适用于轻度中毒症状。

(2) 对因治疗　严重中毒时必须恢复胆碱酯酶活性，因此仅用阿托品治疗还不够，必须应用胆碱酯酶复活剂。

二、胆碱酯酶复活剂

胆碱酯酶复活剂为能使被有机磷酸酯抑制的胆碱酯酶重新恢复活性的药物。复活剂的作用是：从磷酰化胆碱酯酶的活性中心夺取磷酰化基团，以使酶的活性中心重新恢复催化乙酰胆碱的活性。

【作用机理】

常用有机磷酸酯复活剂有碘磷定（解磷定）、氯磷定、双解磷及双复磷。这些复活剂分子内含有肟基（=NOH）及五价氮离子（—N≡⁺）。五价氮离子（季铵盐）与酶的阴离子部位结合，肟基有很强负电性，为亲核基团，易与正电荷的磷原子进行共价键结合，并夺取和胆碱酯酶结合的磷酰基，生成磷酰化的复活剂，进而解除有机磷酸酯对胆碱酯酶的抑制，恢复该酶的活性（图15-2）。另外，这些复活剂能与有机磷酸酯直接结合，阻止游离有机磷酸酯对酶的抑制。

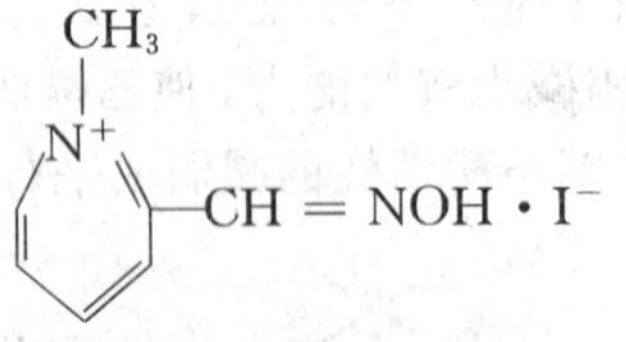

解磷定

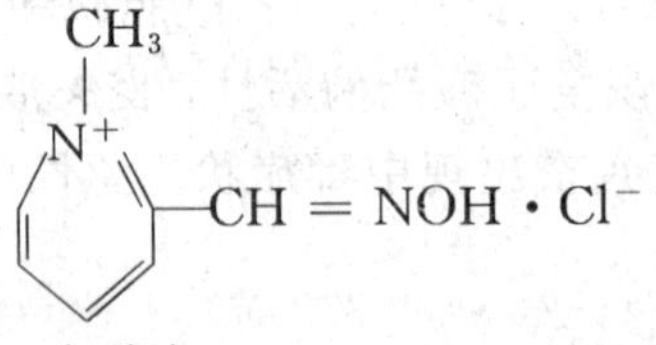

氯磷定

胆碱酯酶复活剂仅对生成不久的磷酰化胆碱酯酶有效。磷酰化胆碱酯酶生成越久，复活剂的作用越差，甚至失效，此现象称“老化”。老化使之成为不可逆过程。因此，复活剂越早使用越好。

解磷定 Pyraloxime Iodide

解磷定又称碘磷定或派姆，本品静脉注射后作用迅速，消除也快，因而作用短暂，必要时可重复给药。

临床上主要用于中度及重度有机磷酸酯中毒的治疗。本身无直接对抗乙酰胆碱的作用，故

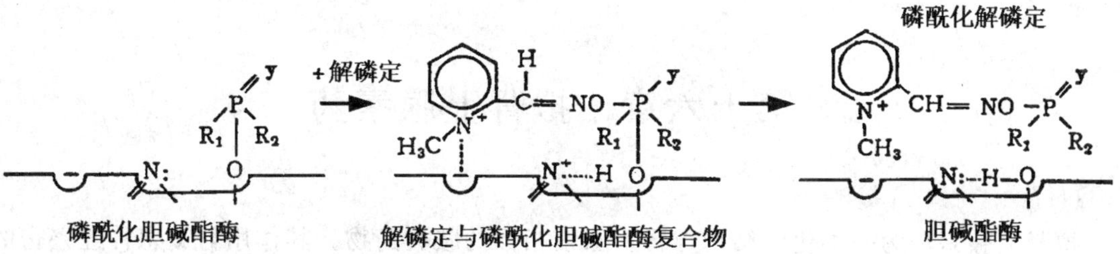

图 15-2 解磷定复活胆碱酯酶的过程

应与阿托品配合进行对症治疗，特别适用于1605、1059和乙硫磷等急性中毒，对乐果、敌百虫治疗效果较差。本品对骨骼肌的神经肌肉接点作用特别突出，能迅速恢复骨骼肌的正常活动，但不易透过血脑屏障。因此，该药对中枢神经系统中毒症状治疗效果不佳。

治疗剂量下不良反应少见。注射剂量过大或过快可产生心动过速，并能直接与胆碱酯酶结合，抑制该酶活性，引起神经肌肉传导阻滞。本品使用时不宜与碱性药物配伍，以防止水解后产生氰化物而中毒。

氯磷定 Pyraloxime Chloride

本品作用与解磷定基本相同。药物溶解度大，溶液稳定，使用方便，静脉注射或肌内注射均可。毒副反应低，疗效高。不良反应同解磷定。

本品治疗有机磷酸酯类中毒作用范围与解磷定相似。

双复磷 Toxogonine

本品对恢复胆碱酯酶活性效果较佳，易通过血脑屏障，能消除外周M和N受体兴奋及中枢神经系统中毒的症状。但对肝脏毒性较大，故不宜做常规用药。

双解磷 Trimedoxime

本品具有和解磷定相近似的作用。其作用比解磷定强3～6倍。其作用持久，水溶性好，使用时可用生理盐水稀释或葡萄糖盐水溶解，肌内注射或静脉注射均可。缺点是本品不易透过血脑屏障，对中枢中毒症状治疗效果欠佳。

制剂与用法

(1) 解磷定粉针剂　用生理盐水稀释成4%注射液，静脉注射量：各动物15～30 mg/kg。必要时可重复注射。

(2) 氯磷定注射液　剂量同解磷定。

(3) 双复磷注射液　肌内注射或静脉注射量：15～30 mg/kg。

(4) 双解磷注射液　肌内注射或静脉注射量：马、牛3～6 g，猪、羊0.4～0.8 g，以后每隔2 h1次，剂量减半。

第十六章　拟肾上腺素药

拟肾上腺素药为一类化学结构与肾上腺素相似的胺类药物。其作用与交感神经兴奋的效应相似，又称拟交感胺。拟肾上腺素药可分为儿茶酚胺类（Catecholamines）和非儿茶酚胺类。前者主要有肾上腺素、去甲肾上腺素及异丙肾上腺素；后者主要有麻黄碱（见表 16-1）。

表 16-1　拟肾上腺素药的化学结构

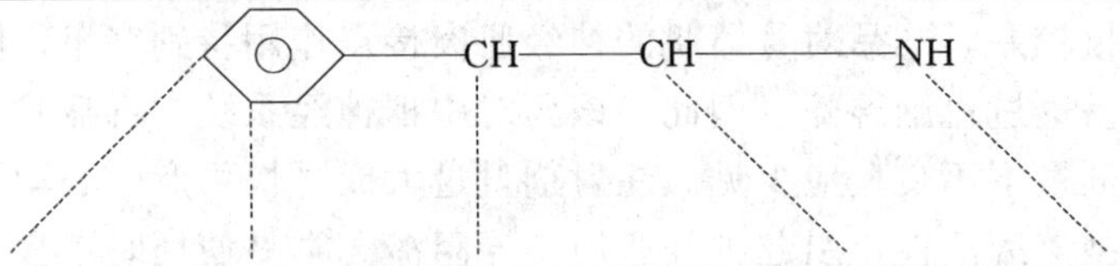

去甲肾上腺素	OH	OH	OH	H	H
肾上腺素	OH	OH	OH	H	CH_3
异丙肾上腺素	OH	OH	OH	H	$CH(CH_3)_2$
麻黄碱	H	H	OH	CH_3	CH_3

分为兴奋 α 与 β、α、β 受体药。

一、作用于 α 与 β 受体的拟肾上腺素药

肾上腺素　Epinephrine

肾上腺素为肾上腺髓质的主要激素，现已人工合成。天然品为左旋体，合成品为消旋体。其效价为天然左旋体之半。常用其盐酸盐和酒石酸盐。本品性质不稳定，遇氧化剂、碱、光线及热可缓缓氧化为淡红色，最后为棕色而失效。

【体内过程】

肾上腺素内服无效，通常为皮下、肌内注射或静脉注射给药。皮下给药可使血管强烈收缩而减缓吸收，肌内注射时因对骨骼肌血管作用较弱而吸收较快，作用较强而短暂。静脉注射时作用强烈，经一定稀释后可用于急救。进入体内肾上腺素，一部分经肝脏内的单胺氧化酶（MAO）和儿茶酚氧位甲基转移酶（COMT）所代谢转化，另一部分为肾上腺素能神经所摄取。

【药理作用】

肾上腺素能同时与 α 和 β 受体结合，产生兴奋效应。

（1）心脏　肾上腺素对心脏作用最显著，兴奋 β 受体，使心肌收缩力加强，传导加速，心率加快，心输出量增加。但在整体，由于血压升高可以反射性兴奋迷走神经，使心率减慢，但心输出量仍然增多。肾上腺素能扩张冠状动脉增加心肌供血量，改善心肌供氧，为强效的心脏兴奋药。

（2）血管　肾上腺素能兴奋 α 和 β 受体。兴奋 α 受体能使血管收缩；兴奋 β 受体能使血管扩张。皮肤、粘膜和内脏的血管以α受体分布占优势，冠状动脉和骨骼肌血管以β受体分布占优势。肾上腺素作用时，前者血管产生收缩效应；后者血管产生扩张效应。α受体和β受体主要分布于小动脉和毛细血管前括约肌，因此肾上腺素对小动脉和毛细血管的作用显著，而对大动脉和静脉血管作用很弱。

(3) 平滑肌 肾上腺素对支气管平滑肌有松弛作用，对粘膜下血管有收缩作用，故有扩张支气管的显著作用，对胃肠平滑肌有松弛作用。

(4) 糖代谢 本品能促进糖原分解，升高血糖，促进糖及脂肪代谢。

(5) 其它 肾上腺素能促进马、羊动物发汗，降低毛细血管通透性，消除荨麻疹、血管神经性水肿等。

【临床应用】

(1) 急救 本品可用做麻醉、中毒、窒息、溺水、过敏性休克等引起急性心功能衰竭或心脏骤停的急救用药。用时将0.1%肾上腺素注射液用生理盐水或葡萄糖注射液做10倍稀释后，缓缓静脉注射或皮下、肌内注射。严重的病例还可心脏内注射。

(2) 与局麻药配伍 在100 ml局麻药中加入0.1%肾上腺素0.2 ml，可使局部血管收缩，延缓局麻药吸收，延长作用时间，减少手术野血渗出。

【不良反应】

(1) 大剂量肾上腺素可使呼吸中枢抑制。

(2) 与洋地黄及钙制剂合用能增强对心脏的毒性。

(3) 肾上腺素能加剧出血性休克症状，使组织缺氧，甚至恶化症状。

麻黄碱 Ephedrine

麻黄碱为麻黄科植物麻黄中的生物碱，现已人工合成。常用盐酸盐。

【体内过程】

麻黄碱性质稳定，内服易吸收，且吸收完全；进入体内不易被单胺氧化酶水解，在肝脏内可脱去氨基；多数以原形从尿中排出。

【药理作用】

麻黄碱的作用与肾上腺素相似。其作用方式：①直接兴奋α和β受体；②促进肾上腺素能神经释放递质，进而兴奋受体。不同点是，本品作用弱而持久，且有较强的中枢兴奋作用。

【临床应用】

(1) 支气管哮喘 用于支气管哮喘，可扩张支气管和减轻呼吸困难。

(2) 兴奋中枢 本品能兴奋呼吸中枢，兴奋大脑，促进血循环。可用于巴比妥类麻醉药的中毒解救。

【不良反应】

本品过量或注射过快时，有兴奋中枢作用，动物不安。反复用药，易产生耐受性，耐受性需经一定停药期，方可恢复。

二、主要作用于α受体的拟肾上腺素药

去甲肾上腺素 Noradrenaline

药用品为人工合成品，常用其酒石酸盐。水溶液呈酸性。1%水溶液pH值为3.5～5。在中性尤其在碱性溶液中，易氧化失效。

【体内过程】

本品口服无效，皮下或肌内注射给药可引起血管强烈收缩而阻止吸收，甚至引起局部坏死，所以应以静脉滴注给药，其体内可被代谢或被摄取利用。

【药理作用】

去甲肾上腺素主要兴奋α受体，对心脏β受体也有兴奋作用，但对其它效应器的β受体作用很弱。该药收缩血管的作用比肾上腺素略强，几乎无扩张血管的作用。兴奋心脏和抑制平滑肌的作用比肾上腺素弱。

【临床应用】

(1) 抗休克　去甲肾上腺素用于治疗过敏性或血管性低血压所致的休克。静脉滴注去甲肾上腺素可提高收缩压，维持重要器官供血和有效的血容量，改善微循环；也可用于急性心力衰竭引起的休克。

(2) 抗过敏　对抗抗生素过敏反应。

【不良反应】

(1) 局部组织缺血坏死　静脉给药时，若浓度过高或漏出血管外易使局部血管强烈收缩，缺血而坏死。

(2) 急性肾功能衰竭　剂量过大可引起肾血管强烈收缩，引起无尿，少尿和肾实质损伤。

三、主要作用于β受体的拟肾上腺素药

异丙肾上腺素 Isoprenaline

异丙肾上腺素为人工合成品，常用盐酸盐或硫酸盐。两种盐均易溶于水。其1%水溶液pH值为5左右。该水溶液遇空气逐渐氧化，遇碱变色氧化更甚。

【体内过程】

本品宜注射给药，吸收迅速；喷雾给药也易经粘膜吸收。吸收后在肝脏或其它组织中被单胺氧化酶和儿茶酚氧位甲基转移酶所代谢。但代谢速度较慢，因而作用较肾上腺素持久。

【药理作用】

本品为β受体激动剂，对β_1和β_2受体均有作用，对α受体几乎无作用。

(1) 心脏　本品对心脏有较肾上腺更强的作用，使心肌收缩力增强，心率加快，传导作用加快。

(2) 血管和血压　本品对外周血管有扩张作用；对心冠状动脉和肾血管作用较弱。因此能增加心率。异丙肾上腺素能提高收缩压；又因外周扩血管的作用，则使外周血管舒张压下降。

(3) 支气管　异丙肾上腺素为β_2受体的激动剂，比肾上腺素有更强的舒张支气管的作用，能缓解支气管痉挛。

（4）糖代谢　能促进糖原分解，但升糖作用较弱。

【临床应用】

（1）心脏骤停复苏　与去甲肾上腺素合用，治疗心搏骤停的复苏。

（2）支气管哮喘　可治疗各种原因引起的支气管痉挛性哮喘。

（3）抗休克　适用于各种原因的休克，特别适用于感染中毒性休克的早期，缓解小血管痉挛。

【不良反应】

用于治疗支气管哮喘时，应注意可能引起的心血管系统的不良反应。

制剂与用法

（1）盐酸肾上腺素注射液　皮下或肌内注射量：马、牛 2～5 mg，羊、猪 0.2～1 mg，犬 0.1～0.5 mg。静脉注射量：马、牛 1～3 mg，羊、猪 0.2～0.6 mg，犬 0.1～0.3 mg。

（2）盐酸麻黄碱注射液　皮下注射量：马、牛 50～300 mg，羊、猪 20～50 mg，犬 10～30 mg。

（3）重酒石酸去甲肾上腺素注射液　静脉滴注量：马、牛 8～20 mg，羊、猪 2～4 mg，临用时可用 5%葡萄糖注射液稀释成 8～10 μg/ml，羊、猪每分钟 2 ml 的速度缓缓静脉滴注。马、牛可酌情加快。

（4）硫酸异丙肾上腺素注射液　静脉滴注量：马、牛 1～4 mg，羊、猪 0.2～0.4 mg，临用时用 5%葡萄糖注射液稀释，缓缓静脉滴注。

第十七章　强　心　苷

强心苷 (Cardiac glycoside) 是选择性地作用于心脏的药物。它能显著地增强心肌收缩力，改善心律性与传导性，影响心肌的电生理特征。临床上主要用于慢性心功能不全。

【来源与化学】

在洋地黄、毒毛旋花、夹竹桃、铃兰、福寿草、万年青等植物中都含有强心苷成分，为其主要来源。

强心苷是由配基和不同数量糖结合组成的配糖体。配基是由一个甾核和一个饱和内酯环所组成。它是强心苷的强心作用部分，其本身对心脏作用较弱且短暂。与糖配合则可提高它的作用强度和持久性。强心苷分子的糖除葡萄糖外，都是一些稀有的糖，如洋地黄毒糖（见图 17-1）。大多数强心苷的化学结构与洋地黄毒苷配基的化学结构相似。

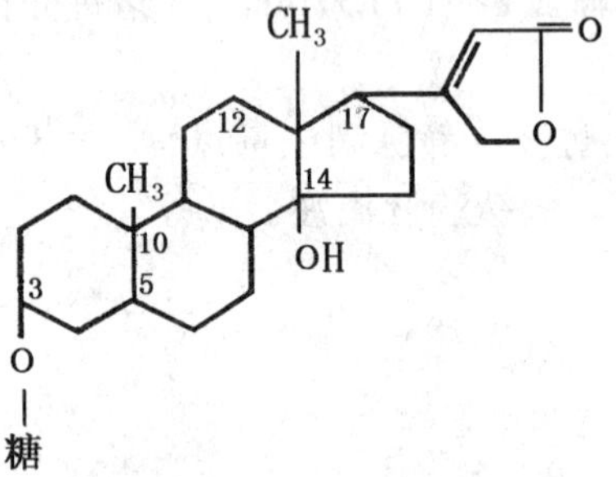

	洋地黄毒苷	地高辛	西地兰	毒毛花苷 K
C_5	H	H	H	OH
C_{10}	CH_3	CH_3	CH_3	CHO
C_{12}	H	OH	OH	H
糖	(洋地黄糖)$_3$	(洋地黄糖)$_3$	(洋地黄糖)$_3$＋乙酸＋葡萄糖	磁麻糖＋葡萄糖

图 17-1　洋地黄毒苷化学结构示意图

【分类】

各种强心苷对心脏的作用性质相同。但由于各强心苷的甾核结构上羟基数量不同，使配基的极性大小有明显差别。因而各强心苷的作用强弱、出现作用的快与慢、持效时间的长短等有明显不同。

兽医临床一般将强心苷分成两类：

（1）慢作用类　洋地黄（Digitalis）、洋地黄毒苷（Digitoxin）作用出现慢，持效时间长，蓄积性大，适用于慢性心功能不全（充血性心力衰竭）。

（2）快作用类　毒毛花苷 K（Strophanthin K）、毛花丙苷（Cedilanide）、黄夹苷（Theretin）、羊角拗苷（Divaside）、铃兰毒苷（Convallatoxin）等适用于急性心力衰竭。

【体内过程】

各种强心苷在成年的反刍动物瘤胃中易受微生物破坏而失活，故不宜口服投药。单胃动物口服后，极性小、脂溶性高的慢作用类的强心苷，肠道吸收率较高；极性大，脂溶性低的快作用类的强心苷，肠道吸收率低而不规则。

各种动物静脉注射慢作用类洋地黄毒苷作用也较迟缓，多在15 min之后才出现作用。静脉注射快作用类的强心苷，作用可在1～2 min内出现。被吸收进入血循环的强心苷可与血清蛋白结合。慢作用类的洋地黄毒苷蛋白结合率非常高，而快作用的西地兰和毒毛花苷K却很低。因此，前者作用慢而持久，后两者作用快而短暂。

强心苷在体内主要分布于骨骼肌和肝脏，心肌仅占10%以下。显然，强心苷的强心作用是对心肌敏感性较其它组织为高的结果。

强心苷的消除方式与作用持效时间的长短密切相关。洋地黄毒苷主要在肝内失活，肾脏原形排出极少，部分虽由胆汁排泄，但又可被肠道重吸收，形成肝肠循环。因而慢作用类强心苷作用持久而易蓄积。快作用类强心苷多以原形排出，体内代谢极少，因极性较大，水溶性高排出快，蓄积作用小，持效时间短。

【药理作用】

1. 心脏作用

(1) 加强心肌收缩力（正性肌力作用，Positive inotropic effect） 强心苷选择性地加强功能不全或功能正常心肌细胞的收缩性。许多试验证明，离体或去神经心肌和没有神经的鸡胚心肌细胞，强心苷都能增强心肌收缩的功能，这是其作用的基础。这些作用是：

A. 延长心脏舒张期缩短心脏收缩期 强心苷能提高心肌收缩力、收缩程度和收缩速度。收缩力上升加快，心肌收缩的时程缩短，心肌动作更敏捷。在心动周期中能延长舒张期，使心肌营养补给充分。

B. 增加衰竭心脏的心输出量 强心苷能使患有心力衰竭的扩大的心脏收缩有力，心脏体积缩小，心室内残留血量减少，心输出量增加。心脏舒张期延长，心脏受血量增多，静脉压下降，改善静脉充血和动脉血量不足的状态。动脉血流增加，主动脉弓、颈动脉窦的压力感受器兴奋性升高，反射性地减弱交感神经兴奋性，降低外周阻力，从而使心输出量增加。

C. 提高衰竭心脏的工作效率 患有充血性心力衰竭的心脏，心肌收缩无力，心脏扩大，心室壁肌张力增加，心率加快，因而维持心室壁肌张力、心率的能量及氧耗量明显增加，而心输出量明显减少，心脏工作效率降低。用强心苷后，心脏排出充分，室腔内残余血量减少，心容积缩小，心室壁肌张力下降，心率减慢，心脏耗氧量明显减少。此时尽管心肌收缩性明显上升，耗氧量有所增加，两者相抵之后，总的耗氧量并不增加反而减少。因此时心输出量明显增加，所以强心苷能使衰竭的心脏的工作效率明显提高。

对正常心脏，强心苷也能加强心肌收缩性，因心脏原已收缩有力，排出充分，输出量已不再增加。同时，强心苷也有直接加强外周血管收缩作用，增加外周阻力，因此心输出量不再增加。故强心苷提高正常心脏的工作效率的作用不明显。

(2) 减慢心率（负性频率作用，Negative chronotropic effect） 强心苷能使心力衰竭时过快的窦性心率减慢。心率加快本是心衰时增加心输出量的一种代偿机能。心率加快，心脏舒张期缩短，心室充盈度降低，心输出量减少。在强心苷作用下，心输出量增加，主动脉弓、颈动脉窦压力感受器的兴奋性升高，反射性降低交感神经的兴奋性，提高迷走神经的兴奋性，使心率减慢。减慢心率可增加冠状动脉供血和心肌的营养。

强心苷减慢心率的作用能被切除迷走神经和阿托品所消除。这完全说明，减慢心率是强心苷加强心肌收缩力的基本作用的结果。

(3) 抑制传导（负性传导作用，Negative transmissive effect） 强心苷能使房室结及希氏束的传导减慢，有效不应期延长。在治疗剂量下，这一作用主要是通过心肌收缩力增强引起迷走神经兴奋的效应。阿托品完全能取消或阻止这种作用。大剂量时强心苷直接作用于房室结，提高其自律性。中毒剂量强心苷则表现为房室传导阻滞。窦房结自律性增高和传导阻滞是强心苷中毒时出现各种心律失常的基础。治疗剂量强心苷能延长房室结的有效不应期，阻止过多的室上性冲动传到心室，减缓心室率。这种作用又是强心苷治疗室上性心动过速的基础。

(4) 心电图的变化 治疗剂量强心苷对心电图有明显的影响。在强心苷作用下，P—R 间期延长，说明房室传导延缓。Q—T 间期缩短，表示心室除极化到复极化的时间缩短，也表示心室收缩敏捷和心肌收缩加强。P—P 间期增大，表示两个心动周期的间隔时间增长，心率减慢。

2. 利尿作用

强心苷改善心功能，能增加充血性心力衰竭心脏的输出量，增加肾脏血流量和肾小球滤过率而产生作用。

【作用机理】

心肌收缩是由 Ca^{2+} 直接发动的。强心苷是通过增加心肌中可利用的 Ca^{2+} 量，增强心肌收缩力。Ca^{2+} 与肌钙蛋白（向宁蛋白，Troponin，Tn）结合，引起构型改变，解除向凝蛋白（Tropomyosin，Tm）阻挡肌凝蛋白（Myosin，M）与肌纤蛋白的反应点（A）相接触，激活横桥上的 ATP 酶，分解 ATP 释放出能量，使肌纤蛋白滑行，导致心肌收缩。当 Ca^{2+} 离开肌钙蛋白时，心肌松弛。心肌收缩期的生化变化如图 17-2 所示。

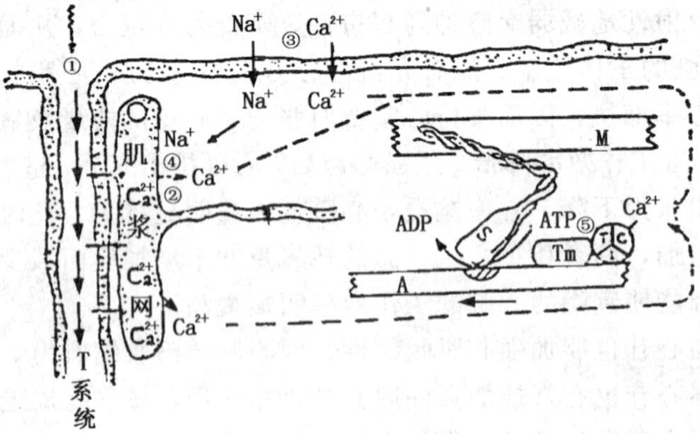

图 17-2 心肌收缩期的生化变化

①兴奋沿 T-系统扩布到肌膜下池；②使肌浆网释放 Ca^{2+}；③Na^+ 与 Ca^{2+} 从细胞外进入肌浆内；④Na^+ 与肌浆网 Ca^{2+} 竞争与膜蛋白结合，促进 Ca^{2+} 释放；⑤外源及内源 Ca^{2+} 使肌浆 Ca^{2+} 增加，与 Tm-Tn 结合成 Tm-Tn-Ca^{2+} 复合体，Tm 构型改变，暴露肌纤蛋白（A）活性区，肌凝蛋白（M）横桥头部 S_1 与肌纤蛋白结合成肌纤凝蛋白。Ca^{2+} 和肌纤蛋白激活 ATP 酶，促进 ATP 分解放能，细丝向肌节中央滑动而心肌收缩

强心苷增加心肌细胞内Ca^{2+}浓度可能是，在强心苷治疗浓度时轻度抑制细胞膜上Na^+、K^+-ATP酶，使Na^+-K^+交换被部分抑制，细胞内Na^+增多，增进细胞内Na^+与细胞外Ca^{2+}交换，促进Ca^{2+}内流。增加细胞内Ca^{2+}，从而使心肌收缩力增强。中毒量时，强心苷能明显抑制Na^+、K^+-ATP酶，使Na^+外流和K^+内流明显减少，心肌细胞内缺K^+，细胞的静息电位或最大舒张电位减少，传导速率减慢，自律性增高，从而引起心律失常。

【不良反应及中毒解救】

强心苷的安全范围较窄。其治疗剂量与中毒量很接近。特别是洋地黄在体内蓄积性大，消除缓慢，使用不当时易产生中毒。强心苷中毒时的主要表现如下：

(1) 胃肠道反应　表现为食欲下降、呕吐（能呕吐的动物）、腹泻，这是强心苷中毒时最常见最早的反应。

(2) 心脏反应　为强心苷中毒最严重的反应。严重时可导致死亡。中毒动物精神沉郁、倦怠和视觉障碍。

发现中毒，应立即采取措施：①立即停止用药；②补钾治疗，口服氯化钾或静脉滴注氯化钾葡萄糖溶液，提高心肌细胞钾浓度对抗强心苷的作用；③应用抗心律失常药，苯妥英钠或利多卡因用于治疗中毒时室性或室上性心动过速心律，阿托品用于治疗窦性心动过缓的心律。

【临床应用】

(1) 慢作用类强心苷的应用　慢作用类的强心苷洋地黄及洋地黄毒苷主要用于慢性心功能不全及心力衰竭的心房颤和心房扑动的治疗。

(2) 快作用类强心苷的作用　临床上主要用于急性心功能衰竭和慢性心功能不全的急性发作。有些急性心功能衰竭可以不是心脏本身的疾病如中毒、中暑和中枢神经系统受抑制等引起的，应用快作用类强心苷也能取得效果，但不是强心苷的主要适应症。

【给药方法】

洋地黄制剂给药通常分为两个步骤。首先在短期内应用足够剂量，使其发挥疗效的作用。此剂量常称全效量或洋地黄化。以后每日给予一定的补充量，以补充药物在体内的消除。此剂量称维持量。全效量的选定是指达到心脏功能有所改善，尿量增加，心率减慢，趋近于正常的剂量。维持量约为全效量的1/10。

全效量的给药方法，可分为缓给法和速给法两种。

缓给法：将全效量分若干剂，于2～4日给毕，多用于口服慢作用的强心苷。适用于一般病情或短期内应用过强心苷的病例。

速给法：通常在24小时内，分次给毕全效量。常用快作用的强心苷静脉注射，适用于病情重且短期内未曾用过强心苷的病例。

兽医临床上应用强心苷的病例不多见。因此，实际用药时，主要根据临床症状和病情变化，选择安全有效的用量。

制剂与用法

(1) 洋地黄片　全效量：犬0.03～0.04 g/kg。维持量：全效量的1/10。

(2) 洋地黄毒苷注射液　全效量（静脉注射）：马、牛、犬0.006～0.012 mg/kg。维持量：全效量的1/10。

(3) 毒毛花苷K注射液　静脉注射量：马、牛1.25～3.75 mg，犬0.25～0.5 mg。用5%葡萄糖注射液和生理盐水10～20倍稀释，缓缓注射。必要时2～4 h后以小剂量重复1次。

(4) 毛花丙苷（西地兰）注射液　静脉注射量：马、牛1.6～3.2 mg，混于10～20倍的5%葡萄糖注射液中缓缓注射，必要时在4～6 h再注射0.8～1.6 mg。静脉注射有困难可进行肌内注射。

(5) 毒毛花苷G（哇巴因）注射液　静脉注射剂量为毒毛花苷K的1/2～2/3。

(6) 铃兰毒苷注射液　全效量（静脉注射）：马、牛1～3 mg，用5%葡萄糖注射液或生理盐水10～20倍稀释，在24 h内分2～3次缓缓注入。维持量：马、牛0.5 mg，1日1次。

(7) 黄夹苷注射液　静脉注射量：马、牛1.25～2.5 mg，用5%葡萄糖注射液10～20倍稀释后缓缓注射，必要时可于12 h后重复注射1次，在24 h内不宜超过2次。

第十八章　作用于血液及造血器官药

一、抗贫血药

抗贫血药（Antianemic drugs）为能增强机体造血机能，补充造血必要的物质，改善贫血症状的药物。

贫血为单位容积循环的血液中红细胞数或血红蛋白的量低于正常值的症状。兽医临床常见的贫血可分为：①缺铁性贫血；②出血性贫血；③溶血性贫血；④再生障碍性贫血。兽医临床中以缺铁性贫血为常见。

铁制剂 Iron Preparations

【作用】

铁（Iron）是动物机体合成血红蛋白、肌红蛋白及多种氧化酶的原料。当机体长期缺铁或动员和利用发生障碍时，能使血红色素合成减少，血红色素合成不足又能抑制珠蛋白合成，进而影响血红蛋白合成，致使血液中出现大量低血色素小红细胞，产生低血色素小红细胞贫血症。

成年动物日粮中含有丰富铁，故不易产生缺铁。但幼年动物饲料中铁含量往往低于动物的需要。缺铁可以阻碍幼龄动物生长，还可增加动物对疾病因子的易感性。

【体内过程】

（1）吸收　铁盐以亚铁离子（Fe^{2+}）的形式吸收。胃酸及饲料中维生素C等还原型的物质可促进Fe^{2+}的形成，促进铁的吸收。十二指肠和空肠上段为主要吸收部位。被吸收铁或进入血循环，或以铁蛋白的形式暂存于肠粘膜上。饲料中的鞣酸、磷酸、钙盐都能沉淀铁，妨碍吸收。四环素类抗菌药与铁形成络合物，阻碍铁的吸收。

（2）转运　Fe^{2+}进入血液后立即氧化成Fe^{3+}，并与血浆中的运铁蛋白（β_1-球蛋白）结合，成为血浆铁。运铁蛋白为血浆铁的载体，将血浆铁运转到各组织贮存，并供骨髓造血之用。

（3）分布　血浆铁经运铁蛋白转运到肝、脾脏等贮铁组织，与组织中去铁蛋白结合成铁蛋白而储存。在骨髓内铁蛋白的铁以血红蛋白形式和肌肉内铁以肌红蛋白的形式储存，分布于机体内。

（4）排泄　铁的排出量极少，主要由肠道粘膜和皮肤细胞脱落而排出。饲料中未被吸收的铁随粪便排出。

【临床应用】

（1）哺乳期和生长期幼畜、妊娠期或泌乳期母畜因需铁量的增加而摄取量又不足引起的缺铁性贫血。

（2）慢性或急性大量失血引起的贫血。

（3）消化机能障碍如胃酸不足、慢性腹泻等引起的贫血。

【不良反应】

（1）胃肠反应　内服后可见消化道反应，表现为食欲下降、腹泻、腹痛、严重胃肠炎等。初用时，应小剂量或喂饲后应用。

（2）便秘　铁与肠内硫化氢结合，减少肠内正常刺激因素，使肠蠕动减慢，导致便秘，甚至产生更严重后果。

【常用制剂】

硫酸亚铁、枸橼酸铁铵、葡聚糖铁及葡聚糖铁钴注射液。其中以硫酸亚铁为常用，口服吸收率高，价格低廉。

制剂与用法

（1）硫酸亚铁　内服量：马、牛 2～10 g，猪、羊 0.2～2 g，犬 0.05～0.5 g。用时常配制成 0.5%～1%水溶液，于饲后饮用。

（2）枸橼酸铁铵　口服量：马、牛 5～10 g；猪 1～2 g。用时配制成 10%水溶液。

（3）葡聚糖铁（右旋糖酐铁）注射液　深部肌内注射量：仔猪（一周龄）50 mg。

（4）葡聚糖铁钴注射液（铁钴针）　深部肌内注射量：仔猪（1～2 周龄）50 mg。必要时，隔 2 天重复注射一次。

二、抗凝血药与促凝血药

（一）抗凝血药

抗凝血药（Anticoagulants）为能延长、阻止血液凝固的药物。

血液凝固是一系列复杂的生化链锁反应，最终使可溶性纤维蛋白原变成凝胶状态的纤维蛋白，并形成血凝块。在血液凝固过程中，有许多凝血因子参与。抗凝血药能阻止各种凝血因子活化，进而阻止血液凝固。

参与血液凝固的因子及过程如图 18-1 所示。其过程大致为三大步骤。

1. 凝血酶原激活物的形成

凝血酶原激活物来自血液系统和组织系统：

（1）血液系统（内源性凝血系统）　在血管损伤或血液接触异物时，在 Ca^{2+} 协同下使因子 XII（接触因子）成为 XIIa。因子 XIIa 具有蛋白水解酶、酯酶活性，又使血浆前激肽释放酶（Pre-kallikrein，Pre-K）活化，成为激肽释放酶（Kallikrein，Ka）。Ka 既可再激化因子 XII，产生更多 XIIa，XIIa 又能激化因子 XI 成为因子 XIa，因子 XIa 激化因子 IX 成为因子 IXa。因子 IXa 与因子 VIII、Ca^{2+}、血小板磷脂（PL）及因子 X 形成复合物。并激活因子 X 成为 Xa。

（2）组织系统（外源性凝血系统）　在组织损伤时释放出组织凝血因子（因子 III）。因子 VII 被内源性凝血过程中的 XIa、XIIa 和 Ka 激活为 VIIa。因子 III 与血液系统的 Ca^{2+} 和因子 VIIa 一同激活因子 X 成为因子 Xa。

因子 Xa 与因子 V、Ca^{2+}、PL 及凝血酶原形成复合物，此复合物称之为凝血酶原激活物（II-Ac）。

2. 凝血酶的形成

在 II-Ac 作用下，使无活性凝血酶原（因子 II）转化成凝血酶（因子 IIa）。

3. 纤维蛋白的生成

凝血酶为蛋白水解酶，在其作用下，纤维蛋白原释放出可溶性纤维蛋白单体，进而聚合

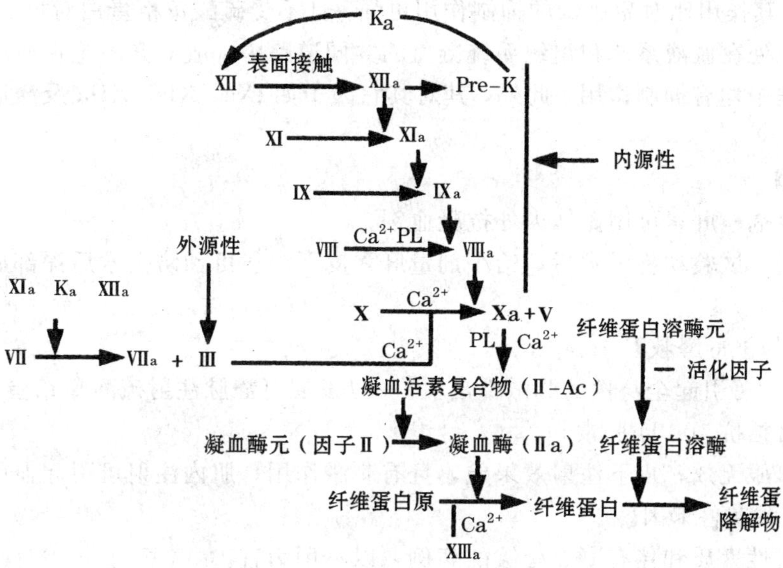

图 18-1 纤维蛋白形成和降解过程

罗马字代表不同凝血因子，a：表示活化者，PL：血小板磷脂

成可溶性多聚体。然后，在 Ca^{2+}、因子 XIIIa 的作用下，相互连接形成稳定的不溶性的纤维蛋白多聚体。因子 XIII 为纤维蛋白稳定因子，在因子 Xa 或凝血酶（IIa）作用下成为 XIIIa。

血液凝固过程中任何一因子或阶段受到干扰，就能使血凝功能受阻。抗凝血药就是用于干扰凝血过程某些因子而发挥作用。抗凝血药在兽医临床上主要用于体外抗凝血。

临床上常用抗凝血药有肝素钠和枸橼酸钠。

肝素 Heparin

本品常用肝素钠盐，因起初来自肝脏而得名。现主要由牛、猪等动物肺中提取。它是一种粘多糖的硫酸酯，为硫酸葡萄胺和葡萄糖醛酸交替组成的多聚体，平均分子量为 20 000 左右，其中硫酸根约占 40%，故高度带负电荷，其双糖单体结构见图 18-2。

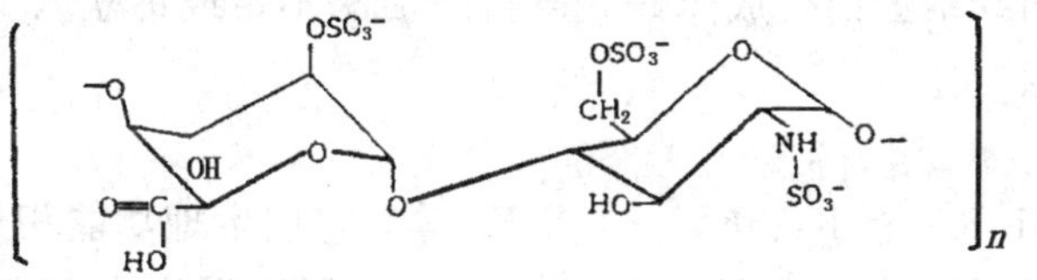

图 18-2 肝素双糖单体结构

【药理作用】

肝素在体内外都有抗凝血作用，对凝血过程中每一步骤几乎都有抑制作用。

（1）抑制纤维蛋白形成 肝素能激活抗凝血酶（AT-III），产生拮抗凝血酶的作用，阻止凝血酶分解纤维蛋白原形成纤维蛋白单体，延缓或阻止纤维蛋白的形成。

（2）抑制凝血因子活化 肝素能抑制因子 V、VIII 和 IX 的激活。肝素对因子 Va 也有强烈的抑制作用。其作用比对激血酶的抑制作用更强，且不受硫酸鱼精蛋白对抗。由于因子 Va 和凝血酶一样，处在血液系统和组织系统凝血的共同道路中，故肝素不论在血液系统或组织系统的凝血过程中均有抑制作用。此外，其对其它因子如 IXa、XIa、XIIa 及激肽释放酶均有灭活作用。

【临床应用】

（1）抗凝血剂 肝素可用做体内外抗凝血剂。

（2）抗栓塞 试验动物手术后，给小剂量肝素皮下注射可预防手术后深部血管血栓形成和肺栓塞等。

【不良反应与中毒解救】

（1）用量过大可引起全身性的弥散性出血。一旦发现可静脉注射硫酸鱼精蛋白解救。1 mg 硫酸鱼精蛋白可拮抗 100 U 肝素。

（2）本品口服无效；皮下注射效果差，且有刺激作用；肌内注射可引起血肿；深部肌内注射应加 2%盐酸普鲁卡因。

（3）有出血性素质和伴有凝血延缓的病例，以不用为宜。

枸橼酸钠 Sodium Citrate

枸橼酸钠为无色或白色晶体，易溶于水。

枸酸酸钠的枸橼酸根离子与血浆中 Ca^{2+} 形成一种难解离的可溶性复合体，使血浆中 Ca^{2+} 浓度迅速减小，凝血作用受抑制，因而起抗凝血作用。

本品用于体外抗凝血，如输血时可用 2.5%～4%溶液，每 100 ml 全血中加入此液 10 ml 即可。过高浓度（如 1 ml 血液中含有 5 mg）时，可引起血细胞内与血浆中的无机离子分布失调；输血后又可使动物出现血钙过低症，抑制心脏活动。如出现此情况时，可静脉注射适量葡萄糖酸钙或氯化钙制剂，予以解救。

本品毒性低，使用安全。但其溶液碱性较强，一般不适用于血液生化检验。

（二）促凝血药

促凝血药通称止血药，为能促进血液凝固或影响小血管壁的功能，进而抑制出血的药物。

促凝血药常用于血液凝固缓慢病例。这些病例可见于维生素 K 吸收和利用障碍，血小板数量减少，凝血酶原和纤维蛋白合成障碍，凝血致活酶不足或钙盐减少等，也可见于某些中毒性疾病，如蛇毒中毒。

1. 维生素 K 类

维生素 K（Vitamin K）有 K_1、K_2、K_3 及 K_4 等，它们生理功能相似。K_1、K_2 是天然品，为脂溶性化合物。K_1 存在于苜蓿等植物中，K_2 为动物肠道微生物合成物。K_3、K_4 为人工合成品，结构较简单易溶于水。

【药理作用】

维生素 K 参与肝脏合成凝血因子 II、VII、IX 和 X。缺乏维生素 K，鸡和牛血浆中凝血酶原含量减少，同时出现无凝血活性的凝血酶原前体，凝血障碍，凝血时间延长。

动物肠道中有多种微生物合成维生素 K，一般不易发生维生素 K 缺乏症。在胆汁缺乏或长期应用广谱抗菌药，或新生幼畜肠内菌群稀少时，则可发生缺乏症。此时应补充维生素 K。

【临床应用】

维生素K适用于维生素K缺乏症引起的各种动物实质性器官及毛细血管性出血症，如长期内服抗菌性药物、肠炎、肝炎、长期腹泻；也可用于动物采食腐败草木樨以及其它化学物质如水杨酸类药物引起的低凝血酶原症。

【不良反应】

维生素K在动物治疗中极少发生中毒反应。过大剂量可见于幼龄动物溶血性贫血和蛋白尿发生。

2. 抗纤维蛋白溶解药

维纤蛋白溶解症为一种严重的渗血和出血症。常见于手术和外伤后，如淋巴结、肺、胰、子宫及卵巢等组织手术。由于这些组织含有大量纤维蛋白溶酶原激活因子，这些因子被释放后，使纤维蛋白溶解系统功能亢进而发生。

抗纤维蛋白溶解药，可抑制血液中纤维蛋白溶酶原的激发因子，阻止纤维蛋白溶酶原转变成纤维蛋白溶酶，阻止血凝纤维蛋白溶解发挥止血作用。故又称纤维蛋白溶酶抑制药。

这些药物有6-氨基己酸、凝血酸、对羧基苄胺等。它们的化学结构式如下：

$H_2N-CH_2-(CH_2)_4-COOH$　6-氨基己酸（6-Aminohexanoic Acid）

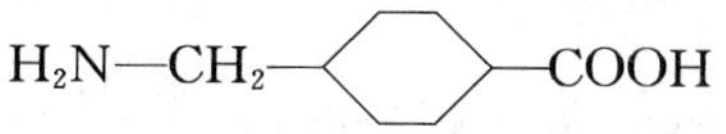

凝血酸（Transamic Acid）

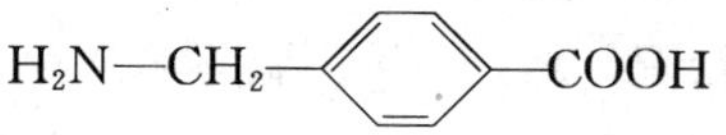

对羧基苄胺（Gumbix）

本类药物仅适用于纤维蛋白溶解症出血，对其它原因出血无效。

（三）血管收缩药及局部止血药

血管收缩药作用于小动脉及毛细血管，降低毛细血管通透性，又使动脉血管回缩来减少血液外渗，达到止血的目的。常用于产后出血、术后出血、内脏出血及尿血。常用药有安洛血。

局部止血药，其作用使出血部位有良好血凝环境，促进血中凝血因子活化，血小板凝集，形成纤维蛋白凝块，堵塞伤口，达到止血的目的。适用于外伤或外科止血。常用药有明胶海绵、淀粉海绵及凝血质。

安洛血　Adrenobazone

又称安特洛新（Adrerosin），为肾上腺色素缩氨脲与水杨酸钠的复合物，易溶于水。

本品适用于鼻出血，紫癜，产后出血，内脏出血及尿血等。不影响凝血过程，对动脉出血或大出血疗效差。

明胶海绵　Gelfoam

本品为明胶溶液加热搅拌形成的泡状灭菌干燥物，是具有多孔性、强吸水力的片状物。敷于出血部位时造成凝血环境，血液进入其中，血小板被破坏，释放凝血因子，促进血液凝固，为良好局部止血药。多用于各种外出血及外科手术的止血。

淀粉海绵　Starchy sponge

用法、用途同明胶海绵。

凝血质 Thromboplastin

为动植物中提取的一种磷脂类化合物，呈粉末状或脂状固体物，不溶于水。

本品有使凝血酶原变成凝血酶，加速血液凝固的作用，又有局部止血功能。针剂可供皮下或肌内注射。局部可用脱脂棉或纱布浸润填塞或敷用。

制剂与用法

(1) 枸橼酸钠注射液（含2.5%枸橼酸钠和0.9%氯化钠） 每100 ml血液中需加该溶液10 ml。

(2) 肝素钠注射液（每1 ml含肝素钠12 500 U） 静脉注射量：马、牛、羊、猪100～130 U/kg体重。以5%葡萄糖注射液或生理盐水稀释后缓缓滴注。体外抗凝血，每500 ml血液加肝素100 U，即可在4 h内抗凝血，保存血样。在实验室为更长时间保存抗凝血，每毫升血样应含肝素10 U。

(3) 维生素K_3注射液（含亚硫酸氢钠甲萘醌） 肌内注射量：马、牛0.1～0.3 g，猪、羊8～40 mg，犬1.0～30 mg，1日3次。

(4) 6-氨基己酸注射液 静脉注射量：马、牛30～50 g，猪、羊4～10 g。

(5) 对羧基苄胺（抗血纤溶芳酸）注射液 静脉注射量：马、牛1～2 g，猪、羊0.1～0.3 g。

(6) 凝血酸（止血环酸）注射液 静脉注射量：马、牛2～5 g，猪、羊0.25～0.75 g。

(7) 安洛血片 内服量：马、牛25～50 mg，猪、羊5～10 mg，一日2～3次。

(8) 安洛血注射液 肌内注射量：马、牛50～100 mg，羊、猪10～20 mg，一日2～3次。

(9) 凝血质注射液（含0.75%凝血质的生理盐水或5%葡萄糖溶液的混悬液） 全身应用，皮下或肌内注射量：马、牛150～300 mg，猪、羊40～80 mg。

三、血容量扩充剂与电解质平衡用药

（一）血容量扩充剂

大量失血可使机体血容量减少，血压下降，血液渗透压失调，血管通透性升高，脑及心脏等重要器官供血、营养障碍，导致动物休克或死亡。

血容量扩充剂（Plasma expander）为人工合成高分子化合物，其分子量与血浆蛋白相近，胶体渗透压与血液相近。临床应用时能维持血液渗透压，作用较持久，可用于防治大出血及烧伤等引起的休克症。

目前最常用的血容量扩充剂是右旋糖酐。

右旋糖酐 Dextran

本品为葡萄糖聚合物。常用的为中分子量（平均分子量约为75 000）和低分子量（约为40 000）右旋糖酐。前者称右旋糖酐75，后者称右旋糖酐40。

【药理作用】

(1) 扩充血容量 右旋糖酐分子体积大，静脉输入后能增加血液胶体渗透压，使组织中水分子进入血管中起扩充血液容量的作用，作用较为持久，一般能维持12 h。

（2）改善微循环 右旋糖酐分子有轻度抗凝作用，进入血液后能稀释血液，降低血液粘滞性，阻止血管内凝血，改善微循环。

（3）利尿作用 中、低分子量右旋糖酐经肾脏排出，不被肾小管重吸收，增加肾小管内渗透压，能起渗透性利尿作用。

【临床应用】

（1）中分子量右旋糖酐 多用于扩充血容量，主要用于失血性休克。

（2）低分子量右旋糖酐 用于改善微循环，防止弥散性血管内凝血、利尿、消肿。

【不良反应与解救措施】

（1）偶见于过敏反应如寒战、荨麻疹，用时宜缓缓滴注。有此不良反应时可用抗组胺药治疗，严重时可注射肾上腺素急救。

（2）注射过快或过大剂量时偶见有肺水肿或引起心力衰竭。

（3）严重脱水病例不宜用，失血过大（如超过35%时）应配合输血治疗。

葡萄糖（右旋糖） Glucose

【作用与应用】

本品具有机体营养、能量供给、强心、利尿和解毒等功能。5%葡萄糖溶液与体液等渗，输入后，能很快被利用，供给机体水分。其多余未被利用的部分葡萄糖可在肝脏中以糖原形式储存，因而有保护肝脏和提高解毒能力的作用。高渗糖既可供给心脏能量，又能在肾脏内呈现渗透性利尿作用。能消除组织水肿。

5%葡萄糖注射液还可用于重症动物静脉注射以补充能量、消除脱水症或各种中毒的解救，对牛酮血症马及驴、羊妊娠毒血症等有保护肝脏及促使酮体下降的解救作用。

（二）电解质平衡调节药

体液中电解质有一定的浓度和比例。各种电解质在机体内保持相对恒定，并处于动态平衡之中。在电解质的代谢失常时，如在病理状态下停饮、腹泻、呕吐、出汗等，临床上常用氯化钠、氯化钾等溶液调节，使之平衡恢复。

氯化钠 Sodium Chloride

本品为食盐精制而得。

【作用与应用】

氯化钠为调节细胞外液的渗透压和容量的主要电解质，具有调节细胞内外水分子平衡的作用。0.85%～0.9%的氯化钠溶液与哺乳动物体液等渗，故又称生理盐水。钠离子在细胞外液的浓度变化，可极快地改变细胞外液的渗透压，致使细胞内的水分子或者激增或者激减，进而导致细胞膨胀或缩小，影响细胞代谢与正常机能活动。体液中钠离子的增减也影响血浆中 $NaHCO_3$ 和 H_2CO_3 的缓冲系统，进而影响酸碱平衡的调节。

等渗氯化钠溶液可用于严重腹泻或大量出汗以及水、钠离子、氯离子大量丢失等病例，也可用于大出血或中毒时的急救。在大出血而未能找到胶体溶液时，可用等渗氯化钠溶液静脉滴注，以防止血容量激减引起心输出量不足、血压下降和休克的发生。中毒时静脉输注等渗氯化钠溶液可促进毒物排出。高渗氯化钠溶液静脉输注还可促进瘤胃蠕动，增强动物反刍机能。

氯化钾 Potassium Chloride

【作用与应用】

动物体中钾离子主要（约90%）存于细胞内液，因而是维持细胞内液的渗透压和酸碱平衡的主要电解质。钾离子浓度过高或不足能直接影响水分子、钠离子和氢离子细胞内外的转移，导致水和酸碱平衡的失调。钾离子参与调节神经冲动传导过程及乙酰胆碱递质的合成，还同时参与组织细胞兴奋性调节。钾离子浓度过低，神经-肌肉的传导发生障碍，能诱使动物瘫痪，还能增强心肌对洋地黄的毒性反应；浓度过高时，则使神经-肌肉兴奋性增强，同时，又可抑制心肌的自律性、传导性和兴奋性，使心脏活动过缓，传导阻滞和收缩力减弱。故在强心苷中毒呈现心搏传导阻滞时忌用钾盐。

氯化钾主要用于防止低血钾症、严重腹泻所致的缺钾和洋地黄中毒引起心律不齐的解救。补钾应以小剂量，缓缓滴注为宜。注射过快或剂量过大，易引起心脏抑制及高血钾症。

高血钾症时可选用钙制剂（氯化钙或葡萄糖酸钙静脉注射）纠正。肾功能不良的病例用钾制剂应慎重。

（三）酸碱平衡调节剂

酸碱平衡失调时，根据临床类型不同可分为呼吸性酸（或碱）中毒、代谢性酸（或碱）中毒，而以代谢性酸中毒为常见。治疗时除针对病因进行处理外，还应及时使用酸碱平衡调节药，迅速有效地恢复酸碱平衡。

碳酸氢钠 Sodium Bicarbonate

又称小苏打，易溶于水。加热时能分解出二氧化碳，转变成碳酸钠，增强碱性。配制其注射液煮沸灭菌时，应密闭瓶口，防止二氧化碳散逸而变性。

【作用与应用】

碳酸氢钠有增加机体碱储备，纠正酸度的作用。内服或静脉注射后，碳酸氢根离子与氢离子结合生成碳酸，再分解成二氧化碳和水。前者经肺排出，使体内氢离子浓度下降，纠正代谢性酸中毒。该作用迅速，疗效可靠。适用于严重的酸中毒症、感染性中毒症或休克症。此外，本品还可用于碱化尿液，中和胃酸，祛痰与健胃等。

应用时，应注意将5%碳酸氢钠注射液稀释成1.3%～1.5%碳酸氢钠的等渗液。急用时若不稀释，注射速度宜缓慢。本品为弱碱性药物，不可与酸性药物、生理盐水及磺胺等药物配伍应用。注射给药时切勿漏出血管外，以免对局部组织产生强刺激。应用过量易引起碱中毒。对心脏衰弱、急性或慢性肾功不良病例，应慎用。

乳酸钠 Sodium Lactate

本品为40%乳酸钠的澄明粘稠液。能与水任意比例混合。

【作用与应用】

乳酸钠进入机体内，在有氧条件下经肝脏乳酸脱氢酶作用转化成丙酮酸，再经三羧酸循环氧化脱羧而转化成二氧化碳和水。前者转化为碳酸氢根离子，从而通过缓冲系统发挥其纠正酸中毒的作用。应用时应注意，对伴有休克，缺氧，肝功能失常和右心室衰竭的酸中毒症，不宜选用本品，而应选用碳酸氢钠纠正。特别是乳酸性酸中毒时，更不宜用。

氯化铵　Ammonium Chloride

本品为白色晶粉，易溶于水，易潮解。

氯化铵进入机体后，铵离子迅速经肝脏代谢形成尿素，然后由尿排出体外。氯离子与氢离子结合成高度解离的盐酸，以中和过多的碱贮而纠正代谢性碱中毒。临床上常用氯化铵酸化尿液、利尿或祛痰等。

制剂与用法

(1) 右旋糖酐氯化钠注射液（内含 6%右旋糖酐，0.9%氯化钠）　静脉注射量：马、牛 500～1 000 ml，猪、羊 250～300 ml。

(2) 右旋糖酐葡萄糖注射液（内含 6%右旋糖酐，5%葡萄糖）　用法与用量同上。

(3) 低分子右旋糖酐注射液（如 10%的低分子量右旋糖酐的等渗氯化钠溶液）　静脉注射量：马、牛 3 000～6 000 ml，可连用 2 次。

(4) 小分子右旋糖酐（409 代血浆）注射液（如 12%小分子量的右旋糖酐等渗氯化钠溶液）　静脉注射量同低分子量右旋糖酐注射液。

(5) 等渗氯化钠注射液　静脉注射量：马、牛 1 000～3 000 ml，羊、猪 200～500 ml。

(6)复方氯化钠注射液(林格氏液、任氏液——含 0.85%氯化钠,0.03%氯化钾与 0.033%氯化钙的灭菌溶液)　静脉注射量：马、牛 1 000～3 000 ml，羊、猪 200～1 000 ml。

(7) 氯化钾注射液（内含 10%氯化钾）　静脉注射量：马、牛 20～50 ml，羊、猪 5～10 ml。静脉注射应用输液稀释成 0.1%～0.3%的浓度。小剂量缓缓输入。

(8) 复方氯化钾注射液（内含 0.28%氯化钾，0.42%氯化钠，0.63%乳酸钠）　本品具有补钾和纠正酸中毒的作用。静脉注射量：马、牛 1 000 ml，羊、猪 250～500 ml。

(9) 等渗葡萄糖注射液（含 5%葡萄糖）　静脉注射量：马、牛1 000～3 000 ml，猪、羊 250～500 ml，犬 100～500 ml。

(10) 葡萄糖氯化钠注射液（含 5%葡萄糖和 0.9%氯化钠）　静脉注射量：马、牛1 000～3 000 ml，猪、羊 250～500 ml，犬 100～500 ml。注意本品渗透压比体液高一倍。

(11) 高渗葡萄糖注射液（10%、25%、50%等各种浓度规格）　静脉注射量：马、牛50～250 g，猪、羊 10～50 g，犬 5～25 g。

(12) 碳酸氢钠注射液（含 5%碳酸氢钠）　静脉注射量：马、牛 15～50 g，羊、猪 2～6 g，犬 0.5～1.5 g。应用时可加 5%～10%葡萄糖溶液 2.5 倍量稀释为 1.4%的等渗溶液静输。急用时也可不做稀释，但速度宜慢。

(13) 乳酸钠注射液（含 11.2%乳酸钠）　静脉注射量：马、牛 200～400 ml，猪、羊40～60 ml，犬 10～20 ml。注射时应用 5 倍量的注射用水或 5%葡萄糖注射液，稀释成 1.9%的等渗溶液。

第十九章　祛痰药、镇咳药及平喘药

呼吸系统的疾病是一种常见病、多发病。其主要症状为咳、痰、喘，严重时并发体温升高等全身症状。临床上应用对症治疗措施——镇咳、祛痰及平喘，既可缓解或消除症状，又可防止病情进一步恶化，为呼吸系统疾病的重要治疗手段。

一、祛痰药

祛痰药（Expectorants）促进气管和支气管分泌稀薄的粘液，松解和变稀痰液，促进呼吸道粘膜纤维运动，以利于痰液排出的药物。祛痰药也直接地减轻痰液对呼吸道的刺激，从而间接地起镇咳、平喘的作用。

祛痰药按其作用的不同可分为恶心性祛痰药和粘痰溶解药。兽医临床上常用恶心性祛痰药。口服这类药物后能刺激胃粘膜，引起轻度恶心，反射性地增强呼吸道腺体分泌，促进炎症物及积痰稀释而易咳出。

恶心性祛痰药的临床效果，可因动物种属不同而异。反刍动物因支气管有丰富杯状细胞，粘液分泌极强盛，同时药物易受瘤胃微生物作用而不易进入真胃产生刺激作用，因而疗效不可靠，故临床上很少用于反刍动物。

氯化铵　Ammonium Chloride

本品口服后能刺激胃粘膜，反射性引起支气管腺体分泌，使痰液变稀。此外，氯化铵被胃吸收后还能部分地从呼吸道粘液中排出，因而也能增加粘液渗透压，从而增加粘液的水分，促进粘液稀薄。

氯化铵为强的祛痰药，主要用于呼吸道炎症早期、痰粘稠而不易咳出的病例。本品作用强，过大剂量易引起动物呕吐，肾功不良时还易引起高氯性酸中毒。

碘化钾　Potassium Iodide

碘化钾口服易吸收，部分碘离子还能从支气管腺体细胞中排出，有刺激腺体，增强分泌，稀薄痰液的作用。但因其作用较氯化铵为强，因而不适用于急性支气管炎的早期。临床上主要用亚急性及慢性支气管炎的治疗。

桔梗 Platylodon Root 与远志 Siberian Milkwort Root

桔梗与远志为常用中药，其有效成分为桔梗皂甙和远志皂甙。这些药物口服后能刺激胃粘膜，促进腺体分泌，稀薄痰液。故有祛痰的功能。

该药物作用缓和、持久，疗效可靠，常与其它药物配伍，用于治疗急性和慢性支气管炎。

愈创木酚甘油醚　Glyceryl Guaiacolate

为强力祛痰药，适用于慢性气管炎、支气管炎引起的喘咳等症状。

二、镇咳药

镇咳药（Antitussive Drugs）为能降低咳嗽中枢神经兴奋性，减轻或阻止咳嗽的药物。

咳嗽是呼吸道内感受器受异物或炎症物的刺激，作用于延脑咳嗽中枢，再作用于呼吸肌和呼吸道平滑肌的一种反射性活动。因而镇咳药可分为作用于延脑咳嗽中枢的中枢性镇咳药与外周感受器的传入神经末梢的外周性镇咳药。

（一）中枢性镇咳药

中枢性镇咳药选择性作用于咳嗽中枢，产生镇咳作用强且快。临床上多用于无痰的剧咳（干咳），或与祛痰药配合，用于有痰而咳嗽过频的病例。

喷托维林、可待因为中枢性镇咳药的代表药。

喷托维林　Pentoxyverine

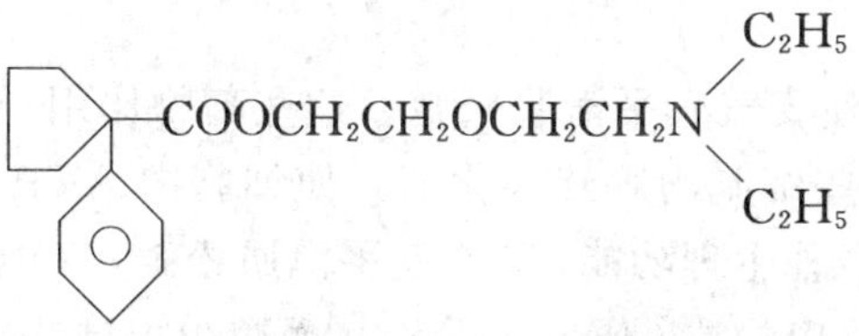

本品又称咳必清（Carbetapentane），为人工合成的镇咳药。内服后，本品对咳嗽中枢有选择性的抑制作用，对外周支气管有阿托品样的作用，故为中枢及外周双重作用的镇咳药。本品作用较可待因弱，无成瘾性，适用于呼吸道炎症引起的咳嗽。

本品阿托品样作用较强，禁用于心功能不全及青光眼病例。

可待因　Codeine

本品又称甲基吗啡，对咳嗽中枢产生强的镇咳作用，对各种原因引起咳嗽都有效，还有镇痛的作用。临床上仅用于无痰剧痛性干咳。

该药为吗啡类药物，多次反复应用易产生成瘾性，对呼吸中枢有抑制作用，不宜做常规镇咳药用于临床。

（二）外周性镇咳药

外周性镇咳药是通过减轻对外周感受器的刺激，缓解支气管痉挛，保护性减少对肺牵张感受器的刺激而制止咳嗽。

常用药有甘草、贝母和其各种制剂。

甘草　Liguorice Root

甘草为豆科植物甘草（Glycyrrhiza uralensis Fisch）的根和根状茎。

甘草有效成分为甘草甜素。试验证明：甘草有祛痰、镇咳、解毒和抗炎等作用。内服后，甘草甜素能水解成甘草次酸和葡萄糖醛酸。甘草次酸能明显地覆盖于呼吸道粘膜，保护粘膜，减轻炎症刺激，阻止咳嗽。

贝母 Fritillaria

贝母为百合科植物松贝母（Fritillaria sungbei Hsiao）、卷叶贝母（Fritillaria cirrhosa D. Don）和浙贝母（Fritillaria thunbergii Miq）鳞茎。

贝母能化痰止咳，浙贝母还能扩张支气管，松弛平滑肌，减缓支气管腺体分泌，故为治疗各种急慢性支气管炎的常用药。

三、平喘药

平喘药（Antiasthmatic drugs）为防止或解除支气管平滑肌痉挛，扩张支气管的药物。

有些镇咳祛痰药因能减少咳嗽或促进痰液的排出，减轻咳嗽引起的喘息而有良好的平喘作用。对单纯性支气管哮喘或喘息型慢性支气管炎的病例，临床上常用平喘药物治疗。

平喘药按其作用特点分为支气管扩张药和抗过敏平喘药。

（一）支气管扩张药

支气管扩张药主要是使支气管平滑肌松弛。这些药物作用于支气管平滑肌和支气管粘膜上肥大细胞时，能激活这些细胞内腺苷环化酶，使细胞内 ATP 分解为 cAMP，提高细胞内 cAMP 浓度。cAMP 具有多种生理功能，既能使平滑肌松弛，又能抑制支气管粘膜上肥大细胞释放活性物质如组胺、慢反应物质（SRS-A）等，从而减少由这些物质引起的粘膜充血性水肿、腺体分泌和支气管痉挛。

临床常用药物有拟肾上腺素类的肾上腺素、麻黄碱、异丙肾上腺素和茶碱类的氨茶碱。

肾上腺素 Epinephrine

肾上腺素对 α、β 受体都有强大的作用。β 受体兴奋能明显扩张支气管；α 受体兴奋能显著地增强粘膜下血管收缩，减少支气管粘膜水肿，改善支气管通气。现已知 α 受体兴奋能使肥大细胞释放活性物质，故多主张应用具有较高选择性的 β 受体兴奋剂拟似药。

肾上腺素作为平喘药，特别是支气管哮喘急性发作的平喘药，具有疗效显著、奏效快、持效时间短的特点。一般皮下给药，数分钟内可见效，维持时间达 1～2 h。使用时，应严格掌握剂量，过量时易诱发心律失常、瞳孔扩大、粘膜苍白等不良反应。

麻黄碱 Ephedrine

麻黄碱的作用性质与肾上腺素同，唯有支气管扩张作用比较弱。但作用持久、缓和。口服小剂量可增加通气量。可用于支气管哮喘预防和轻症病例的治疗。

本品对中枢有较强的兴奋作用。用量过大易引起动物不安，严重时可引起惊厥，连续使用易产生耐受性，但停药后消失。仅适用于轻症和预防哮喘的发作。

异丙肾上腺素 Isoprenaline

异丙肾上腺素（治喘息、喘息定）对肾上腺素 β 受体有较强的作用，能显著地扩张支气管平滑肌，对 α 受体几乎无作用。平喘快而强，持续时间短。临床上主要用于治疗喘息和痉挛性支气管炎。气雾吸入疗法见效快。

本品口服无效。静脉注射过量或过快，常引起心动过速和心律失常。静脉注射给药时宜用小剂量，且需用等渗葡萄糖注射液稀释，缓缓静滴。

氨茶碱　Aminophylline

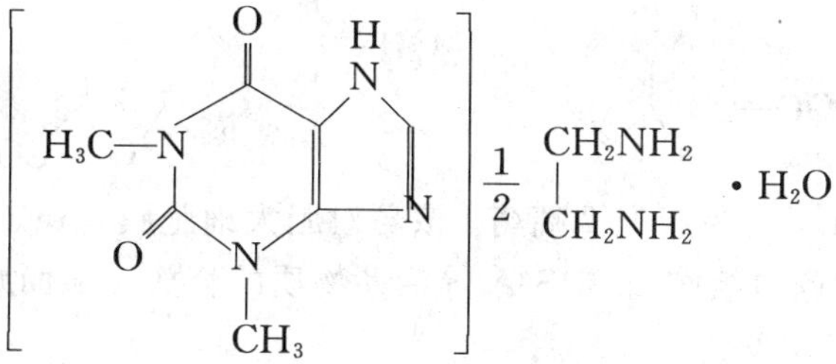

氨茶碱为茶碱与乙二胺的复盐，易溶于水。水溶液呈碱性反应。

【作用与应用】

氨茶碱能直接抑制支气管平滑肌细胞内磷酸二酯酶，减少 cAMP 水解，提高细胞内 cAMP 的浓度，增强平滑肌细胞的稳定性，使平滑肌松弛。氨茶碱还能抑制肥大细胞释放过敏活性物质如组胺，而减少血管内液渗出、粘膜水肿以及改善气道通气，缓解或解除支气管喘息。其作用与肾上腺素 β 受体激动药的药理作用相似。与之合用可增强疗效。

氨茶碱平喘疗效可靠，副作用小。口服可预防急性发作。静脉注射或滴注可用于严重及持续症状的病例。

强心和利尿作用是氨茶碱直接加强心肌收缩力，增加心输出量的作用结果。氨茶碱能扩张冠状动脉，改善心肌供血，提高肾小球滤过率及减少钠离子、水的重吸收而呈现利尿作用。临床上可用于急性心功能不全的心源性哮喘症的治疗。

【不良反应】

(1) 局部刺激作用　口服氨茶碱对胃肠粘膜有刺激作用；大剂量能引起腹泻，犬和猫可见呕吐，宜于喂饲后服用；肌内注射可引起局部红肿、疼痛。现已少用或不用肌内注射给药。

(2) 中枢神经兴奋作用　氨茶碱能强烈兴奋中枢神经系统，中毒时用镇静药对抗治疗。

(3) 心脏兴奋与血管扩张作用　氨茶碱静脉注射过快时，可引起心律失常和血压骤降，应用时应稀释后缓缓推注。

（二）抗过敏性平喘药

抗过敏性平喘药，目前主要是肾上腺皮质激素类和肥大细胞稳定药。这些药物在兽医临床很少应用。

倍氯米松　Beclometasone

本品又称二丙酸氯地米松，为肾上腺皮质激素的代表药，是皮质激素地塞米松的衍生物。

该药有强大的局部抗炎、消炎作用，全身作用弱。吸入给药能使支气管粘膜细胞膜稳定及抑制变态反应，减少过敏介质的释放而达到治疗效果。

色甘酸钠 Sodium Cromoglycate

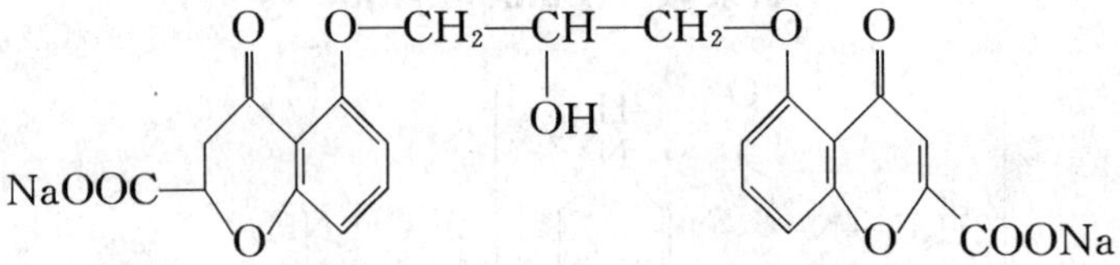

本品又称咽泰（Intal），为新型平喘药。该药对肥大细胞膜有稳定作用，可抑制 IgE 与抗原结合所引起的肥大细胞内组胺与 SRS-A 等活性物质的释放，从而减小过敏性介质的释放，减缓喘息的发生。

该药不能松弛平滑肌和对抗组胺收缩平滑肌的作用。临床上主要用于预防支气管哮喘，特别是对吸入性（外因型）支气管哮喘有明显预防作用。该药奏效慢，要经数日，甚至数周才显效。对已经发作的哮喘无治疗作用。该药在兽医上的应用价值，尚待进一步研究。

制剂与用法

（1）氯化铵片　内服量：马 8～15 g，羊、猪 1～5 g，犬 0.2～1 g。

（2）碘化钾片　内服量：马、牛 2～10 g，羊、猪 1～3 g，犬 0.2～1 g。

（3）碘化钾注射液　静脉注射量：马、牛 0.01 g/kg。

（4）愈创木酚甘油醚片　内服量：马、牛 2 g，羊、猪 0.4 g，1 日 2～3 次。

（5）桔梗　内服量：马、牛 25～50 g，羊、猪 8～20 g。

（6）远志　内服量：马、牛 30～60 g，羊、猪 10～25 g。

（7）喷托维林　内服量：马、牛 0.5～1 g，羊、猪 0.05～0.1 g，1 日 3 次。

（8）复方喷托维林糖浆（含 0.2%喷托维林，3%氯化铵，0.008%薄荷油）　内服量：马、牛 100～150 ml，羊、猪 20～30 ml，1 日 3 次。

（9）磷酸可待因　内服量：马、牛 0.2～2 g，羊、猪 15～20 mg，犬 15～30 mg。

（10）甘草流浸膏　内服量。马、牛 15～30 ml，羊、猪 5～15 ml，一日 3 次。

（11）复方甘草合剂（棕色合剂——含甘草流浸膏 12%，酒石酸锑钾 0.024%，复方樟脑酊 12%，亚硝酸乙酯醑 3%，甘油 12%，加水至定量）　内服量：马、牛 50～100 ml，羊、猪 10～30 ml，1 日 3 次。

（12）贝母　内服量：马、牛 15～30 g，羊、猪 3～10 g，1 日 3 次。

（13）盐酸麻黄片　内服量：马、牛 0.05～0.5 g，羊、猪 0.02～0.1 g。

（14）盐酸麻黄碱注射液　皮下注射量：马、牛 0.05～0.5 g，羊、猪 0.02～0.05 g，犬 0.01～0.03 g。

（15）氨茶碱片　内服量：马、牛 1～2 g，羊、猪 0.2～0.4 g。

（16）氨茶碱注射液　静脉注射或肌内注射量：马、牛 1～2 g，猪、羊 0.25～0.5 g，犬 0.05～0.1 g。

（17）色甘酸钠胶囊　吸入量（日量）：马 80 mg（分 3～4 次吸入）。

第二十章　利尿药与脱水药

一、利尿药

利尿药（Diuretics）为能促进肾脏排出电解质及水，增加尿量，用于减轻或消除水肿的药物。

（一）利尿药的作用机理

利尿药是通过影响肾脏尿形成的过程，即影响肾小球滤过、肾小管的重吸收以及肾小管和集合管的分泌作用来实现利尿作用的。其实，其主要作用是影响肾小管的重吸收与分泌功能。

1. 增加肾小球滤过机能

血液流经肾小球滤过形成原尿的量取决于有效滤过压。凡能增加有效滤过压的药物都有一定的利尿作用。咖啡因、氨茶碱及强心苷都能增加心输出量、肾血流量、肾小球滤过率而利尿。实事上，目前常用的利尿药大多数是通过减少肾小管重吸收而利尿。

2. 抑制肾小管与集合管重吸收的机能

肾小管为 Na^+、Cl^-重吸收的重要场所。其吸收方式有主动和被动两种。所谓主动重吸收是 Na^+、Cl^-通过“泵”的作用，逆电化学差、溶质浓度差和渗透压差从肾小管内向管外组织细胞外液转运，并消耗细胞的能量。被动重吸收主要依靠静电引力作用、顺溶质的浓度差和渗透压差从肾小管内向管外组织细胞外液转动，不需消耗管壁细胞的能量。

（1）近曲小管　近曲小管是 Na^+重吸收的主要部位，重吸收量为原尿 Na^+量的 60%～70%。其吸收方式是 Na^+主动重吸收和 H^+-Na^+交换。Na^+主动重吸收，使 Cl^-被动重吸收。H^+-Na^+交换过程是在碳酸酐酶（CA）的催化下进行。其反应方式是：

$$CO_2+H_2O \xleftrightarrow{CA} H_2CO_3 \longleftrightarrow H^+ + HCO_3^-$$

HCO_3^- 随 Na^+主动吸收而转运进入管外周围间隙，形成 Na^+与 HCO_3^- 的再吸收。H^+由于电平衡分泌入管腔内，形成 Na^+重吸收和 H^+分泌的偶联，称 $H^+ \longleftrightarrow Na^+$交换（图 20-1）。碳酸酐酶抑制剂乙酰唑胺（Acetazolamide）能使 H^+生成减少而使 Na^+的重吸收受抑制而利尿。但是，该药作用很弱。另外近曲小管的电解质和水的重吸收，主要受管外毛细血管胶体压和静脉压的调节，因而经吸收后肾小管原尿与血浆渗透压持相平衡，为等渗性。故作用于此段的利尿药的作用弱。

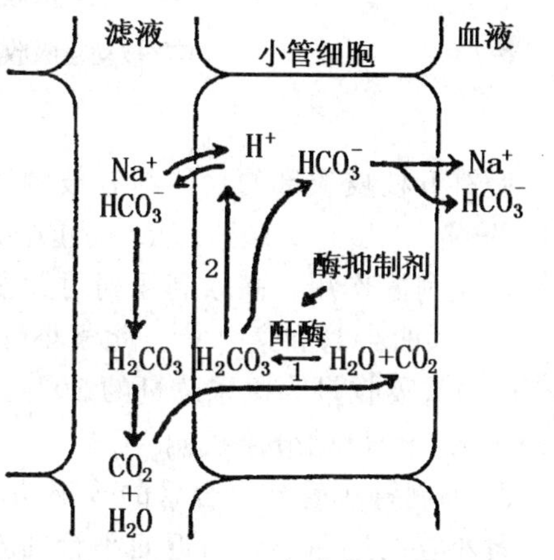

图 20-1　$H^+ \longleftrightarrow Na^+$交换示意图

1. 碳酸酐酶作用下 H_2CO_3 的形成

2. H_2CO_3 分解成 H^+及 HCO_3^-

（2）髓袢　髓袢可分为髓袢降枝与升枝。髓袢降枝对 Na^+、Cl^-不易通透。髓袢降枝的功能与利尿药作用关系不大。髓袢升枝的粗段对 Cl^- 的重吸收为主动吸收，Na^+ 随 Cl^- 的吸收而被动重吸收。正常生理情况下，升枝粗段髓质部重吸收原尿中 Na^+ 的 20%～30%，对水则不易通过而很少吸收。由于该段内 Na^+ 吸收能力大于水的吸收，因而使原尿中的渗透压在髓质向皮层上升过程中不断下降，类似于稀释过程，常称此髓质升枝为肾单位的稀释段。同时，由于 Na^+ 不断进入肾小管附近的细胞间液使渗透压上升，造成高渗状态。这种高渗状态促进降枝对水的重吸收，同时也对远曲小管和收集管内水的重吸收产生影响，达到浓缩尿的作用。药物使肾小管的 Na^+ 和 Cl^- 的重吸收产生抑制时，就能导致强大的利尿作用，高效能利尿药都在此段发挥作用（图 20-2）。

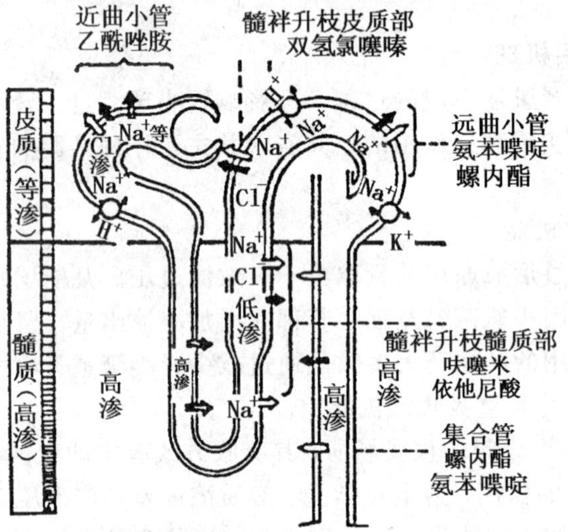

图 20-2　肾小管各段功能及利尿药作用部位

→主动重吸收　　➡水自由扩散

⇨被动重吸收　　▭在抗利尿素作用下水自由扩散

髓袢升枝皮质部的功能与升枝髓质部相同，Cl^-、Na^+ 能通透而水不易透过，其重吸收原尿中的 Na^+ 为 5%～10%。Na^+ 的重吸收产生大量游离水。中效利尿药能抑制此段 Na^+ 的重吸收，产生利尿作用。高效利尿药对此段也有作用。

(3) 远曲小管和集合管　此段小管内也有 Na^+ 主动重吸收和 Cl^- 被动重吸收的作用。Na^+ 和 Cl^- 的重吸收量为原尿总量的 10%。但在此过程中，Cl^- 重吸收速度要比 Na^+ 缓慢。在此段出现了 K^+、H^+ 的分泌机制。

3. 抑制肾小管与集合管的分泌功能

肾小管的远曲小管与近曲小管细胞内均含有碳酸酐酶，因而促进 $H^+ \longleftrightarrow Na^+$ 交换。碳酸酐酶抑制剂能减少 H^+ 的分泌，减少 $H^+ \longleftrightarrow Na^+$ 交换，促进 Na^+ 排出，有一定利尿作用。远曲小管和集合管在进行 Na^+ 主动重吸收时由于 Cl^- 重吸收速度较缓慢，致使管腔内相对带负电荷，故有一部 Na^+ 的主动重吸收可与 K^+ 和 H^+ 的分泌排出相偶联以维持电平衡，产生 $K^+ \longleftrightarrow Na^+$ 和 $H^+ \longleftrightarrow Na^+$ 交换。这种交换过程彼此竞争。$K^+ \longleftrightarrow Na^+$ 交换又受醛固酮的调节，抗醛固酮的药物能直接抑制 $K^+ \longleftrightarrow Na^+$ 交换机制，使尿中 Na^+ 增加，K^+ 减少而利尿，这些药物称为留钾利尿药。

与留钾利尿药不同的其它利尿药，对集合管等 $K^+ \longleftrightarrow Na^+$ 交换无直接影响，但由于对集合管的前各段 Na^+ 重吸收的抑制作用，使原尿中 Na^+ 量增加，因而能明显地促进远曲小管、集合管内 $K^+ \longleftrightarrow Na^+$ 交换，增加 K^+ 的排出。因而，这些利尿药促进 K^+ 的排出，产生共同的不良反应。

（二）利尿药的作用部位及分类

利尿药作用强度的差异，主要决定于药物的作用部位。一般作用于髓袢升枝既影响尿的浓缩机制，又影响稀释机制的药物作用最强，而作用于近曲小管、远曲小管和集合管的则较弱。根据利尿药的作用部位将其分为三类：

1. 主要作用于髓袢升枝粗段髓质部和皮质部的利尿药，称强效能利尿药如呋塞米、依他尼酸、布美他尼、汞撤利。

2. 主要作用于髓袢升枝皮质部的利尿药，称中效能利尿药如噻嗪类的氢氯噻嗪。

3. 主要作用于远曲小管和近曲小管的利尿药，称低效能利尿药如螺内酯、氨苯喋啶及乙酰唑胺。

（三）利尿药的临床应用

1. 高效能利尿药

临床常用的利尿药有呋塞米和依他尼酸。汞撤利是早年应用的高效能利尿药，但汞制剂对肾脏、心脏有明显毒性，更有呋塞米等替代。

呋塞米　Furosemide

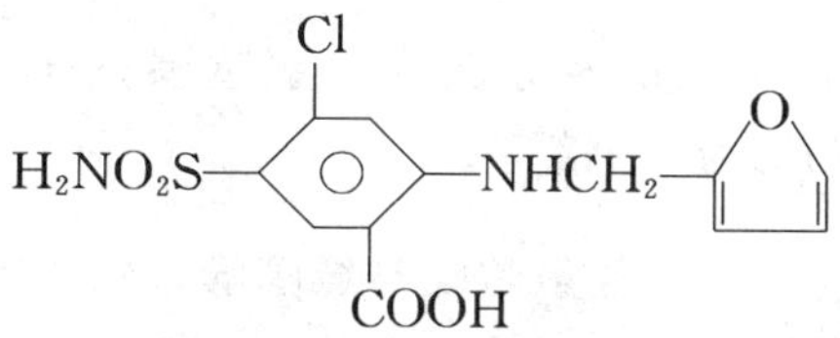

本品又称速尿或称呋喃苯氨酸，不溶于水而易溶于乙醇。

【作用与应用】

呋塞米主要作用于肾小管髓袢升枝，抑制对 Cl^- 的主动重吸收，使尿中 Cl^- 排出量明显地高于 Na^+ 与 K^+ 的总和。随 Cl^- 重吸收减少，进而抑制 Na^+ 的被动重吸收，增加尿中 Cl^-、Na^+、K^+，使尿液不能浓缩，故有强效利尿作用。

本品作用迅速，内服后 30 min 左右排尿，1～2 h 达高峰，维持 4～6 h；静脉注射后 5 min 奏效，维持 2～4 h。适用于各种原因的全身性水肿、组织水肿如脑水肿、肺水肿，也可用于预防急性肾功能衰竭。

【不良反应】

本品毒性小，利尿作用强，使用时宜用小剂量或间隙给药。大剂量或长时间用药易产生低血容量和低血钾症，与留钾利尿药如氨苯喋啶配合，可防止失钾过多引起的低血钾症。本品与头孢菌素类合用易增强后者对肝脏的毒性；与氨基苷类抗生素合用又易引起对耳的毒性。

依他尼酸 Etacrynic Acid

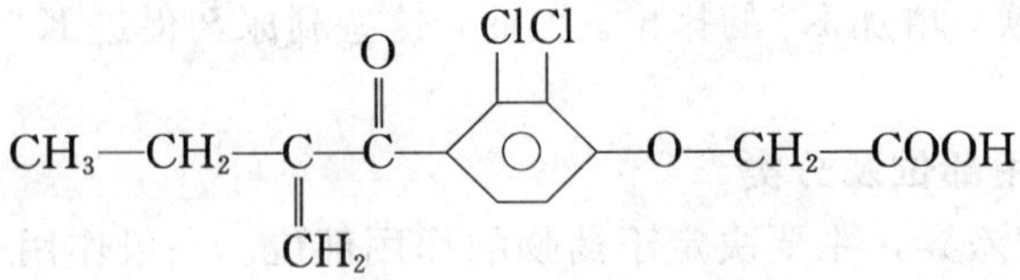

本品又称利尿酸，作用及应用与呋塞米相似，效能相近，作用机制相同。不良反应与呋塞米类似。

本药体内过程与呋塞米基本相同，剂量过大或使用过长所产生毒副反应也同于呋塞米，但与呋塞米相比，本药副作用较大。静脉注射时胃出血的发病率较高，并易引起心率失常。

布美他尼 Bumetanide

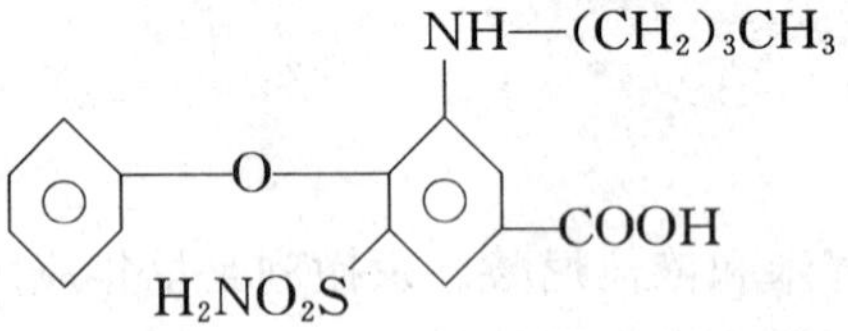

本品又称丁苯氧酸，作用及应用与呋塞米等相同，也属高效能利尿药，但效能强度为呋塞米的40～60倍。作用部位同呋塞米，临床上可用于顽固性水肿及急性肺水肿。

2. 中效能利尿药

噻嗪类（Thiazides）中最常用的利尿药为氢氯噻嗪（Hydrochlorothiazide）和氯噻嗪（Chlorothiazide），但前者比后者强10倍。

氢氯噻嗪与氯噻嗪

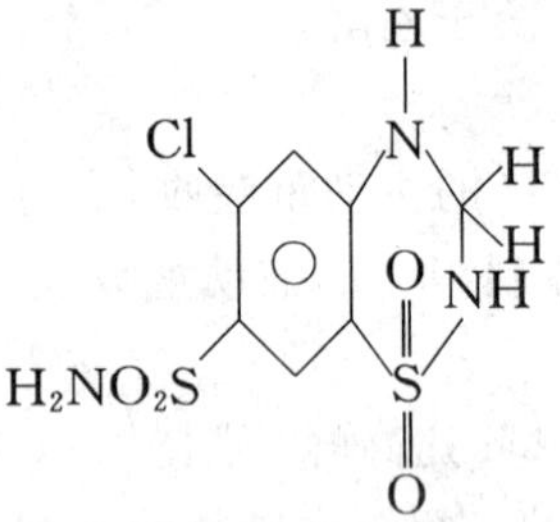

氢氯噻嗪

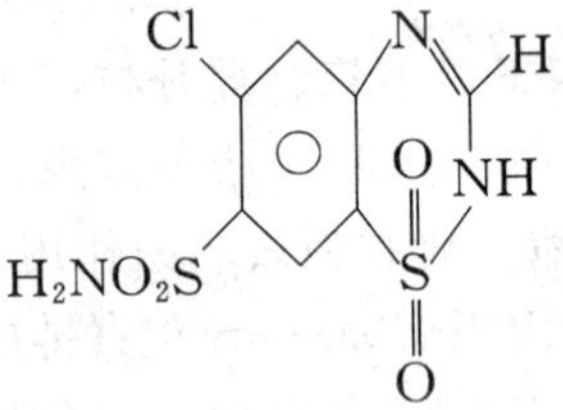

氯噻嗪

【作用与应用】

氢氯噻嗪又称双氢克尿噻，与氯噻嗪等噻嗪利尿药作用相同，都为中效利尿药。其主要作用部位是髓袢升枝皮质部，抑制Cl^-的主动重吸收和Na^+被动重吸收。由于Cl^-、Na^+、K^+大量随尿排出的同时携走大量水分而利尿。本品毒性小，作用较强，为兽医临床常用的利尿药。

本品适用于心、肺及肾性各型水肿；对乳房浮肿，脑膜炎性水肿也可做辅助用药，还可用于促进毒物从肾脏中排出。

该类药物应用，一般不易发生中毒，连续使用过久可继发低血钾症、低血钠症，其它副反应很少。与口服氯化钾并用，可避免低血钾症发生，也可阻止强心苷类诱发的毒性反应。

3. 低效能利尿药

氨苯喋啶与螺内酯，但其作用机理上完全不同。

氨苯喋啶　Triamterene

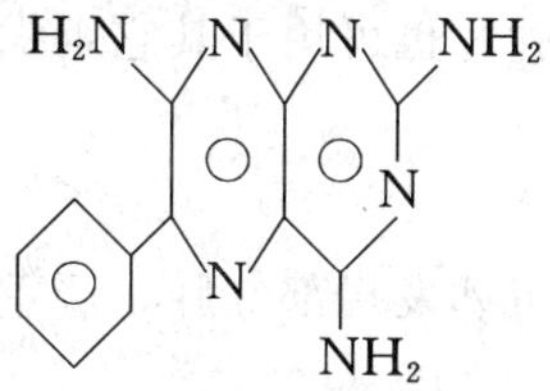

本品又称三氨喋啶。

本品是直接抑制远曲小管和集合管的 $K^+ \longleftrightarrow Na^+$ 交换过程，抑制 K^+ 的排泌，为保钾排钠的利尿药。本品作用弱，故很少单独应用。与氢氯噻嗪合用或交替使用，既能达到加强利尿的作用，又能保钾，纠正失钾不良反应。

临床上主要用于治疗肝脏性水肿或其它水肿。在动物患有高血钾症时，应禁用。

螺内酯　Spironolactone

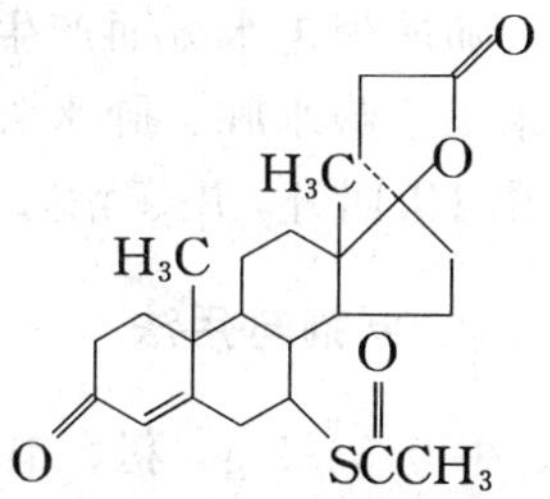

本品又称安体舒通，为醛固酮的拮抗剂。该药物化学结构与醛固酮相似。故可在远曲小管与集合管上皮细胞膜的受体上与醛固酮产生竞争性拮抗作用，从而发挥保钾排钠的利尿作用。

本药在兽医临床上应用有限。

二、脱水药

脱水药多属于体内不代谢，以原形经肾脏排出的低分子物质。静脉注射后，能迅速提高血液渗透压引起组织脱水，故称为降颅内压药或降压药。由于这些药物以原形经肾小管不被吸收，随尿排出带走大量水分，因而又称渗透性利尿药。

这些药物有甘露醇，山梨醇、高渗葡萄糖等，主要用于消除脑水肿及组织水肿。

甘露醇　Mannitol

又称己六醇，临床用其高渗（20%）溶液。

【作用与应用】

本品内服不吸收。静脉注射后在血液中迅速形成高渗压，使组织间水分向血浆内转移，使组织脱水。甘露醇经肾脏排出时不被肾小管重吸收而形成高渗压，使水分和 Na^+ 重吸收受阻而大量排出。甘露醇还能扩张肾动脉血管，增加血流量，提高滤过率，因而有较强的利尿作用。

本药作用迅速，静脉注射后 20～30 min 出现脱水利尿作用，2～3 h 达高峰，持效时间为 6～8 h。

临床上首选用于治疗各种脑水肿，也可用于其它组织水肿及防治急性肾功能衰竭及抢救休克等。

【不良反应】

不良反应少见。静脉注射外漏可诱发局部红肿，严重时可引起组织坏死。

山梨醇 Sorbitol

本品为甘露醇的异构体。作用、应用、用量及用法与甘露醇相同。持效时间稍短，作用稍弱。可为甘露醇的代用品。静脉注射为其 25%溶液。

高渗葡萄糖 Hypertonic Glucose

本品为 50%葡萄糖注射液。

本品大量静脉注射后，能提高血液渗透压，将组织水分转移到血液中，经肾排出时，一部分葡萄糖还不能被肾小管重吸收，随尿带走水分而产生利尿和脱水作用。由于葡萄糖在体内易被代谢，因而持效时间短。临床用于脑水肿、肺水肿的辅助治疗。

本品易在体内代谢，故可引起颅内压回升，用于治疗脑水肿时，与甘露醇配合疗效尤佳。

制剂与用法

（1）氢氯噻嗪片 内服量：马、牛 0.5～2 g，猪、羊 0.05～0.1 g，1 日 2～3 次，连用 2～3 天。

（2）氢氯噻嗪注射液 静脉注射或肌内注射量：马 50～100 mg，牛 100～200 mg。肌内注射量：羊、猪 50～75 mg，犬 10～20 mg。

（3）呋塞米片 内服量：马 0.25～0.5 g，犬 5 mg/kg 体重，1 日 2～3 次，连用 2～3 天。

（4）呋塞米注射液 肌内注射或静脉注射量：马、牛 0.5～1 mg/kg 体重（或日量 0.25～0.5 g）；羊、猪 1～2 mg/kg 体重，1 日 1～2 次。

（5）依他尼酸片 内服量：犬 5 mg/kg 体重。

（6）氨苯喋啶片 内服量：各种家畜 0.5～1.5 g，1 日 1～3 次，连服 3～5 次。

（7）螺内酯 内服量：各家畜 0.5～1.5 mg/kg 体重，1 日 3 次。单用或与氢氯噻嗪等合用。

（8）甘露醇注射液（含 20%甘露醇） 静脉注射量：马、牛 500～1 500 ml，羊、猪100～500 ml。

（9）50%葡萄糖注射液 静脉注射：马、牛 100～500 ml，猪、羊 20～100 ml。

第二十一章 作用于消化系统的药物

家畜或实验动物消化系统的疾病是常见的。探其原因，主要是饲料和饲养失宜，也可能是继发于某些器官疾病、传染病、寄生虫侵袭病或其它疾病中的一种症状。

作用于消化系统的药物，主要用来解除胃肠道的机能障碍，使其恢复到正常的机能水平。为此目的，除加强饲养管理以外，还应注意原发病的治疗。如能适时地投放药物，则更有利于消化机能的恢复。

临床上治疗消化系统疾病的药物可分为：健胃药、助消化药、瘤胃兴奋药、制酵药和消沫药、泻药和止泻药。

一、健胃药

健胃药为能提高食欲，促进胃肠的分泌和蠕动，增强消化机能的药物。临床上主要用于食欲不振和消化不良。

健胃药又可分为苦味健胃药、芳香健胃药和盐类健胃药。

（一）苦味健胃药

苦味健胃药主要作用在于苦味。苦味刺激口腔的味觉感受器，提高食欲中枢的兴奋性，反射性地增强胃肠液的分泌机能，促进动物的食欲，增强消化。实验证明，苦味药必须经口投服，才能有效；苦味对消化液分泌机能低弱的动物的效果比健康动物的强；与口接触的时间越长促进胃肠分泌的作用越显著。

苦味药主要用于大家畜的食欲不振，消化机能不良，其它中小动物较少应用。

常用的药物有龙胆、马钱子酊。

龙胆 Radix Gentianae

龙胆为龙胆科植物龙胆（Gentiana scabra Bge）和三花龙胆（G. triflora Pall.）的干燥根部，其含有龙胆苦甙、龙胆三糖等。

龙胆苦甙为有效成分，口服不吸收，对肠胃无刺激，为单纯苦味健胃药。

常用制剂有龙胆末，龙胆酊或其复方，如复方龙胆酊。

马钱子酊 Tinctura Nucis Vomicae

为马钱科植物马钱的干燥成熟的种子醇制剂。其有效成分为士的宁（Strychnine）、马钱子碱（Strychnos alkaloids）等，以士的宁计，每毫升含量应为1.25（1.19～1.31）mg。

本品味苦，大毒。口服小量有苦味健胃的作用，用于消化不良，胃肠弛缓，食欲不振，瘤胃积食。

常用制剂为马钱子酊、马钱子末。其所含士的宁易吸收、排出缓慢，使用过量或连续用药时间过长易发生中毒。应用时应严格控制剂量及连续用药时间（不超5～7天）。孕畜慎用。

（二）芳香健胃药

芳香健胃药为含有挥发油的一类植物健胃药。

口服这类药物均能刺激消化道粘膜，增加消化液的分泌，促进胃肠蠕动，并有一定抑菌作用。临床上可用于消化不良、胃肠内轻度发酵及积食等。

常用的药物有陈皮（橙皮）、桂皮、豆蔻、大茴香、小茴香、姜和辣椒。这些药物常制成酊剂，可以单味也可以是复方剂。

辣椒和辣椒酊刺激性大，使用时用水冲服或稀释，也不宜过量，以免引起胃肠炎。

（三）盐类健胃药

盐类健胃药是指氯化钠（食盐），人工盐及碳酸氢钠（小苏打）等药物。

氯化钠（Sodium Chloride）及人工盐（Sol Carolinum Factitium）

本品人工盐为干燥硫酸钠（44%）、碳酸氢钠（36%）、氯化钠（18%）和硫酸钾（2%）混合制成。人工盐具有多种盐的综合作用的功能。

盐类药物的作用可随剂量不同而异。口服小剂量氯化钠和人工盐，能轻微地刺激消化道粘膜，反射性地增强消化液分泌，增强唾液淀粉酶的活性，促进胃肠蠕动，增进营养物质的吸收，故有健胃的作用；口服大剂量氯化钠（为健胃剂量的10～15倍）或人工盐，有促进动物饮水，软化粪便及缓泻的作用，可用于治疗早期及中期的大肠结症。高渗氯化钠注射液（5%～10%）静脉注射，能显著地加强胃肠蠕动和分泌活动，可用于牛前胃弛缓与马属动物的疝痛症等。

应用大剂量盐类健胃药做泻下药用时，应予大量饮水。饮水不足是氯化钠（食盐）中毒的主要原因。猪和禽对氯化钠敏感。猪食盐中毒时表现厌食、腹痛、惊厥和昏迷，严重时可导致死亡。禽类中毒主要表现软弱及瘫痪。

碳酸氢钠　Sodium Bicarbonate

本品又称小苏打。本品口服能中和胃酸，溶解粘液，可用于慢性消化不良。在治疗动物消化不良和其它消化道病时，多与其它健胃药合用。

此外，碳酸氢钠与磺胺药合用，能促进磺胺药物排出，防止其结晶析出。5%碳酸氢钠注射液静脉注射可治疗酸中毒；4%碳酸氢钠溶液可用于冲洗阴道，子宫等。

制剂与用法

（1）龙胆末　内服量：马、牛20～50 g，羊、猪2～10 g。

（2）龙胆酊（为10 g龙胆末，40%酒精浸制而成）　内服量：马、牛50～100 ml，羊5～15 ml，猪3～8 ml，犬1～5 ml。

（3）复方龙胆酊（苦味酊，由龙胆末10 g，橙皮末4 g，豆蔻末10 g，加60%～70%酒精100 ml浸成）　内服量：马、牛20～100 ml，猪、羊4～16 ml。

（4）马钱子酊（番木鳖酊）　内服量：马10～20 ml，牛10～30 ml，猪、羊1～2.5 ml。

（5）陈皮　内服量：马、牛30～60 g，猪、羊6～12 g。

（6）陈皮酊（为30%陈皮末的醇浸剂）　内服量：马、牛30～100 ml，猪、羊10～20 ml。

(7) 桂皮末　内服量：马、牛15～45 g，猪、羊3～9 g。

(8) 桂皮酊（20%桂皮末制成的酊剂）　内服量：马、牛30～100 ml，猪、羊10～30 ml。

(9) 豆蔻末　内服量：牛、马15～45 g，猪、羊3～6 g。

(10) 复方豆蔻酊（肉豆蔻20 g，茴香10 g，桂皮25 g，甘油50 ml，60%乙醇适量制成的1 000 ml）　内服量：马、牛30～100 ml，猪、羊10～30 ml。

(11) 小茴香　内服量：马、牛15～60 g，羊、猪6～10 g。

(12) 小茴香酊（由20%小茴香末制成）　内服量：马、牛40～100 ml，猪、羊15～30 ml。

(13) 干姜　内服量：马、牛15～30 g，猪、羊3～9 g。生姜用量加倍。

(14) 姜酊（20%姜末的酊剂）　内服量：马、牛30～100 ml，猪、羊15～30 ml，犬2～5 mg。临用时应加5～10倍水稀释。

(15) 辣椒粉　内服量：马、牛1～4 g，羊、猪0.2～1 g。

(16) 辣椒酊（为20%的酊剂）　内服量：马、牛8～15 ml，羊、猪2～5 ml。临用时应加水稀释成1%左右灌服。

(17) 氯化钠　内服（健胃）量：马、牛10～50 g，猪、羊2～10 g。内服致泻量：马250～350 g。用时配制成3%～4%溶液灌服。

(18) 人工盐　内服（健胃）量：马、牛50～150 g，羊、猪10～30 g。内服致泻量：马、牛200～400 g，羊、猪50～100 g。

(19) 碳酸氢钠　内服量：马15～60 g，牛30～100 g，猪、羊2～15 g。

(20) 碳酸氢钠注射液　静脉注射量：马、牛15～30 g，羊、猪2～6 g。

(21) 健胃散（含龙胆末、大黄末，碳酸氢钠、氯化钠及硫酸钠等）　内服量：马、牛10～50 g，猪2～5 g。

二、助消化药

助消化药为促进胃肠消化过程的药物。这些药物多为消化液的成分。当胃肠分泌机能不足，消化机能紊乱时，可用助消化药，促进消化功能的恢复。

稀盐酸 Diluted Hydrochloric Acid

稀盐酸含10%盐酸。内服应稀释成0.2%～0.5%。

盐酸为胃液中的主要成分之一。草食动物真胃内胃液的盐酸浓度为0.12%～0.38%，杂食动物的胃液为0.3%～0.4%，肉食动物胃液则为0.4%～0.5%。本品服用时可增加胃内酸度，促进胃蛋白酶原转变成有高度活性的胃蛋白酶，以利于消化蛋白质，抑制细菌的生长繁殖，制止胃内发酵。

稀盐酸主要用于胃酸缺乏，引起胃内发酵过盛、消化不良、食欲不振；牛、羊前胃弛缓；马属动物急性胃扩张及各种动物的碱中毒。用量不宜过大，浓度不宜过高，以免引起幽门括约肌痉挛，影响胃内排空以及引起腹痛等。

本品忌与碱类、盐类健胃药、有机酸盐及洋地黄等制剂配伍。

稀醋酸 Diluted Acetic Acid

稀醋酸为含醋酸5.5%～6.5%的制剂。市售食醋含醋酸约5%，故可代替稀醋酸服用。

本品内服可用于治疗消化不良、瘤胃臌胀等。局部有防腐及刺激作用，故外敷有扩张血管、消肿作用，溶液冲洗口腔有治疗口腔炎的作用。

胃蛋白酶 Pepsin

胃蛋白酶为动物胃粘膜中提取的一种蛋白质水解酶，易溶于水，在酸性环境中稳定，且活性较强。其在0.2%～0.4%盐酸溶液中作用最强，能使各种水溶性蛋白质或凝固蛋白质变成朊或胨，以利于消化。

该药适用于胃蛋白酶缺乏症。临床上胃蛋白酶缺乏，常并发胃酸不足。因此，补充胃蛋白酶，必须同时补充稀盐酸。

乳酶生 Lactasin

本品又称表飞鸣，为一种有活性乳酸杆菌的干燥制剂。

口服乳酶生后，乳酸杆菌在肠道内分解糖类生成乳酸，使肠内酸度升高，抑制肠内病原菌的繁殖、制止发酵，减少产气。

本品可用于幼畜下痢，消化不良，肠臌气等疾病，用时不可与抗生药、吸附药、酊剂及鞣酸等配伍，以免降低药效。

胰酶 Pancreatin

本品为动物胰脏提取物，含有胰蛋白酶，胰淀粉酶及胰脂肪酶的混合酶。其能消化蛋白质、淀粉和脂肪，使之分别降解为氨基酸、单糖及脂肪酸和甘油，促进小肠吸收。胰酶在弱碱性环境中活性为强。故常与碳酸氢钠同服，也可减少被胃酸破坏。

该药适用于胰脏机能障碍时引起的消化不良。

干酵母 Dried Yeast

又称食母生，可从制造啤酒时的酵母菌中干燥制得。其每克干燥酵母含有硫胺0.1～0.2 mg、核黄素0.04～0.06 mg、烟酸0.025～0.06 mg、另含有维生素B_6、B_{12}、叶酸以及各种酶等。

本品可用于防治维生素B族缺乏症及消化不良症如酮血症，多发性神经炎等。

麦芽 Malt

麦芽为大麦或小麦成熟籽实经发芽后，在适当温度（60℃以下）下干燥制成。本品含有淀粉水解酶、糖转化酶、蛋白质水解酶、脂化酶、麦芽糖及维生素B等。这些成分均参与淀粉水解，增强胃肠蠕动，为良好的消化不良的辅助治疗药。大量内服可用于动物回乳。

制剂与用法

(1) 稀盐酸　内服量：马、牛10～30 ml，猪1～2 ml，羊2～5 ml。应用加水做50倍稀释。

(2) 胃蛋白酶 内服量：马、牛 5～10 g，犬、犊 2～5 g，猪、羊 1～2 g。用时应适当用稀盐酸稀释。饲前内服。

(3) 乳酶生 内服量：马、牛 10～30 g，猪、羊 2～4 g。

(4) 胰酶 内服量：猪 0.5～1 g，犬 0.2～0.5 g。

(5) 干酵母 内服量：马、牛 30～50 g，猪、羊 5～10 g。

(6) 麦芽 内服量：马、牛 20～50 g，猪、羊 10～15 g。

三、瘤胃兴奋药

瘤胃兴奋药能促进瘤胃平滑肌收缩，增强反刍动物前胃蠕动，促进反刍。

拟胆碱药

拟胆碱药氨甲酰胆碱、氨甲酰甲胆碱、毛果芸香碱、新斯的明等都有兴奋瘤胃及肠道平滑肌，促进胃肠道蠕动及分泌作用，故认为可用于兴奋瘤胃，治疗前胃弛缓和瘤胃积食。但因作用广泛，故有严重的副作用或毒性反应。一般不轻易选用。

酒石酸锑钾 Antimony Potassium Tartrate

本品内服后，在胃内水解释放出锑离子，直接刺激真胃和十二指肠粘膜，反射性地兴奋瘤胃，促进反刍活动，可用于治疗瘤胃弛缓、反刍无力。但在反刍停止时因药物不能到达真胃和十二指肠，而不能产生疗效。

在临床用药时，应严格掌握剂量，过大剂量对真胃等刺激过强，则易反射性地抑制瘤胃运动；胃炎时可加重刺激，使炎症加剧。该药刺激性强，疗效难预测，现已少用。

浓氯化钠注射液 Concentrated Sodium Chloride Injection

该药为含 10%氯化钠灭菌溶液。静脉注射后增加血液中 Na^+、Cl^- 及其渗透压，因而动员各组织中水分进入血液，增加血容量，改善微循环，促进肠管分泌和蠕动；高渗氯化钠注射液进入血管后能直接刺激化学感受器，反射性地兴奋迷走神经，增强肠管的蠕动和分泌。

该药作用缓和，不良反应少，用药后可在 2～4 h 产生作用，经 12～24 h 才逐渐消失。临床上主要用于瘤胃弛缓、胃扩张和马便秘等，用时切勿漏出血管外。

制剂及用法

(1) 氯化氨甲酰胆碱 皮下注射量：马、牛 1～2 mg，猪、羊 0.25～0.5 mg。

(2) 硝酸毛果芸香碱 皮下注射量：马、牛 0.05～0.2 g，猪、羊 0.01～0.05 g。

(3) 水杨酸毒扁豆碱 皮下注射量：马、牛 0.02～0.08 g，猪、羊 0.005～0.02 g。

(4) 硫酸新斯的明 皮下注射量：马、牛 4～25 mg，猪、羊 2～10 mg。

(5) 酒石酸锑钾 内服兴奋瘤胃量：牛 4～6 g，羊 1～3 g。祛痰量：马、牛 0.5～3 g，猪、羊 0.2～0.5 g。

(6) 浓氯化钠注射液 静脉注射量：马、牛 2 000～3 000 ml。

四、制酵药与消沫药

制酵药就是通过抑制或杀灭微生物，阻止胃肠内容物异常发酵，以减少产生过多气体。该类药物主要用于反刍动物瘤胃臌胀和马属动物的肠臌气。

消沫药是一类表面张力低，又不与起泡液互溶，能迅速降低泡沫的局部表面张力，使气泡破裂，或不断融合，扩大汇成游离气体而逸出的一类药物。反刍动物的瘤胃泡沫性臌胀，多因采食大量皂苷的饲料，如紫花苜蓿等豆科植物所致。皂苷能降低瘤胃内液体表面张力，形成大量稠粘性小泡，夹杂于瘤胃内容物中使气体难以排出而使瘤胃臌胀。消沫药主要用于治疗瘤胃泡沫性臌气。

甲醛溶液 Formaldehyde Solution

本品为含 36%～40%甲醛溶液，又称福尔马林。该溶液有强大的杀菌力，制酵作用可靠。其 3%～4%浓度的溶液就能杀死多种细菌、芽孢和病毒。临床上使用 1%溶液灌服，能制止瘤胃内容物发酵，过高浓度或过大剂量可引起流涎、腹痛、中枢性昏迷、惊厥或死亡。

本品仅适用于严重瘤胃臌胀，而一般轻度症状不宜选用。用药后可因广泛杀灭瘤胃内多种微生物或纤毛虫，而继发消化机能障碍。

大蒜酊 Garlic Tincture

大蒜为常用的内服制酵剂，能刺激胃粘膜，促进蠕动，消除胀气。可用于治疗前胃弛缓、胃扩张、肠胀气等，临床上多用于轻度胃肠臌气。

植物油类 Plant Oils

植物油有豆油、花生油、菜子油及松节油等。这些药物都有较低的表面张力，不与水混溶，来源广泛，疗效可靠，无不良反应。为治疗瘤胃泡沫性臌胀有效药物。

二甲硅油 Dimeticone

又称聚甲基硅，消沫作用迅速、可靠，几乎没有毒性作用。为专用乳牛泡沫性瘤胃臌胀的消沫药。临用时，配成 2%～5%酒精溶液或煤油溶液，胃管投服。

制剂与用法

(1) 甲醛溶液　内服量：牛 8～25 ml，羊 1～5 ml。用时应用 20～30 倍的水稀释。

(2) 大蒜酊（20 g 蒜泥 70%乙醇的 100 ml 浸泡液）　内服量：马、牛 40～80 ml，猪、羊 15～25 ml。内服时应加 4 倍水稀释。

(3) 植物油　内服量：牛 100～400 ml。

(4) 二甲硅油　内服量：牛 2～3 g，羊 0.5～1 g。灌服前后用小量温水投用。

(5) 消胀片（每片含二甲硅油 50 mg 及氢氧化铝 80 mg）　内服量：牛 40～50 片，羊10～15 片。

五、泻药

泻药为促进排粪的一类药。临床上可用于便秘，排出有毒物质，与驱虫药配合促进虫体或残存药物的排出。

这类药物可分为盐类泻药、刺激性泻药和润滑性泻药。

（一）盐类泻药

常用盐类泻药有硫酸钠与硫酸镁。该类泻药的水溶液中有硫酸根离子，或者还有镁离子。两者在肠壁内均不被吸收，在肠道内形成高渗溶液。保持大量的水分，使肠道容积扩大，进而对肠道感受器产生强烈刺激，促进肠道蠕动，引起下泻。

盐类泻药的致泻作用与给水量有关，临床上常用5%溶液灌服，再让动物足量饮水。浓度过高或限制动物饮水，可导致幽门痉挛和诱发肠炎。临床上该类药物仅适用于不完全大肠便秘及清除肠道毒物。禁用于急性胃扩张、小肠阻塞及大肠便秘后期。

硫酸钠 Sodium Sulfate

又称芒硝（$Na_2SO_4 \cdot 10H_2O$），为无色晶体。干燥失结晶水称无水硫酸钠（又称玄明粉）。

本品除用于初、中期大肠便秘和排除肠道毒物外，高浓度的硫酸钠溶液可用于化脓疮、瘘管和创伤冲洗，能促进组织愈合。

硫酸镁 Magnesium Sulfate

又称泻盐（$MgSO_4 \cdot 7H_2O$），为棱形结晶，干燥硫酸镁为白色粉末。

本品对消化道及创伤的作用、用法及用量均与硫酸钠相同。

硫酸镁还可缓和胆管痉挛和促进胆汁排出。高浓度硫酸镁能刺激十二指肠粘膜反射性地引起胆总管括约肌松弛，胆囊收缩，故可用于胆囊炎、阻塞性黄疸等。

（二）刺激性泻药

这类药物都含有能对肠道刺激的化学物质，能促进肠道蠕动，促进排粪的作用。本类药物作用强，故不宜用于孕畜、弱小动物。易受瘤胃微生物的作用，对反刍动物疗效不明显。

该类药物有大黄、蓖麻油及人工成品酚酞。

大黄 Rhizoma Rhei

又称川军。为蓼科植物掌叶大黄和药用大黄的根茎部。其主要成分为大黄蒽醌甙、鞣质等。

大黄的作用与用量相关，小剂量主要发挥苦味健胃作用；中剂量主要有收敛作用和抗菌作用；大剂量在肠道碱性环境中蒽醌甙水解，产生大黄素，起泻下作用。治疗便秘可配合硫酸钠，以增强致泻作用，又可避免大黄致泻作用后引起继发性便秘。

蓖麻油 Castor Oil

为蓖麻种子压榨所得的脂肪油。其本身没有致泻作用。口服本品后因在十二指肠内有部分脂肪油受酶水解，产生蓖麻油酸及甘油。由于前者对小肠有刺激作用而促进肠道蠕动，导致下泻作用。

本品作用强烈，致泻作用较大黄迅速。内服时应将蓖麻油渣除去，以去除有毒的蓖麻素（蛋白质），防止动物中毒。本品禁用于孕畜及肠炎的动物。

酚酞 Phenolphthalein

本品为化学分析的指示剂。其醇溶液遇碱显红色，遇酸中和后为无色。内服后在肠内可形成钠盐溶液，刺激性强，故可促进肠道蠕动，达到缓缓泻下作用。临床上可用于犬的便秘，对草食动物无效。

（三）润滑性泻药

润滑性泻药为无刺激性的油类，如植物性油类的豆油、花生油、棉子油、菜籽油；动物性油类的豚油、酥油、獾油，以及矿物性油类的液体石蜡。该类药物口服量过大之后，由于吸收不完全或完全不易吸收以原形通过肠道，起润滑促进粪便排出的作用。

该类药物作用缓和，无刺激，且对肠道有保护作用。临床上适用于有肠炎及孕、弱病老各种动物便秘治疗。其缺点是，该类药物为油类，具有增强脂溶性毒物、毒素及驱虫药的溶解性，促进吸收，增强毒性的作用。临床使用时，应予注意。

六、止泻药

止泻药为制止腹泻的药物。其作用主要通过抗菌消炎，吸附毒素，减轻对肠道的刺激和抑制肠蠕动而制止腹泻。腹泻可认为是对不利刺激的保护反应，有利于毒物排出。但持久的腹泻既影响营养物质的吸收，同时还可导致机体脱水、电解质紊乱和严重酸中毒，因而应适时对症治疗。

动物机体由于微生物感染而引起的腹泻，首先应考虑使用抗菌药物进行抑菌和杀菌，这部分内容将在抗菌药物中叙述。本节重点在于叙述保护、减缓肠道蠕动的止泻药物。

碱式碳酸铋 Bismuth Subcarbonate

本品内服后能在胃内形成氢氧化铋，到达肠道内形成不溶性的硫化铋，覆盖于粘膜表面，铋离子还能与蛋白质结合产生沉淀，形成保护膜，有收敛和减少渗出作用。因此，铋盐有收敛和止泻作用。临床上主要用于肠炎，腹泻等。

碱式硝酸铋 Bismuth Subnitrate

本品用途、用量与碱式碳酸铋同。但易在肠内被细菌还原，产生亚硝酸盐。因而用量过大时，易产生中毒，应用时应加以注意。

药用炭 Medicinal Charcoal

药用炭具有强吸附性能。内服后，本品能吸附胃肠道内各种物质如细菌、毒素、气体等；阻止吸收并能覆盖于肠道表面起机械性保护肠道粘膜，减少刺激，减缓肠蠕动，产生止泻作用。

临床上用于腹泻、肠炎、药物及毒物中毒等。

鞣酸蛋白　Albumin Tannate

鞣酸蛋白为鞣酸与蛋白相互作用制成，含鞣酸50％，不溶于水和醇。本品口服后能在肠道内缓缓释放出鞣酸与蛋白。鞣酸有收敛止泻作用。由于本品作用缓和、持久，适用于各种生理状态下的动物。

矽炭银　Argysical

由高岭土（白陶土）、活性炭、氯化银三药调制而成。本品具有吸附、收敛的作用。除用于肠炎腹泻外，还可用于防腐、干燥、收敛等。

百草霜

本品系为烧柴草的锅底灰，作用，用途和用法与药用炭相同。

制剂与用法

（1）硫酸钠　内服量：马200～500 g，牛400～500 g，猪25～50 g，羊40～100 g，犬10～20 g。通常配成5％溶液灌服。

（2）硫酸镁　致泻内服量同硫酸钠。

（3）大黄末　致泻内服量：驹、犊10～30 g，仔猪2～5 g，犬2～4 g。止泻内服量：马、牛10～250 g，羊、猪30～60 g。健胃内服量：马10～5 g，牛20～40 g，猪1～5 g，羊2～4 g，犬0.5～2 g。

（4）蓖麻油　内服量：马200～400 ml，牛300～600 ml，猪、羊50～150 ml，犬10～30 ml。

（5）液体石蜡　内服量：马、牛500～1 500 ml，猪50～100 ml，羊100～300 ml，犬50～100 ml，禽5～10 ml。

（6）植物类油　内服量：马、牛500～1 500 ml，猪、羊100～300 ml，犬10～50 ml，禽2～10 ml。

（7）酚酞片　内服量：犬0.05～0.2 g。

（8）鞣酸蛋白　内服量：马10～20 g，牛10～25 g，猪、羊2～5 g，犬0.3～2 g。

（9）药用炭　内服量：马20～50 g，牛20～300 g，猪3～10 g，羊20～50 g，犬0.3～2 g。

（10）矽炭银片　内服量：马、牛60～120片，猪、羊5～10片。

（11）碱式碳酸铋片　内服量：马、羊15～30 g，驹、犊、猪、羊2～4 g，犬0.3～2 g。

（12）碱式硝酸铋　用量同碱式碳酸铋。

（13）百草霜　用量同药用炭。

第二十二章　肾上腺皮质激素类药

肾上腺皮质激素（Adrenocortical Hormones）为肾上腺皮质分泌的一类激素的总称。它们结构与胆固醇相似，故又称皮质类固醇激素。

肾上腺皮质激素按其生理作用，主要分两类：一类是调节体内水和盐代谢的激素，即调节体内水和电解质平衡，称为盐皮质激素；另一类是与糖、脂肪及蛋白质代谢有关的激素，常称为糖皮质激素。糖皮质激素在超生理剂量时有抗炎、抗过敏、抗中毒及抗休克等药理作用，因而在临床中广泛应用。通常所称的皮质激素即为这类激素。

临床上常用的天然皮质激素有可的松和氢化可的松。现均已人工合成。近年来在可的松和氢化可的松的结构上稍加改变，合成许多抗炎作用比天然激素强，而水盐代谢等副作用小的药物，如泼尼松，泼尼松龙和地塞米松等。这些合成皮质激素将逐渐取代可的松等天然激素的应用（见表 22-1）。

表 22-1　常用糖皮质激素类药物比较

药物	水盐代谢（比值）	糖代谢（比值）	抗炎作用（比值）	等效剂量（mg）
氢化可的松 Hydrocortisone	1.0	1.0	1.0	20
可的松 Cortisone	0.8	0.8	0.8	25
泼尼松 Prednisone	0.6	3.5	3.5	5
泼尼松龙 Prednisolone	0.6	4.0	4.0	5
地塞米松 Dexamethasone	0	30	30	0.75
倍他米松 Betamethasone	0	30～35	25～35	0.60
氟氢可的松 Fludrocortisone	125		12	
氟轻松 Fluocinolone			40	

常用的天然和人工合成的皮质激素的化学结构特点，详见表 22-2。

【体内过程】

所有皮质激素都易从胃肠道吸收，尤其是单胃动物，给药后很快奏效，天然皮质激素持效时间短。人工合成的作用时间长，一次给药可持效 12～24 h。

吸收进入血液的皮质激素大部分与皮质激素转运蛋白（Transcortin）结合，还有少量与白蛋白结合，结合者暂无生物活性。游离型的量小，可直接作用于靶器官细胞呈现特异性作用。游离型皮质激素在肝脏或靶细胞内代谢清除后，结合型的激素就被释放出来，以维持动物体内的血浆浓度。

肝脏是皮质激素主要代谢器官，大部分与葡萄糖醛酸或硫酸结合成酯，失去活性，水溶性增强，与部分游离型一起从尿中排出。反刍动物主要从尿中排出，其它动物可从胆汁排出。

表 22-2 皮质激素类药物的结构特点

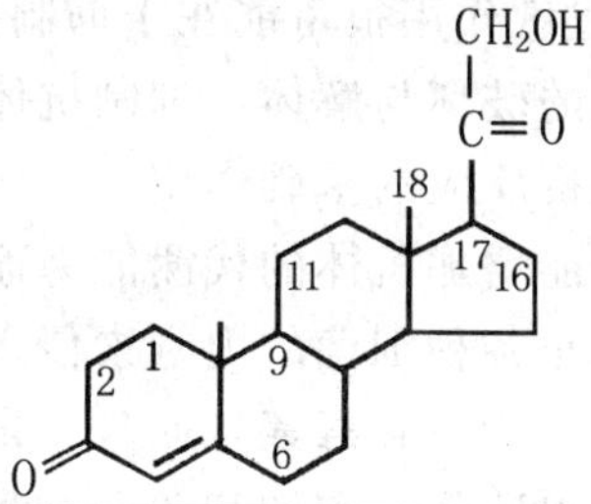

基团 碳原子序数 / 药名	1、2	6	9	11	18	16	17
醛固酮				O	—CHOH		α[①]—OH
可的松				O			α—OH
氢化可的松				OH			α—OH
泼尼松	Δ-1[②]			O			α—OH
泼尼松龙	Δ-1			OH			α—OH
甲泼尼松龙	Δ-1	α—CH_3		OH			α—OH
曲安西龙	Δ-1		α—F	OH		α—OH	α—OH
倍他米松	Δ-1		α—F	OH		CH_3	α—OH
地塞米松	Δ-1		α—F	OH		α—CH_3	α—OH
氟氢可的松			α—F	OH			α—OH
氟轻松	Δ-1	α—F	α—F	OH		α—O—	α—O—

①由于立体结构的关系，人们规定位向图面后的基团称 α 位基团，在平面图上用虚线表示；位向图面前的基团称 β 位基团，以实线表示。凡本表中未注明即为 β 基团。

②Δ 表示双键，在右边的数字为有关碳原子的较少的一个序数，如 Δ-1 表示在 1～2 两碳原子之间存在双键，余此类推。

一、糖皮质激素

【药理作用】

(1) 抗炎作用　糖皮质激素能降低毛血管通透性，能抑制对各种刺激因子引起的炎症反应能力，以及机体对致病因子的反应性。这种作用在于糖皮质激素能使小血管收缩，增强血管内皮细胞的致密程度，减轻静脉充血，减少血浆渗出，抑制白细胞的游走、浸润和巨噬细胞的吞噬功能。这些作用明显减轻炎症早期的红、肿、热、痛等症状的发生与发展。

糖皮质激素产生抗炎作用的另一机制是抑制白细胞破坏的同时，又有稳定溶酶体膜，使其不易破裂，减少溶酶体中水解酶类和各种因子释放的作用。这些酶有组织蛋白酶、溶菌酶、过氧化酶、前激肽释放因子、趋化因子、内源性致热因子等。大剂量的糖皮质激素稳定溶酶体膜就可抑制由这些酶或因子所引起的局部或全身的病理变化，减缓或改善炎症引起的局部或全身反应。

糖皮质激素对炎症晚期也有作用。大剂量糖皮质激素能抑制胶原纤维和粘蛋白的合成，抑制组织修复，阻碍伤口愈合。

(2) 抗过敏反应　过敏反应是一种变态反应，它是抗原与机体内抗体或与致敏的淋巴细胞相互结合、相互作用而产生的细胞或组织反应。糖皮质激素能抑制抗体免疫引起的速发性变态反应，以及免疫复合体引起的变态反应或细胞性免疫引起的延缓性变态反应，为一种有效的免疫抑制剂。糖皮质激素的抗过敏作用很可能在于抑制巨噬细胞对抗原的吞噬和处理，抑制淋巴细胞的转化，增加淋巴细胞的破坏与解体，抑制抗体的形成而干扰免疫反应。糖皮质激素的抗炎作用实际上起着抑制免疫反应的基础作用。

（3）抗毒素作用　糖皮质激素能增加机体的代谢能力而提高机体对不利刺激因子的耐受力，降低机体细胞膜的通透性，阻止各种细菌的内毒素侵入机体细胞内的能力，提高机体细胞对内毒素的耐受性。糖皮质激素不能中和毒素，而且对毒性较强的外毒素没有作用。糖皮质激素抗毒素作用另一途径与稳定溶酶体膜密切相关。这种作用减少溶酶体内各种致炎、致热内源性物质的释放，减轻对体温调节中枢的刺激作用，降低毒素致热源性的作用。因此，用于严重中毒性感染如败血症时，常具有迅速而良好的退热作用。

（4）抗休克作用　大剂量糖皮质激素有增强心肌收缩力，增加微循环血量，减轻外周阻力，降低微血管的通透性，扩张小动脉，改善微循环，增强机体抗休克的能力。由于糖皮质激素能改善休克时的微循环，改善组织供氧，减少或阻止细胞内溶酶体的破裂，减少或阻止蛋白水解酶类的释放，阻止蛋白水解酶作用下多肽的心肌抑制因子（Myocardio-depressnat factor，MDF）的产生。MDF 具有抑制心肌收缩，降低心输出量的作用。在休克过程中，这种作用又加剧微循环障碍。糖皮质激素能阻断休克的恶性循环，可用于各种休克，如中毒性休克、心源性休克、过敏性休克及低血容量性休克等。

（5）对有机物代谢及其它的作用　糖皮质激素有促进蛋白质分解，使氨基酸在肝内转化，合成葡萄糖和糖元的作用；同时，又有抑制组织对葡萄糖的摄取，因而有升血糖的作用。糖皮质激素类的皮质醇（氢化可的松）结构与醛固酮有类似之处，故能影响水盐代谢。长期大剂量应用糖皮质激素，会引起体内钠潴留和钾的排出增加，但比盐皮质激素的作用弱。

糖皮质激素能增进消化腺的分泌机能，加速胃肠粘膜上皮细胞的脱落，使粘膜变薄而损伤。故可诱发或加剧溃疡病的发生。

【临床应用】

糖皮质激素具有广泛的应用，但多不是针对病因的治疗药物，而主要是缓解症状，避免并发症的发生。其适应症有：

（1）代谢性疾病　对牛的酮血症和羊的妊娠毒血症有显著疗效。

（2）严重的感染性疾病　各种败血症、中毒性菌痢、腹膜炎、急性子宫炎等感染性疾病，糖皮质激素均有缓解症状的作用。

（3）过敏性疾病　急性支气管哮喘、血清病、过敏性皮炎、过敏性湿疹。

（4）局部性炎症　各种关节炎、乳腺炎、结膜炎、角膜炎、粘液囊炎，以及风湿病等等。

（5）休克　糖皮质激素对各种休克，如过敏性休克、中毒性休克、创伤性休克、蛇毒性休克均有一定辅助治疗作用。

【不良反应】

皮质激素在临床应用时，仅在长期或大剂量应用时才有可能产生不良反应。

（1）类肾上腺皮质机能亢进症　大剂量或长期（约一个月）用药后引起代谢紊乱，产生严重低血钾、糖尿、骨质疏松、肌纤维萎缩、幼龄动物生长停滞。马较其它动物敏感。

（2）类肾上腺皮质机能不全　大剂量长时间用药后，一旦突然停止肾上腺皮质激素的使用可产生停药综合症，动物软弱无力，精神沉郁，食欲减退，血糖下降，血压低落。严重时可见有休克。还可见有疾病复发或加剧。这是对糖皮质激素形成依赖性所致，或是病情尚未被控制的结果。

（3）诱发和加重感染　糖皮质激素虽有抗炎作用，但其本身无抗菌作用，使用后还可使机体防御机能和抗感染的能力下降，致使原有病灶或加剧或扩散，甚至继发感染。因而一般性感染性疾病不宜使用。在有危急性感染性疾病时才考虑使用。使用时应配合有足量的有效抗生药物，在激素停用后仍需继续用抗菌药物治疗。

（4）抑制过敏和过敏反应　糖皮质激素能抑制变态反应，抑制白细胞对刺激原的反应，因而在用药期间可影响鼻疽菌素点眼和其它诊断试验或活菌苗免疫试验。糖皮质激素对少数马、牛有时可见有过敏反应，用药后可见有荨麻疹，呼吸困难，阴门及眼睑水肿，心动过速，甚至死亡。这些常发生于多次反复应用的病例。

此外，糖皮质激素可促进蛋白质分解，延缓肉芽组织的形成，延缓伤口愈合。大剂量应用可导致或加重胃溃疡。

【防治措施】

由于糖皮质激素副作用较大，临床应用时应注意采用补助措施。

（1）选择恰当的制剂与给药途径　急性危重病例应选用注射剂做静脉注射，一般慢性病例可以口服或用混悬液肌内注射或局部关节腔内注射等。对于后者应用，应注意防止引起感染和机械的损伤。

（2）补充维生素 D 和钙制剂　泌乳动物、幼年生长期的动物应用皮质激素，应适当补给钙制剂、维生素 D 以及高蛋白饲料，以减轻或消除因骨质疏松，蛋白质异化等副作用引起的疾病。

（3）在下述病情中停止使用　缺乏有效抗菌药物治疗的感染；骨软化症和骨质疏松症；骨折治疗期；妊娠期（因可引起早产或畸胎）；结核菌素或鼻疽菌素诊断和疫菌接种期。

二、促肾上腺皮质激素

促肾上腺皮质激素（ACTH）为垂体前叶分泌的一种多肽类激素，刺激肾上腺皮质激素分泌糖皮质激素。其主要作用、用途与糖皮质激素类激素的作用相同，长期应用可引起水、钠潴留，感染扩散等。

本品仅供肌内注射或静脉注射，不可口服，临床上主要用于长期应用皮质激素的过程中或停药前使用，以免用糖皮质激素引起肾上腺皮质功能减退。该激素为多肽类化合物，长期间应用可引起过敏反应。

制剂与用法

（1）醋酸可的松片　内服量：犬 2～4 mg/kg，分 3～4 次内服。

（2）醋酸可的松注射液（混悬剂）　肌内注射量（每日）：马、牛 0.05～2 g，猪0.1～0.2 g，犬 0.05～0.2 g，分 2 次注射。腱鞘滑膜囊、关节腔内注射量：马、牛 0.05～0.25 g。

（3）氢化可的松注射液（为灭菌的稀醇溶液）　静脉注射或静滴量：马、牛 0.05～0.5 g，猪、羊 0.02～0.08 g，犬 0.005～0.020 g。危急时可酌情加大剂量。应用时应加生理盐水或葡萄糖溶液稀释。

（4）氢化可的松琥珀酸钠粉剂　临用时加注射用水稀释成 5%（按氢化可的松计算）注射

液后供静脉注射用。剂量同氢化可松注射液。如溶液不澄明则停止使用。

(5) 醋酸氢化可的松注射液　供关节或腱鞘内注射用，剂量随注射部位而定。马、牛50～250 mg，每5～7日注射1次。

(6) 醋酸泼尼松片剂　内服日量：马、牛0.2～0.4 g，羊、猪首次20～40 mg，维持量5～10 mg，犬0.6～2.5 mg/kg。

(7) 泼尼松龙注射液（灭菌稀醇溶液）　静脉注射或滴注量：马、牛50～150 mg，羊、猪10～20 mg，用前经生理盐水或葡萄糖注射液稀释。

(8) 醋酸泼尼松龙注射液（混悬液）　供关节腔或局部注射用。乳房内注射，每次每室25 mg。关节腔内量：马、牛20～80 mg，4～7天注射1次。

(9) 地塞米松片　内服量：牛5～20 mg，马5～10 mg，犬0.125～1 mg。

(10) 地塞米松磷酸钠注射液　肌内注射（按地塞米松计算）：牛5～20 mg，马2.5～5 mg，猫、犬0.125～1 mg。关节腔内注入量：马、牛2～10 mg。

(11) 醋酸氟轻松（为乳膏、软膏或洗剂）　浓度为0.01%～0.25%，1日2次。

(12) 醋酸曲安西龙注射液（为灭菌混悬液）　肌内或皮下注射量：马、牛12～30 mg，犬0.1～0.2 mg/kg。关节腔内注射量：马、牛6～30 mg，犬1～3 mg，必要时隔3～5天再注射1次。

(13) 曲安西龙片　内服量：犬0.10～0.20 mg/kg，2周内递减至维持量0.02～0.044 mg/kg。

(14) 促皮质激素粉针剂　肌内注射量：马100～400 U，牛30～200 U，羊、猪20～40 U，犬5～19 U，1日2～3次。静脉注射量减半。用于防止肾上腺皮质功能减退时，每周注射2次。

第二十三章　组胺及抗组胺药

一、组胺

组胺（Histamine）广泛存在于动物各种组织中，以胃肠道及肺含量最高。体内合成的组胺储存于肥大细胞和嗜碱性粒细胞内，具有强大的生物活性。药用制剂为人工合成品。

【作用】

组胺与靶细胞上组胺受体结合产生效应。现已知组胺受体有 H_1 和 H_2 两种类型。组胺与心血管、平滑肌和外分泌腺的受体结合，产生广泛的作用。

（1）消化系统　组胺能引起唾液腺、胰腺和胃液大量分泌，使胃肠平滑肌痉挛，出现腹泻和疝痛，能使反刍活动受抑制。

（2）呼吸系统　组胺能引起支气管痉挛，粘膜水肿，严重时可发生肺气肿。实验动物中的豚鼠尤为敏感。

（3）心血管系统　组胺能使毛细血管和小动脉扩张，血管壁通透性增加，血浆向组织渗出，血压下降，心率加快。大剂量可导致血压持续下降和休克。

（4）子宫　子宫平滑肌对组胺的敏感性，可因动物种属不同有明显差异。组胺对大鼠子宫有松弛作用，对豚鼠子宫有收缩作用。

【临床应用】

组胺在医学上仅作为诊断用药，兽医临床上组胺无应用价值。

二、抗组胺药

组胺在变态反应和过敏性休克的发生中可能起着十分重要的作用。试验证明，抗组胺药可以有效地对抗动物过敏性休克的发生。但是，组胺的释放是过敏反应中一个环节，抗组胺药不能完全消除过敏反应的所有症状。

根据抗组胺药作用受体的不同，可分为 H_1 受体拮抗药和 H_2 受体拮抗药。前者在兽医临床上较常用，后者在临床中少见。

【化学结构】

H_1 受体拮抗药大多数具有组胺的乙基胺的共同结构式 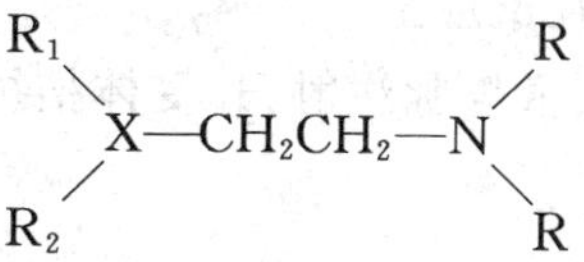

，亦即为该结构式的取代物。因此，可认为该结构是 H_1 受体拮抗药与组胺竞争 H_1 受体所必须的化学构型。

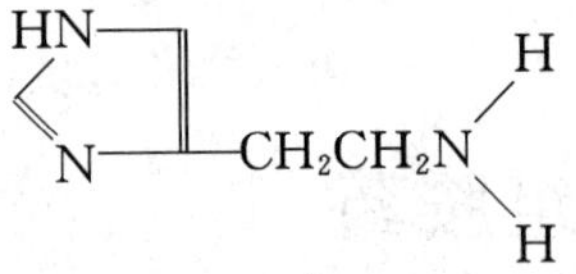

组胺

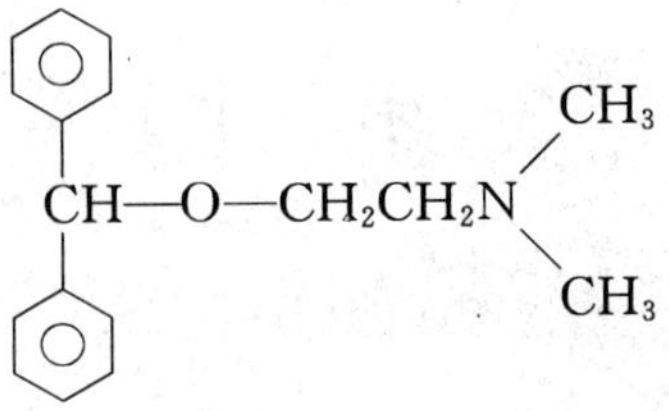

苯海拉明

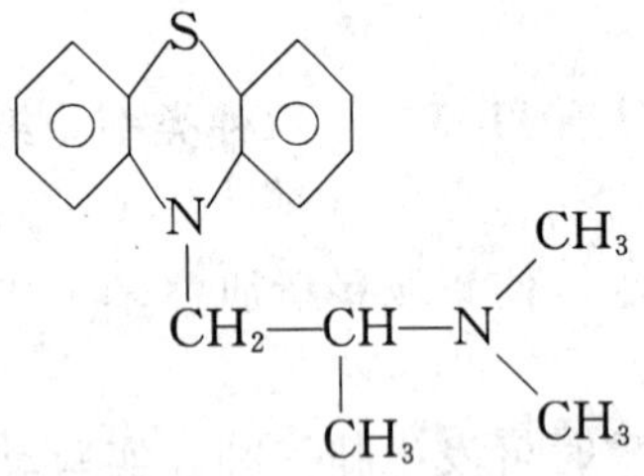

异丙嗪

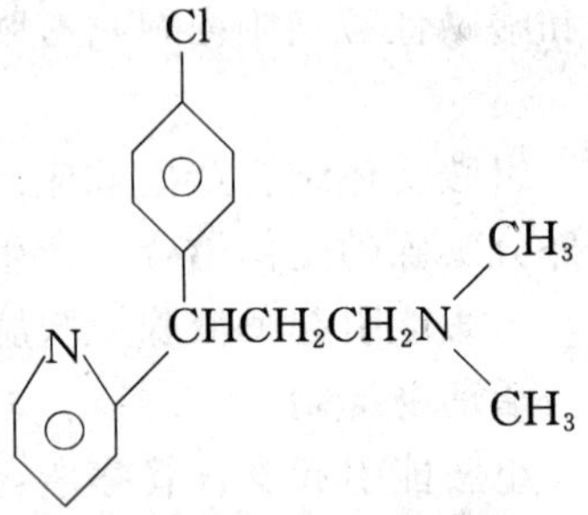

氯苯那敏

【药理作用】

(1) 抗组胺 H_1 型的作用　H_1 受体拮抗药可消除由组胺引起的胃、肠、支气管、支气管平滑肌的收缩与痉挛作用。H_1 受体拮抗药也能部分地对抗由组胺引起毛细血管扩张和通透性的增加，减轻水肿的作用。试验证明，预先给予豚鼠投服苯海拉明，可使动物组胺致死量的耐受力提高 50 倍以上；对其它支气管挛缩、血管通透性增加、舒张血管、降低血压的作用等都有保护或部分对抗的作用。H_2 受体拮抗药能对抗余下部分的作用。

H_1 受体拮抗药这种作用完全在于阻断组胺受体的作用，而不是影响组胺的释放与代谢，也不具有与组胺相反的作用。

(2) 中枢抑制作用　治疗剂量 H_1 受体拮抗药明显地抑制中枢神经系统，使动物出现安静。

【临床应用】

H_1 受体拮抗药适用于各种动物的过敏性疾病如荨麻疹、血清病、血管神经性水肿、皮肤搔痒、药物性过敏，以及烧伤、冻伤、湿疹等引起伴随性组胺释放的疾病。

【不良反应】

大剂量静脉注射 H_1 受体拮抗药可以引起动物兴奋、流涎、肌肉震颤、运动失调。犬出现呕吐。

苯海拉明 Diphenhydramine

又称苯那君 (Benadryl)、可他敏，常用盐酸盐，易溶于水。

本品为疗效可靠的 H_1 受体拮抗药。其抗组胺作用时间快而短暂。单胃动物口服 30 min 后呈现作用。反刍动物宜静脉注射或肌内注射给药。作用时间可维持 4 h。本品中枢作用明显，动物多呈现安静。

异丙嗪 Promethazine

又称非那根（Phenergan），常用盐酸盐，易溶于水，见光易失效。

抗组胺作用较苯海拉明强而持久，有明显中枢抑制作用。该药作用与用途同苯海拉明。本品属于氯丙嗪衍生物，故有增强麻醉药和镇痛药的效果，并能降低体温。同时，它还具有一定镇咳和扩张支气管的作用，因此也可用于治疗支气管炎。

氯苯那敏 Chlorphenamine

本品又称扑尔敏，常为马来酸盐，易溶于水。

本品作用同苯海拉明，强而持久，副作用较小，中枢抑制较弱。

西咪替丁 Cimetidine

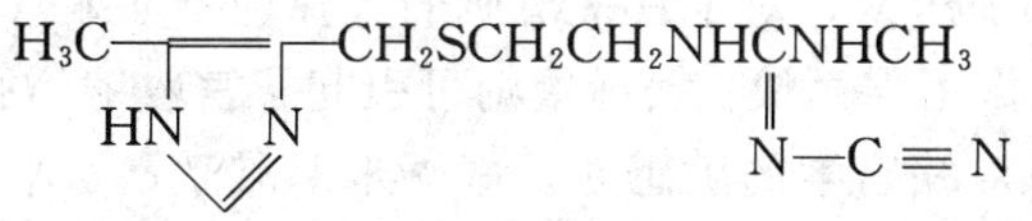

本品为 H_2 受体拮抗药，主要用于抑制胃酸分泌，治疗溃疡及促进溃疡愈合，故又称泰胃美。本品抗 H_2 受体作用强，毒性低，兽医临床少用。

制剂用方法

（1）苯海拉明片　内服量：马 0.2～1 g，牛 0.6～1.2 g，羊、猪 0.08～0.12 g，犬 0.02～0.06 g。

（2）苯海拉明注射液　肌内注射量：马、牛、犬 0.5～1 mg/kg，羊、猪 40～60 mg。

（3）盐酸异丙嗪片　内服量：马、牛 0.25～1 g，羊、猪 0.1～0.5 g，犬 0.05～0.2 g。

（4）盐酸异丙嗪注射液　肌内注射量：马、牛 0.25～0.5 g，羊、猪 0.05～0.1 g，犬 0.025～0.1 g。

（5）氯苯那敏片　内服量：马、牛 80～100 mg，羊、猪 12～16 mg。

（6）氯苯那敏注射液　肌内注射量：马、牛 60～100 mg，羊、猪 10～20 mg。

第二十四章　子宫收缩药

子宫收缩药为对子宫平滑肌选择性兴奋的一类药物。临床上用于催产、排除胎衣、死胎或治疗产后子宫出血。

垂体后叶素 Pituitrin

本品由猪、牛脑垂体后叶提取的粗制品，它含有缩宫素和加压素，为多肽类化合物。性质不稳定，口服无效。

【药理作用】

本品内含有缩宫素和加压素，对子宫平滑肌的选择性不如缩宫素。小剂量时可引起妊娠后期子宫节律性收缩，且作用强而快；大剂量则可引起子宫收缩增强，甚至呈现强直性收缩。雌激素能增强子宫平滑肌对缩宫素的敏感性。妊娠末期雌激素水平升高，子宫对缩宫素反应更强。

垂体后叶素中的加压素能增强肾脏远曲小管及集合管对水的重吸收，使尿量显著减少。它还能收缩毛细血管和小动脉，对未妊娠子宫有兴奋作用，对妊娠子宫作用反而不强烈。

【临床应用】

(1) 催产　在子宫颈口已开放及胎位正常宫缩无力时，本品小剂量肌内注射或与5%葡萄糖溶液一起缓缓静脉注射，促进胎儿降生。

(2) 产后子宫出血　子宫出血不止时可用本品较大剂量肌内注射，致使子宫强直性收缩，压迫宫内毛细血管而止血。

(3) 促进子宫复原　本品可用于治疗胎衣不下或排出死胎，加速子宫复原。

【不良反应】

垂体后叶素可引起过敏反应，用量过大时可引起血压升高、尿少及胃肠道兴奋而腹痛。

缩宫素 Oxytocin

又称催产素，为垂体后叶素中提纯而得。现已人工合成。合成品不含加压素。

【药理作用】

(1) 兴奋子宫　该药物作用与垂体后叶素的催产作用相同。

(2) 排乳作用　缩宫素能促进乳腺腺泡和腺导管周围的肌上皮细胞（平滑肌）收缩，促进排乳及催乳作用。

【临床应用】

(1) 催产和引产　本品小剂量可加强子宫收缩，促进分娩，加速死胎、过期妊娠胎儿及胎衣排出，达到引产作用。

(2) 产后止血　较大剂量缩宫素引起子宫强直收缩，压迫子宫肌肉血管而止血。

【不良反应】

本品使用过量时能引起子宫强直收缩，造成胎儿窒息或子宫破裂。胎位不正，产道障碍病例应禁用。

麦角 Ergot

麦角是寄生于黑麦或禾本科的一种霉菌的干菌核。麦角的有效成分是一种麦角碱类的生物碱。其它成分为组胺、胆碱、乙酰胆碱等。

麦角碱类生物碱有麦角新碱（Ergometrine）、麦角胺（Ergotamine）和麦角毒（Ergotoxine）。

临床常用药物是麦角新碱和麦角流浸膏。

【体内过程】

麦角新碱口服易吸收而规则，作用迅速而短暂。麦角胺和麦角毒口服吸收不良，作用不规则，缓慢且持久。

【药理作用】

麦角碱类能选择性地作用于子宫平滑肌，妊娠子宫尤为敏感，以临产和新产后的子宫作用为最强，呈现强直性收缩。其作用强度明显超过缩宫素作用，且持久。由于对子宫体及子宫颈显示同步作用，故不宜用于催产和引产，只适用于产后出血等。

麦角新碱作用为最强和最快，且毒性低，是麦角碱类中首选药物。

【临床应用】

主要用于产后出血，子宫复原不全及胎衣不下。

【不良反应】

麦角胺与麦角毒能阻断α受体的作用，能使肾上腺素的升压作用翻转，又能损害血管内皮细胞。麦角流浸膏含有麦角胺和麦角毒等，故此副作用强。麦角新碱则无此作用。

益母草 Motherwort Herb

本品为唇形科植物益母草的全草，其有效成分为益母草碱。

益母草的作用与垂体后叶素、麦角制剂相似，可增强子宫收缩力及频率，但作用弱。临床主治产后血瘀、子宫出血和子宫复原不全。

制剂与用法

（1）脑垂体后叶素注射液　肌内注射或静脉注射量：马、牛 30～100 U，猪、羊 10～50 U；犬 2～10 U。

（2）缩宫素注射液　肌内注射或静脉注射量：马、牛 10～40 U，猪、羊 2.5～10 U，犬 0.5 U。

（3）马来酸麦角新碱注射液　肌内注射或静脉注射量：马、牛 5～15 mg，猪、羊 0.5～1 mg，犬 0.2 mg。

（4）麦角流浸膏（含麦角毒 0.06%）　内服量：马 10～25 ml，猪 5～10 ml。牛、羊内服无效。

（5）益母草流浸膏　内服量：马、牛 10～50 ml，猪、羊 4～8 ml，1 日 2 次。

第二十五章　性激素类药与促性激素类药

一、雌激素类药

【来源与化学结构】

卵巢分泌天然的雌激素（Estrogens）为雌二醇（Estradiol）。现已人工合成许多高效的雌激素，如己烯雌酚（Diethylstilbestrol）和己烷雌酚（Hexestrol）。天然的雌二醇为甾体类固醇的化合物。人工合成品虽为非固醇甾体，但可认为是甾体环状结构断裂的立体结构物：

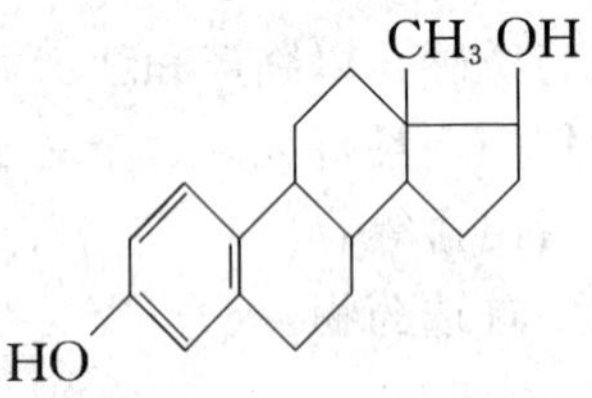

雌二醇

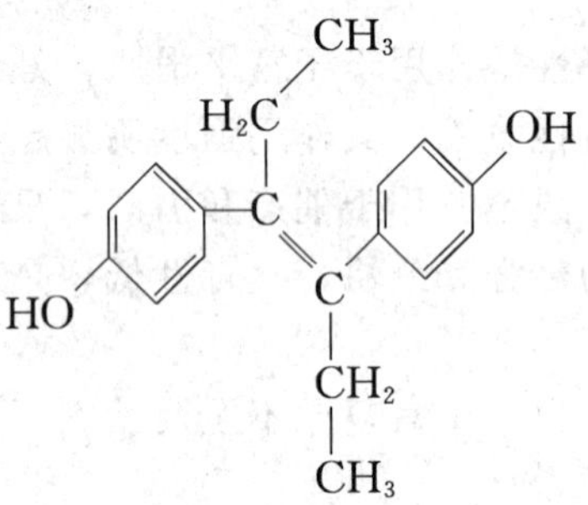

己烯雌酚

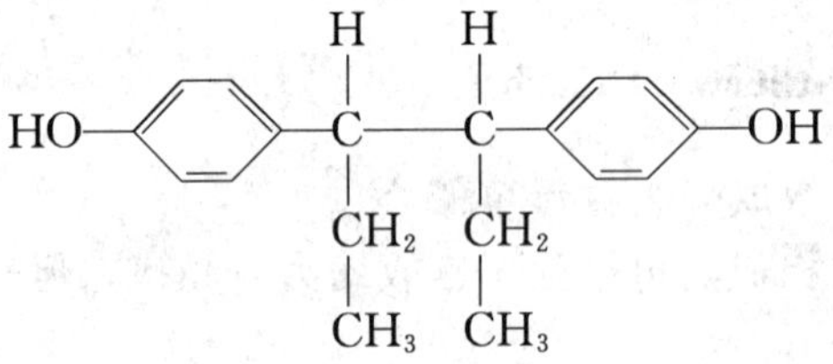

己烷雌酚

【体内过程】

天然雌激素，在肠道易吸收，但易受肝脏破坏失活。人工合成品在肝脏内不易失活，口服效果好，且作用持久。进入体内的雌激素，部分与葡萄糖醛酸结合后从肾脏排出，部分从胆汁排出。雌激素类油溶液制剂还可延缓吸收，延长作用。

【药理作用】

(1) 促进副性器官发育与成熟　雌激素可促进未成年动物的副性器官如子宫、输卵管、阴道、和乳腺发育与生长；对成年动物即可以维持副性特征又能使其阴道上皮组织、子宫平滑肌、子宫内膜增生和子宫收缩力增强，提高生殖道防御机能。

(2) 催情　注射雌激素能促进母畜发情，以牛为敏感；能作为卵巢机能正常而发情不显著的母畜的催情药。

(3) 抑制排卵和泌乳　大剂量雌激素能反馈抑制促卵泡素的释放和生乳素的分泌，有抑制排卵及泌乳的作用。

（4）促进蛋白质合成　羊、牛内服或皮下植埋，可增强动物蛋白质合成，增重加快。

（5）抗雄激素的作用　雌激素能抑制雄性动物促性腺激素的释放，而抑制雄激素的作用。

【临床应用】

（1）治疗胎衣滞留和死胎　雌激素能使子宫体收缩，子宫颈松弛，促进炎症物、脓肿、胎衣及死胎排出，便于冲洗和灌注。

（2）协同缩宫素作用　注射雌激素可增强缩宫素的作用，促进动物分娩。

【不良反应】

人工合成雌激素有致癌变作用，已禁用作动物增重剂。

二、雄激素类药与同化激素类药

【来源与化学结构】

天然雄激素称睾酮（Testosterone）。人工合成的雄激素有甲睾酮（Methyltestosterone）和丙酸睾酮（Testosterone propionate）。这些是临床常用的雄激素。

睾酮既有雄激素活性，又有显著蛋白质同化作用。人工合成睾酮衍生物中，有一些药物同化作用明显增强而雄激素作用大为减弱，将这些化合物称同化激素，如苯丙酸诺龙（Nandrolone phenylpropionate）。这些药物化学结构如下：

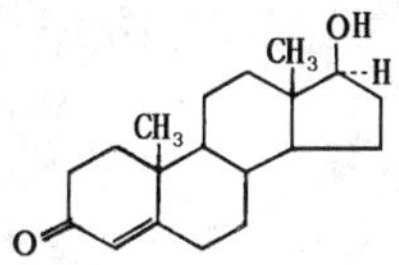

睾酮

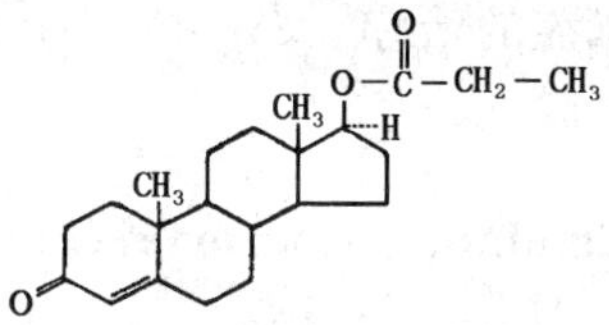

丙酸睾酮

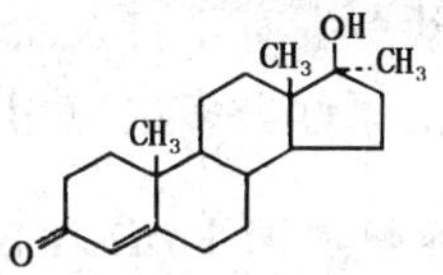

甲基睾酮

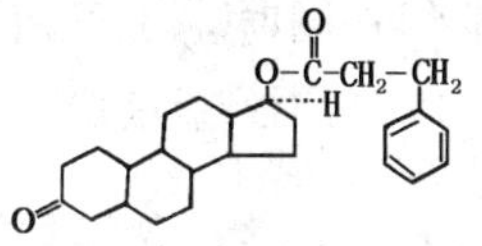

苯丙酸诺龙

【体内过程】

睾酮口服易在肝脏中失活。合成雄激素在动物体内有部分被肝脏代谢失活。其油剂或酯化物多以肌内注射或皮下植埋给药。因其吸收慢而持效时间长。血浆中的睾酮在肝内转化后与葡萄糖醛酸结合，随尿从肾中排出。

【药理作用】

（1）促进雄性器官及副性征的成熟　注射雄激素能促进性器官发育，维持副性征，精子发育，增强雄性动物性欲和性兴奋。

（2）同化作用　雄激素能促进氨基酸合成蛋白质的同化作用，抑制蛋白质的氨基酸分解。

（3）兴奋骨髓造血机能　雄激素可能通过刺激肾脏分泌红细胞生成素的作用，刺激骨髓的造血机能和红细胞的生成。

【临床应用】

（1）雄激素在临床上主要应用是雄性动物性发育不全或雄性功能紊乱，以及中止雌性动物持续发情作用。

（2）同化激素可用于促进生长和骨质的形成，促进蛋白质合成，加速创伤愈合，以及牛酮血症及羊妊娠毒血症，降低牛、羊血液中酮体含量。

三、促性腺激素类药

按促性腺激素的来源，可分为非垂体促性腺激素和垂体促性腺激素。前者有孕马血清和绒促性素，后者有促卵泡激素及促黄体激素。

孕马血清 Pregnant Mare Serum（PMS）

孕马血清为怀孕40～60天健康马血清，经分离制得灭菌血清。其含有大量马促性腺激素。该激素为孕马子宫内膜杯状细胞分泌的糖蛋白，分子量为68 000。

马促性腺激素含有促卵泡素（FSH）和促黄体激素（LH）两种作用。孕马血清对母畜的作用，主要表现为促卵泡激素的作用，促进母畜卵泡发育和成熟，有促进卵泡成熟及超数排卵作用；公畜主要表现促黄体激素作用，促雄激素分泌，提高性欲。

临床上主要用于母畜催情，超数排卵，产生多胎及卵巢功能障碍性不育症。使用时，不宜多次应用，以免发生过敏反应。

绒促性素 Chorionic Gonadotrophin

本品又称绒毛膜促性腺激素，由孕妇胎盘绒毛膜产生，从孕妇尿中提取而得，具有垂体促黄体激素样促性激素的作用。

绒促性素促进母畜成熟卵泡排卵和黄体形成，延缓黄体的存在，对未成熟卵泡无作用。由于价廉易得，兽医上常用于乳牛卵巢囊肿，促进排卵，提高排卵，提高受胎率，以及马等促进发情；同时，也可用于幼畜发育不良及隐睾症的治疗。

本品属于糖蛋白，有抗原性，多次应用可降低疗效。

垂体促卵泡素 Follicle Stimulating Hormone（FSH）

该药为猪、羊脑下垂体前叶提取的一种促性腺激素，属于一种糖蛋白。

本品能促进母畜卵巢卵泡迅速生长和发育，大剂量时可引起多数卵泡生长和排卵。与黄体激素使用，大剂量黄体激素可协同促进卵泡成熟和排卵，小剂量黄体激素可协同促进母畜体内雌激素的分泌和发情。用于雄性动物，能促进精子的形成。

临床上主要用于促母畜发情，提高同期发情的效果，或治疗卵泡停止发育或持久黄体等卵巢机能失调症。用于雄动物时能提高精子密度。

促黄体激素 Luteinizing Hormone（LH）

为牛、羊及猪脑下垂体前叶提取的促性腺激素。

本品与垂体促卵泡素作用不同，可在后者的作用基础上，促进卵泡进一步成熟，诱发排卵和黄体的形成，延缓黄体的存在以利早期安胎。本品还能促进睾丸间质细胞发育（故又称促间质细胞素），增加睾酮的分泌，增进精子形成，提高雄性动物性欲。

临床上可用于促进排卵，治疗卵巢囊肿和黄体发育不全引起早期流产和死胎，也可用于改善雄性动物性欲和精子密度。

四、孕激素类药

天然孕激素称孕酮、为卵巢黄体所分泌，故称黄体酮（Progesterone）。胎盘也能分泌。临床应用为人工合成品，许多作用较天然激素强。

本品天然孕激素口服无效，适用于肌内注射给药。人工合成的孕激素内服能吸收，持效时间较长，在体内经肝代谢后与葡萄糖醛酸结合，再经肾从尿中排出，少数由胆汁排出。

孕激素能促进子宫内膜增生、充血、腺体增生，为受精卵及胚胎发育提供条件；降低子宫收缩力和妊娠子宫对缩宫素的敏感性，安胎和保胎。孕激素能促进乳腺发育，与雌激素协同作用，使乳腺充分发育，为泌乳做准备。

临床上孕激素可用于防止流产、安胎、保胎及治疗奶牛囊肿。在生产实践中，同期注射一定量孕激素能抑制动物发情和排卵，停药后能使母畜在同期内发情、排卵。故常用于诱发动物同期发情，同期人工授精，同期分娩。

制剂与用法

（1）苯甲酸雌二醇注射液　肌内注射量：马 10～20 mg，牛 5～20 mg，猪、羊 3～5 mg，犬 0.2～0.5 mg。

（2）己烯雌酚注射液　肌内注射量：马、牛 5～20 mg，猪、羊 3～5 mg，犬0.2～0.5 g。

（3）己烷雌酚注射液　皮下或肌内注射量：马、牛 10～40 mg，猪、羊 2～10 mg，犬0.4～1 mg。

（4）黄体酮注射液　肌内注射量：马、牛 50～100 mg，猪、羊 15～25 mg，犬 2～5 mg。

（5）丙酸睾酮注射液　肌内注射量：马、牛 0.1～0.3 g，羊、猪 0.1 g，犬 20～50 mg，每 2～3 天注射 1 次。

（6）甲睾酮片　内服量：猪 300 mg，1 日 1 次。

（7）苯丙酸诺龙注射液　肌内注射量：马、牛 200～400 mg，猪、羊 50～100 mg，每月 2～3 次，严重病例 3～5 天注射 1 次。

（8）注射用垂体促卵泡素　肌内注射量：马、驴 200～3 000 U，乳牛 100～150 U，每隔日 1 次，2～3 天为一疗程，临用时用 5 ml 生理盐水稀释后使用。

（9）注射用促黄体激素　肌内注射量：马、牛 100～200 U，临用时以 5 ml 生理盐水稀释。

（10）孕马血清　皮下或肌内注射量：马 15～25 ml，牛 20～30 ml，猪、牛 5～2 0 ml。

（11）注射用绒促性素　肌内注射量：马、牛 1 000～5 000 U，猪 500～1 000 U，羊 100～500 U，犬 50～200 U。临用时应用注射用液溶解后使用。

第二十六章　前　列　腺　素

前列腺素（Prostaglandin，PG）是一类具有生物活性的不饱和脂肪酸衍生物的总称，它首先在动物精液中被发现，且认为是来自前列腺而误称。现已证明前列腺素在人体及动物组织中分布极广，几乎分布于所有组织中，对多种生理机能及代谢过程产生影响，为极其重要的生理活性物质。

目前发现的 PG 已超过 16 种，现有部分已人工合成，并有许多半合成的衍生物。有些 PG 的衍生物已在畜牧兽医临床上得到应用，在生殖繁育方面取得实际效果。此外，PG 还可能与炎症、疼痛及发热等的发生机理密切相关。这些问题尚待进一步研究。

【化学结构与分类】

PG 的化学本质为前列腺烷酸，是由一个五碳环和两条含有七个和八个碳原子的碳链构成的二十碳化合物。其结构和碳原子序如下：

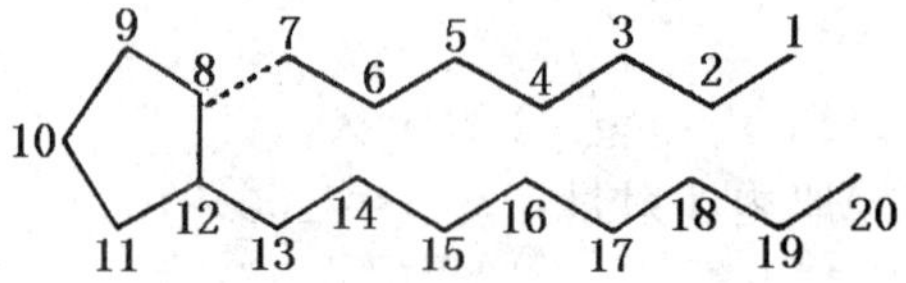

依五碳环结构不同，PG 可以为 A、B、C、D、E、F、G、H、I 等 9 种类型。其中 PGE、PGF、PGA 及 PGB 为较重要且具有较实际应用价值的 4 种类型。这些碳环结构的特点如下：

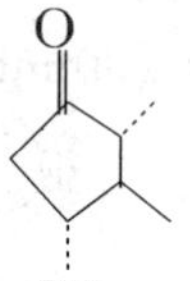

PGE

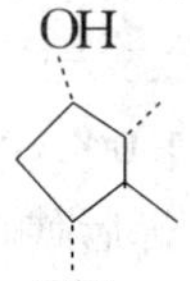

PGF

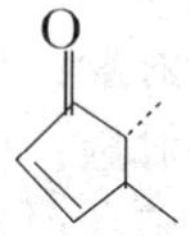

PGA

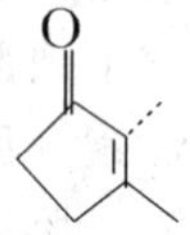

PGB

依照各类型 PG 各侧链所含双链数目不同，又可以分为若干种化合物。右下角数字表示侧链所含双链数目。此外，随环上取代基的立体构型的不同，将取代基在环平面以上的和以下的分别用 β（实线）和 α（虚线）表示。

目前兽医临床应用较多的有 $PGF_{2\alpha}$、PGE_2。其化学结构如下：

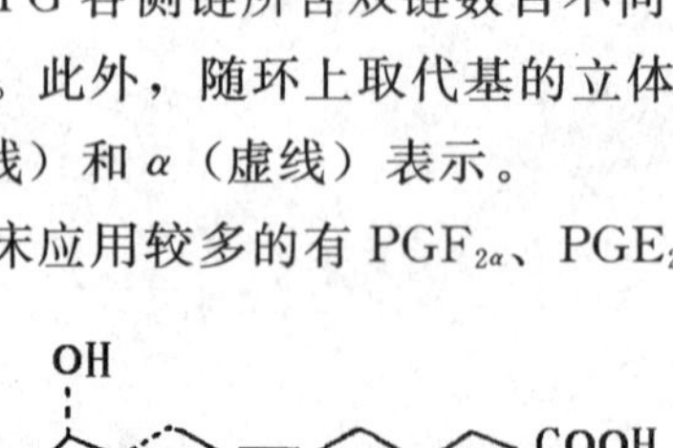

$PGF_{2\alpha}$

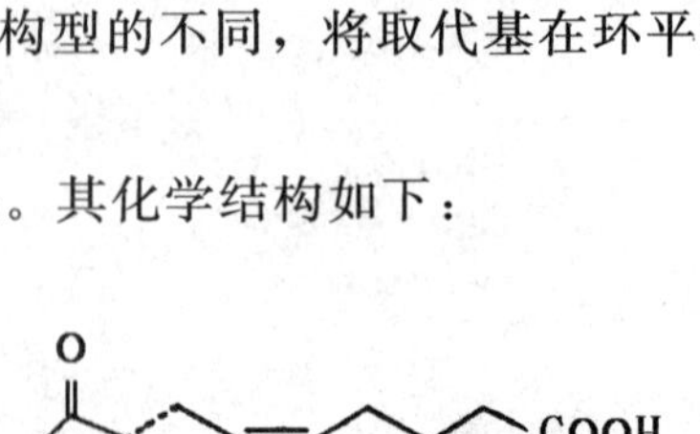

PGE_2

【体内过程】

各种注射给药均易吸收，进入循环后经肺、肝、肾及脂肪组织等很快代谢，或者氧化或者还原而灭活。其代谢产物由肾脏随尿排出，部分还可由胆汁排出。

【药理作用】

PG对各种器官系统都有作用，主要为：

(1) 生殖系统　在牛、羊、猴、兔等哺乳动物中，$PGF_{2\alpha}$有溶解黄体的作用，缩短黄体寿命、抑制孕酮分泌，阻止受精卵着床。$PGF_{2\alpha}$这种作用可能是它有收缩血管，致使黄体局部供血受阻退化的结果。从而使$PGF_{2\alpha}$具有调节发情周期和治疗持久黄体引起不孕症的作用。PGF还能兴奋子宫，增强子宫收缩力和频率。PGF和PGE还有松弛子宫颈的作用。同时还能增强子宫对缩宫素的敏感性。临床可用于催产、引产和人工流产。

雄性动物精液中含有丰富的PG，PG的种类极多。PGE_1对平滑肌有强烈的收缩作用。因而可认为PG对雄性动物精子活动有极强的作用。试验证明，猪的精液中PGE量低下时，出现不育或生育低下。

(2) 心血管系统　PG为强的血管活性物质。PGF主要引起血管收缩，而PGE和PGA能有效地引起血管扩张，增加心输出量，降低外周阻力使血压下降。这些作用不为肾上腺素能神经、胆碱能神经、组胺等阻断剂所取消。

动物实验证明，在大鼠、兔、猫和犬体内，PGE、PGA和$PGF_{2\alpha}$有增加心肌氧耗量，促进心肌对葡萄糖的摄取和抗心律不齐的作用。

(3)呼吸系统　PGE和PGF对呼吸道平滑肌有相反的作用，PGE能使平滑肌松弛，$PGF_{2\alpha}$则使平滑肌收缩。PGE和PGF对呼吸道的正常活动有生理调节作用。$PGF_{2\alpha}$扩张支气管的作用十分强烈，比异丙肾上腺素强10～100倍，且能对抗组胺、乙酰胆碱、5-羟色胺和缓激肽引起的支气管收缩作用。

(4) 消化系统　PGE及PGF能引起肠道强烈兴奋，增强蠕动，促进肠液的分泌，抑制肠道内水分和电解质的吸收，导致腹泻。PGA和PGE等还能抑制胃酸分泌。因此，PGE和PGA的甲基衍生物（C_{15}和C_{16}甲基化）比其天然的PG不易受到C_{15}-羟前列腺素脱氢酶的作用，从而在体内降解较慢而呈现出更强的治疗胃溃疡的作用。

(5) 其它作用　PG能增强和延长其它致痛物质的作用，如组胺、5-羟色胺、缓激肽对感受器的致痛作用；增强缓激肽的血管通透性，增强炎症反应和增痛作用。PG被认为是致痛和致炎因子之一。PGE_2具有致热因子的作用，水杨酸、阿司匹林可抑制其合成过程而达到退热的作用。

【临床应用】

兽医临床上主要用于控制动物发情、调节发情、排卵、催产和引产。

(1) 溶解卵巢黄体、诱发同期发情　PGF肌内注射或宫内给药可治疗牛黄体囊肿，促进黄体溶解，诱发母畜同期发情，同期排卵，可供同期人工授精，同期分娩。

(2) 催产和引产　肌内注射或宫内给药，$PGF_{2\alpha}$和$PGE_{2\alpha}$对子宫有兴奋作用，尤以分娩前子宫更敏感，因而能有效地用于催产和引产。

【不良反应】

PG能引起平滑肌兴奋，有出汗、腹泻或疝痛、支气管收缩等不良反应。孕畜、急性胃肠炎及动物呼吸道有疾患时应禁用。

制剂与用法

（1）$PGF_{2\alpha}$针剂　肌内注射量：马 6～20 mg，猪、羊 3～8 mg。子宫内注射量：马 2～6 mg，牛 4～6 mg，猪、羊 1～2 mg，临用时应用生理盐水稀释。本品只用 1～2 次（1～2 天）。

（2）$PGF_{1\alpha}$甲脂（简称 $F_{1\alpha}$甲脂）　肌内注射或宫内注入量：牛、马 2～4 mg，可用于治疗母牛持久黄体性不孕症及黄体囊肿，或母马乏情。

（3）$PGF_{2\alpha}$甲脂　宫内注入量：猪 3～4 mg，1 次注射。肌内注射量：猪、羊及马 2～5 mg，每 12 小时给药 1 次。注射时应用生理盐水稀释。

（4）PGE 甲脂　肌内注射或宫内注入量：猪、羊 4 mg。注射时应用生理盐水稀释。

第二十七章　维　生　素

维生素是维持动物机体正常代谢所必需的一类低分子的有机物质。动物体对维生素的需要量很少。有些维生素在动物体内可自行合成，但有些维生素必须从外界摄取。维生素在动物体内的作用已经有所了解。许多维生素是酶的辅酶或辅基的组成成分，在物质代谢中起着重要的催化剂作用。缺乏时可引起特定的维生素缺乏症。

维生素作为饲料必需的营养成分，在现代畜牧生产中大量应用于配合饲料，以保证畜禽能健康地生长与繁殖。临床上维生素也作为一种药物广泛用于维生素缺乏症的治疗。

饲料中维生素过少固然可能发生维生素缺乏症，但摄取过多也能引起中毒，产生维生素过多症。在正常饲养条件下，动物不易发生维生素过多症，特别是水溶性维生素。由于使用脂溶性维生素制剂的量过多而中毒的却有报道。

依维生素的溶解性质，现将其分为脂溶性和水溶性两大类分别介绍。

一、脂溶性维生素

维生素 A Vitamin A

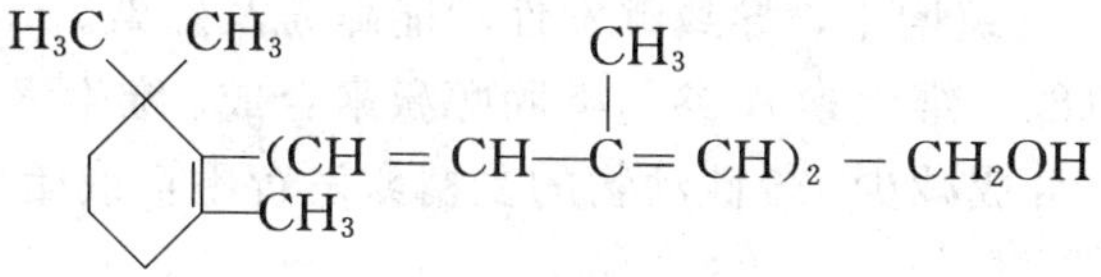

（醇型）

【来源与化学性质】

维生素 A 在动物的肝脏及其产品如鱼肝油、乳脂和卵黄中含量丰富。植物性饲料、牧草、谷类、蔬菜含有类胡萝卜素。这些物质均可在动物肠壁细胞及肝脏中转化为维生素 A，称为维生素 A 原，其中 β-胡萝卜素的转化率最高。

维生素 A 有视黄醇、视黄醛和视黄酸三种。天然维生素 A 主要以视黄醇的形式存在。在动物体内视黄醇与视黄醛可以互相转化，还可进一步氧化为视黄酸。但视黄酸就不能再还原为视黄醛或视黄醇。维生素 A 又可分为维生素 A_1 和 A_2。维生素 A_2 的生理效应约为 A_1 的 40%。临床上应用的多为维生素 A_1。

维生素 A 分子中有多个不饱和键，化学性质活泼，在空气中易氧化，也易被紫外线破坏，但对热稳定。一般蒸煮破坏较少。

【体内过程】

饲料中维生素 A 多以维生素 A 酯的形式存在，仅少数为游离型。β-胡萝卜素可在肠粘膜裂解成维生素 A 再吸收。维生素 A 酯化物在动物小肠内经酯酶水解成视黄醇。后者及少数维生素 A 脂化物经胆汁乳化成微胶粒（Micelle）后被小肠粘膜绒毛细胞摄取。多数未被水解的维生素 A 脂化物则被绒毛表面的酯酶水解成视黄醇后再进入细胞内。在细胞内再酯化成视黄醇酯，后者以乳化糜微粒形式，由绒毛膜细胞进入淋巴，再进入血循环。

肝脏是维生素 A 的主要储存器官，约含体内总量的 90%。机体各器官组织需要维生素 A 时，可由肝脏内水解，释放视黄醇，经血液运送到机体各组织细胞中。

视黄醇在体内被氧化为视黄酸，视黄酸与肝脏内的葡萄糖醛酸结合，生成视黄葡萄糖醛酸甙，后经胆汁排入肠道，大部分随粪便排出。另有少数可再被肠道吸收，后经肾脏随尿排出。

维生素 A、胡萝卜素溶于脂，经胆汁酸盐乳化后吸收。在矿物油存在或脂肪代谢紊乱，如腹泻、胃肠炎时可妨碍维生素 A，特别是胡萝卜素的吸收。临床上经常服用矿物油，有可能诱发动物维生素 A 缺乏。

【生理功能与缺乏症】

维生素 A 功能可从其缺乏症中推出：

(1) 维持视觉细胞的感光功能　视网膜上有杆细胞和锥细胞。前者能感受弱光或暗光，后者感受强光。两者都有感光物质——视色素。视色素为视黄醛与视蛋白结合物。维生素 A 经氧化后生成视黄醛。视黄醛与杆细胞视蛋白结合生成视紫红质的视蛋白与视黄醛不断地代谢分解，因此就需要不断补充维生素 A。缺乏时，视紫红质合成减少，弱光或暗光的视觉发生障碍，产生夜盲症；严重时，可影响所有视色素的合成，以致于丧失视力。

(2) 维持上皮组织的完整性　维生素 A 能促进硫酸化酶和硫酸转移酶活化，促进硫酸粘多糖合成，进而促进上皮组织完整和机体生长。缺乏时，酸性粘多糖合成减少或受阻，上皮组织干燥、增生、过度角质化以及脱屑，出现干眼病、角膜软化、气管炎、皮肤粗糙、子宫及输卵管等生殖器官上皮组织增生，导致继发性功能障碍及感染。

(3) 维持正常生殖机能　维生素 A 参与类固醇激素合成。维生素 A 缺乏时肾上腺皮质激素、性腺激素及胎盘激素合成减少，雌性动物的受精卵发育不良或胎盘损害而引起胎儿吸收、流产或死胎。

(4) 增强动物抗病力　维生素 A 降低动物致癌发生率，抑制 3～4 苯骈芘在大鼠肝和肺中氧化成为可致癌物的毒性。试验证明，维生素 A 的衍生物，如顺-视黄酸能抗大鼠移植软骨肉瘤的生长。因此，有推论认为维生素 A 有增强免疫系统抗御恶性肿瘤的作用。

【临床应用】

(1) 维生素 A 缺乏症　饲料中维生素 A 缺乏时，动物可先出现腹泻，再出现其它缺乏症的症状，维生素 A 可用于治疗维生素 A 缺乏症。

(2) 增强抗感染的能力　在雌性动物妊娠或哺乳期，或在其它疾病如创伤、呼吸道疾病时，维生素 A 可促进蛋白质合成，增进上皮细胞完整性，增强机体抗病力。

【毒性】

维生素 A 一般不具有毒性，长期摄入超剂量时即出现慢性中毒，食欲下降、体重下降、关节肿胀等，停药后即可自愈。试验证明，大剂量维生素 A 可引起大鼠胎儿吸收或畸形。新生动物维生素 A 急性中毒可引起呕吐、脑水肿。典型症状为囟门突出。

维生素 D Vitamin D

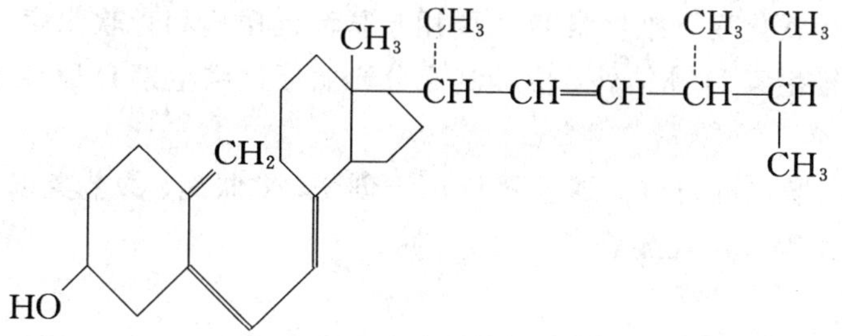

维生素 D_2

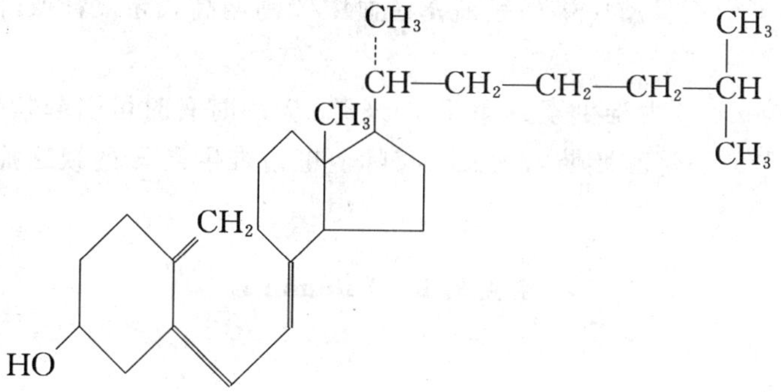

维生素 D_3

【来源与化学性质】

维生素 D 在动物肝脏，特别是鱼肝油内丰富。一般饲料较少。维生素 D 以 D_2（又称麦角钙化醇）和 D_3（又称胆钙化醇）活性最强。两者已人工合成。青饲料及酵母内含有 D_2 原（麦角固醇），经紫外线照射断裂开键可转化为 D_2。维生素 D_3 可由哺乳动物皮肤 D_3 原经紫外线照射断裂开键而得。维生素 D_2 和 D_3 在哺乳动物体内作用相同，但在家禽体内维生素 D_3 的作用强度为维生素 D_2 的 100 倍。

【体内过程】

肠道内维生素 D 在胆汁酸盐存在时易吸收。与维生素 A 一样，在脂肪代谢紊乱、矿物油存在时有碍维生素 D 的吸收和利用。

吸收后的维生素 D 经淋巴进入血循环系统中，并与 α_2-球蛋白紧密结合，然后转运到各组织。维生素 D 在体内转化为 1，25-二羟维生素 D 才能发挥作用。而 1，25-二羟维生素 D 的合成受血清钙的强烈影响。血清钙正常或升高时，1，25-二羟维生素 D 合成受抑制。肝脏为维生素 D 转化为 1，25-二羟维生素 D 的主要场所，肾也是维生素 D 转化为 1，25-二羟维生素 D 的场所。

【生理功能与缺乏症】

维生素 D 主要功能是促进小肠及肾小管对磷钙的吸收及再吸收、增加血钙和血磷，促进骨、牙的磷和钙沉淀。

维生素 D 缺乏时，肠道内钙和磷吸收减少，肾小管钙和磷再吸收障碍。血中钙和磷浓度下降，幼小动物骨骼沉积磷钙减少，骨骼生长迟缓，禽蛋壳变薄或产生软蛋；幼小动物牙齿生长迟缓，发生佝偻病；成年孕畜或哺乳期动物发生骨软化症；禽类可见跛行、骨变形；乳牛泌乳减少。

【临床应用】

(1) 佝偻病和骨软化症　维生素D主要用于防治佝偻病和骨软化症。对妊娠、产仔及泌乳雌性动物除增加维生素D补给外，应让其充分光照促进维生素D原转化，促进磷、钙的吸收。

(2) 组织修复和增强抗病力　维生素D用于创伤、皮肤病、关节炎以及维生素D_2用于治疗皮肤病和眼结膜炎等，疗效显著。

【毒性】

动物试验证明，维生素D急性中毒可引起腹泻、厌食、口喝、多尿、虚脱；长时间超剂量应用维生素D还可引起骨质中磷酸钙脱落、血中磷钙增高，导致肾或肝及大动脉等软组织异常钙沉淀。

鱼肝油(Cod liver oil)为维生素A和D的来源。应用时有时可引起犊牛和家禽的脑软化。这为鱼肝油所含大量的不饱和脂肪酸所致，实际上也为维生素E的缺乏症，应用维生素E可解救。

维生素E　Vitamin E

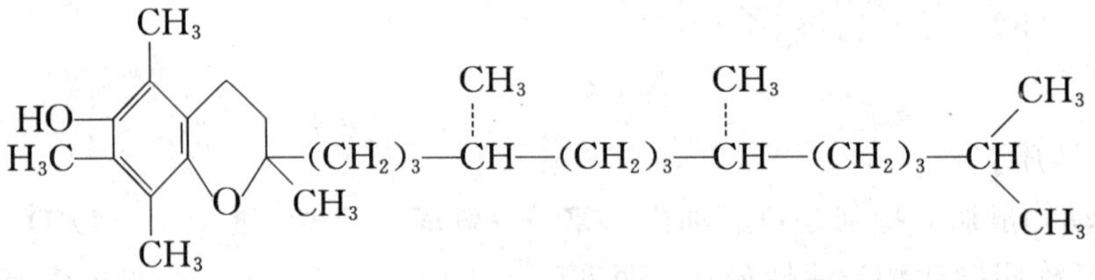

α-生育酚

维生素E又称生育酚，存在于植物种子胚芽，尤其在植物油中如麦胚油、豆油、玉米油、向日葵油等含量丰富。而花生油较少；青饲料油如苜蓿、动物的肝脏等也存在，但远不及植物油丰富。维生素E已人工合成。

天然维生素E可分为α、β、γ、δ四种，以α-生育酚抗不育的活性较强。天然α-生育酚为右旋体。人工合成为消旋体α-生育酚，且以脂的形式存在。合成维生素E脂在体内水解成游离型才有抗氧化的生理效应。但其脂型仍有抗不育的效应。

维生素E很不稳定，自身极易氧化。它与维生素A或不饱和脂肪酸等易被氧化的物质同时存在时，可保护维生素A和不饱和脂肪酸不受氧化与破坏。因此，它为这些物质的抗氧化剂。维生素E的抗氧化作用恰与其抗生育的活性相反，δ-生育酚抗氧化作用最强，α-生育酚较弱。

【体内过程】

维生素E以小肠上部吸收为主，其过程与维生素A相似。血液中维生素E与α-脂蛋白结合，并随其运转，分布全身各组织，垂体、肾上腺中含量为最高，红细胞膜上也有维生素E存在。进入细胞内的维生素E主要集中于微粒体上。在此部位α-生育酚被氧化成α-生育醌，后者再还原成α-生育氢醌，随后与肝脏葡萄糖醛酸结合，随胆汁经粪便排出体外。

目前已经清楚，维生素E被氧化的数量可随进食多价的不饱和脂肪酸增多而增加。但若增加饲料中硒、含硫氨基酸及其它抗氧化剂，维生素E需要量可以相对减少。

【生理功能与缺乏症】

(1) 维持正常生殖功能　维生素E能促进垂体前叶促性激素的释放，调节性腺功能活动，还能促进垂体促甲状腺激素、促肾上腺皮质激素的释放，因而有直接或间接调节机体基础代谢、蛋白质合成、水盐代谢等。动物试验证明，缺乏维生素E时，雄性动物睾丸萎缩、精子异常或停止产生；雌性动物卵巢功能下降，不孕或流产或死胎。

(2) 维持肌细胞正常功能　维生素E是强抗氧化剂。它的存在可以防止细胞膜脂质过氧化，细胞内溶酶体膜破裂而释放蛋白质水解酶，导致细胞变性。饲料中缺乏维生素E最易发生肌营养不良“白肌病”，出现肌肉纤维与心肌细胞萎缩、渗出性素质（皮下水肿）等病变。

(3) 保护上皮细胞及抗衰老作用　维生素E能保护上皮细胞免受过氧化脂质的破坏，保护毛细血管，改善微循环，抗辐射损伤，治疗胃肠溃疡，解除洋地黄中毒等。维生素E能消除不饱和酯质氧化成过氧化酯质，改善、减轻皮肤或粘膜过氧化酯质蛋白质沉着，改善皮肤及粘膜弹性，具有抗衰老抗皱的作用。

【临床应用】

(1) 用于防治幼畜、雏禽的“白肌病”，肌萎缩、肝坏死和雏鸡脑软化。

(2) 与维生素A、D配合治疗生长不良，营养不足等综合缺乏症。

维生素E毒性极低，通常不产生任何毒副反应。

二、水溶性维生素

维生素B_1 Vitamin B_1

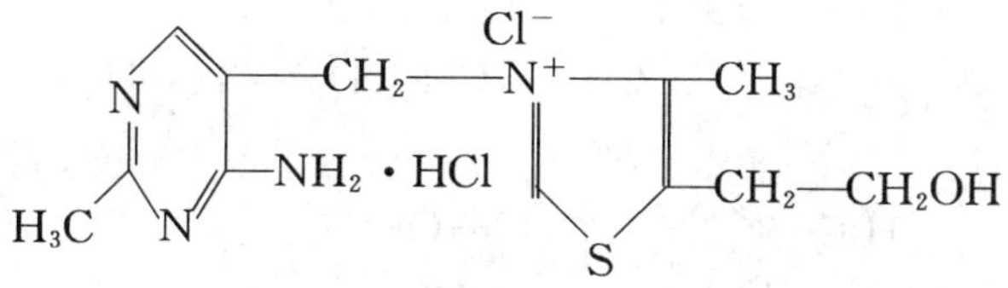

【来源与化学性质】

维生素B_1又称硫胺素，分布极广，青饲料、米糠、麦麸、干草、豆类饲料及动物产品等含量丰富。反刍动物的瘤胃微生物还能合成维生素B_1供动物利用。维生素B_1对热稳定，但在水中或碱性溶液中对热稳定性较差、易分解。临床上常用人工合成品，其盐酸硫胺素水溶液与空气中氧接触易氧化而失效，遇光与金属离子Cu^{2+}、Fe^{2+}等可加速氧化过程。

【体内过程】

饲料中的维生素B_1在小肠中仅部分吸收，肌内注射时可完全吸收。吸收之后维生素B_1在肝内转变成硫胺焦磷酸酯，为α-酮酸脱氢酶系的辅酶，迅速分布于各器官组织中，尤以神经细胞为多，其次是肌肉和肝脏。未被利用和转化的维生素B_1经肾脏随尿排出体外。

【生理功能和缺乏症】

(1) 参与糖的中间代谢　维生素B_1经转化成为α-酮酸脱氢酶的辅酶，参与α-酮酸（丙酮酸、α-酮戊二酸）的氧化脱羧反应，并释放大量能量供神经组织细胞利用。维生素B_1缺乏时，丙酮酸氧化受阻，使丙酮酸和乳酸蓄积，阻碍能量释放，影响心肌和神经组织的能量供应，致使动物精神不振，食欲下降，心跳加快，严重运动失调，惊厥，昏迷和死亡。动物呈现多发性神经炎。

(2)调节胆碱酯酶活性　维生素 B_1 能抑制胆碱酯酶的活性。缺乏时胆碱酯酶活性增高，加速乙酰胆碱分解，使肠蠕动减缓，腺体分泌减少，消化机能减退，动物机体消化不良，食欲减退。

(3)参与氨基酸代谢　维生素 B_1 能促进氨基酸的氨基转移，使重要器官如脑、肝中的 NH_3 与谷氨酸合成无毒的谷氨酰胺，消除或减轻肝、脑症状，改善神经系统的功能。

动物在正常条件下不易发生维生素 B_1 缺乏症。幼畜或禽类可因饲料中维生素 B_1 不足，或饲料中的硫胺酶存在而破坏维生素 B_1 时才发生。此外，消化机能障碍或胃肠炎或大量应用抗菌药物时，成年动物才发生维生素 B_1 缺乏症。

【临床应用】

(1) 维生素 B_1 缺乏症　维生素 B_1 可用于重剧劳役疲劳、高热性疾病、重度损伤、食欲不振、肠机能障碍等动物的维生素 B_1 缺乏症，以改善各器官机能，增强机体抗病能力。

(2) 辅助治疗　大剂量补输葡萄糖溶液，治疗牛酮血症时，补给维生素 B_1 能提高糖和丙酮酸等的氧化利用率，增加能量的供给，改善机体各器官功能。

【拟似物与拮抗物】

(1) 拟似物　丙硫硫胺和呋喃硫胺与硫胺素的结构相似，有相同的生理作用，在肠道中易吸收，排出缓慢，作用持久。

(2) 拮抗物　羟硫胺、吡啶硫胺和氨丙啉能在饲料中直接对抗维生素 B_1 的作用，致使动物产生维生素 B_1 缺乏症。此拮抗物中毒时，只有应用大剂量维生素 B_1 才能治疗。

维生素 B_2 Vitamin B_2

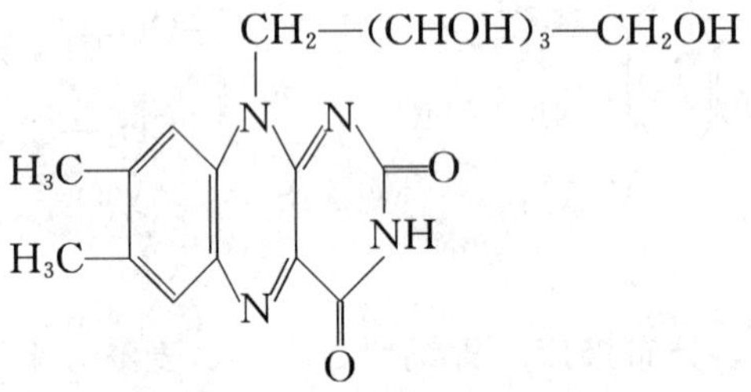

【来源与化学性质】

维生素 B_2 又称核黄素，广泛分布于酵母、麦麸、豆类或豆饼饲料、青绿饲料、谷物芽及动物的乳、蛋品中。动物的胃肠道内微生物亦可合成。

维生素 B_2 易溶于水，在酸性溶液中稳定，耐热，但遇碱或光照时易失效。

【体内过程】

维生素 B_2 内服或肌内注射易吸收。肠内吸收的维生素 B_2 需在肠粘膜细胞内磷酸化，经转变成为磷酸酯后才有活性。注射的维生素 B_2 仅部分在肝和肾内进行转化。因而，口服的维生素 B_2 活性较肌内注射或静脉注射的活性高数倍。维生素 B_2 在体内分布均匀，储存很微。代谢后的维生素 B_2 以尿排出为主，少数可经汗、粪和粘液排出。

【生理功能与缺乏症】

维生素 B_2 在机体内的作用，主要是参与生物氧化还原反应，调节机体新陈代谢。

维生素 B_2 为黄酶类的两种辅基——黄素腺嘌呤二核苷酸（FAD）和黄素单核苷酸（FMN）的合成原料，有参与氧化还原过程中的氢的传递体的作用。这些辅基既参与需氧脱氢酶的传递氢作用，又参与不需氧的传递氢的作用，为氢的中间传递体。因此，它们是体内糖代谢及氨基酸，如甘氨酸、组氨酸、酪氨酸等转化及利用所必需的。缺乏时，这些辅基合成受阻，动物生物氧化及其它新陈代谢发生障碍。上述这些氨基酸的利用遭到破坏后，还可转化为有毒的物质。

维生素 B_2 缺乏时，各不同种属动物所表现症状有明显差异。猪多发生角膜炎、食欲不振、腹泻及呕吐；母猪早产，仔猪虚弱；幼雏生长迟缓、腿肢麻痹、腿肌无力；母鸡产蛋率下降，甚至鸡胚畸形；驹、犊及羔羊口腔粘膜溃烂、肌无力、贫血、腹泻、心跳无力。

【临床应用】

维生素 B_2 可用于缺乏症的防治。维生素 B_2 缺乏时、多与其它 B 族维生素不足同时发生。临床上多与其它维生素 B 配合，用于综合治疗。

维生素 C Vitamin C

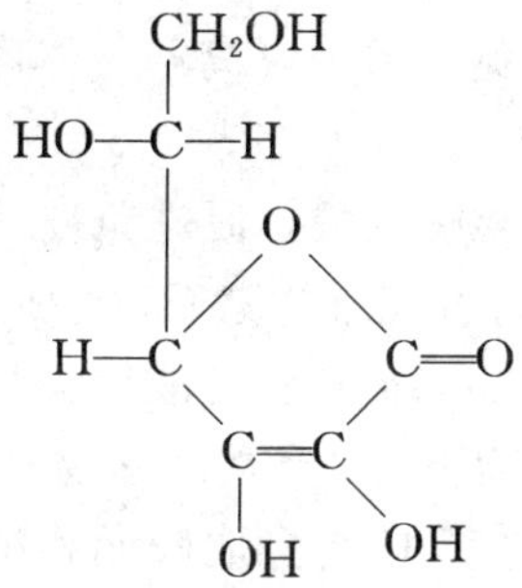

【来源与化学性质】

维生素 C 广泛存在于新鲜饲料牧草中，家畜体内肠道微生物还能合成，并满足一般需要。猴、豚鼠和人等不能合成维生素 C，仍需由食物中摄取。

维生素 C 为己糖的衍生物。其分子中具有两个相邻的烯醇式羟基，因而极易离解释放出 H^+ 呈现酸性，故又称抗坏血酸。维生素 C 氧化即成脱氢抗坏血酸，脱氢抗坏血酸在生理条件下可加氢还原成抗坏血酸。自然界中维生素 C 以抗坏血酸或脱氢抗坏血酸的两种形式存在。

维生素 C 有很强的还原性质，极易被氧化剂氧化而失去生理活性，尤以碱性或中性水溶液环境中易失效；在微量重金属离子（如 Fe^{2+}、Cu^{2+}）存在时易被氧化分解，受热、受潮或见光而破坏。所以青绿饲料储存过久也易使维生素 C 遭破坏。

药用维生素 C 为人工合成品，干燥时稳定，受潮或溶解于水均易遭破坏。

【体内过程】

维生素 C 口服后易在小肠中吸收，既可主动吸收，也可被动吸收。全身广泛分布，以肾上腺皮质、垂体、黄体中含量最高，其次为肝、肾，肌肉和脂肪最低。体内储存较少。大部分经代谢分解后成草酸，然后排出体外。未经代谢的可直接与硫酸结合成抗坏血酸-硫酸酯，随同少量的维生素 C 原形物经尿排出。维生素 C 可通过肾小管再吸收，维持血中正常水平。血中浓度过高时，肾小管重吸收维生素 C 的量减少，尿中排出增加；反之，血中维生素 C 浓度过低时，肾小管重吸收增加，尿中排出减少。

【生理功能与缺乏症】

维生素C具有广泛生理功能，主要参与机体代谢功能。

（1）促进机体内物质的氧化还原反应　维生素C在机体内参与氧化还原反应传递氢作用。动物试验证明，豚鼠缺乏维生素C时肝脏胆固醇蓄积、血液中胆固醇浓度升高。投予大剂量维生素C，促进胆固醇的羟化作用，使胆固醇变为胆酸盐，降低血中胆固醇浓度。维生素C能使β-羟化酶中的Cu^{2+}还原为Cu^{+}，提高β-羟化酶的活性，从而促进机体神经递质中的5-羟色胺、去甲肾上腺素、肾上腺素的合成。维生素C在体内能促进Fe^{3+}还原为Fe^{2+}，进而结合成不稳定的抗坏血酸亚铁，促进铁的吸收；在血浆中又将运铁蛋白Fe^{3+}还原为Fe^{2+}，然后进入铁蛋白，再以铁蛋白Fe^{3+}形式储存。在利用储存铁时，维生素C也参与作用。在治疗缺铁性贫血时，维生素C是重要的辅助治疗药。

（2）增强机体解毒及抗病能力　维生素C能增强肝药酶——多功能氧化酶羟化作用的活性，增强药酶活性，促进药物或毒物的羟化作用，降低毒性，增强极性，促进其排出体外，达到解毒作用。动物实验证明，维生素C能促进组胺羟化作用，进而促进组胺分解，故有增进炎症消失而起抗炎的作用。此外，维生素C能促进氧化型的谷胱甘肽（GSSG）还原为还原型的谷胱甘肽（GSH），增进谷胱甘肽的还原，促进GSH的巯基与重金属离子，如Pb^{2+}、Hg^{2+}、As^{2+}和Sr^{2+}的结合而排出体外，避免了重金属离子与体内含巯基（—SH）酶的结合而失活，免除机体中毒。

维生素C能促进胱氨酸还原成半胱氨酸，促进免疫球蛋白的产生。试验证明，给维生素C缺乏的动物注射疫苗和毒素的同时补充维生素C，能加速动物抗体的形成，增加凝集素、溶血素和沉淀素的滴度，这些结果表明，维生素C能增强机体抵抗力。

维生素C缺乏时动物机体抵抗力下降。严重时动物对传染病的易感性增高，病情越严重。

（3）参与结缔组织的生成　维生素C为合成胶元和粘多糖等细胞间质所必需的物质。维生素C能激活脯氨酰羟化酶和赖氨酰羟化酶等催化胶原分子中大量羟脯氨酸和少量羟赖氨酸形成，促进胶原蛋白质合成。缺乏维生素C时，使胶原蛋白质合成受阻，还可引起结缔组织中粘多糖解聚，损害结缔组织结构和功能。毛细血管中由于“粘连物质”不能形成而易破裂，使粘膜、牙龈、内脏血管出血——“坏血病”。在创伤或手术时，伤口愈合延缓，严重时可完全抑制愈合。

维生素A为粘多糖合成必需因素之一，与维生素C配合应用，可加速治愈效果。

【临床应用】

动物中除灵长类和豚鼠外，一般不易发生维生素C缺乏症。因而患坏血病症甚少。偶见有猪、犊牛及犬。豚鼠需要有含丰富维生素C的饲料。

兽医临床上维生素C作为防治疾病感染、解毒、提高机体抗病力的药物，常用于动物慢性肾炎、脑膜炎、传染病、高热等感染性或非感染性疾病；以及重金属中毒、其它药物如巴比妥酸盐、水杨酸盐、磺胺类等中毒解救的重要辅助药物，也用于湿疹及皮肤过敏性炎症。

【不良反应】

维生素C毒性很小。过去甚至一直认为是大剂量应用无害而有利的药物。现在动物试验证明，长期大剂量应用维生素C可产生以下几种副作用：

（1）增加尿中草酸盐的排出，有可能发生尿路草酸盐结石。

（2）抑制胚胎发育及幼畜骨骼生长。

（3）导致肠炎、腹泻、腹痛的发生。

（4）可能诱发微量元素缺乏症。

维生素 B_6 Vitamin B_6

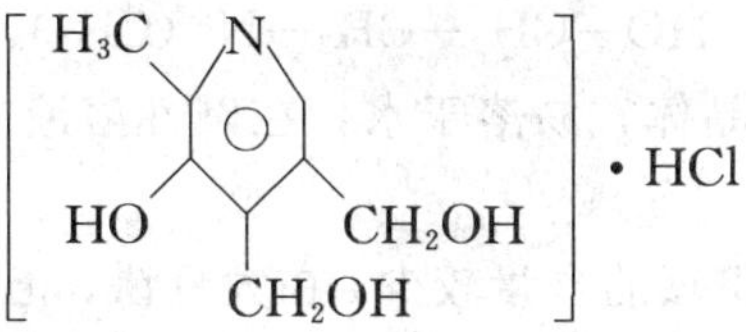

维生素 B_6 为吡哆醇、吡哆醛、吡哆胺之总称，三者均具有维生素 B_6 的活性。

【来源与化学性质】

维生素 B_6 在自然界中广泛分布，酵母、谷物、豆类、种子外皮及禾本科植物及肉类、肝脏中含量较多。维生素 B_6 以三种不同形式存在，在体内吡哆醇可以转化为吡哆醛和吡哆胺，但吡哆醛和吡哆胺都不能转变为吡哆醇，而吡哆醛与吡哆胺则可互变。吡哆醇在酸与碱溶液中较稳定，但易受光破坏，吡哆醇对热稳定，而吡哆醛、吡哆胺在高温中易破坏。

【体内过程】

维生素 B_6 口服易吸收，摄入吡哆醇和吡哆胺后，在体内可直接或间接转化成吡哆醛，后者约有 70%经肝脏醛氧化酶的氧化作用形成 4-吡哆酸由尿中排出，肾脏排出维生素原形的量极少。4-吡哆酸在尿中的含量水平可预示动物体中维生素 B_6 的充足与否。

【生理功能与缺乏症】

维生素 B_6 与氨基酸代谢密切相关。

在体内维生素 B_6 与磷酸结合形成磷酸吡哆醛与磷酸吡哆胺。磷酸吡哆醛为多种转氨酶的辅酶，在氨基酸代谢中接受氨基后转变为磷酸吡哆胺。磷酸吡哆胺又将氨基转给 α-酮酸，其本身再变为磷酸吡哆醛。通过磷酸吡哆醛和磷酸吡哆胺之间的相互转变，不断将氨基酸的氨基转给 α-酮酸，很明显，两者在互变中起氨基传递体的作用。磷酸吡哆醛为多种氨基酸如谷氨酸、酪氨酸、精氨酸、丝氨酸、苏氨酸等的脱氨基酶的辅酶。谷氨酸脱羧酶具有磷酸吡哆醛，该酶能催化谷氨酸转变成 γ-氨基丁酸（GABA）；缺乏该辅酶时，γ-氨基丁酸的形成受阻，中枢抑制性递质 GABA 含量下降，可引起神经兴奋，甚至惊厥；磷酸吡哆酸参与辅酶 A 的生物合成，缺乏维生素 B_6 时，辅酶 A 合成减少。维生素 B_6 又是血红蛋白合成酶——δ 氨基-γ-酮戊酸合成酶的辅酶。维生素 B_6 缺乏时引起血红素的合成减少，动物出现贫血。实验观察中，猪、犬、猴等动物缺乏维生素 B_6 时，出现严重的小红细胞血红蛋白过少性贫血。

维生素 B_6 缺乏主要症状为不安与惊厥，也表现出生长停滞、低血色素性贫血、胃小肠结肠炎症。由于饲料中维生素 B_6 丰富，家畜肠道微生物又能合成，因而家畜很少发生缺乏症。家禽，特别是雏禽的饲料中应适当补充。

在近几年动物实验中发现，维生素 B_6 对细胞性和体液性免疫的建立与维持有一定作用。

【临床应用】

维生素 B_6 配合维生素 B_1、维生素 B_2 及烟酰胺等缺乏症的综合治疗，可提高疗效。

维生素 B_6 治疗氰乙酰胺、异烟肼等中毒时所引起的胃肠道反应及痉挛症等。

维生素 B_6 是治疗杀鼠药——杀鼠嘧啶（Crimidine）中毒的特异解毒药，每千克体重静脉注射或皮下注射 20 mg 能使中毒者获得解救。

维生素 B_6 混饲又可用做猪、鸡的饲料添加剂。

胆碱 Choline

$$HO-CH_2-CH_2-N^+(CH_3)_3$$

该制剂为氯化胆碱，白色晶体，易溶于水，在碱性溶液中不稳定。

【来源与化学性质】

在禾谷类籽实与玉米中，胆碱的含量较少，在大豆饼、花生饼等其它饲料含量比较多。动物体内可将蛋氨酸视为胆碱原分子，在体内合成胆碱。由于它可在体内合成，并且需要量比维生素多得多，故将胆碱视为B族维生素的一种，尚值得商榷。

【生理功能与缺乏症】

胆碱是动物体内一种重要代谢产物，是甲基的供体，是卵磷脂的重要组成成分，是神经递质乙酰胆碱的盐基部分，为胆碱能神经传递冲动所必需的。它能促进氨基酸的再生合成，防止脂肪在肝、肾中的积累及组织变性，有抗脂肪肝作用。缺乏胆碱及其前体，还能使肾脏、眼球及其它器官出血，动物生长停止，母鸡不产蛋。母猪胆碱水平不足会促使繁殖率下降。胆碱缺乏的家禽骨粗短症、关节肿胀及变形、步态不协调等较其它动物易见。

【临床应用】

（1）治疗药用　用于治疗家畜的急性或慢性肝炎及奶牛、马等动物妊娠毒血症。

（2）饲料添加剂　用于预防畜禽脂肪肝或促进动物增重，提高家禽产蛋率，节约饲料用量。

制剂与用法

（1）浓鱼肝油（每克内含维生素A 0.5万U以上，维生素D 0.5万U）　内服0.4～0.6ml/100 kg。

（2）鱼肝油（每毫升内含维生素A 1 500 U以上，维生素D 150 U以上，为维生素AD补充剂）　内服量：马、牛20～60 ml，猪、羊10～15 ml，犬5～10 ml，鸡1～2 ml。

（3）维生素AD注射液（每毫升含维生素A 1万～2万U，维生素D 0.5万U）　肌内注射量：马、牛5～10 ml，羊、猪、犊、驹2～4 ml，仔猪、羔羊0.5～1.0 ml。

（4）维生素 D_2 胶性钙针剂（每毫升含钙0.5 mg、维生素 D_2 0.5万U）　皮下或肌内注射量：马、牛5～20 ml，羊、猪2～4 ml，犬0.5 ml。

（5）维生素 D_3 注射液（每毫升含维生素 D_3 30万～60万U）　肌内注射量：家畜0.15万～3万U/kg。注射前后需补钙制剂。

（6）维生素E片剂（每片5 mg）　雏鸡可在每千克饲料中混和5 mg，母猪促生长、性器官发育和防止仔猪白肌病，每千克饲料添加10～20 mg。

（7）醋酸维生素E注射液　肌内或皮下注射量：驹、犊0.5～1.5 g，羔羊、仔猪0.1～0.5 g，犬0.03～0.1 g。

（8）维生素 B_1 注射液　肌内或皮下注射量：马、牛0.1～5 g，猪、羊0.025～0.05 g，犬0.01～0.025 g，鸡5～10 mg。

（9）维生素 B_1 粉（片剂）　用做添加剂，猪、禽防治缺乏症每吨饲料添加1～3 g。

（10）维生素 B_2 注射液　皮下或肌内注射量：马牛 0.1～0.15 g，羊、猪 20～30 mg，鸡 1～2 mg。

（11）维生素 B_2 粉（片剂）　用做添加剂，家禽防治缺乏症每千克饲料补充 2～5 mg。

（12）维生素 B_6 注射液　皮下、肌内或静脉注射量：马、牛 3～5 g，猪、羊 0.5～1 g。

（13）维生素 C 注射液　肌内或静脉注射量：马 1～3 g，牛 2～4 g，羊、猪 0.2～0.5 g，犬 0.02～0.1 g，猫 0.1 g，水貂 0.01～0.02 g。

（14）维生素 C 粉（片剂）　1 次量内服与注射量相同。

（15）氯化胆碱粉剂　每千克饲料添加量：雏鸡 1 000～1 500 mg，肉鸡、蛋鸡与种鸡500～600 mg，雏火鸡 800～1 000 mg，火鸡 600 mg，仔猪、育肥猪及母猪 250～300 mg。

（16）复方胆碱注射液（每 2 ml 内含氯化胆碱 150 mg、蛋氨酸 40 mg、肌醇 30 mg、维生素 B_{12}40 ug）　肌内注射量：马、牛 20～30ml，猪、羊 4～6 mg。

第二十八章　钙、磷及微量元素

一、钙（Calcium）和磷（Phosphorus）

钙、磷具有广泛生理机能，为机体所必需的常量元素，除参与骨和齿的构成外，磷脂是细胞各种膜结构的必要成分。它们还可作为酶的激动剂或抑制剂，参与酶的多种反应；参与调节机体各器官功能活动。饲料中的钙、磷与钙、磷制剂的合理应用具有十分重要的实践意义。

【体内过程】

饲料中的钙和无机磷在消化道中能直接吸收，有机磷需经肠道的酶水解成为无机磷后才被吸收。饲料中的钙或钙制剂和无机磷主要在小肠前段吸收，有机磷则在小肠后段吸收。钙以主动吸收为主。维生素D及其活性物1，25-二羟钙化醇能促进小肠内皮细胞内的钙结合蛋白与钙的结合，产生主动吸收。磷则随钙的吸收通过被动扩散而吸收。

饲料中钙、磷吸收的程度受多种因素的影响，如钙盐的种类、溶解度、肠道pH值、肠内脂肪等。一般认为，饲料中有机钙盐如植酸钙和草酸钙不易溶于水而影响吸收；胃肠道中酸度不足时不利钙盐溶解，酸性环境能促使钙盐溶解使吸收加快，其实这些因素并不十分重要。决定钙吸收的主要因素是维生素D以及机体对钙的需要量。如果维生素D供给充足，通常不致发生缺钙症状。哺乳期动物或幼龄动物因对钙的需要量增加，也能促使钙的吸收加强。

动物机体血液中的钙和磷都有各自独特的存在形式。钙在血液中有50%左右是游离态，可与组织任意交换，发挥生理作用。其余部分钙与血浆中的蛋白质和其它成分结合。血液中的磷大多数以有机磷酸酯和无机酸盐的形式存在，仅少部分与血清蛋白质结合。

动物生命活动过程中，体液里钙与磷不断进入并沉积在骨中，骨骼中的钙与磷不断进入体液，并使其维持在恒定的动态平衡中。骨骼中的磷酸钙盐既是维持骨的硬度所必需的，又是体内钙、磷的储存库。当饲料的钙、磷不足或摄取障碍或机体需要量增加时，就可从骨骼组织中动员以补充和满足机体的需要。

机体与外环境，或机体内部各组织器官之间的钙、磷代谢保持动态平衡，都受神经体液所调节。甲状旁腺素（PTH）、降钙素和维生素D为最重要的体液调节因素。骨、肾脏、肠道是三种重要的靶器官。

血清钙离子浓度直接影响着PTH、降钙素的分泌。钙离子浓度下降时，PTH分泌增加，降钙素分泌减少。PTH分泌增加，PTH作用于肾脏加强，促进钙的重吸收和磷的排出；同时，加速1，25-二羟维生素D_3的形成。后者既可动员骨钙到细胞外液，同时可使肠道中钙的吸收加速，所有这些都能促进血钙上升。血钙离子增高时，PTH分泌受到抑制，PTH作用于肾脏远曲小管的活性下降，原尿中钙重吸收减少；而降钙素分泌增加，对肾脏的近曲小管的钙、磷的重吸收产生抑制，使尿钙和血磷排出增加。由于降钙素分泌增多和PTH分泌减少，促进骨盐沉着而抑制骨钙动员，肾中钙的重吸收和1，25-二羟维生素D_3分泌也减少。这些作用都可使血钙降低。动物机体内PTH、降钙素和1，25-二羟维生素D_3相互配合，适应环境的变化，协调血钙浓度的动态平衡。

饲料中未被吸收的钙和磷以及肠道消化液分泌的钙和磷均由粪便排出；血液中的钙和磷以肾脏排出为主。此外，汗液、唾液中也排出少量的钙和磷。

【生理功能与缺乏症】

钙和磷在维持机体正常机能中起着重要的作用。

1. 钙的作用

(1) 促进骨骼和牙齿的钙化，增强骨骼和牙齿的硬度 血浆中的无机磷酸盐离子，以羟磷石灰结晶［$Ca_{10}(PO_4)_6(OH)_2$］的形式沉淀于骨基质中完成骨化。幼龄动物、哺乳母性动物以及妊娠动物钙、磷量的需要量高。饲料中钙、磷不足，或其比例不适宜，或其它原因吸收不足时，则会延缓软骨的骨化或使母畜骨骼疏松、变脆和肿大，幼龄动物出现佝偻病；成年动物则出现骨软病和产后瘫痪。

(2)调节神经肌肉正常兴奋性 血浆钙离子浓度的恒定是神经肌肉正常功能的必要条件。血浆中钙离子浓度过高，神经肌肉兴奋性降低，肌肉收缩无力。钙离子浓度过低，神经肌肉的兴奋性升高，骨骼肌出现痉挛，甚至可产生强直收缩，常见于产后因血钙浓度低下而瘫痪；同时，还可导致心肌收缩无力，心脏抑制。

(3) 降低毛细血管的通透性 钙离子有使毛细血管通透性下降，减少毛细血管内物质和水分子外渗，防止组织水肿的作用。临床上常用钙盐制剂治疗过敏性炎症反应。

(4) 维持神经冲动正常传导和对抗镁离子作用 神经末梢释放神经递质，也需钙离子参与。神经冲动传递至末梢时，细胞外钙离子大量进入细胞内，促进神经递质释放，使次一级神经元或效应器的受体产生应有效应，完成神经冲动的传递。血液镁离子浓度过高，产生中枢抑制，呼吸麻痹时，给予注射钙制剂能有效对抗其作用。

(5) 参与正常血液凝固 动物机体内的钙离子是血液凝固的重要因子，它参与凝血过程的各种因子或酶的激活作用。

2. 磷的作用

(1) 与钙参与骨和齿的形成 磷与钙都是骨和齿的主要成分，磷不仅是骨盐结晶成分，还有促进骨盐沉淀和加速钙的转动作用，因而磷不足和缺乏也可发生软骨症。

(2) 维持细胞膜结构功能的完整性 磷脂为磷在体内重要的存在方式，是细胞膜、微粒体膜、肌浆内膜、线粒体膜的组成成分。因而也是细胞膜的正常结构和功能必不可少的成分。磷脂在血浆中与蛋白质结合成脂蛋白，参与调节和运输胆固醇等物质的活动。

(3) 参与机体能量代谢 磷酸为三磷酸腺苷、二磷酸腺苷和磷酸肌酸的组成成分，这些都为高能键化合物，在脱去磷酸的水解过程中，能释放出大量能量，成为机体细胞活动能量的来源。

【临床应用】

(1)防治佝偻病和骨软症 生长期的幼龄动物缺磷钙时使骨基质上钙盐沉积不良或停止，骨骼变软或变形，行走困难；成年个体磷和钙缺乏时可使骨组织骨化不全或脱钙脱磷、骨骼疏松或松脆。母畜和产蛋家禽由于钙、磷需要量增加，因而病情更加突出，母畜可出现产后瘫痪；成年鸡腿软化无力，行走困难。

(2) 治疗荨麻疹、血清病等过敏性疾病 钙离子能降低毛细血管通透性，减轻炎症渗出物和皮下水肿，达到治疗荨麻疹、血清病等疾病。

(3) 对抗镁离子的作用　镁离子能抑制中枢神经系统的兴奋性，甚至因出现麻痹、呼吸抑制而死亡。钙离子能对抗镁离子的作用，为其中毒的有效解救剂。

(4) 低血磷症　急性低血磷或慢性缺磷症如呕吐、吸收不良等引起低血磷时补给磷制剂。

【不良反应】

临床上使用的钙制剂有氯化钙、乳酸钙和葡萄糖酸钙，其静脉注射制剂以氯化钙的刺激性、毒性较大。由于钙离子对心肌的直接作用，迅速注射钙制剂，或剂量过大可引起心脏抑制或心室纤维性颤动而死亡。犬还出现呕吐症状。

二、微量元素

动物机体中有许多元素含量甚微，缺乏时能影响动物的代谢机能，引起疾病；过多时可导致中毒症的出现，甚至死亡。动物需要的微量元素来自植物性饲料及饮水。土壤和水中的微量元素又直接影响植物性饲料中微量元素的含量水平。因此，微量元素的缺乏症或过多症有明显地区性，因而也是地方性疾病的根源。

对高等动物，铁、碘、铜、锌、硒、钴、锰、钼、锡、氟等多种元素可以认为是必需的。此外，还有若干种元素尚待考虑之中。这里只介绍铜、锌、钴、碘等少数几种微量元素的作用。

铜 Copper

【体内过程】

铜为动物必需的元素，主要在小肠段吸收。因动物种属间的差异，各种动物铜的吸收部位也有差别。除小肠吸收外，大鼠的胃、猪的结肠、鸡的十二指肠也都能吸收。铜在动物体内吸收率都比较低（小于30%）。饲料中铜的吸收受其它元素，如锌、钼、钙、镉以及维生素C的影响而减少。无机硫酸盐及钼盐还能促进体内铜的排出。未被吸收的铜随粪便迅速排出体外。

进入体内的铜与血浆白蛋白和铜蓝蛋白结合。前者称铜蛋白，具有铜的运输功能；后者是含铜的酶。铜进入肝内，并储存于肝中，是铜的主要储存器官。铜也储存于红细胞、脑组织、肾脏、心肌和皮毛内。铜缺乏时，肝内的铜以铜-蛋白结合的方式返回血浆，供给血浆铜-蓝蛋白和其它含铜的铜蛋白及酶的需要。血浆中铜的排出以胆汁分泌为主，尿及胰液中也有少量铜。

【生理功能与缺乏症】

铜在动物体内有促进造血机能和维持神经细胞正常功能的作用。

(1) 红细胞或血红蛋白生成的辅助因子　造血过程中除原料外，还需要多种辅助因子。铜是重要因子之一。红细胞中有一种铜蛋白质，称红铜蛋白。它与细胞寿命有关。铜缺乏时红细胞破坏加速，寿命缩短。铜能促进铁的吸收和利用，催化血红蛋白合成。红细胞形成兴旺时，动物体内铜的浓度明显升高。新生个体的铜浓度比成年个体的高。幼年动物肝铜明显高于成年。铜缺乏时，动物体内的肝铜和血铜浓度下降，动物组织中许多含铁酶的活性下降；猪、兔和大鼠可出现低色素小细胞型贫血；山羊和绵羊出现低色素巨细胞型贫血。

(2) 维持神经细胞正常结构与功能　铜为细胞色素和细胞色素氧化酶的组成部分。它能催化细胞色素氧化酶的活性，促进磷脂的合成，促进神经细胞髓鞘的产生。饲料中铜的不足或摄入过多钼和硫而严重阻碍铜的吸收和利用时，最易使幼龄动物，特别是羔羊、仔猪、仔山羊等动物的脑和脊神经细胞变性，神经细胞髓鞘缺损，导致动物运动失调，发生摆腰症(Swayback)。动物典型病症是贫血，行走左右摆晃、弓腰突背、四肢瘫痪等。

(3) 促进皮毛生长与色素沉着　在毛色素的形成中铜是十分重要的微量元素。毛发中的黑色素是含铜的酪氨酸酶催化酪氨酸羟化转变成3,4-二羟苯丙氨酸的氧化物。动物皮毛的黑色素含量与铜的量密切相关。缺铜时黑色素的形成受阻，皮毛褐色呈现灰色。

酪氨酸酶为氧化酶之一。它能催化—SH氧化成—S—S—，促进二硫键的形成，增加皮毛特别是绵羊毛的弯曲度和弹性。缺铜时，绵羊皮毛稀疏，毛质发硬变直，出现“铜毛”。

(4) 铜促进骨骼的发育　幼龄动物缺铜时可影响骨骼发育，长骨变薄，软骨基质骨化迟缓或停止，骨关节肿大，骨质松而变脆。

【临床应用】

(1) 防治铜的缺乏症　地区性铜缺乏症时幼畜发生贫血、摆腰症、四肢瘫软或瘫痪。预防时可给母畜和妊娠动物灌服或饮用硫酸铜；幼仔注射含铜的氨基酸，如甘氨酸铜或蛋氨酸铜等达到治疗的目的。

(2) 解毒及驱虫作用　硫酸铜是磷中毒的解毒剂，它可以还原磷并阻碍磷的氧化及吸收。1%硫酸铜可作为抗蠕虫药，应用于绵羊及山羊肠道绦虫病的治疗。硫酸铜溶液也可用于动物口炎、急性传染病或产道炎症。

【毒性与解救】

绵羊和犊牛对铜最敏感，犬次之，猪、禽、母牛耐受性较大，家禽中鸡和鸭敏感。绵羊品种间还有明显差异。动物急性中毒时有呕吐、流涎、腹痛、惊厥、麻痹和虚脱，最后死亡。粪便有大量铜绿色素。慢性中毒时食欲下降，体内—SH酶活性下降，早期可见肝损害，后期黄疸、血红蛋白尿。猪还出现皮肤干燥和丘疹，毛质变硬而稀少。

铜中毒时，绵羊每日口服硫酸锌（50～100 mg）或硫酸钠（300～1 000 mg），连续3周。猪的饲料中加0.004%硫酸锌，能促进体内铜的排出和抑制铜的吸收。

锌 Zinc

【体内过程】

锌为动物体中含量比较多的必要元素，其量比铜和锰都高，与铁的含量相近。

饲料中的锌主要在十二指肠中吸收。吸收后的锌与血浆蛋白结合，随血流转运到各组织细胞内。其中，前列腺、眼睛的锌浓度最高，肾、脾、肌肉、心肌、胰腺次之。白细胞中锌的含量较红细胞高。参与代谢后的锌主要从胰液中排出。饲料中锌的吸收受其中的植酸及钙盐等影响。未被吸收的锌与胰液分泌的锌随同粪便排出。尿中锌的含量很微。动物的汗液、蹄、皮屑、毛等也能排放出一定量的锌。

【生理功能与缺乏症】

锌在体内为许多酶的组成成分，如碳酸酐酶、碱性磷酸酶、胰羧基酞酶以及许多脱氢酶中都含有锌或需要锌作为辅助因子。

锌能促进核糖核酸的合成。缺锌时，核糖核酸聚合酶活性下降，核糖核酸酶活性升高，使核糖核酸水平下降，进而导致蛋白质合成减少，影响幼畜生长发育及成年个体组织愈合；家禽羽毛脱落、皮炎；猪上皮细胞角质化；多种动物出现骨、关节异常及不育症。

【毒性与解救】

(1) 急性中毒 动物有呕吐、腹痛、虚脱；有少许动物嗜睡；乳牛泌乳减少，猪呼吸困难，厌食，胸部皮下水肿，严重时几天内死亡。幼龄动物比成年动物更敏感。

(2) 慢性中毒 长时间或较大剂量多次投喂可引起贫血或发育迟缓，食欲下降，胃炎、肠炎及肠系膜充血，淋巴结、脾脏及脑室等出血。锌阻碍铜、铁的吸收使动物贫血，禽类饮水量下降，食欲下降，进而导致产蛋率下降。

锌中毒出现动物嗜睡或麻痹时，注射钙或镁制剂为有效的解救措施。

硒 Selenium

硒为动物必需的营养元素。在饲料及饮水中硒以化合物的形式在十二指肠内被吸收。无机的亚硒酸钠盐吸收较有机硒酸盐要快，但其吸收的利用率较低。反刍动物瘤胃内的微生物能将饲料中的硒转变成硒蛋氨酸、硒胱氨酸后而吸收。饲料中的硫和砷化合物能减少亚硒酸盐的吸收。

吸收进入血液的硒与血浆蛋白结合，或附着于红细胞膜运往各组织。肝、肾、肌肉内含硒量最高。白细胞、核蛋白和酶（谷胱甘肽氧化酶、辅酶Q、醛缩酶等）都含有硒。血液中的硒还能透过胎盘进入胎儿体内。体内亚硒酸离子比硒酸离子对组织有更高亲和力。硒酸可在酶的作用下还原为硒或亚硒酸。未被吸收的硒随粪便排出。肾脏是硒的主要排出器官。胆汁、胰腺、肠粘膜的排出液中也有少量的硒。

【生理功能与缺乏症】

硒的生理作用多在治疗驹、犊、羔羊、仔猪“白肌病”和雏鸡渗出性素质中逐渐被认识和受到重视。

(1) 抗氧化，保护细胞膜的完整性 硒为谷胱甘肽过氧化酶（GSH-PX）的组成成分。此酶能催化还原型谷胱甘肽氧化为氧化型谷胱甘肽，加速过氧化物如过氧化氢的还原，又能催化不饱和脂肪酸所产生过氧化物（ROOH）的还原，使之成为无毒羟化物，减少过氧化脂质的形成。结果是，硒的作用既阻碍过氧化氢对组织细胞的氧化作用，又减少细胞膜磷脂中不饱和脂肪酸被氧化生成过氧化脂质，进而减少细胞膜磷脂功能受损程度，保护细胞和组织正常结构与功能。饲料中硒不足时，GSH-PX 活性下降，过氧化物和不饱和脂肪酸所生成的过氧化脂质的量就升高，细胞膜的正常结构与功能就遭到破坏。

维生素 E 的作用只是减少过氧化脂质的产生，硒的作用是增加 GSH-PX 的活性，加速过氧化物和 H_2O_2 的分解，两者协调作用。见图 30-1。

(2) 促进抗体的形成、增强机体的抗病力 试验证明，硒能提高缺硒大鼠免疫球蛋白的水平，也能提高鸡新城疫疫苗的免疫抗体滴度。

(3) 降低毒物的毒性 硒能增高蛋白质－SH 的水平，增强重金属离子与蛋白质的结合力，减少重金属离子与－SH 酶的结合量，进而减轻对－SH 酶的毒性，减低对机体的毒害作用。

试验证明，亚硒酸钠能治疗四氯化碳对实验动物的急性肝脏损伤，减轻动物的中毒症状，促进肝功能恢复。

饲料中缺硒主要是引发谷胱甘肽过氧化酶活性降低，因而引起 H_2O_2 或其它过氧化物对正常细胞膜、血红蛋白、肌红蛋白的破坏，导致横纹肌、心肌变性和坏死，产生白肌病样的严重肌肉损伤。驹、犊牛、羔羊、仔猪生长旺盛，体内需要硒的量比较高，因而也较易发生白肌病。禽类缺硒时，小鸡或火鸡微血管通透性增高，大量血液成分外渗，导致皮下水肿，嗉囊平滑肌和横纹肌变性。雏鸭还能发生肠壁坏死的病理变化。成年家禽缺硒可严重影响产蛋率、孵化率，甚至可因贫血而死亡。

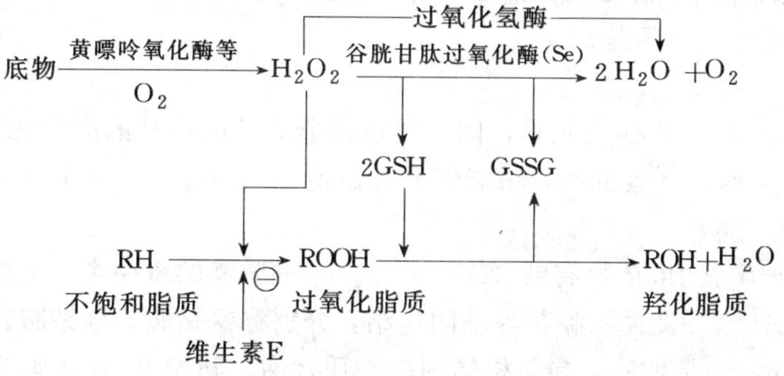

图 30-1　硒与维生素 E 对过氧化脂质代谢的影响

【临床应用】

饲料缺硒，用亚硒酸钠肌内注射治疗，也可用饮水或添加入饲料的硒来防治。必要时，与维生素 E 配合应用。

【毒性与解救】

肌内注射或皮下注射亚硒酸钠可引起动物不安，行走跛行，局部肿胀，甚至疤痕。硒具有一定的毒性，注射或内服剂量过大，可发生急性中毒。中毒时可见有呼吸困难、臌气、腹痛、发绀等，最后因呼吸衰竭而死亡。猪可见有呕吐及运动失调。牛、猪肌内注射致死量为 1.2 mg/kg；羊皮下注射致死量为 1.6 mg/kg。一般中毒量是 0.8 mg/kg。

家畜摄入含硒量高的牧草或饲料可引起慢性中毒。动物慢性中毒症状有视力障碍、神经肌肉麻痹、肝坏死或硬变、肾炎、肠道炎等。饲料中硒含量大于 5～8 mg/kg，长期饲喂后即可发生慢性中毒。耐过动物如马、牛出现长毛脱落，皮毛疏松，食欲减退，活动力下降，末梢循环衰竭，关节表皮糜烂，心脏萎缩，肠炎等，有人称为“碱病”（Alkali diseases stagger）。

亚硒酸钠的安全范围很小，治疗量与中毒量很接近。应用时应精确计算使用剂量。急性中毒尚无治疗办法。慢性中毒时，小剂量砷能与肝中的硒结合成无毒物质，低浓度砷盐饮水（5～25 mg/L）或氨基苯砷酸溶液（50～2 000 mg/L）能降低硒的毒性。另外，高蛋白饲料或胱氨酸混饲也能减轻硒的毒性。肌内注射二巯基丙醇 2.5～5 mg/kg 能减轻一定毒性，但增加肾脏负担，对肾脏有增加毒性的作用。

硒的毒性比较大，凡经补硒的猪，至少须经 60 天的休药期，使猪体内的大部分硒排放后方可屠宰供人食用。

钴 Cobalt

【体内过程】

饲料或食物中钴以叶菜类、根菜类和谷物类中的含量最高。菠菜、卷心菜和莴苣中含量可达0.2～0.6 mg/kg，玉米种子及奶粉含量很少，分别为0.01 mg/kg及0.003 mg/kg。动物肉、蛋产品含量也很微。

人与动物对植物中钴的吸收差别很大，人的消化道吸收率一般为70%～80%，最高可达92%，然后有60%以上或全部的钴由尿排出；动物对钴的吸收率很低，储存也很少，口服钴的制剂时，大约有80%由粪便排出。钴在动物和人体内主要储存于肝和骨髓组织中。至于钴在动物体内的其它过程尚不清楚。

【生理功能和缺乏症】

钴为维生素B_{12}所必需的构成元素，因而是机体造血功能活动的必需元素。

Waltner（1929）通过试验证明，钴能促进大鼠造血的机能。后来也证明钴是牛、羊所必需的元素。

现在已证实，维生素B_{12}是含有钴（Co^{3+}）和多个酰胺基的维生素，又称钴胺素。钴可与—CN、—OH、—CH_3、—5′脱氧腺苷等基团连结，分别称氰钴胺、羟钴胺、甲基钴胺和辅酶B_{12}。甲基钴胺、辅酶B_{12}是辅酶，参与机体内的物质代谢。辅酶B_{12}是肝脏等组织储存维生素B_{12}的一种主要形式。

钴的吸收利用在动物种属间有明显差异。单胃动物必需以维生素B_{12}的形式提供。反刍动物则可由瘤胃微生物利用钴合成维生素B_{12}，然后为动物所利用。反刍动物饲料中添加微量钴（氯化钴），可以有效地满足对维生素B_{12}的需要。牛、羊对钴的需要也很低。在常发生缺钴地区，每一动物每天补给适量钴就可以复原。

饲料中钴不足或其存在的状态不利于吸收时，维生素B_{12}合成不足，动物可表现为贫血，血容量下降，食欲不良，消瘦或腹泻，乳牛产乳量下降，新生犊牛死亡高，存活者也多不健康。

【临床应用】

应用氯化钴口服（肌内注射无效）可防治反刍动物钴的缺乏症。缺钴时应用维生素B_{12}治疗可获得同样的疗效。

【毒性】

动物急性中毒时甲状腺肿大，甚至因瘀血性心脏衰弱而死亡；慢性中毒时，甲状腺肿大，食欲不振，呕吐，肾功能障碍。钴的粉尘污染可诱发呼吸道水肿及支气管炎和肺炎、结膜炎和角膜炎。试验证明，动物摄入过多钴可引起红细胞增多症。

碘 Iodine

【体内过程】

饲料内所含的碘随产地不同有很大差异。然而，陆生植物或动物性饲料的含碘量远远低于海藻类或鱼类。

碘和碘化物在消化道内的任何部位都能吸收，但以小肠吸收为主。游离碘和碘酸盐在肠道内转化为碘化物再吸收。皮肤和粘膜也能吸收碘。

进入血液中的碘迅速被甲状腺摄取，并将体内碘的40%～50%集中于甲状腺。留于血浆的碘大部分与蛋白质结合。除唾液、胃液外，机体所有组织内碘都以有机物的形式存在。

浓集在甲状腺上皮细胞内的碘在氧化酶催化下成为“活性碘”（I^-），然后与甲状腺球蛋白中的酪氨酸残基结合，形成甲状腺激素。

甲状腺激素包括甲状腺素3、5、3′、5′-四碘甲腺原氨酸（简称T_4）和3、5、3′-三碘甲腺原氨酸（简称 T_3）两种。T_4 在外周组织中经脱碘作用有 40%转化为 T_3，发挥生理效应。脱下的碘或被再利用或从肾中随尿排出体外。

肝脏为甲状腺激素处置场所。该激素在肝脏时有 1/3 被摄取，并与葡萄糖醛酸或硫酸结合，然后再随胆汁排入肠道。在肠道内这些结合物又有部分被肠道重新吸收和利用。随粪便排出仅有一小部分甲状腺素。

用 ^{131}I 示踪，显示血液中碘可游离出现在胃液与唾液中，肾为主要排出器官，其排出量为 40%～80%。剧烈运动及妊娠时可增进碘从尿中排出。

【生理功能与缺乏症】

碘是合成甲状腺激素的必要元素，主要以甲状腺素的形式发挥其生理作用。小剂量碘能促进甲状腺激素合成；大剂量的碘反而抑制其合成。

饲料中的碘为动物生长发育，特别是中枢神经系统的发育所必需。动物实验及实践证明，长期缺碘，合成甲状腺激素减少，胎畜或新生动物的中枢神经系统的发育出现障碍，大脑皮层的琥珀酸脱氢酶、γ-氨基丁酸-门冬氨酸转氨酶的活性下降，脑中乙酰胆碱酯酶的活性下降，同时也抑制甲状腺激素的合成。

根据 Undewood(1971)报告，正常动物每天需要碘的量是：家禽为 5～10 ug，乳牛为400～800 ug，羊为 50～100 ug，猪为 80～160 ug。

【临床应用】

碘可用于缺碘地区饲草及饮水的添加剂。

【毒性与解救】

碘的浓溶液对胃粘膜有刺激作用，大剂量碘可引起神经和心脏的抑制。碘急性中毒可引起犬呕吐，肝、肾和胃粘膜等组织细胞坏死。羔羊可发生支气管炎而致死。

长时间大剂量使用碘可诱发慢性中毒。动物中以猫和犬特别敏感，中毒时有呕吐、肌肉痉挛、体温下降、心脏抑制，严重可致死。

大量奶及淀粉浆能作为保护剂，以对抗碘的刺激作用。呼吸抑制时可用尼可刹米或戊四氮解救，小动物碘中毒应用大剂量碳酸氢钠可能有效。

锰　Manganese

【体内过程】

锰在消化道内吸收甚少，大部分饲料中的锰随粪排出。体内的锰主要由胆汁排出。机体内所有组织均含有锰，以肝、骨、胰、肾和垂体中浓度为高。在细胞内线粒体中浓度高，它揭示在此有极重要的功能。锰由尿排泄极少。

【生理功能与缺乏症】

锰的主要生理机能是形成硫酸粘多糖软骨素。后者为软骨组织的必要成分之一，也是骨质形成的最基本要素。锰为许多酶的激活剂，如精氨酸酶、碱性磷酸酶及葡萄糖磷酸变位酶、丙酮酸羧化酶及琥珀酸脱氢酶等。后两种酶为三羧酸循环中的重要酶。

家畜与家禽缺锰时虽表现差异，但共同的症状是生长停滞，骨骼畸形，新生畜运动失调，成年动物生殖机能异常。仔猪缺锰海绵状骨组织被纤维化组织取代。幼禽缺锰可见骨短粗病，或胫骨踝变形。在正常饲养畜禽动物中，缺锰症牛、猪极少见。家禽常发生，表现为产蛋率下降，蛋壳变薄，孵化率降低。其原因在于禽对锰的需要量比家畜高，其次是饲料中钙与磷多时能降低锰的吸收，再次是玉米及鱼粉的饲料中含锰极少。因此禽类饲料中必须额外补充锰。

【临床应用】

家禽饲料中为每千克含锰 55 mg，猪饲粮中为每千克含锰 25～30 mg。

【毒性反应】

锰是毒性最小的微量元素之一。服用时可迅速由胆汁排泄，据报道当其日粮含量达每千克 1 000 mg 可降低猪生长速度，但在 50～120 mg 时，锰有拮抗铁的作用，干扰仔猪血红蛋白的形成。

制剂与用法

（1）氯化钙注射液　静脉注射量：马、牛 50～20 g，羊、猪 1～5 g，犬 0.5～1.5 g。

（2）葡萄糖酸钙注射液　静脉注射量：马、牛 20～60 g，羊、猪 5～15 g，犬 0.5～2 g。

（3）氯化钙葡萄糖注射液（含氯化钙 5%，葡萄糖 10%～25%）　静脉注射量：马、牛 100～300 ml，羊、猪 20～100 ml，犬 5～10 ml。

（4）碳酸钙　内服量：马、牛 30～120 mg，猪、羊 3～10 g，犬 0.5～2 g。

（5）南京石粉　内服量：马、牛 150～300 g，羊、猪 5～50 g。

（6）乳酸钙　内服量：马、牛 5～15 g，羊、猪 0.3～1 g，犬 0.2～0.5 g。

（7）磷酸氢钠注射液　静脉注射量：马、牛 30～50 g。

（8）磷酸氢钠粉剂　内服量：马、牛 90 g，一日 3 次。

（9）亚硒酸钠注射液　肌内注射量：马、牛 20～30 mg，驹、犊 5～8 mg，仔猪、羔羊1～2 mg，家禽饮水 1 mg/L（预防剂量）和 10 mg/L（治疗剂量）。

（10）氯化钴（混饲或制成 0.3%溶液）　内服治疗量：牛 0.5 g，犊牛 0.2 g，羊 0.1 g，羔羊 0.05 g。用做预防时，剂量为治疗时的 1/20。

（11）硫酸铜　内服量（日量、用做饲料补充剂）：牛 2 g，犊牛 1 g，羊 20 mg/kg，猪（用于促生长剂）每千克日粮含铜 800 mg 混饲。

（12）硫酸锌　内服量：驹 0.4～0.6 g，猪 0.2～0.5 g，羊 0.3～0.5 g。

（13）硫酸锰　鸡每千克日粮含锰 70～110 mg。

第二十九章　保护药与刺激药

一、保护药

保护药是机械性地保护皮肤和粘膜，缓和外界刺激，减轻炎症和疼痛的药物。根据保护药的作用特点，可分为收敛药、吸附药、粘浆药和润滑药。

（一）收敛药

收敛药是蛋白质沉淀剂，在适当浓度下药物可使炎症或损伤的组织表面结成一层蛋白质保护膜，缓和对神经末梢的刺激，减轻痛觉，同时可收缩毛细血管，减少局部渗出或分泌以达到收敛、防腐、止血和消炎的作用。临床上收敛药可用于湿疹，急性皮炎，肠炎等。

硫酸锌 Zinc Sulfate

本品为白色晶粉，易溶于水，见空气易失水而风化。

本品在 3%以下浓度时溶液有抗菌和收敛效能。10%～20%溶液对粘膜有腐蚀性。常用 0.25%～0.5%溶液洗眼或点眼，治疗结膜炎等，如硫酸锌滴眼剂（0.5%硫酸锌，1.7%硼酸）。

氧化锌 Zinc Oxide

本品为白色细微粉末，不溶于水，但与 CO_2 结合而变性。

本品常配成复方制剂应用，可治疗湿疹、溃疡、创伤等。这些制剂有：

（1）氧化锌软膏　含 15%氧化锌。

（2）复方锌糊　含 25%氧化锌。

（3）水杨酸锌糊剂　含 25%氧化锌，2%水杨酸。

明矾 Alumen

本品为无色透明晶体或粉末，易溶于水，有涩味。

本品能沉淀蛋白质，有收敛、止血功能。常用其 0.5%～4%溶液，治疗口腔炎、咽喉炎及结膜炎；内服时能止血、收敛，治疗肠炎、胃出血等。中小动物，内服量为 0.5～5 g。

（二）吸附药

吸附药是一些不溶于水，性质稳定，具有极大表面吸附力的微细粉末。临床用于吸附刺激物或毒物而起保护作用。

常用药可分为撒布剂和胃肠吸附剂。

撒布剂主要是滑石粉和白陶土，胃肠吸附剂是药用炭。后者见止泻药节。

滑石粉 Talc Powder

本品为白色微细粉末，在水中不溶，但易粘附于皮肤。

本品多与其它治疗药物混合做撒布剂，如复方散剂（87%滑石粉，3%水杨酸，10%淀粉），外用治疗湿疹、皮炎、烧伤等。

白陶土 Kaolin

白陶土为白色微细粉末，加水易润湿且呈可塑性，有粘土味。

本品用于撒布剂时有吸附创面渗出物，防止细菌侵入的作用；用于敷剂的赋形剂还有增强主药消炎疗效的作用，如白陶土敷剂（含有52.2%白陶土，4.5%硼酸，0.2%水杨酸甲酯，0.05%薄荷油，0.5%樟脑及适量甘油），外用消炎。

（三）粘浆药

粘浆药主要是树脂、蛋白质、淀粉等一类高分子化合物所制成的粘稠性或胶性溶液，本身无明显药理活性，用于覆盖用药部位达到保护粘膜、缓和刺激或减轻炎症的作用。临床上可用于肠炎、口腔粘膜炎或喉炎。

常用药有淀粉、明胶或阿拉伯胶等。

淀粉 Starch

本品为白色粉末，不溶于水，与水混合后加热成粘胶液体。

本品外用常与滑石粉、氧化锌等制成撒布剂。其1%～5%的粘浆内服可缓和肠炎或延缓药物吸收。常作为丸剂、舔剂等赋形药。

明胶 Gelatin

本品为动物的皮、腱、骨等组织中的胶原部分的水解而制得。该药物在冷水中可膨胀；在热水中则形成透明粘稠液体。

明胶有止血作用。内服10%明胶溶液，可治疗消化道出血和腹泻。明胶海绵还可用于各种出血。

阿拉伯胶 Acacia

本品为豆科植物阿拉伯胶树渗出的树胶的干燥物，易溶于水，而不溶于乙醇。

阿拉伯胶有粘合药、保护药及乳化剂之作用。

（四）润滑药

润滑药是油脂类或矿脂类，通常作为基质用于调制软膏剂和擦剂，既有赋形药的作用又有缓和刺激，保护皮肤，防止皮肤干燥的作用。

常用药可分为矿脂类如凡士林（Vaseline），动物脂类如猪油、羊毛脂，植物油脂类如花生油、豆油、橄榄油等，合成润滑油如聚乙醇、吐温-80（Tween-80）。后者为非离子型表面活性剂，故还可作为助溶剂和乳化剂。

二、刺激药

刺激药为能局部刺激感觉神经末梢作用的一类药物。

刺激药用于局部皮肤时能使皮肤局部产生红、肿等血管扩张的神经轴突反射活动的局部作用，同时还可通过同一脊段的神经反射，诱使深层肌肉、肌腱炎症或相对应内脏器官的疼痛的刺激得以消除或缓和的作用。这后一种作用又称抗刺激作用，是药物的诱导作用。刺激药的局部作用和诱导作用仅与其药物作用的浓度和作用时间有关。但当其浓度过高或局部组织接触的时间过长，局部微血管可进一步扩张，渗透性增强，血浆外渗增多，形成水肿、脓泡，甚至溃烂坏死。使用刺激药时，应严格掌握药物剂量与治疗时间。

薄荷脑 Menthol

本品由薄荷油中提取，已可由人工合成，具有薄荷香味，为清凉、芳香的针形结晶，难溶于水，易溶于醇、石油醚、甘油等。

本品可选择性地刺激冷觉感受器。在神经痛时可用本品涂擦患处，通过反射活动可使疼觉减轻。吸入薄荷脑能使支气管粘膜下血管收缩，粘膜消炎，消除肿胀，达到治疗支气管炎的疗效。内服薄荷脑能达驱风、解痉、镇痛和健胃止酵的作用。

松节油 Terebenthene

本品为松科属植物脂中的挥发油，为无色或黄色透明液体，易溶于醇，而不溶于水。

本品外用为刺激药，可使局部充血发红，增强血循环。临床常用于体表各种慢性炎症。内服为健胃、止酵药，具有促进消化道分泌消化液，增强胃肠蠕动，防腐及止酵的作用，可用于治疗胃肠臌胀、胃肠弛缓。本药刺激性强，用时应与植物油混合内服。有肾炎、急性胃肠炎的患畜禁止使用。

稀氨溶液 Diluted Ammonia Solution

稀氨溶液含氨量10%，有强烈刺激臭。

氨溶液有刺激性，可用于治疗各种慢性炎症，使用时常与松节油或与其它植物油制成擦剂，如氨擦剂（含氨溶液25%，植物油75%）。

浓碘酊 Concentrated Tincture Iodins

本品为含碘10%，含碘化钾2%的醇溶液。具有碘的特臭，为易挥发的褐色液体。

本品有强烈刺激作用。外涂于局部组织，能治疗慢性腱炎、腱鞘炎、关节炎、骨膜炎等。临床使用时，应严格控制，以免反复应用时引起发泡，脱皮，溃烂。

第三十章　抗菌药概述

抗菌药应指用来治疗细菌性传染病的一类药物。抗菌药是应用最广泛的一类化学治疗药。化学治疗（Chemotherapy，简称化疗）是直接作用于机体的病原体，如细菌、真菌、病毒以及寄生虫或癌细胞等所致疾病的药物治疗的统称。其所用的化学物质称为化学治疗药（Chemotherapeutics，简称化疗药）。

化疗药的药理与以前各章所述药物有很大不同。以前各章单纯研究药物与机体的相互作用。化疗药的药理要研究机体、药物、病原微生物三者之间相互作用的规律，具体地说，是研究药物的治疗作用，即对病原体的抑制作用或杀灭作用，药物对机体的不良反应和病原体对药物产生的耐药性。当然也应研究动物机体对药物的转化代谢过程。

化疗药发展很快，应用范围极为广泛，品种数量极多。在目前防治传染性疾病中具有十分重要的地位。其中以抗生素尤为突出。

【化疗指数】

理想的化疗药应具备对动物宿主体内的病原体有高度的选择性，对宿主本身无毒性或低毒性。这样理想的药物并不存在。为表达药物对动物机体的毒性程度，可用动物实验测试的化疗指数作为估价标准。化疗指数＝半数致死量/半数有效量，化疗指数高表示药物安全范围大，但不表示药物绝对安全。青霉素的化疗指数高达 1 000 以上，但可发生偶有的过敏性休克反应。

【抗菌谱】

抗菌谱为药物抗菌作用的范围，即对药物敏感的细菌或其它微生物种类的多少。广谱抗菌药物是指抗菌作用范围广泛，能抑制或杀灭多种不同种类的微生物的药物。窄谱抗菌药物其抗菌范围相对小。抗菌药物的抗菌谱是临床选用药物的基础。

【抗菌效价】

抗菌效价为抗菌药物的作用强度。多数抗菌药物以重量表示。个别抗菌药物，如青霉素 G 等用单位（U）表示。

【耐药性】

随着抗菌药物在临床上的广泛应用，细菌常会出现耐药性，造成临床治疗中的困难。细菌耐药性可分为：①天然或突变产生的耐药性，即染色体遗传基因介导的耐药性；②获得耐药性或质粒介导的耐药性。后者所带的耐药基因易于传播，在临床上占有重要地位。

（一）突变耐药性

突变耐药性即染色体介导的耐药性。

细菌可经 X 射线、紫外线等物理因素，或氮芥、环氧化合物等化学因素等处理而诱发突变，突变也可为遗传基因 DNA 自发变化的结果，耐药性多由后一种情况形成。每个基因有一极低的突变率，当细菌细胞分裂 10^5～10^9 代后才有一次突变出现，因而产生对某一抗生素的耐药现象。由突变产生的耐药性，一般只对一种或两种相类似的药物耐药，且比较稳定，其产生和消失（即回复突变）与药物接触无关。由突变产生的耐药性互不相关，因此细菌对两种抗生素产生耐药性的发生率为 10^{-10}～10^{-18}，对三种抗生素产生耐药的发生率为 10^{-15}～10^{-27}。由突变产生的耐药菌的生长和细胞分裂变慢，对其它细菌包括未发生突变的细菌的竞争力也变弱。因此，突变造成的耐药菌在自然界的耐药菌中仅居次要地位。

（二）质粒介导的耐药性

质粒是一种染色体外的DNA，耐药质粒广泛存在于革兰氏阳性和阴性细菌中，几乎所有致病菌均可具有耐药质粒。因此，通过耐药质粒传递的耐药现象在自然界发生的细菌耐药现象中最为主要，也最多见。

耐药质粒在微生物间通过下列方式转移：

(1) 转化（Transformation）　耐药菌溶解后释出的DNA进入敏感菌体内，其耐药基因与敏感菌中的同种基因重新组合，使敏感菌成为耐药。此种传递方式基本限于革兰氏阳性细菌，在革兰氏阴性菌中仅嗜血杆菌属有此种方式的耐药传递现象。

(2) 转导（Transduction）　耐药菌通过噬菌体将耐药基因转移给敏感菌，转导是金葡菌中耐药性转移的唯一方式。金葡菌产生青霉素酶的特性即可藉噬菌体而由耐药菌转移给敏感菌，使之对青霉素耐药。试验证明金葡菌对氯霉素、链霉素、四环素类和大环内酯类抗性低。由于噬菌体有特异性，故耐药性转导的现象仅能发生在同种细菌内。因此耐药基因的转导现象，除在葡萄球菌属外，其临床意义可能不大。

(3) 接合（Conjugation）　由接合传递的耐药性也称感染性耐药（Infectious resistance），系通过耐药菌和敏感菌菌体的直接接触，由耐药菌将耐药因子转移给敏感菌。接合转移的方式主要出现在革兰氏阴性细菌中，特别是肠道细菌中。通过接合方式，一次可完成对多种抗生素的耐药性转移。接合转移不仅可在同种细菌间进行，亦可在属间不同种细菌中进行，其转移频率介于 10^{-2}～10^{-8}供体菌之间。体外实验证明，大肠杆菌耐药菌株可通过接合方式将耐药性转移给痢疾杆菌、沙门氏菌属、肺炎杆菌和产气杆菌等；耐药性也可传递给变形杆菌属、沙雷菌属、假单胞菌属、弧菌属等，但其转移效果较差。在人和动物的肠道内，这种耐药性的接合转移现象也被证实。动物的肠道细菌有广泛的耐药质粒转移现象，这种耐药菌又可传递给人。

(4) 易位（Translocation）或转座（Transposition）　即耐药基因可自一个质粒转座到另一个质粒，从质粒到染色体或从染色体到噬菌体等。新近的研究证实，多种耐药基因及其两侧相连的插入顺序组成转座子，带有上述转座子的耐药质粒可以通过插入顺序中碱基顺序的重新组合，使耐药基因扩大，因而提高细菌对抗生素的耐药水平。由转座传递的耐药性见于对氨苄西林、四环素、甲氧苄氨嘧啶、链霉素等耐药的细菌中。这种转座子及转座方式，可使耐药因子增多，是造成多重耐药性的重要原因，并易于传递散播，造成感染流行。

（三）耐药性的发生机制

1. 灭活酶或钝化酶的产生

细菌通过耐药因子可产生破坏抗生素或使之失去抗菌作用的酶，使药物在作用于菌体前即被破坏或失效。目前已分离出的钝化酶如下：

(1) β-内酰胺酶（β-Lactamase）　β-内酰胺酶又可分为：①青霉素酶，能水解青霉素类，从而破坏青霉素类的抗菌活性；②头孢菌素酶，能水解头孢菌素类而破坏该类抗生素的抗菌活性，但许多新的头孢菌素如头孢呋新、头孢噻肟、头孢他啶等则对其稳定；③头孢呋新酶(Cefuroxime hydrolying enzyme)，是近年发现的β-内酰胺酶，对多数头孢菌素包括一些新的头孢菌素类均具水解作用。

几乎所有革兰氏阴性细菌均可产生某些染色体介导的β-内酰胺酶，其中多数对头孢菌素类抗生素具有较强的水解能力。按其水解抗生素的作用主要可分为两种：①广谱β-内酰胺酶，既能水解青霉素、氨苄西林或羧苄西林，又能水解大多数头孢菌素类，例如普通变形杆菌或克雷伯菌属所产生的诱导酶；②头孢菌素酶，为摩根杆菌、枸橼酸杆菌属、阴沟杆菌、大肠杆菌和脆弱类杆菌所产生的体质酶，或由产气杆菌、阴沟杆菌、普罗菲登菌属、绿脓杆菌、沙雷菌属、硝酸盐阴性杆菌产生的诱导酶。其中有的可水解新的β-内酰胺类，如头孢呋新、头孢他啶、亚胺配能等。

质粒介导的β-内酰酶，根据1979年的报道（依其水解底物、酶抑制剂、分子量和等电点的不同)，有11种，可分为三类：①广谱青霉素酶，可水解青霉素和头孢噻啶等，如TEM-1、TEM-2、SHV-1、HMS-1；②苯唑西林酶（Oxacillinase)，能迅速水解苯唑西林，如OXA-1、OXA-2、OXA-3；③羧苄西林酶（Carbenicillinase)，能迅速水解羧苄西林，如PSE-1、PSE-2、PSE-3、PSE-4。各种质粒酶具有特定的等电点，因此采用等电聚焦电泳方法能迅速区别不同类型的酶。

（2）氯霉素乙酰转移酶　某些金葡菌、表皮葡萄球菌、某些链球菌和革兰氏阴性杆菌可产生氯霉素乙酰转移酶，使氯霉素转化为无抗菌活性的代谢物，此酶为质粒所控制。

（3）氨基苷类钝化酶　此组酶较多，多由质粒所控制，又可分为三类：①磷酸转移酶，使氨基苷类的游离羟基磷酸化；②乙酰转移酶，使游离氨基乙酰化；③核苷转移酶，使游离羟基核苷化。由于氨基苷类抗生素的结构相似，因此常出现明显的交叉耐药现象。某些氨基苷类可为一种以上钝化酶所破坏,同一种钝化酶又可破坏多种化学结构相似的氨基苷类抗生素。

产生灭活酶是引起细菌耐药性的最重要机制，产酶菌往往表现明显的耐药性，其最低抑菌浓度（MIC）常为普通给药量所能达到血浓度的数倍以上，因而引起临床上抗生素的治疗失败。由于革兰氏阳性菌的β-内酰胺酶是一种胞外酶，细菌产生的β-内酰胺酶常很快释放至细菌细胞外，因此细菌数量将影响酶的浓度和抗生素被破坏的量。如细菌量少，则产酶金葡菌的药敏试验结果可能对青霉素无明显耐药，但青霉素的存在可诱导细菌产生大量β-内酰胺酶，从而导致治疗失败。因此，只要是产β-内酰胺酶的金葡菌，不管体外药敏试验结果如何，均应视为对青霉素耐药而改用其它抗生素。

2．抗生素的渗透障碍

由于细菌细胞壁的障碍或细胞膜通透性的改变，抗生素无法进入细胞内达到作用靶位而发挥抗菌效能。革兰氏阴性菌对许多抗生素的固有耐药性即由于细胞壁中的类脂-多糖-蛋白复合物形成非特异性屏障所致。革兰氏阳性菌对多粘菌素类的耐药，即由于后者难以透过细菌的厚细胞壁所致。各种青霉素类抗生素的作用机制相似，但由于对细菌细胞壁通透性不同而产生不同的抗菌谱。氨基苷类抗生素不易穿透革兰氏阳性菌如肠球菌的细胞壁，需要较大剂量才能发生抗菌作用；但与阻碍细胞壁合成的青霉素类、头孢菌素类等合用时即有协同作用，因药物易于进入细胞内，所需剂量也大为减少。由质粒控制的细菌细胞膜通透性改变使很多抗生素如四环素类、氯霉素、磺胺药和某些氨基苷类抗生素难以进入细胞内，因而细菌获得了耐药性。

3. 靶位的改变

有的细菌可改变靶位酶，使其不易为抗生素所作用，如细菌可改变其体内的二氢叶酸合成酶，使该酶与磺胺药的亲和力大为降低而引起对磺胺药耐药。细菌亦可通过靶位的生理重要性而导致对抗生素耐药，例如某些链球菌和某些革兰氏阴性菌可以降低其粘肽成分对于保持细菌形态和活力中的重要作用，从而对青霉素类耐药。细菌还可复制靶位而获得对某些抗生素的耐药性，如某些肺炎球菌、淋球菌和金葡菌能改变其青霉素结合蛋白的结构或产生一种新的青霉素结合蛋白，后者与β-内酰胺类抗生素的亲和力减低因而导致耐药性。

4. 其它

细菌可增加对抗菌药物拮抗物的产量而耐药。如金葡菌对磺胺药耐药菌株的对氨苯甲酸（PABA）产量可为敏感菌的20倍。此外，细菌代谢状态的改变、营养缺陷和外界环境变化等都可使细菌的耐药性增加。

总之，细菌耐药性的产生机制极为复杂。无疑，细菌灭活酶或钝化酶的产生具重要作用，但在不少病原菌中并非惟一机制。除灭活酶外，细菌耐药性可能由细胞壁渗透障碍或细菌靶位的改变等两种或两种以上机制所形成，使之对不断开发的抗生素新品种产生耐药。在正常情况下，由染色体介导的耐药性，耐药菌往往有一定缺陷，但质粒介导产生的耐药菌则与敏感菌一样，迅速生长繁殖，并可在机体中引起感染。无论质粒或染色体介导的耐药性，一般只发生于少数细菌中，难于与占压倒优势的敏感菌竞争，故其危害性不大，只有当敏感菌因抗菌药物的选择性作用而被大量杀灭后，耐药菌才得以大量繁殖而成为优势菌，并导致各种感染的发生。因此，细菌耐药性的发生和发展是抗菌药物广泛使用，特别是滥用的后果。

【抑菌与杀菌】

抑菌为药物抑制微生物生长繁殖的能力，并无杀灭的作用。杀菌为药物具有实际杀灭微生物的作用。抗菌药的抑菌作用与杀菌作用是相对的而非绝对的，有些抗菌药物低浓度时有抑菌作用，而高浓度时则有杀菌作用。然而，动物机体的防御机能却十分重要，如果抑菌性抗菌药用量充足，时间合理，而且机体防御机能又强，可以起到杀灭作用；杀菌性抗菌药，如果用量不足，时间短，而且机体防御机能又差，也达不到杀灭的作用。

【抗菌作用机理】

临床应用的抗菌药物，包括抗生素和化学合成抗菌药物，必须对病原微生物具有较高的“选择性毒性作用”，但对患病动物不造成损害。这种选择性的毒性作用对于临床安全用药十分重要。研究并了解抗菌药物“选择性毒性”的作用机制，对于临床合理选用抗菌药物、新抗菌药物的研制开发和细菌耐药性的研究，均有重要意义。

抗菌药物的“选择性毒性”作用，主要来源于药物对于病原微生物某些特殊靶位的作用，见表30-1。根据主要作用靶位的不同，抗菌药物的作用机制可分为：①干扰细菌细胞壁的合成，使细菌不能生长繁殖；②损伤细菌细胞膜，破坏其屏障作用；③影响细菌细胞蛋白质的合成，使细菌丧失生长繁殖的基础；④影响核酸的代谢，阻碍遗传信息的复制；⑤其它。

表 30-1　抗菌药物的主要作用部位

细胞壁合成	细胞膜渗透性	细胞蛋白质合成	核酸合成	叶酸合成
β-内酰胺类	多粘菌素 E	氯霉素类	灰黄霉素	磺胺药类
1. 青霉素类	多粘菌素 B	四环素类	喹诺酮类	(TMP)
2. 头孢菌素类	两性霉素 B	红霉素等		
杆菌肽	制霉菌素	林可霉素类		
		氨基糖苷类		

第三十一章　合成抗菌药

一、磺胺药

磺胺药具有抗菌谱广，性质稳定，使用方便，体内分布广泛等优点。特别与甲氧苄啶合用后，抗菌效力增强，甚至可从抑菌作用变为杀菌作用。磺胺药合成生产时，不以消耗粮食为原料，产量大、价格低廉，供应充足。为临床治疗细菌感染广泛应用的重要药物。

【化学结构与性质】

磺胺药都是以对氨基苯磺酰胺为基本结构的衍生物。该结构中以对位游离氨基为抗菌活性所必须的基团。对位氨基氢原子被其它取代基取代的磺胺药，只有在体内水解释放出游离氨基后才有抗菌活性。若以杂环取代磺酰胺基的氢原子，可得到一些重要的磺胺药，如磺胺嘧啶，磺胺甲噁唑、磺胺对甲氧嘧啶等。这些磺胺药具有抗菌作用强、抗菌谱较广、毒性小、口服易吸收等优点，为现时主要用于全身性抗感染的磺胺药。此外，还有许多合成的口服不易吸收和外用的磺胺药。

磺胺药都为白色晶粉，难溶于水，具有酸碱两性。在强酸或强碱溶液中易溶，均能形成相应的盐。临床上常有其钠盐制剂供注射用。磺胺钠盐的水溶性较其母体化合物为大。

常用的磺胺药的化学结构，见表 31-1。

根据磺胺药各自的理化性状特点，磺胺药的临床应用有下述三种类型。

表 31-1　磺胺药的化学结构及临床应用类型

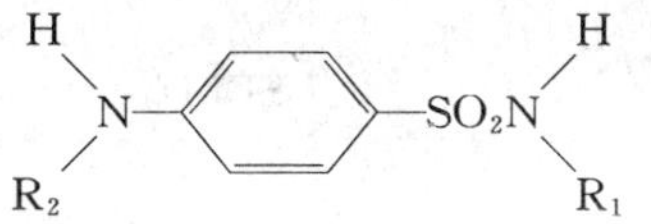

用于全身性感染的磺胺药

药名	简名	R_2	R_1
磺胺（氨苯磺胺）　Sulfanilamide	SN	H	H
磺胺噻唑　Sulfathiazole	ST	H	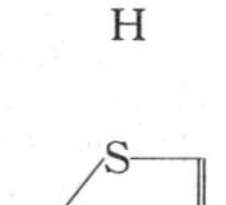
磺胺嘧啶　Sulfadiazine	SD	H	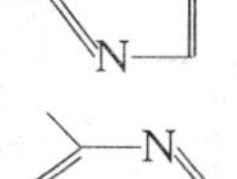
磺胺甲嘧啶　Sulfamerazine	SM_1	H	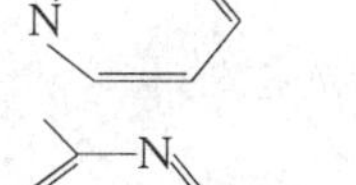

续表 31-1

药名	简名	R_2	R_1
磺胺二甲嘧啶　Sulfadimidine	SM_2	H	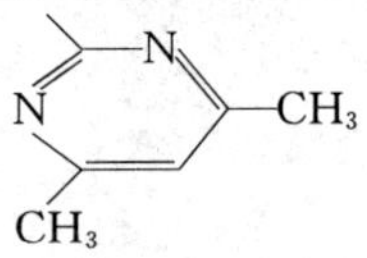
磺胺喹噁林　Sulfaquinoxaline	SQ	H	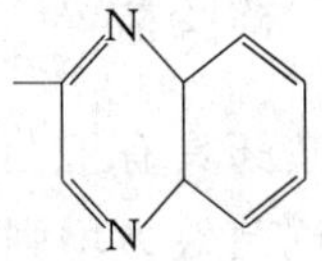
磺胺异噁唑　Sulfisoxazole	SIZ	H	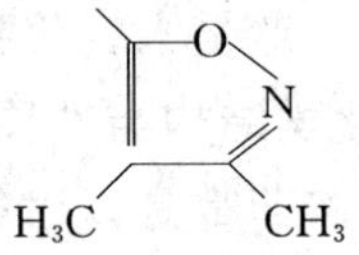
磺胺甲噁唑　Sulfamethoxazole	SMZ	H	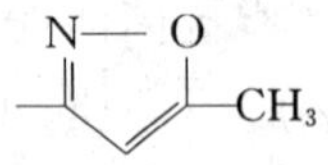
磺胺对甲氧嘧啶　Sulfamethoxydiazine	SMD	H	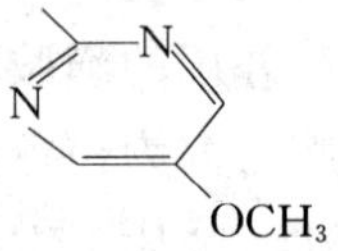
磺胺氯吡嗪　Sulfaclozine	Esb_3	H	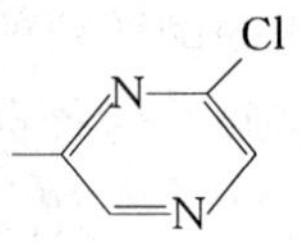
磺胺地索辛　Sulfadimethoxine	SDM	H	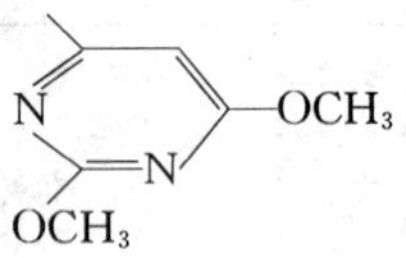
磺胺间甲氧嘧啶　Sulfamonomethoxine	SMM	H	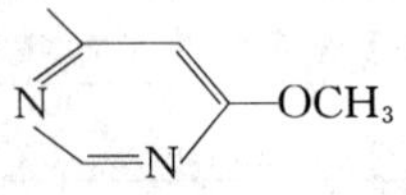
磺胺多辛　Sulfadoxine	SDM′	H	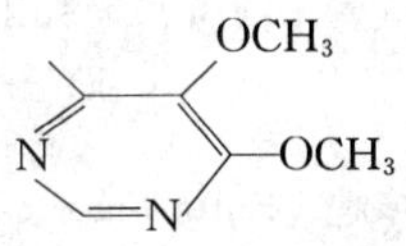

·续表 31-1

药名	简　名	R_2	R_1
用于消化道感染的磺胺药			
磺胺胍 Sulfaguanidine	SM	H	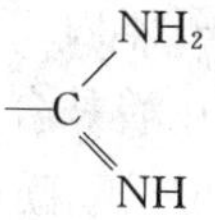
酞磺胺噻唑 Phthalylsulfathiazole	PST	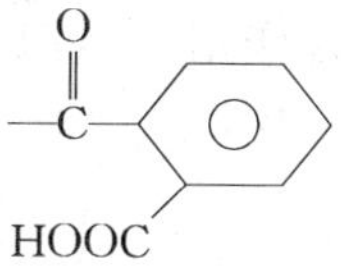	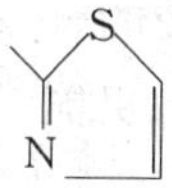
酞磺醋酰 Sulfacetamide	PSA	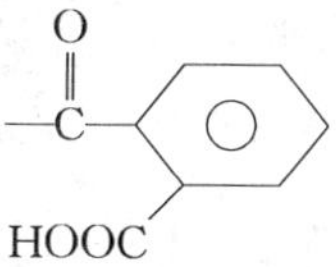	$-COCH_3$
柳氮磺胺吡啶 Salicylazosulfapyridine	SAPA	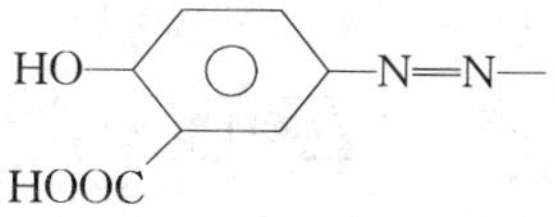	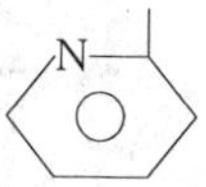
外用磺胺药：			
磺胺醋酰 Sulfacetamide	SA	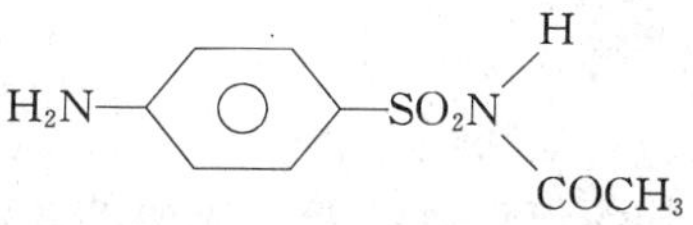	
磺胺米隆 Mafenide（甲磺灭脓）	SML	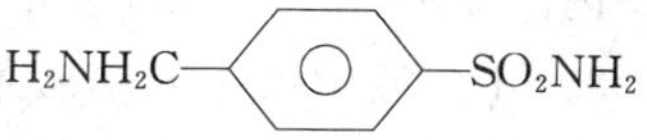	
磺胺嘧啶银 Sulfadiazine silver	SD-Ag	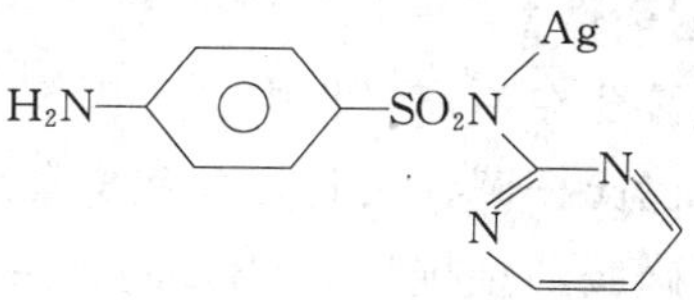	

【抗菌作用】

磺胺药抗菌作用范围广，对许多革兰氏阳性菌和一些革兰氏阴性菌都有抑制作用，甚至对衣原体属和某些原虫都有效，为广谱抑制剂。对磺胺药高度敏感的病原菌有：革兰氏阳性菌的链球菌、肺炎球菌；革兰氏阴性菌的沙门氏菌、大肠杆菌和脑膜炎球菌；中度敏感菌有革兰氏阳性菌的葡萄球菌，产气荚膜杆菌及革兰氏阴性菌的巴氏杆菌、变形杆菌及痢疾杆菌；放线菌及弓形虫也很敏感。磺胺对螺旋体、结核杆菌、立克次氏体、病毒以及除球虫、阿米巴原虫之外的原虫均无效。

不同磺胺对病原菌的抑制作用亦有明显的差异。一般认为，磺胺药抗菌作用强度的顺序为磺胺间甲氧嘧啶＞磺胺甲噁唑＞磺胺异噁唑＞磺胺嘧啶＞磺胺地索辛＞磺胺对甲氧嘧啶＞磺胺二甲嘧啶＞周效磺胺＞磺胺。

【抗菌作用机理】

凡生长繁殖时能直接利用外源叶酸或不需要叶酸的细菌对磺胺均有耐药作用。凡对磺胺敏感的细菌都是不能直接利用叶酸，必须吸收细菌体外的对氨基苯甲酸（PABA）与二氢喋啶，在菌体内二氢叶酸合成酶催化下合成二氢叶酸，再经二氢叶酸还原酶的作用形成四氢叶酸。四氢叶酸是合成核酸所必需的嘧啶和嘌呤合成的一碳单位转移酶的辅酶。核酸为细菌繁殖的必需成分。磺胺药有和PABA相似的化学结构，与PABA竞争二氢叶酸合成酶，以阻碍敏感菌叶酸的合成而发挥抑菌作用（图31-1）。但磺胺药无杀菌作用，消除病原菌最终需依靠机体的防御机能。

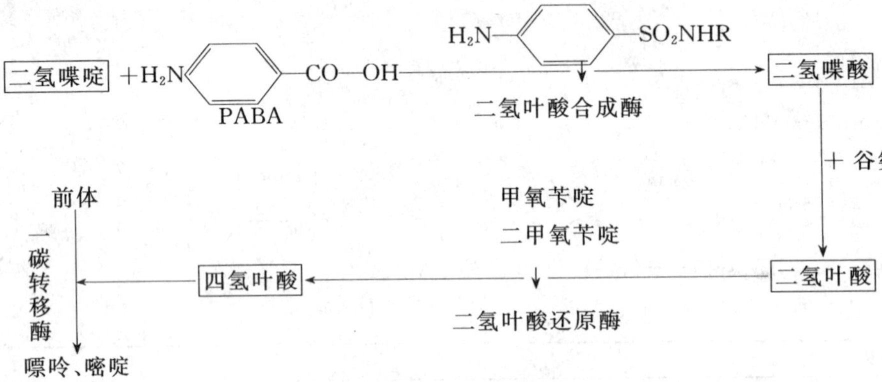

图31-1 磺胺抗菌作用原理示意图

磺胺药与二氢叶酸合成酶的亲和力远比PABA为弱。在与PABA的竞争中，由于脓液和坏死组织内的PABA含量高，所以磺胺药对化脓或坏死组织中的细菌疗效差或无效。一般认为，每100 ml血液中抑菌的磺胺最小浓度为3～5 mg，严重感染时则需要10～15 mg。

高等动物能直接利用叶酸，并无合成叶酸的必要，因此磺胺药对宿主动物没有代谢的障碍。

【耐药性】

磺胺药在治疗过程中，可因剂量和疗程不足，使敏感菌产生耐药性。最易产生耐药性的细菌有巴氏杆菌、大肠杆菌和金葡球菌。一般认为，细菌对磺胺药产生耐药性可能是细菌产生大量磺胺药拮抗物PABA的结果。如对磺胺药耐药的金葡菌菌株产生的PAPB量为敏感菌的20倍。一旦产生耐药性，即使增加剂量也难奏效。病原菌对某一种磺胺药产生耐药性后，同时对其它磺胺也易产生交叉耐药性。

【体内过程】

（1）吸收　用于全身性感染的磺胺药是一类口服易吸收的药物。用于肠道感染的磺胺药为口服不易吸收的药物。各种口服易吸收的磺胺药，其吸收率的大小顺序，大致是SM_2＞SDM′＞SN＞SMZ＞SD。各种动物对磺胺药的吸收率，以家禽为最高，其它依次为犬＞猪＞马＞羊＞牛。肉食动物吸收最快，给药后3～4 h吸收完毕，其它单胃动物则需4～6 h，反刍动物牛、羊则要12～14 h，但幼犊、羔羊吸收速度及其吸收程度比成年动物快而完全。同时，磺胺药的吸收速度与程度也受胃肠内容物的充盈与否的影响。

（2）分布　进入血液的磺胺药，广泛分布于全身各组织细胞和体液中，以肝、肾为主，也进入乳腺、胎盘、胸膜腔和滑膜腔内。由于药物受血脑屏障的作用，受各种磺胺药与血浆蛋白质结合以及在体液中解离度特点的影响，绝大多数磺胺药在脑脊液中的浓度极低。常用磺胺中以磺胺嘧啶与血浆蛋白质结合率为低，因而脑脊液的浓度最高，可达血液浓度的 50%～80%。因此，磺胺嘧啶可作为治疗脑部细菌感染的首选药。

不同磺胺药与同种动物血浆蛋白结合率不同；同种磺胺与不同种属动物的血浆蛋白的结合率也不相同。磺胺药与血浆蛋白质结合率的高低不仅影响药物的分布，还可影响药物的生物转化与排出。因此，与血浆蛋白质结合率高的磺胺药排泄较缓慢，持效时间也较长。

（3）代谢　磺胺药在动物体内发生多种结构上的变化。其中有乙酰化、氧化、与硫酸或葡萄糖醛酸结合，以及杂环的开裂。磺胺药乙酰化的程度与动物的种属有关。磺胺二甲嘧啶的对位氨基乙酰化，猪（30%）比牛（11%）及绵羊（8%）都高。家禽和犬的乙酰化极低。羟基化作用，绵羊比牛为高，猪则无羟基化作用。磺胺药及代谢产物与葡萄糖醛酸或硫酸的结合为绵羊的重要代谢途径。杂环开裂的代谢途径在多数动物中并不重要。乙酰化磺胺失去抗菌的活性，但保持原有磺胺药的毒性。除磺胺嘧啶外，其它乙酰化磺胺的溶解度普遍下降，增加了损害肾脏的毒副作用。肉食及杂食动物，由于尿中酸度比草食动物高，因而更易引起磺胺药及乙酰化磺胺的沉淀，产生结晶尿，损害肾功能。口服碳酸氢钠可碱化尿液，增加乙酰化磺胺的溶解，促进从尿中排出。

（4）排泄　被吸收的磺胺药主要通过肾脏排出。乳汁、消化液及其它分泌物的排出较少。磺胺药在单胃动物中吸收快，排出也快，反刍动物吸收慢，排出时间较长。肾排出快慢主要与肾小管主动分泌及重吸收有关。许多中长效磺胺药的排出，主要通过肾小管的主动分泌过程。肾功能不良，磺胺主动分泌减少而排出时间延长。治疗泌尿道感染时，应选用乙酰化低，原形排出多的磺胺药。

磺胺药可以从乳汁排出，但均达不到有效治疗浓度。可是对吮乳幼畜和公共卫生仍极为不利。

口服不易吸收的磺胺药，在用于消化道感染时，几乎全部随粪便排出。

【临床应用】

1. 用于全身性感染的磺胺药

磺胺药能治疗多种细菌感染。可用于家畜子宫炎、腹膜炎、呼吸道感染、消化道和泌尿道感染以及败血症、乳腺炎等。对弓形体、马腺疫、猪萎缩性鼻炎、兔葡萄球菌病、禽霍乱、伤寒、副伤寒和球虫感染等均有疗效。

（1）磺胺嘧啶　可用于各种敏感菌感染的全身治疗。除对葡萄球菌、链球菌感染的疗效较差外，对其它敏感菌，特别是大肠杆菌感染有较好的疗效。本品与血浆蛋白结合率低，易进入脑脊液，为脑部细菌性感染的首选药。磺胺嘧啶的抗菌作用强，治疗效果好。

（2）磺胺间甲氧嘧啶　可用于敏感菌所致的全身或局部感染，特别对猪弓形体、家禽球虫感染有良好疗效。本品抗菌作用以预防动物感染的效果较好，毒性较小。

（3）磺胺对甲氧嘧啶　主要用于泌尿道、生殖道、呼吸道及体表局部的各种敏感菌感染。抗菌作用比 SD 差，持效时间较短，但毒性小、副作用小。

（4）磺胺甲噁唑　作用与 SD 相似，持效时间较 SD 长，对鸭等球虫感染有较好的疗效。但乙酰化率高，易产生结晶尿和血尿。

（5）磺胺异噁唑　作用与 SMZ 同，疗效较差。各动物体内持效时间 6～7 h，可用于治疗猫和犬大肠杆菌、变形杆菌和革兰氏阳性球菌所引起的泌尿道感染。

(6)磺胺地索辛　本品抗菌作用与治疗同SD。用于猪弓形体、霍乱及球虫病的疗效显著。

(7) 磺胺二甲嘧啶　作用与SD相似，但疗效较差，对兔与禽的球虫感染有效。

(8) 磺胺喹噁啉、磺胺氯吡嗪　主要用于各种球虫病的治疗。

2. 用于消化道感染的磺胺药

(1) 磺胺脒　主要用于各种动物的细菌性肠炎和下痢。

(2) 酞磺胺噻唑　作用与SM相同，还可用于肠道手术前后的预防感染。

(3) 柳氮磺胺吡啶　本品为新型磺胺，在肠内水解生成磺胺吡啶和5-氨基水杨酸，故有较强的抑菌和消炎作用。

3. 外用磺胺药

(1) 磺胺醋酰钠　抗菌作用弱，刺激性小，可用10%～30%水溶液滴眼治疗结膜炎、角膜炎。

(2)磺胺嘧啶银　抗菌作用具有SD和硝酸银协同作用的特点，对绿脓杆菌作用强。适用于烧伤面抗感染治疗。

(3)甲磺灭脓　抗菌谱广，对绿脓杆菌作用强。抗菌作用不受脓汁及坏死组织的影响。有强刺激作用为一大缺点。临床上常用醋酸盐。

【不良反应】

磺胺药的不良反应主要发生于全身性治疗的过程。

(1) 急性中毒　急性中毒症状为神经兴奋、共济失调、痉挛性麻痹、呕吐、昏迷、厌食和腹泻。多见于静脉注射磺胺钠盐注射剂时，因剂量过大或注射速度过快而引起。内服过大剂量时也可发生。动物中以山羊最敏感。

(2) 慢性中毒　慢性中毒主要症状：①泌尿系统损伤。结晶尿、血尿、蛋白尿；②消化系统障碍。呕吐、食欲不振、腹泻、草食动物肠炎；③造血机能破坏。溶血性贫血、凝血时间延长、毛细血管性渗血；④幼畜及雏禽免疫系统抑制。免疫器官出血及萎缩；⑤产蛋鸡产蛋率下降，蛋破损率和软蛋率增高。

慢性中毒多因磺胺药的剂量过大或剂量合适但时间过长而引起。临床应用时应严格掌握剂量与疗程。

【预防措施】

为防止磺胺药急、慢性中毒的发生，除严格掌握剂量与疗程外，增加下列措施可减少中毒的可能。

(1) 充分饮水，增加尿量，促进排出。

(2) 选择疗效高、作用强、溶解度大、乙酰化低的磺胺药，可减少用药剂量与次数，减少结晶尿和血尿的机会。

(3) 杂食动物或肉食动物使用磺胺药时，应增加一定量碳酸氢钠，碱化尿液，促进磺胺药的排出。

制剂与用法

(1)磺胺嘧啶粉（或片）　内服量：马、牛、猪、羊及鸡初次量0.2 g/kg，维持量0.1 g/kg，犬初次量0.14 g/kg，维持量0.07 g/kg。1日2次。

(2) 磺胺嘧啶钠注射液　静脉注射或深部肌内注射量：马、牛、羊、鸡、猪0.07 g/kg。

1日2次。

(3) 磺胺甲噁唑粉(或片剂) 内服量:马、牛、羊、猪初次量0.1 g/kg,维持量0.07 g/kg,1日2次。

(4) 增效新诺明粉(或片剂) 内服量:各种动物0.02~0.025 g/kg。1日2次。用于治疗或预防禽、兔球虫感染可用0.02~0.04%浓度混饲,用药5天,停药3天,再用5天。

(5) 磺胺异噁唑粉 内服量:马、牛、羊、猪初次量0.2 g/kg,维持量0.1 g/kg。1日3次。

(6) 磺胺异噁唑钠注射液 肌内注射量:马、牛、羊、猪0.07 g/kg,1日3次。

(7) 磺胺二甲嘧啶粉(或片) 内服量:马、牛、羊、猪初次量0.2 g/kg,维持量0.1 g/kg。1日1~2次。

(8) 磺胺二甲嘧啶钠注射液 静脉注射或肌内注射量:马、牛、羊、猪0.07 g/kg。1日2次。

(9) 磺胺间甲氧嘧啶粉 内服量:马、牛、羊、猪初次量0.2 g/kg,维持量0.1 g/kg,1日2次。治疗鸡球虫病0.05~0.2%浓度,预防则为0.05~0.1%浓度,混饲给药,连用3~5天,停药3天,再用3~5天。预防仔猪弓形体病,以0.1~0.2%浓度混饲,连续饲喂60天。

(10) 磺胺脒粉 内服量:各动物0.07~0.1 g/kg,1日3次。

(11) 酞磺胺噻唑 内服量:驹、犊、仔猪、羔羊、兔、禽0.05~0.07 g/kg,1日3次。

(12) 酞磺醋酰粉 内服量:驹、犊、仔猪、羔羊、兔、禽0.04~0.07 g/kg,1日3次。

(13) 复方二甲氧苄氨嘧啶粉 内服量:羔羊、仔猪、兔、家禽20~25 mg/kg。1日2次,或以0.02~0.04%浓度混饲给药,可防治鸡鸭大肠杆菌病或巴氏杆菌病。

二、抗菌增效剂

二氨基嘧啶类是人工合成的化合物,抗菌谱广,因能增强磺胺药和多种抗生素的疗效,故称为抗菌增效剂。国内常用甲氧苄啶(Trimethoprim,TMP)和二甲氧苄啶(Diaveridin,DVD)两种,后者为动物专用品种。近年来,国外已合成了多种新增效剂,如奥美普林(Ormetoprim,OMP)和阿地普林(Aditoprim,ADP)。

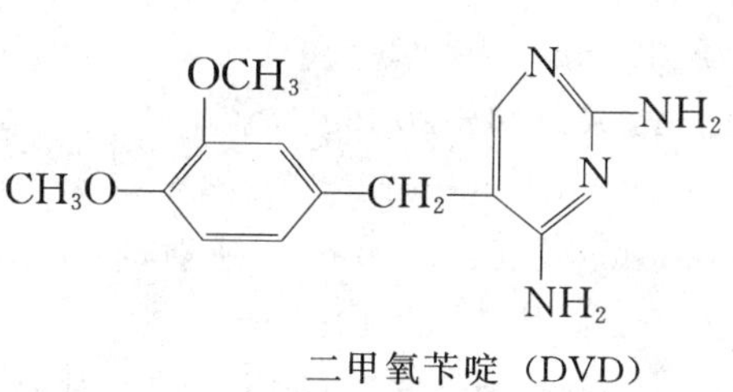

二甲氧苄啶(DVD)

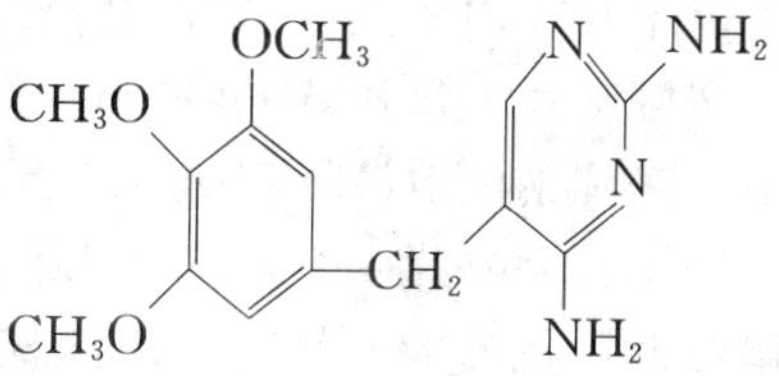

甲氧苄啶(TMP)

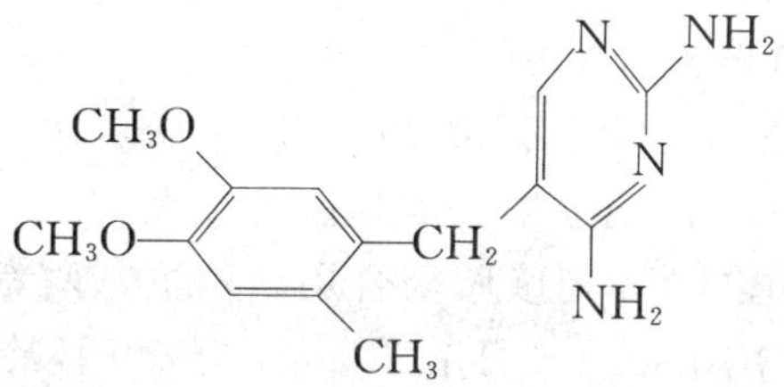

奥美普林(OMP)

这类化合物为白色或淡黄色结晶粉末,味微苦,不溶或难溶于水,易溶于酸和有机溶媒。

【体内过程】

TMP 内服吸收迅速而完全，1～2 h 血药浓度达高峰。本品脂溶性较高，广泛分布于各组织和体液中，并超过血中浓度。血浆蛋白结合率为 30%～50%。其消除半衰期存在较大的种属差异，马 4.2 h；水牛 3.4 h；黄牛 1.4 h；奶山羊 0.9 h；猪 1.4 h；鸡、鸭约 2 h。主要从尿中排出，3 天内约排出剂量的 80%，其中 6%～15%以原形排出。尚有少量从胆汁、唾液和粪便中排出。

DVD 内服吸收很少，其最高血药浓度约为 TMP 的 1/5，但在胃肠道内的浓度较高。主要从粪中排出，且排泄速度较 TMP 慢，较适合做胃肠道抗菌增效剂。

【抗菌作用与增效机理】

TMP 等增效剂的抗菌作用与磺胺药相似，且作用较强。两者合用可增加数倍或十数倍的抗菌活力，甚至出现强大的杀菌作用，致使对磺胺药有耐药性的菌株，如大肠杆菌、变形杆菌及化脓球菌等有效。试验证明，TMP 作用机制为抑制细菌二氢叶酸还原酶，阻碍四氢叶酸的合成。该作用与磺胺共同作用于叶酸合成同一过程的两个不同阶段，故二者合用明显协同抑菌甚至杀菌作用（见图 31-1）。与四环素、庆大霉素、多粘菌素、青霉素、红霉素等合用时，抗菌效果明显增强，故称“抗菌增效剂”。但单独应用时易产生耐药性。

【临床应用】

TMP（或）DVD 以 1∶5 的比例与磺胺药合用时能增强磺胺药的抗菌作用，可用于链球菌、葡萄球菌和其它革兰氏阴性杆菌引起的感染和尿道炎、腹膜炎、乳腺炎、胃肠炎、下痢及败血症等。对雏鸡白痢、火鸡或鸡霍乱、鸭呼吸道炎症等多种疾病有效。但对结核杆菌、绿脓杆菌及真菌等仍无效。

【不良反应】

TMP 毒性较低，DVD 毒性更低。TMP 与磺胺钠盐用于肌内注射时，有强的刺激作用，应做深部肌内注射。TMP 可能致畸胎，不宜用于妊娠动物。

制剂与用法

（1）甲氧苄啶　内服量：家畜 10 mg/kg；家禽按 200～400 mg/kg 混料。

复方磺胺嘧啶片　每片 SD 400 mg 及 TMP 80 mg。

复方磺胺嘧啶钠注射液　每毫升含 SD 100 mg 及 TMP 20 mg。

复方磺胺甲异噁唑片　每片含 SMZ 400 mg 及 TMP 80 mg。

复方磺胺对甲氧嘧啶　片剂每片含 SMD 400 mg 及 TMP 80 mg。注射剂：10 ml 含 SMD 1000 mg 及 TMP 200 mg；或 10 ml 含 SMD 2000 mg 及 TMP 400 mg。

复方磺胺间甲氧嘧啶　片剂：每片含 SMM 500 mg 及 TMP 100 mg。注射剂：10 ml 含 SMM 1000 mg 及 TMP 200 mg。

上述复方用量（两者总量），片剂：畜禽 20～25 mg/kg，每 12～24 h 内服 1 次。注射剂：畜禽 20～25 mg/kg，每 12～24 肌内注射或静脉注射 1 次。

（2）二甲氧苄氨嘧啶　按 1∶5 与磺胺药合用。用量（两者总量），内服：禽、兔 20～25 mg/kg，每日 2 次。雏鸡日用量：1～5 日龄 10 mg；6～10 日龄 15 mg；10～17 日龄 20 mg。混饲浓度：150～200 mg/kg。

磺胺对甲氧嘧啶、二甲氧苄氨嘧啶预混剂　每千克含 SMD 200 mg 和 DVD 40 g。混饲：

每 1 000 kg 饲料，猪、禽 1000 g。片剂：每片含 SMD 30 mg 及 DVD 6 mg。家禽：1 片/kg，内服。

磺胺喹噁啉、二甲氧苄啶预混剂　每千克含 SQ 200 g 和 DVD 40 g。混饲：每1 000 kg 饲料，禽 500 g。

三、硝基呋喃类药

硝基呋喃类（Nitrofurans）是呋喃核的 5 位引入硝基和 2 位引入其它基团的一类合成抗菌药。其化学结构见图 31-2。临床常用的有：抗细菌感染的呋喃妥因和呋喃唑酮；抗真菌感染的呋喃肟；抗血吸虫感染的呋喃丙胺等。

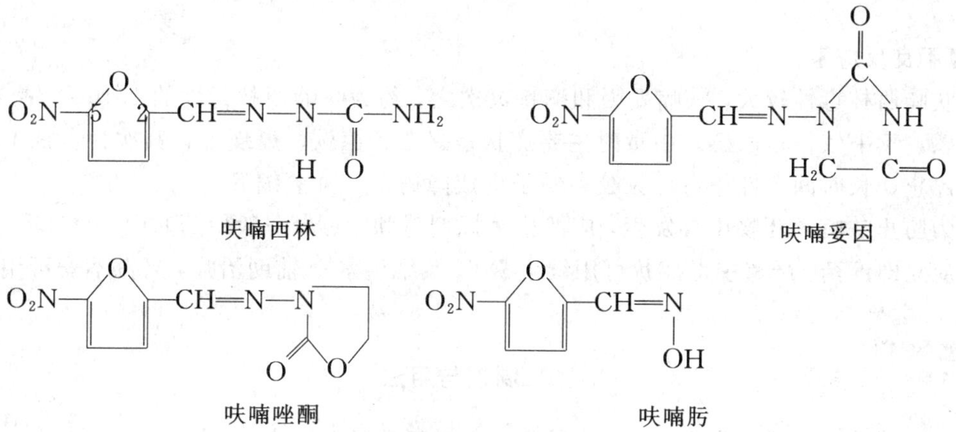

图 31-2　呋喃类药化学结构

【体内过程】

多数硝基呋喃类药可经肠道吸收，但难以维持有效血药浓度，故不宜用于全身感染。呋喃唑酮内服吸收很少，肠内浓度较高，主要用于肠道感染。呋喃妥因内服吸收迅速而完全，进入血液循环后大部分与血浆蛋白结合而失去抗菌活性，在组织中达不到有效抗菌浓度，经尿排出时，19%～50%又与血浆蛋白分离而恢复抗菌活性。因此呋喃妥因适用于泌尿道感染。

【抗菌作用】

本类药物具有广谱抗菌作用，对大多数革兰氏阳性菌、革兰氏阴性菌、某些真菌和原虫有杀灭作用。低浓度（5～10 μg/ ml）有抑菌作用，高浓度（20～50 μg/ ml）有杀菌作用。其中对大肠杆菌、沙门氏菌的作用较强；对产气杆菌、变形杆菌、绿脓杆菌、结核杆菌的作用较差。细菌对本类药物不易产生耐药性，与抗生素和磺胺药之间无交叉耐药性，对耐磺胺药或抗生素的细菌仍然有效。且其抗菌效力不受血液、脓汁、组织分解产物的影响。

其抗菌作用机理，尚未完全阐明，可能是抑制乙酰辅酶 A 而干扰了细菌糖代谢的早期阶段。它们进入细菌后，能代替细胞色素 C，接受还原型黄素酶传递的电子，从而使生物氧化过程受到破坏。对动物的毒性也可能与此有关。

【临床应用】

（1）呋喃唑酮（Furazolidone）　又名痢特灵，系黄色结晶性粉末，无臭，味微苦，几乎不溶于水及乙醇。本品内服吸收不良，在肠内浓度较高，适用于肠道感染。可用于鸡白痢、鸡伤寒、禽副伤寒、鸡球虫病、鸡卡氏白细胞虫病、火鸡黑头病、传染性鼻炎、大肠杆菌性败血病；对幼驹、犊牛、仔猪、羔羊大肠杆菌性腹泻和沙门氏菌病均有较好的疗效。

（2）呋喃妥因（Nitrofurantoin） 又名呋喃旦啶（Furadantin），为细小结晶性粉末，微溶于水。本品吸收快，排泄也快，血药浓度低，但尿药浓度高，系有效的泌尿道抗感染药，特别适用于大肠杆菌、粪链球菌所致的泌尿道感染。

（3）呋喃西林（Nitrofural） 在本类药物中，本品毒性最大。主要作外用消毒剂，用于各种局部炎症和化脓性感染，如伤口感染、结膜炎及膀胱炎、子宫内膜炎时冲洗，对创口及粘膜无刺激性。

（4）呋吗唑酮（Furaltadon） 又名呋喃它酮，易溶于水，对禽霉形体、鸡白痢沙门氏菌、鼠伤寒沙门氏菌等有很好的效果。对禽霉形体病的疗效优于泰乐菌素。但本品可能有致突变作用。

【不良反应】

呋喃西林毒性较大，呋喃妥因和痢特灵次之，约为呋喃西林毒性的1/10左右。家禽较家畜敏感，犊牛较仔猪敏感。中毒时主要症状是兴奋、惊厥、瘫痪等，其次为食欲下降，反刍活动停止，长时间慢性中毒可见公畜精子生成障碍，睾丸萎缩等。

为防止呋喃类药物中毒发生，应严格掌握剂量和疗程，一般用药时间3～5天。有中毒征象时应立即停药。严重中毒症状可用维生素 B_1 及维生素C辅助治疗，兴奋不安可用溴化钙镇静。

制剂与用法

（1）呋喃西林粉（或片剂） 内服量：各家畜日量7～20 mg/kg，分2～3次！家禽混饲浓度，第一周为0.02%，第二周为0.01%；饮水浓度为0.01%，连续7～10天，外用浓度为0.02%。

（2）呋喃唑酮粉（片剂） 内服量：各家畜日量5～10 mg/kg。家禽混饲浓度，第一周0.02%，第二周0.01%。

（3）呋喃妥因粉（或片剂） 内服量：各家畜日量15～20 mg/kg，每日分3次。

四、硝基咪唑类药

硝基咪唑类是一类具有抗原虫和抗菌活性的药物，包括甲硝唑（Metronidazole）、地美硝唑（Dimetridazole）、替硝唑（Tinidazole）、罗硝唑（Ronidazole）、尼莫唑（Nimorazole）和氟硝唑（Flunidazole）等，它们也具有抗厌氧菌的作用。在兽医临床上常用的有甲硝唑和地美硝唑。

甲硝唑 Metronidazole

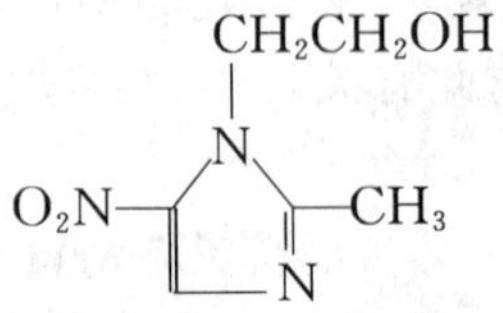

本品又称甲硝哒唑或灭滴灵，20世纪50年代主要用于治疗滴虫、阿米巴原虫及贾第鞭毛

虫感染，20 世纪 60 年代发现本品对厌氧菌具有强大的杀菌作用，因而广泛应用于厌氧菌感染的治疗。

【理化性状】

本品为白色结晶性粉末，微苦咸味，微溶于水、略溶于乙醇，见光变黑，应密闭遮光保存。

【抗菌作用】

本品对各种专性厌氧菌具有极强杀菌活性，对大多数厌氧菌的 MIC 为 0.78～6.25 μg/ml。试验表明，体外杀菌活性超过氯林可霉素，对深部厌氧菌感染有极佳疗效，且好于氯霉素。本品对需氧菌、兼性厌氧菌及微需氧菌疗效差或无效。

本品对滴虫、阿米巴原虫等也有效。

【抗菌机理】

本品的杀菌机理尚未完全清楚，药物分子中硝基在敏感菌株的能量代谢中可能被还原成一种有毒物质，对敏感菌株的 DNA 合成有阻断作用，促进菌体死亡，耐药菌株的耐药可能是因缺乏硝基还原酶而不能使硝基还原成有毒物质造成的。

【体内过程】

本品口服易吸收，且吸收迅速而完全。进入体内药物部分在肝内代谢，该代谢物具有色素，使尿液呈现红棕色，大部分（约 70%）药物由尿以原形物排出。本品体内分布广泛，且能透过血液屏障，胎盘、乳汁、羊水及唾液中均能达到或超过有效治疗浓度。

【临床应用】

本品应用广泛，在抗菌上主要用于外科手术中厌氧菌感染，或与其它抗菌药物配伍，用于治疗厌氧菌或与其它细菌混合的全身感染或局部感染，如中耳炎、牙周脓肿、肺炎或肺脓肿，本品易进入中枢神经系统，故为脑部厌氧菌感染的首选预防与治疗药物。

本品对蠕形螨、滴虫及兔球虫也有较佳疗效。

【不良反应】

本品毒性小，剂量过大或静脉注射过快可诱发动物共济失调，甲硝唑可能对啮齿动物有致癌作用，对细胞有致突变作用，妊娠动物应慎用。

地美硝唑 Dimetridazole

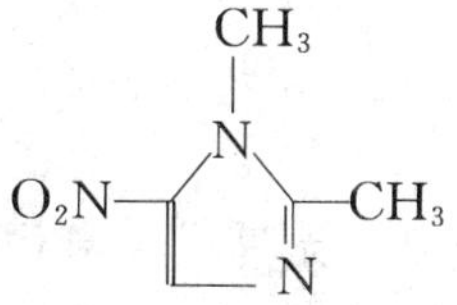

本品又称二甲硝咪唑，为白色至黄色粉末，遇光变黑，应遮光保存。

本品与甲硝唑同属硝基咪唑类药物，对厌氧菌与原虫具有较高活性。本品抗菌谱广，对大肠弧菌、链球菌、金葡球菌及密螺旋体有较强的疗效。其作用机理与甲硝唑相似，能抑制 DNA 的合成。本品在猪饲料中添加可用于防止猪密螺旋体引起的痢疾。也可用于防治火鸡、鸽、鹅及鸭等禽类的原虫病。

本品毒性较小，对禽敏感，大剂量可引起平衡失调，肝肾功能损害。产蛋鸡应禁用。

制剂与用法

(1) 甲硝唑粉(片) 内服量：牛 50 mg/kg，1 日 3 次，连用 2 天；犬 20 mg/kg，1 日 3 次，连用 3 天；治疗鸽滴虫，混饮：每升水 0.5 g 溶解，连用 7 天，停 3 天，再用 7 天。

(2) 甲硝唑注射液 静脉注射量：牛 10 mg/kg，制成 5%注射液输注，1 日 1 次，连用 3 天。

(3) 地美硝唑粉 用作添加剂，混饲：猪每吨料 200～500 g，禽每吨料 80～500 g。

五、喹诺酮类药

喹诺酮(Quinolones)又称吡啶酮酸类或吡酮酸类，为最新合成的一类具有 4-喹诺酮环结构的抗菌药。

该类合成药按发明先后及抗菌性能不同，可分为第一、二、三代。

第一代喹诺酮类药物，临床上用的主要是萘啶酸，只对大肠杆菌、痢疾杆菌、肺炎杆菌、变形杆菌及沙门氏菌等有效；对革兰氏阳性菌、绿脓杆菌作用弱或无效。现有品种为萘啶酸。因疗效不佳又易产生耐药性临床现已少用。

第二代喹诺酮类药物，临床上用的主要有吡哌酸和氟甲喹等。其抗菌谱比萘啶酸明显扩大，对大肠杆菌、痢疾杆菌等有较强的抗菌活性，且对绿脓杆菌有效。国内主要有吡哌酸。

第三代喹诺酮类(通称氟喹诺酮)药物，其抗菌谱进一步扩大，抗菌活性更强，对革兰氏阳性菌如金葡球菌、链球菌及革兰氏阴菌等有效，现已是兽医临床广泛应用的抗革兰氏阳性菌与阴性菌及霉形体的有效抗菌药。

1. 第一代喹诺酮类药

萘啶酸 Nalidixic Acid

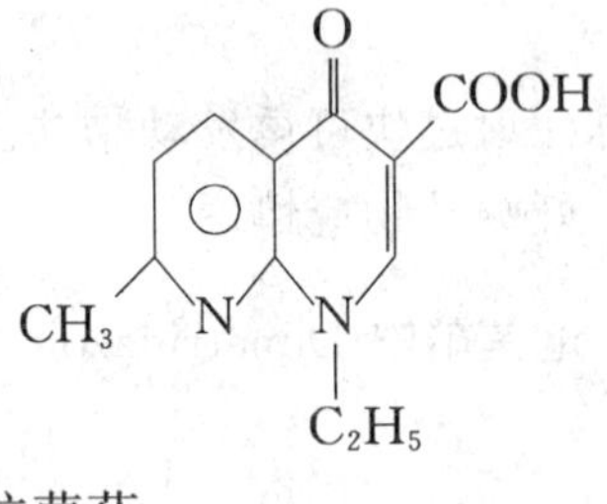

本品为最先合成的喹诺酮类抗菌药。

【理化性状】

本品为淡黄色结晶性粉末，味微苦，无臭，在氯仿中溶解，乙醇中微溶，在水中几乎不溶，在氢氧化钠或碳酸钠溶液中溶解。

【抗菌作用】

萘啶酸抗菌活性较弱，对大多数革兰氏阴性菌如大肠杆菌、肺炎杆菌、沙门氏菌、痢疾杆菌及部分变形杆菌具有较高的活性，对革兰氏阳性菌及绿脓杆菌等作用弱或无效。本品易产生耐药性，尤以大肠杆菌与肺炎杆菌为多见。

本品与卡那霉素、庆大霉素或多粘菌素具有协同作用。但与四环素，氯霉素及呋喃妥因等有拮抗作用。

【抗菌作用机理】

萘啶酸对细菌 DNA 合成呈现阻碍作用，使新合成的 DNA 链降解，干扰或阻断转化成大分子 DNA，本品也能对细菌细胞内 mRNA 产生作用，影响蛋白质合成。

【体内过程】

萘啶酸易从肠道吸收，单胃动物吸收率高。血浆蛋白结合率也高。部分在肝脏易转化成具有抗菌活性的羟基萘啶酸。本品及其代谢物在肝内与葡萄糖醛酸结合，灭活后经肾脏排出。肝、肾功能不良可延缓体内药物消除。

【临床应用】

萘啶酸主要用于治疗仔猪与犊牛大肠杆菌、肺炎杆菌、伤寒杆菌及部分变形杆菌所致尿路系统及消化道感染。由于血药浓度较低且对革兰氏阳性菌无效，兽医临床多用于仔猪及犊牛肠炎，但不宜为首选药。

治疗动物尿路感染时不得与呋喃妥因配伍，两药间有明显拮抗作用。

【不良反应】

本品对肝、肾功能不全及妊娠动物慎用或忌用。

2. 第二代喹诺酮类药

吡哌酸 Pipemidic Acid

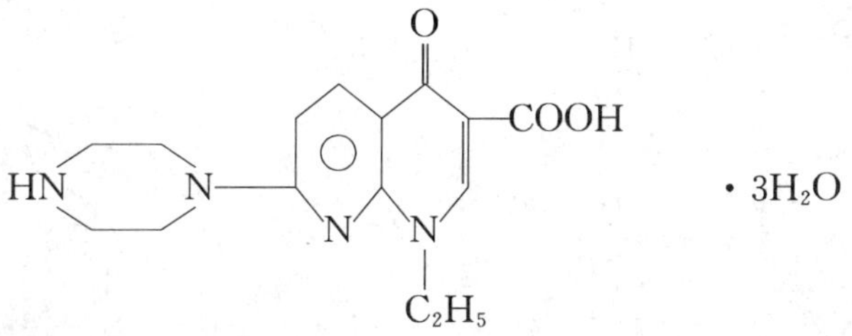

本品是萘啶酸 C_7 位上引入哌嗪基的衍生物。

【理化性状】

本品为微黄色或淡黄色的结晶性粉末，无臭，味苦，在水或氯仿中微溶，在乙醇中不溶，易溶于酸或碱溶液中。

【抗菌作用】

本品抗菌谱比萘啶酸有所增加，对革兰氏阴性杆菌具有较强的抗菌活性，如大肠杆菌、肺炎杆菌、痢疾杆菌、沙门氏菌等。本品对绿脓杆菌有较强的活性，且与庆大霉素、羧苄西林等具有协同作用。

本品与常用的抗生素如青霉素、头孢菌素、链霉素、氯霉素及四环素等无交叉耐药性。

吡哌酸对革兰氏阳性菌作用弱，抗菌作用不如氨苄西林、头孢氨苄等。

【体内过程】

单胃动物口服易吸收，2 h 后出现血药峰值，体内分布广，肝肾组织浓度高且超过同期血液浓度。口服丙磺舒能提高血浓度和延长消除半衰期，血浆蛋白结合率约 30%，本品几乎以原形从肾中排出。

【临床应用】

吡哌酸主要用于治疗犊牛、仔猪尿路及肠道感染。对犊牛肠炎、仔猪黄痢、白痢等有效；用于雏鸡白痢、肠炎及腹泻有一定疗效，但对禽霍乱无效。

本品可用于对四环素、链霉素、氯霉素及氨苄西林耐药菌株的感染。

【不良反应】

吡哌酸抗菌活性及血、尿中浓度均高于萘啶酸，副反应也较低。目前已取代萘啶酸的临床应用。犬对本品敏感，易发生不良反应，不宜应用。

3. 第三代喹诺酮类药

氟喹诺酮类 (Fluoroquinolones) 为在 C_6 位上引入氟原子的一类衍生物。本类药物品种较多，常见的品种和化学结构如表 (31-2)。

表 31-2　氟喹诺酮类药物品种及其化学结构

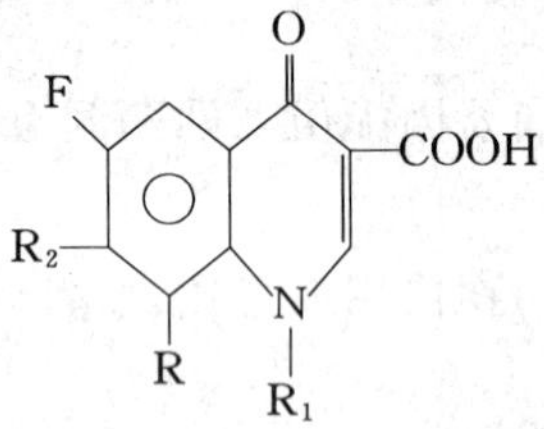

名　称	R	R_1	R_2
诺氟沙星（氟哌酸） Norfloxacin	H	$-C_2H_5$	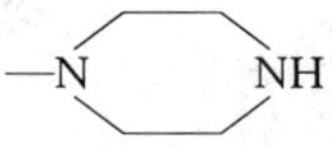
环丙沙星 Ciprofloxacin	H		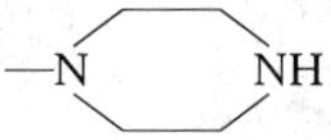
氧氟沙星 Ofloxacin	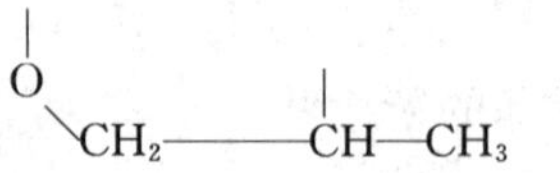		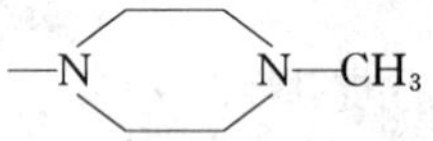
恩诺沙星（恩氟沙星） Enrofloxacin	H		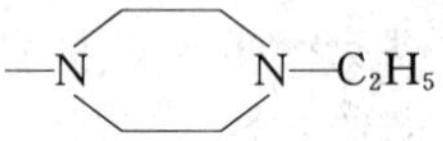
沙拉沙星（沙氟沙星） Sarafloxacin	H	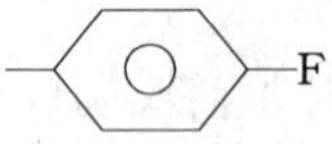	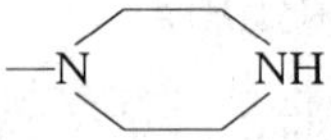
培氟沙星 Pefloxacin	H	$-C_2H_5$	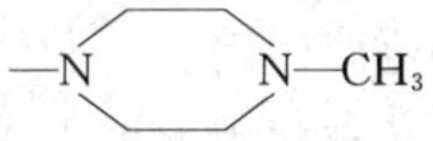
达诺沙星（达氟沙星） Danofloxacin	H		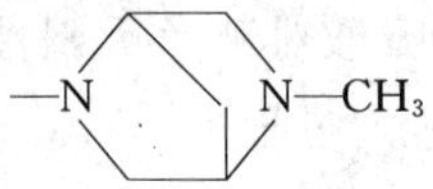
洛美沙星 Lomefloxacin	F	$-C_2H_5$	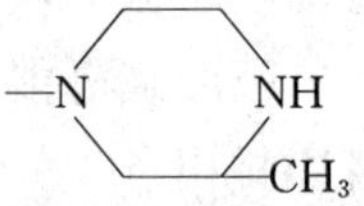

续表 31-2

名　称	R	R_1	R_2
马波沙星 Marbofloxacin	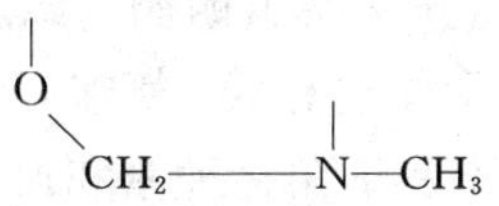		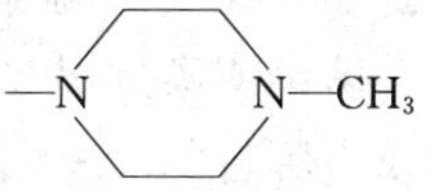
二氟沙星 Difloxacin	H	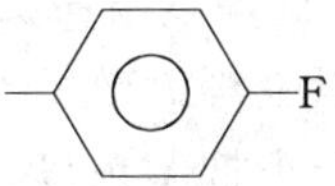	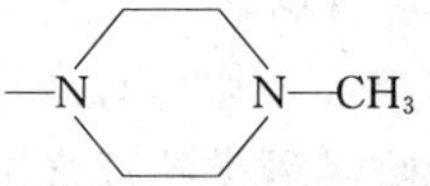

【构效关系】

喹诺酮类的母核为 4-喹诺酮环（图 31-3）。在其 1、3、6、7、8 位引入不同基团，即形成本类各种药物。其中氟喹诺酮类的结构特征是：6 位引入氟；7 位引入哌嗪环。在哌嗪环上引入甲基或乙基，可以提高其内服的生物利用度和组织药物浓度。常用氟喹诺酮类药的构效关系如图 31-3。①喹诺酮类抗菌作用必需基本结构；②6 位引入氟抗菌作用明显增强；③7 位引入哌嗪与抗绿脓杆菌有关；④8 位引入-F 或-Cl，内服吸收增加，使体内抗菌活性提高；⑤1 位引入苯环或环状等基团抗菌作用增强。

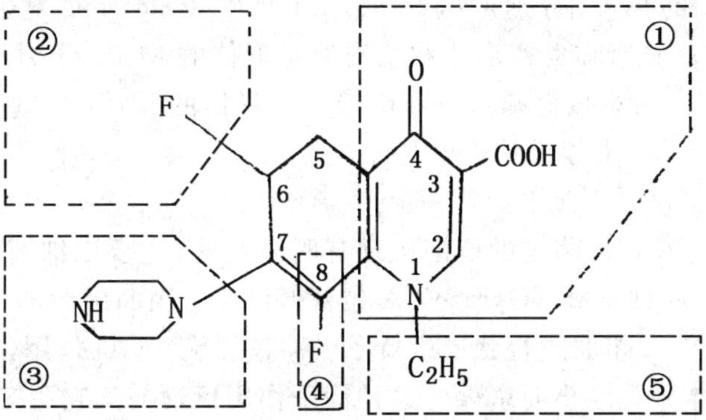

图 31-3　喹诺酮类构效关系示意图

【理化性状】

本类药物与其它喹诺酮药均含有机胺的结构，属于弱碱，均呈淡黄色或类白色结晶粉末，对热、光、酸与碱较稳定；难溶于水，可溶于酸或碱中成盐，碱性盐溶液稳定性低于酸性溶液。

【体内过程】

本类药物除诺氟沙星（氟哌酸）吸收率低（约为给药量的 15%）外，多数口服易吸收，迅速且较完全。通常吸收率可达 60%或更高，血药高峰浓度于给药后 1～2 h 到达，血浆蛋白结合率低，体内分布广，组织浓度较高，可进入一般抗生素不易到达的部位，如软组织。本类药物在体内有小部分转化，大部分经肾原形排出，肾功能不良则延缓药物排出，血浆药物半衰期有明显延长。

【抗菌作用】

本类抗菌剂抗菌谱广，对革兰氏阳性菌如金葡球菌，链球菌、肺炎球菌，革兰氏阴性杆菌和球菌以及淋球菌具有高度抗菌活性，包括大肠杆菌、沙门氏菌、痢疾杆菌、流感杆菌、肺炎杆菌、绿脓杆菌均有极高的抗菌活性。此外，对某些霉形体，衣原体、螺旋体也有极强的抑制作用。对甲氧苄啶/磺胺药耐药的细菌、庆大霉素耐药的绿脓杆菌、耐甲氧苯青霉素的金葡菌及耐泰乐菌泰或泰妙灵（Tiamulin）的霉形体也有效。氟喹诺酮类为杀菌药，杀菌浓度与抑菌浓度相同或为后者的2～4倍。其抗菌作用不受细菌接种量和血清影响，但尿液pH＜5或镁离子浓度增加可影响其活力，与某些抗生素如β-内酰胺类、氨基糖苷类等很少有拮抗作用。

本类各药物均对病毒、真菌、原虫等无效。

氟喹诺酮类特征之一是它们的最小抑菌浓度（MIC）值低。诺氟沙星对鸡败血霉形体 S_6 株的MIC为0.174±0.016 μg/ml，最小杀菌浓度为0.185±0.020 μg/ml。诺氟沙星及环丙沙星对鸡败血霉形体的MIC分别是0.25 μg/ml及0.031 μg/ml，对大肠杆菌的MIC分别是0.25 μg/ml及0.063 μg/ml。

氧氟沙星对多杀性巴氏杆菌、支气管败血波特氏杆菌、胸膜肺炎嗜血杆菌、2型猪链球菌的 MIC_{90} 分别是0.008 μg/ml、1.0 μg/ml、0.004 μg/ml、0.5 μg/ml。环丙沙星、依诺沙星、司帕沙星对猪胸膜肺炎放线杆菌的 MIC_{90} 分别是≤0.06 μg/ml、≤0.25 μg/ml、≤0.06 μg/ml。环丙沙星对牛多杀性巴氏杆菌、溶血性巴氏杆菌、沙门氏菌、大肠杆菌的 MIC_{90} 分别是0.06 μg/ml、0.03 μg/ml、0.008 μg/ml及0.06 μg/ml。达诺沙星对牛溶血性巴氏杆菌及多杀性巴氏杆菌的 MIC_{90} 分别是0.06 μg/ml及0.03 μg/ml；对牛三种霉形体的 MIC_{90} 是0.016～1.0 μg/ml；对猪肺炎霉形体和猪滑液霉形体的 MIC_{90} 分别是0.016～0.062 μg/ml及0.5～1.0 μg/ml；对鸡败血霉形体和滑液囊霉形体的 MIC_{90} 分别是0.25～0.5 μg/ml及0.5 μg/ml。对病毒、原虫等无效。

【抗菌机理】

喹诺酮类药物与其它抗菌剂的抗菌机理有明显差异，主要以细菌的DNA为靶。氟喹诺酮类主要与细菌的DNA回旋酶（Gyrase）A位亚基结合，阻断细菌的DNA复制，选择性地阻断DNA形成双股DNA扭曲成袢状或螺旋状（称超螺旋）酶的作用，使细菌细胞染色体形成不可逆的损伤，菌体分裂停止而杀灭。这种抑杀作用机理与其它所知抗菌药的作用机制有明显差异，因而与其它抗菌药间不产生交叉耐药性。

【耐药性】

本类药物不易产生耐药性，一些细菌对许多抗生素的耐药性产生是因质粒传导而广泛传播，而细菌对本类药物产生耐药性则主要由于DNA回旋酶A亚单位突变或细菌对药物渗透性改变引起，不存在通过质粒传导的耐药性。因此，本类药物与其它抗菌药不存在交叉耐药问题。临床分离的耐药菌株对氟喹诺酮类药物仍常呈现敏感，尤其是对多重耐药的肠杆菌科细菌，本类药物仍具高度抗菌活性。但喹诺酮类药物间呈现出不同程度的交叉耐药现象。

应该注意，利福平（RNA合成抑制剂）或氯霉素（蛋白质合成抑制剂）均可导致氟喹诺酮类药物作用的降低，例如可使诺氟沙星的作用完全消失及氧氟沙星和环丙沙星的作用部分抵消。其原因是这些抑制剂抑制核酸外切酶的合成。因此，本类药物不能与利福平、氯霉素等DNA、RNA及蛋白质合成抑制剂联合应用。

【临床应用】

氟喹诺酮类药物在兽医临床上已有广泛应用，主要用于猪、犊牛、羔羊及禽，也用于犬、猫，以及鱼等的细菌性传染疾病的防治。

用于人与动物的氟喹诺酮类药物有诺氟沙星（氟哌酸，Norfloxacin）、氧氟沙星（氟嗪酸，Ofloxacin）、培氟沙星（甲氟哌酸，Perfloxacin）、环丙沙星（环丙氟哌酸，Ciprofloxacin）、依诺沙星（氟啶酸，Enoxacin）、洛美沙星（Lomefloxacin）等；专用于动物的氟喹诺酮药物有恩诺沙星（Enrofloxacin）、沙拉沙星（Sarafloxacin）、达诺沙星（Danofloxcin）、二氟沙星（Difloxacin）、马波沙星（Marbofloxacin）等等。

本类药物对动物消化道、呼吸道及尿路感染均有极佳疗效。其对细菌性或霉形体感染均有极佳的临床效果，且明显强于庆大霉素等；对水产鱼类的消化道及鳃细菌性疾病有也有良好的防治作用。

【不良反应】

本类药物毒副作用小，安全性较大，主要不良反应有：①胃肠道反应。在超大剂量下，动物食欲下降、废食、饮欲增加、拉绿粪、拉稀、腹泻；②尿路损害。大剂量或饮水不足时动物可产生结晶尿，碱性尿中更易发生；③肝细胞损害。高浓度混饮或长时间混饲，雏鸡特别易导致肝细胞变性或坏死，环丙沙星尤为明显；④中枢神经反应。犬中毒时兴奋不安，鸡中毒时先兴奋、后呆滞或昏迷死亡；⑤生长停滞。仔猪、妊娠母畜长时间应用影响仔畜软骨生长不良，关节水肿、胎儿骨关节肿大，仔（雏）鸡关节肿大，跛行；幼畜（禽）生长停止。

制剂与用法

（1）诺氟沙星（片剂）　内服量：雏鸡混饲每吨饲料 50 g，犊牛 150～200 mg，1 日 2～3 次；猪 7.5～10 mg/kg，1 日 2 次，连用 2～3 天。

（2）环丙沙星粉（片剂）　内服量：雏鸡混饲每吨饲料 25～50 g，猪 2.5～5 mg/kg，1 日 2～3 次。

（3）环丙沙星注射液　肌内注射：畜禽一次 2.5～5 mg/kg。

（4）氧氟沙星粉（片剂）　混饮：鸡 50～100 mg/L，连饮 3 天。

（5）恩诺沙星粉（片剂）　混饮：鸡饮水 50 mg/L，连饮 3 天。鱼 5 mg/kg，连用 5 天，1 日 1～2 次。

（6）恩诺沙星注射液　肌内注射量：鸡、猪 2.5 mg/kg，1 日 2 次，连用 3 天。

（7）达诺沙星粉　混饮：家禽每千克水 30 mg，连用 3～5 天。

（8）达诺沙星注射液　肌内注射或皮下注射：家畜 1.25 mg/kg，每日 2 次。

六、喹噁啉类药

本类药物为新型合成抗菌药，均属喹噁啉-N-1，4-二氧化物的衍生物，用于畜禽的主要有卡巴多司、乙酰甲喹和喹乙醇，其结构式如下：

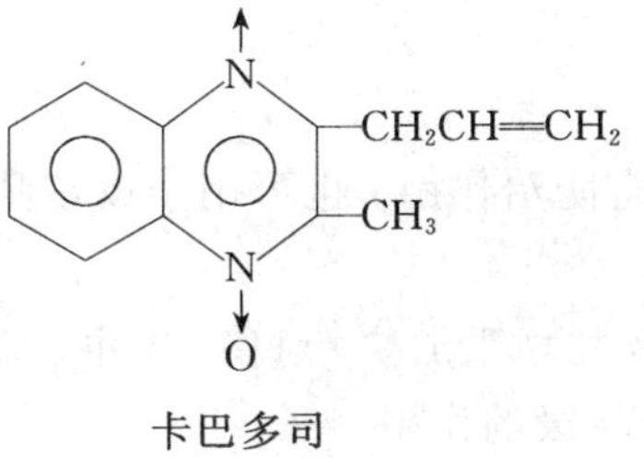

卡巴多司

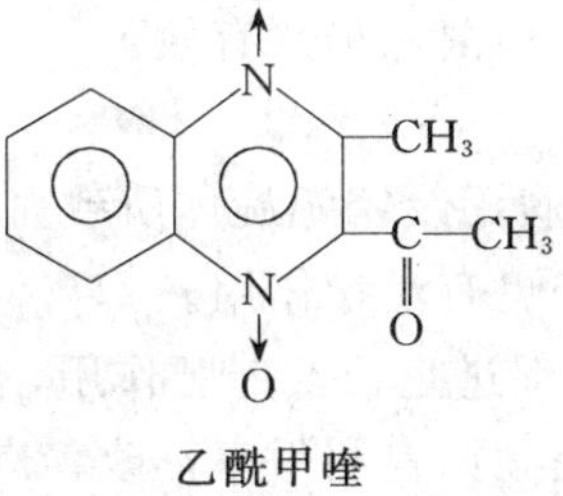

乙酰甲喹

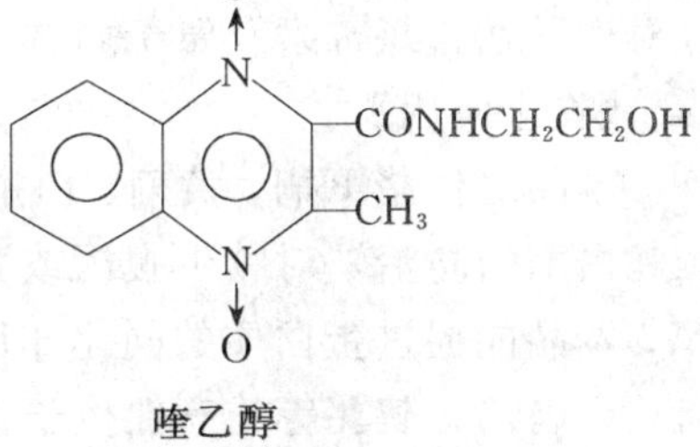

喹乙醇

卡巴多司 Carbadox

本品又称卡巴氧或痢立清，为黄色结晶性粉末，难溶于水。具有广谱抗菌作用，对革兰氏阴性菌的作用强于革兰氏阳性菌。对大肠杆菌、巴氏杆菌、猪霍乱沙门氏菌、鼠伤寒沙门氏菌、李氏杆菌、变形杆菌的作用较强；对某些革兰氏阳性菌如金葡菌、链球菌也有抑制作用。对猪痢疾密螺旋体的作用尤为突出。主用于猪霍乱沙门氏菌引起的肠炎和猪痢疾的防治。国外，卡巴多司主要用作生长促进剂。

乙酰甲喹 Maquindox

本品又称痢菌净。

【理化性状】

本品为黄色或鲜黄色结晶性粉末，无臭，微苦，遇光色渐变深；在水、甲醇、乙醚、石油醚中微溶，在丙酮、氯仿、苯中溶解。

【抗菌作用】

本品与卡巴多司（Carbadox）的抗菌谱、抗菌活性相似。对多种细菌具有较强的抑制作用，对革兰氏阴性菌抗菌作用更强。与四环素类抗菌性能相似。对密螺旋体有效。

本品抗菌机理与卡巴多司可能一致，抑制菌体的DNA合成，而与磺胺类、硝基呋喃类、氨基苷类、氯霉素等的抗菌机理不同，因而它们之间无交叉耐药现象。

【临床应用】

临床实践证明，本品对猪痢疾、仔猪下痢、犊牛腹泻、犊牛副伤寒及禽霍乱、雏鸡白痢等均有疗效。对仔猪黄痢、白痢有效，尤对密螺旋体所致猪血痢有独特疗效，且复发率低。

【不良反应】

本品安全性良好，肌内注射、口服吸收性良好，当使用剂量高于临床治疗量3～5倍时，或长时间应用会引起不良反应，甚至死亡。家禽较为敏感。

喹乙醇 Olaquindox

本品又称奥喹多司。

【理化性状】

本品为黄色结晶性粉末，无臭，微苦，遇光渐变深色；溶于热水，微溶于冷水，甲醇、乙醚及乙醇中难溶。

【抗菌作用】

本品抗菌谱广，对革兰氏阳性菌及阴性菌均有抑制作用，对大肠杆菌、沙门氏菌、志贺痢疾杆菌、变形杆菌等敏感；对金葡球菌、肺炎双球菌、绿脓杆菌、密螺旋体也有抑制作用；且对四环素、氯霉素及氨苄西林等耐药菌株仍然有效。

【临床应用】

本品对仔猪下痢、黄痢、白痢、腹泻及密螺旋体所致血痢有防治作用。也可用于禽霍乱、雏鸡白痢的防治。对犊牛腹泻或肠炎也有治疗作用。

本品能促进蛋白质的同化作用，促进生长及催肥作用，使动物增重加快，对猪、肉牛、兔、肉鸡、肉鸭、鹌鹑等均有促生长，提高饲料利用率，改善肉质品级的作用。

本品主要用作促生长及催肥的饲料添加剂及用于防治动物肠道炎症、血痢及巴氏杆菌病等。

【不良反应】

本品对家禽敏感，常可因用量不当或混饲不均导致中毒或死亡。猪耐受性良好，体重超过 50～60 kg 禁用，或宰前 35 天停止给药。

制剂与用法

（1）卡巴多司预混剂　混饲，畜禽每吨饲料添加 50 g。

（2）乙酰甲喹注射液　肌内注射或内服量：犊牛、猪 2.5～5 mg/kg，鸡（肌内注射）2.5 mg/kg,或鸡（内服）2.5～5 mg/kg，1 日 2 次，连用 3 天。

（3）喹乙醇粉（片剂）　治疗用量：鸡（禽）5～10 mg/kg，1 日 2 次，连用 3 天。促生长量：猪混饲每吨料 50～100 g，禽混饲每吨料 25～35 g。

第三十二章　主要作用于革兰氏阳性菌的抗生素

主要作用于革兰氏阳性菌的抗生素有青霉素类、头孢菌素类、大环内酯类及多肽类等。

一、青霉素类

青霉素类抗生素可分为天然青霉素与半合成青霉素两大类。

（一）青霉素 G　Penicillin　G

天然青霉素由青霉菌培养液中提得，培养液中实际上含有 G、F、X. K 和双氢 F 五种青霉素，其中以青霉素 G 作用最强，性质稳定，产量较高，为有临床应用和生产价值的一种青霉素，天然青霉素的基本结构如图 32-1。

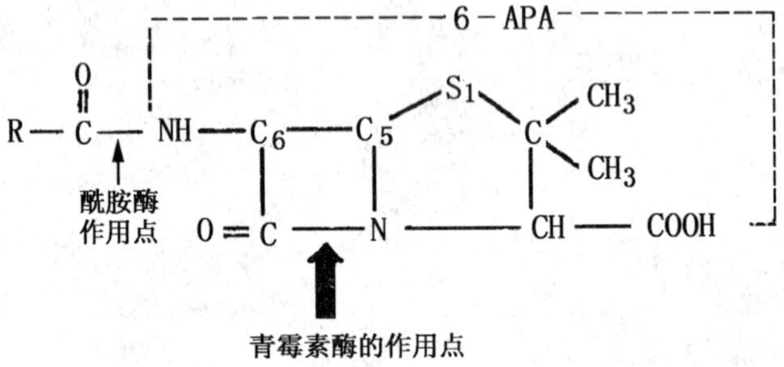

图 32-1　青霉素类的基本结构及特点

青霉素 G 为天然青霉素，由主核 6-氨基青霉烷酸（6-Amimo-penicillinic acid. 简称 6-APA）及侧链 R 为苄基（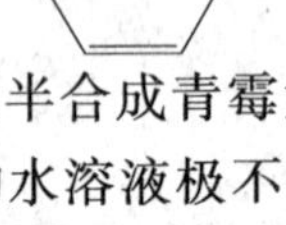CH_2—）所构成，故又称苄青霉素。侧链 R 为其它不同基团时，则可制得一系列半合成青霉素。青霉素 G 为有机酸类化合物，不溶于水，常用其钠盐或钾盐粉针剂。该盐的水溶液极不稳定，易在室温中降解，因此必须在临用时新鲜配制。

青霉素 G 的抗菌强度以单位(U)表示。一个单位等于 0.6 μg 的纯结晶青霉素 G 钠，1 mg 纯青霉素 G 钠盐等于 1 667 个 U。一个单位等于 0.625 μg 纯结晶青霉素 G 钾，1 mg 纯青霉素 G 钾等于 1 598 U。半合成青霉素则以重量计算，以 U 表示时，则 1 mg 为 1 000 U。

临床所用剂量，动物体内血清中均能达到抑制中度敏感菌（1 U/ml）及高敏感菌(0.1 U/ml)的所需浓度之上。

【抗菌作用与作用机理】

青霉素 G 为窄谱抗生素，杀菌作用强且快。它的敏感菌主要是多数革兰氏阳性菌和革兰氏阴性球菌，如链球菌、肺炎球菌、葡萄球菌、肠球菌、猪丹毒杆菌、炭疽杆菌、棒状杆菌、破伤风杆菌、坏死杆菌、魏氏梭菌及放线菌；对多种螺旋体也敏感；对革兰氏阴性杆菌如大肠杆菌、巴氏杆菌、布氏杆菌及沙门氏菌作用很弱。青霉素 G 对结核杆菌、立克次氏体、病毒则无效。

青霉素 G 与其它青霉素的抗菌作用都在于通过阻碍细菌细胞壁的合成呈现强烈的杀菌

作用，而对已形成细胞壁的细菌无抗菌作用。因此，对生长旺盛（即细胞壁生物合成旺盛时期）的敏感菌特别有效，而对代谢受到抑制的细菌的作用效果差；故不宜与抑菌药联合应用。

青霉素G和其它青霉素的抗菌作用机理完全相同，是阻碍细菌细胞壁的肽多糖层的交联链形成。肽多糖（又称粘肽）为多糖链与肽链交叉连接的网状结构物。它由N-乙酰葡萄胺（NAc-GA）和五肽的N-乙酰胞壁酸（NAc-Nur）交替重复地连接成线状的多糖长链，在转肽酶的作用下，线形多糖长链中五肽链上第四个D-丙氨酸残基通过羧基端（—COO—）与另一条五肽链上（甘氨酸）$_5$肽末端甘氨酸的游离-NH_2结合（见图32-2）。此时五肽链中末端D—

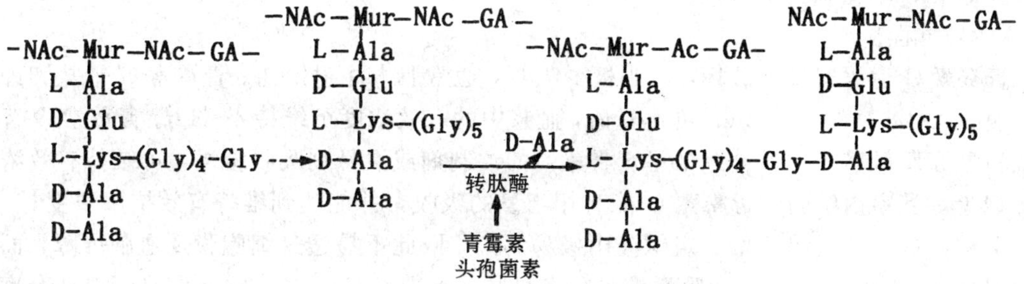

NAc-Mur=N-乙酰胞壁酸　　L-Lys=L赖氨酸
NAc-GA=N-乙酰葡萄糖胺　　D-Ala=D丙氨酸
L-Ala=L丙氨酸　　Gly=甘氨酸
D-Glu=D谷氨酸

图 32-2　粘肽合成简图和青霉素等的作用点

丙氨酸释放呈游离状态，这样两条线状多糖链形成交联。顺此方法，多条线状肽多糖交联成网状结构，以保持细胞壁的韧性和弹性，维持细菌的外形和细胞质内的高渗压（可高达$1.01\times10^6\sim3.03\times10^6$Pa），细胞壁与质膜一起参与细菌与外界环境的物质交换。青霉素的结构中含有与乙酰胞壁酸五肽的最后二肽D-丙氨酰-D-丙氨酸结构相似呈高活性的β-内酰胺环（图

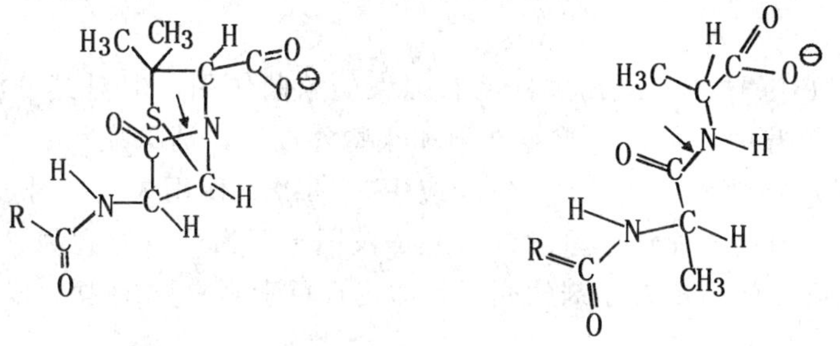

青霉素　　D-丙氨酰-D丙氨酸

图 32-3　青霉素和D-丙氨酰-丙氨酸的结构
箭头处为转肽酶的作用点

32-3），能与合成肽多糖所需的转肽酶结合使酶失活从而阻止肽多糖网状结构的形成，造成细胞壁缺损，失去稳定菌体内渗透压的屏障作用，使水分子不断渗入菌体内，导致菌体膨胀、解体和死亡。故称青霉素类为繁殖期杀菌剂。革兰氏阳性菌的胞壁中肽多糖含量高（占壁重60%

～90%），故青霉素对其作用强。革兰氏阴性菌的胞壁中肽多糖含量低（约10%），脂蛋白、磷脂和脂多糖占有绝对多数（约80%），因而青霉素对它们的作用甚弱。人和动物的细胞不含细胞壁，故青霉素对宿主细胞几乎无作用。

【耐药性】

多数敏感菌对青霉素G不易产生耐药性，但金葡菌的耐药性十分易见。这是由于金葡菌在与青霉素G接触中逐渐产生大量青霉素酶破坏青霉素G的β-内酰胺环，使之出现高度的耐药性。霉形体无细胞壁而不敏感，革兰氏阴性杆菌中有些杆菌也能释放破坏β－内酰胺环的酶而对青霉素G不敏感。

【体内过程】

青霉素G遇胃酸易被破坏，口服极少吸收，通常肌内注射给药。青霉素G钠盐和钾盐吸收迅速。血中浓度约在30 min可达峰值，血浆中的有效浓度可维持4～8 h。青霉素G普鲁卡因盐和青霉素G苄乙二胺盐（苄星青霉素）的油制剂或混悬剂吸收缓慢，可维持有效浓度达24 h以上。乳室内给药时青霉素G能有相当量的吸收，并能达到维持有效抗菌浓度。

青霉素G为强的有机酸，组织液中极易解离，因此不易透过细胞膜及血脑屏障，而多分布于细胞外液中，细胞内液及脑脊液中分布极少。青霉素G在血浆中与血浆蛋白结合率多达50%以上，因此在正常时腹腔液、胎盘胎儿及乳汁中的浓度极低，难以达到有效抑菌浓度。但当上述器官感染炎症时，青霉素G渗入的浓度明显增加，甚至可达有效的抗菌浓度。

青霉素G主要由肾小管主动分泌排出，排出迅速，体内消除快。凡从肾小管主动分泌的酸性药物（如丙磺舒）都能竞争地抑制肾小管青霉素G的分泌，增高青霉素G在血中的浓度，延长或增强青霉素G在体内的疗效。

【临床应用】

青霉素G主要用于革兰氏阳性菌和螺旋体所致的各种感染，也可用于革兰氏阴性球菌的感染。

兽医临床上主要用于链球菌感染的乳腺炎、马腺疫、猪链球菌病；敏感的金葡球菌感染的乳腺炎、脓肿、败血症；其它敏感菌感染如破伤风、猪丹毒、炭疽病、坏死杆菌病、放线菌病及螺旋体病。

青霉素G对白喉杆菌和破伤风杆菌有强大的杀菌作用，但对其分泌的毒素并无中和作用。用青霉素G治疗时，应配合抗毒素中和这些外毒素，消除症状。

青霉素G钠或钾盐为短效制剂，每天应用3～4次。使用大剂量时，每天2次。应用长效制剂，每天1次，但由于血液中浓度低，通常仅用于不为严重的病例。为了改变低浓度不利于治疗的状况，可在使用长效制剂的同时，加用青霉素G钠或钾盐，以达到速效和长效的临床效果。

【不良反应与预防措施】

青霉素G的不良反应为过敏反应。对青霉素G有过敏反应的病例也不适用半合成青霉素。青霉素G引起过敏反应的基本成分为青霉素的降解产物青霉噻唑酸和青霉烯酸等半抗原性物质，与蛋白结合形成抗原而致敏。其主要症状为呼吸困难、发绀、头晕、面色苍白、血压下降、脉搏细微、昏迷、惊厥，严重时休克。抢救不及时，可导致在几分钟或几小时内死亡。

为了防止不测事故的发生，应询问有否用过此药或过敏史。为了保证安全，常需备肾上腺素做好急救准备。一旦发生过敏反应，可根据病情，皮下或肌内注射肾上腺素。严重病例可应用稀释肾上腺素缓缓滴注或推注。必要时，可加用抗组胺药或糖皮质激素，增强或稳定疗效。

过敏性反应为青霉素类的一大缺点，且容易发生，即使在继续治疗过程中也能发生。用药时应必备抢救药品。青霉素对豚鼠极为敏感，表现出极为明显的毒性，对其它动物毒性轻微。

青霉素G钾盐有较强的刺激性，大剂量使用时可能会发生高血钾症。静脉注入可致心搏停止，故不宜静脉注射。对肾功能不良的动物，应用时应予以警惕。

（二）半合成青霉素

半合成青霉素是以青霉素G为原料，加酰胺酶除去苄羰基侧链，在主核6-APA上接上各种基团后所获得一系列半合成青霉素。这些半合成青霉素可分为耐酸耐酶青霉素和广谱青霉素两大类。其化学结构详见表32-1。

1. 耐酶青霉素

这些半合成青霉素主要有苯唑西林、氯唑西林、双氯西林和萘夫西林。均具有耐酸的特点。

上述这些半合成青霉素对耐青霉素金葡菌有高效，对其它革兰氏阳性菌的作用不及青霉素G，临床上主要用于治疗耐药金葡菌的感染。这些耐酶的半合成品又耐酸，口服时不为胃酸所破坏，故可供口服用药。但口服时吸收不规则，易受饲料的影响，用于动物口服时宜适当禁食。口服时药物的血液浓度比肌内注射的低。肌内注射通常多用其钠盐。

进入体内的半合成青霉素在体内的过程与青霉素G相似，可能在肾脏排出速度上较为缓慢，因而持效时间稍长，据报道双氯西林与氯唑西林的持效性较为显著。不良反应及防治措施同青霉素G。

2. 广谱青霉素

这类抗生素主要有氨苄西林、阿莫西林和羧苄西林。

氨苄西林 Ampicillin

本品又称氨苄青霉素，具有杀菌效能，对多数革兰氏阳性菌的效力不如青霉素G，对粪链球菌，肠链球菌，破伤风杆菌及放线菌与青霉素G相似；对革兰氏阴性杆菌有较青霉素G强的效力，但不及庆大霉素、卡那霉素等；对伤寒杆菌及大肠杆菌有效，但对绿脓杆菌无效。

临床上主要用于革兰氏阴性杆菌引起肺部感染、肠道感染、胆道感染、泌尿道感染及败血症等，如犊牛和仔猪白痢、牛巴氏杆菌病、肺炎、乳腺炎。严重感染时，本品宜与庆大霉素等合用，以增强疗效。

本品是耐酸不耐酶的广谱抗生素，可供口服。口服和肌内注射后，本品在血、尿和胆汁中均可达有效抗菌浓度，脑脊液中也有一定浓度。肌内注射等量时较口服后血及尿中的浓度为高，通常宜用肌内注射给药。本品血浆蛋白结合率较青霉素G为低，据马体内测定约为青霉素G的1/10，因而排泄较快。丙磺舒可提高和延长本品在血液中的浓度。其不良反应同青霉素G。

羧苄西林 Carbenicillin

本品又称羧苄青霉素，除对假单胞菌如绿脓杆菌有较强作用和对耐青霉素G金葡菌有一定抗菌作用外，其它抗菌谱与氨苄西林相似，但又不及氨苄西林。临床上主要用于全身性绿脓杆菌感染。为减缓耐药性的产生，可与庆大霉素合用，呈现协同作用，但两者不宜混合注射，以免遭破坏。

本品的体内过程与青霉素G相似，耐酸，口服不吸收，必须肌内注射或静脉注射。进入体内的药物主要经肾脏排出，但较其它青霉素为缓慢。本品毒性低，不良反应与青霉素G相似。

表 32-1 半合成青霉素的化学结构

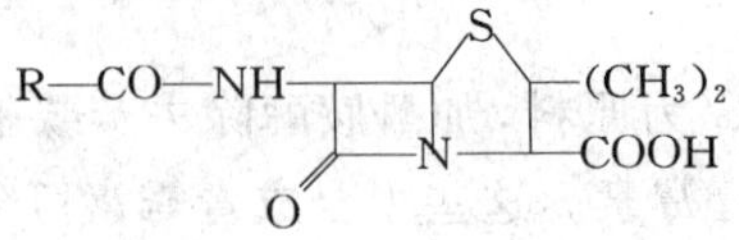

名称	R	特点
萘夫西林（乙氧萘青霉素）Nafcillin	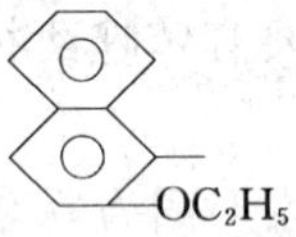	耐酸耐酶
苯唑西林（苯唑青霉素）Oxacillin	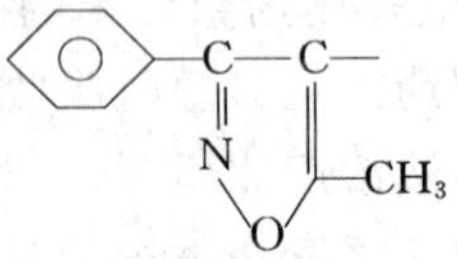	耐酸耐酶
氯唑西林（邻氯青霉素）Cloxacilin	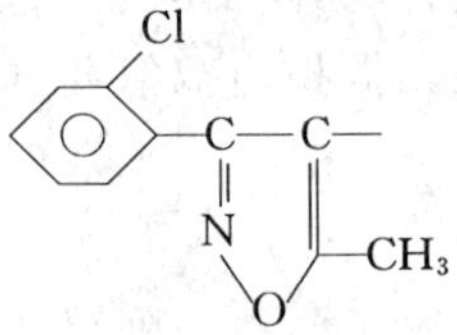	耐酸耐酶
双氯西林（双氯青霉素）Dicloxacillin	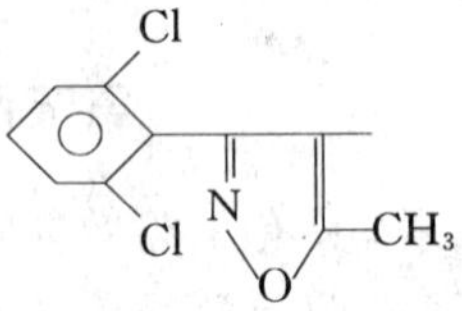	耐酸耐酶
氨苄西林（氨苄青霉素）Ampicillin	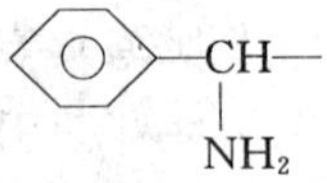	广谱耐酸
阿莫西林（羟氨苄青霉素）Amoxicillin	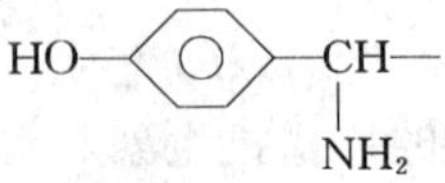	广谱耐酸
羧苄西林（羧苄青霉素）Carbenicillin	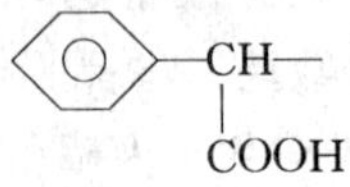	广谱耐酸

阿莫西林 Amoxicillin

本品又称羟氨苄青霉素，抗菌谱及抗菌活性与氨苄西林相同，但对肠球菌及沙门氏菌的作用强于后者，对痢疾杆菌、流感杆菌及厌氧菌的作用又弱于后者。动物感染保护实验与体外杀菌试验表明，本品对多种菌的作用较氨苄西林迅速，这可能是本品穿透细菌胞壁的能力强的结果。本品口服吸收完全，血清蛋白结合率与氨苄西林相近，血清中的浓度较氨苄西林高 1 倍以上。进食不影响其吸收，体内分布两者无明显差别。本品经肾分泌排出，丙磺舒可提高阿莫西林的血清浓度，延缓排泌。胆汁可排出部分，胆汁浓度较氨苄西林高。

本品在兽医临床应用现已多见，主要应用于呼吸道、泌尿道、皮肤及软组织及肝胆系统等感染，且疗效较氨苄西林强，但与氨苄西林一样，对青霉素酶不稳定。其不良反应见青霉素 G。

二、头孢菌素类

头孢菌素类（Cefalosporins）曾称先锋霉素类抗生素。天然品为头孢菌素 C。因其毒性大，不见临床应用。以头孢菌素 C 为原料，给主核（7-ACA）的酰胺基侧链及 C_3 链进行修饰，合成一系列的半合成品，见表 32-2。

表 32-2　常见头孢菌素的化学结构

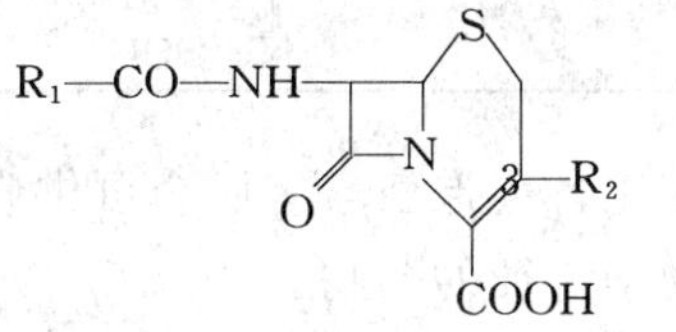

（7—Aminocefalosporanic acid 7-ACA）

名称	R_1	R_2
头孢菌素 C	$HOOCOH(-NH_2)-(CH_3)_3-$	$-CH_2-O-COCH_3$
头孢噻吩 Cefalotin	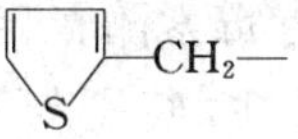	$-CH_2-O-COCH_3$
头孢唑啉 Cefazolin	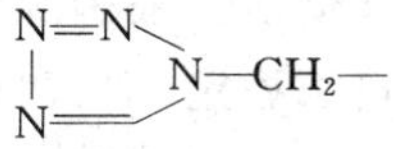	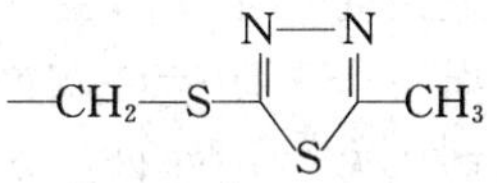
头孢氨苄 Cefalexin	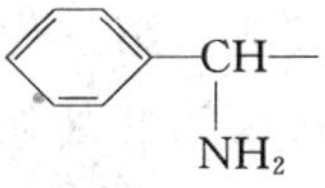	$-CH_3$
头孢羟氨苄 Cefadroxil	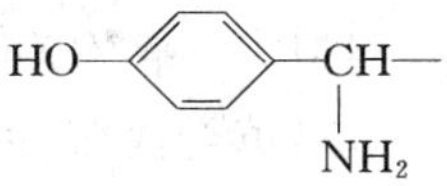	$-CH_3$

续表 32-2

名称	R_1	R_2
头孢哌酮 Cefoperaeone	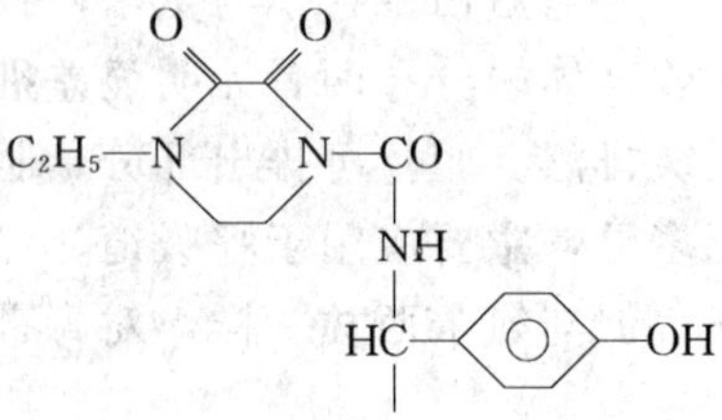	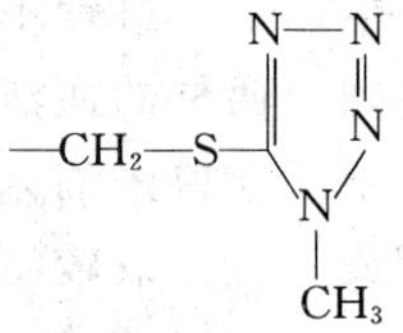
头孢噻肟 Cefotaxime	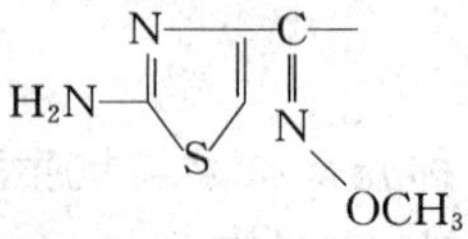	$-CH_2-O-COCH_3$
头孢曲松 Ceftriaxone	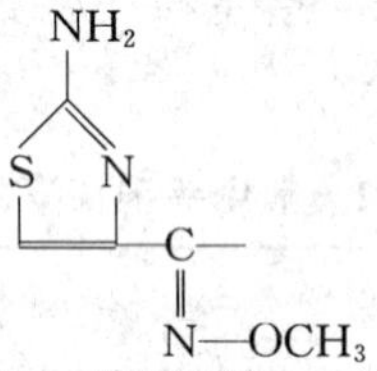	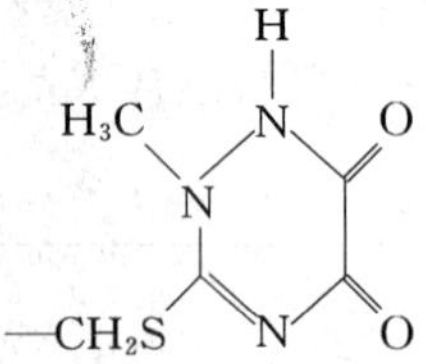

从化学结构看，与青霉素相比，头孢菌素有两个可供修饰的位点，进行化学修饰的范围更宽，其修饰后可获得更多生物学特征的药物。

本类抗生素的特点是：抗菌谱广，杀菌力强，毒性低，对胃酸及对青霉素类的β-内酰胺酶较稳定，且对本类药物与青霉素类之间无交叉耐药性现象，但部分头孢菌素可被细菌产生头孢菌素酶（也为β-内酰胺酶的一种）所灭活。

按对β-内酰胺酶的稳定性及对革兰氏阴性菌的抗菌活力的强弱及对肾脏的毒性，可将头孢菌素分为三代。第一代头孢菌素对青霉素酶稳定，但能为许多革兰氏阴性杆菌所产生的β-内酰胺酶所灭活，对肾脏具有一定的毒性，特别与氨基苷类抗生素或强利尿药合用时尤甚；临床应用时局限于革兰氏阳性菌、耐青霉素金葡菌及少数革兰氏阴性杆菌感染；第二代头孢菌素对革兰氏阴性杆菌产生的β-内酰胺酶稳定，对大部分革兰氏阴性杆菌有较强的抗菌活性，其抗菌谱及抗菌活性较第一代广且强，但对某些肠杆菌科细菌如吲哚阳性变形杆菌、枸橼酸杆菌及绿脓杆菌的活性差，对肾脏毒性较弱；第三代头孢菌素对第一、二代头孢菌素产生的β-内酰胺酶更稳定，对革兰氏阴性菌的抗菌活性甚强，对绿脓杆菌有良好的疗效，且能一定量地渗入发炎的脑脊液内，对肾脏基本无毒性。

头孢菌素的抗菌谱与广谱青霉素相似，对革兰氏阳性菌和阴性菌如大肠杆菌、沙门氏菌、痢疾杆菌、伤寒杆菌及螺旋体有效，但对革兰氏阳性菌的作用强，包括对某些耐青霉素金葡菌仍然有效。现有些半合成头孢菌素也对绿脓杆菌有效；对结核杆菌、真菌、霉形体、病毒及原虫等无效。

头孢菌素在化学结构上有 *β*-内酰胺环，因而作用机理上也同样是阻碍肽多糖的合成，造成细胞壁缺损而呈现强的抗菌作用。因与青霉素作用相似，金葡菌也可产生头孢菌素酶而出现耐药性。只是耐药性产生的速度较为缓慢而弱，两者之间无明显交叉耐药现象。

在表 32-2 中的头孢噻吩、头孢唑啉、头孢氨苄及头孢羟氨苄均为第一代头孢菌素。头孢噻吩作用较强。头孢唑啉对革兰氏阴性杆菌特别是大肠杆菌和肺炎杆菌作用最强，对伤寒杆菌、痢疾杆菌、奇异变形杆菌均敏感，而对绿脓杆菌耐药。头孢哌酮和头孢噻肟为第三代头孢菌素，对绿脓杆菌比羧苄西林有更强的抗菌活性。头孢噻呋（Ceftiofur）为第三代动物专用头孢菌素类药物。

【体内过程】

头孢氨苄、头孢羟氨苄易从胃肠道吸收，可供口服。头孢噻吩、头孢唑啉、头孢哌酮及头孢噻肟口服不易吸收，只供注射给药。在体内主要分布于细胞外液，不易透入血脑屏障，脑脊液中浓度低。头孢唑啉易在胆汁中浓缩。肾脏排泌是药物主要的消除方式，同时可受丙磺舒竞争而延缓消除。C_3 去乙酰化在本类药物中占有一定消除意义，肾功能不良时将能使血清半衰期延长，但对头孢哌酮影响甚少。

【临床应用】

头孢菌素因价格较贵，在兽医临床上应用有限。主要用于耐药金葡菌、溶血性链球菌、肺炎球菌及一些敏感革兰氏阴性杆菌引起的严重疾病，如大肠杆菌、沙门氏菌、伤寒杆菌及痢疾杆菌引起消化道、呼吸道、泌尿道等疾病，乳牛乳腺炎、犬及猫呼吸道病等。

头孢唑啉是第一代头孢菌素中较好的品种，对革兰氏阳性菌（除部分耐药金葡菌外）的作用超过头孢噻吩，对革兰氏阴性菌作用为本代中最强，对奇异变形杆菌、大肠杆菌及肺炎杆菌有较高疗效。给药后血中浓度高，持效时间长，胆汁浓度高，肌内注射刺激少，对肾脏毒性较轻，因而是伴侣动物临床上常用药。

【不良反应】

在医学临床上有过敏反应的报道，兽医临床中少见。头孢噻吩肌内注射刺激强，头孢氨苄、头孢羟氨苄肾功能损伤较甚，肌内注射有刺激性，静脉注射有静脉炎倾向。上述药物肾功能不良时慎用，更不宜与庆大霉素配伍，以免增强毒性作用。

三、β-内酰胺酶抑制剂

细菌产生的 β-内酰胺酶使某些 β-内酰胺类抗生素水解失活是细菌耐药性产生的主要机理。甲氧青霉素为第一个半合成耐酶青霉素，随后，又有许多半合成耐酶青霉素问世，如苯唑西林、氯唑西林和双氯西林。耐酶青霉素属于可逆性竞争型 β-内酰胺酶抑制剂，当药物抑制剂消除后，酶的活性可以恢复，因而对青霉素酶的抑制活性差，给临床应用带来极大不便。

克拉维酸等属于不可逆性竞争型 β-内酰胺酶抑制剂，与酶牢固结合后使酶失活，因而作用强，不仅作用于金葡菌的 β-内酰胺酶，又对革兰氏阴性杆菌产生的 β-内酰胺酶也有作用。与青霉素类、头孢菌素类合用极大地提高了抗菌活性，可使其最低抑菌浓度（MIC）明显下降，药物可增效几倍至十几倍，使耐药菌株恢复其敏感性。

克拉维酸 Clavulanic Acid

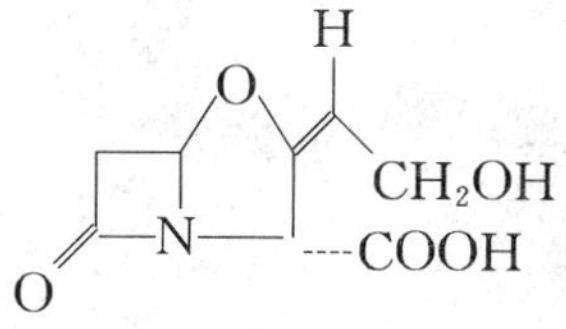

本品又称棒酸，为链霉菌（*S. clavuligerus*）产生的新的含氧母核 β-内酰胺抗生素。

克拉维酸钾为针状结晶，易溶于水。

【抗菌作用】

克拉维酸为广谱抗生素，但抗菌活性很弱。它对革兰氏阴性菌和阳性菌抑菌浓度多为30～60 μg/ ml，对绿脓杆菌与肠球菌无效，对淋球菌的MIC为5 μg/ ml，对金葡菌、肺炎球菌、化脓性链球菌等革兰氏阳性菌的MIC为12～15 μg/ ml，对脆弱拟杆菌的MIC为13.1 μg/ ml，对其余多数菌MIC为30～125 μg/ ml。

【抑酶作用与作用原理】

克拉维酸为广谱抑制剂，对革兰氏阳性菌（如金葡球菌）产生的β-内酰胺酶与革兰氏阴性菌产生的Ⅱ、Ⅲ、Ⅳ及Ⅴ型β-内酰胺酶有强大的抑制作用，但对Ⅰ型头孢菌素酶的抑制作用甚弱。

克拉维酸可使不耐β-内酰胺酶的抗生素如青霉素G、氨苄西林、阿莫西林或头孢菌素Ⅱ（头孢噻啶）的抗菌谱增广，抗菌活性增强，且对多种产β-内酰胺酶的细菌产生明显地增效作用，如金葡菌、大肠杆菌、肺炎杆菌、奇异变形杆菌、普通变形杆菌、流感杆菌及脆弱杆菌等。但对阿莫西林或头孢噻啶敏感菌，与克拉维酸合用并无增效作用。

克拉维酸单独应用无效。通过与β-内酰胺酶牢固地结合使酶不可逆地失活，保护不耐酶的青霉素或头孢菌素类抗生素免遭破坏，从而使后者更多地进入作用部位，而发挥其抗菌作用，克服细菌产生耐药性以提高疗效。

【制剂】

(1)阿莫西林三水化合物与克拉维酸钾(2∶1)250 mg∶125 mg，复合制剂(称BRL 25000或Augmentin)。

(2) 阿莫西林三水化合物与克拉维酸钾 (4∶1) 500 mg∶125 mg。

【临床应用】

BRL 25000的医学资料报道，口服给药对大肠杆菌、各种变形杆菌、表皮葡萄球菌、肺炎杆菌、流感杆菌、肺炎球菌等所致的尿道及呼吸道感染有良好的疗效。

【不良反应】

克拉维酸毒性小，临床应用副反应小。对青霉素等过敏者不宜应用。

四、大环内酯类

大环内酯类抗生素为14～16原子环构成的一族化学结构相似，通过可逆性地与细菌核蛋白体50S亚基作用而抑制菌体蛋白质合成的抗菌药物。这类抗生素的抗菌谱局限于革兰氏阳性菌及霉形体，对其它少数革兰氏阴性菌也有较弱的作用。红霉素为该类抗生素的代表。兽医临床上常见与常用的除红霉素外，还有吉他霉素和泰乐菌素等。

红霉素 Erythromycin

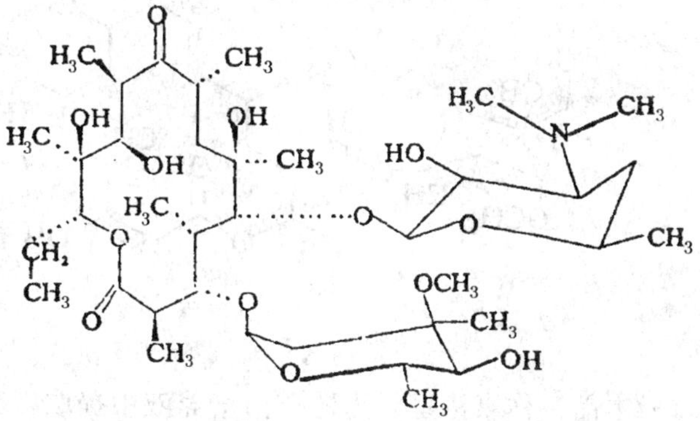

红霉素是从红链丝菌（*Streptomyes erythereus*）培养液中提得的有机碱化合物，味苦，难溶于水，在碱性溶液中稳定，抗菌作用强；与酸结合成盐，易溶于水，在酸性溶液中易失活，pH 值低于 4 时几乎完全失活。

常用的红霉素有丙酸酯的十二烷基硫酸酯盐（也称无味红霉素），乳糖酸盐可供注射给药及制成红霉素肠溶片剂。兽医上用作饮水剂为硫氰酸盐。

【抗菌作用与作用机理】

红霉素的抗菌谱与青霉素相似，对革兰氏阳性菌有强的杀菌作用，对革兰氏阴性菌中的布氏杆菌、脑膜炎球菌、淋球菌、流感杆菌（包括对氨苄西林耐药菌株）、多杀性巴氏杆菌有高度抑菌作用，对其它多数革兰氏阴性杆菌不敏感。但对耐青霉素金葡菌仍然有效。此外，对肺炎霉形体、立克次氏体、钩端螺旋体也有效。

红霉素的抗菌机理与青霉素类迥然不同，主要与细菌细胞核蛋白体的 50S 大亚基相结合，作用于 P 位结合点，抑制移位酶，阻碍 mRNA 的移位，使肽键不能从 A 位转移到 P 位上，阻止肽链的延长，进而抑制蛋白质的合成，产生抑菌作用。革兰氏阴性杆菌的细胞壁层能阻碍红霉素的透入，使红霉素的抗菌作用极弱。

【临床应用】

本品主要用于治疗耐药金葡菌感染和青霉素过敏的病例，也可用于多杀性巴氏杆菌和猪丹毒杆菌的感染，对肺炎球菌、链球菌、炭疽杆菌等感染的疾病及禽霉形体和猪传染性鼻炎等也有治疗作用。

【体内过程与不良反应】

口服红霉素易从小肠上段吸收，但也易遭胃酸的破坏，故临床常用耐酸制剂红霉素碱肠溶片或无味红霉素。这些可以耐酸，内服后吸收好。吸收后体内分布广，如肝、肾和肺等组织中浓度高。组织浓度高于血清浓度，一部分经肝脏代谢而失活；其排泄途径有尿、粪便。少许可经乳汁、胰腺等排出，对胆道感染有明显疗效。无论口服或静脉注射给药，在肠道中的红霉素仍然有抗革兰氏阳性球菌和其它敏感菌的作用。

静脉注射红霉素时常用 5% 葡萄糖注射液稀释，缓缓滴注。用生理盐水稀释，可发生沉淀，切切注意。

本品毒性低，但刺激性强，肌内注射时可发生局部炎症，应采用深部肌内注射。静脉注射时速度宜缓慢，注射过快或剂量过大可引起动物不安、流涎、呼吸迫促、痉挛和呼吸衰竭而死亡。同时注射时应避免漏出血管外。新生动物肝脏代谢功能低，对幼龄动物毒性大。马属动物对本品敏感，口服时易发生肠道功能紊乱，故不宜内服。

泰乐菌素 Tylosin

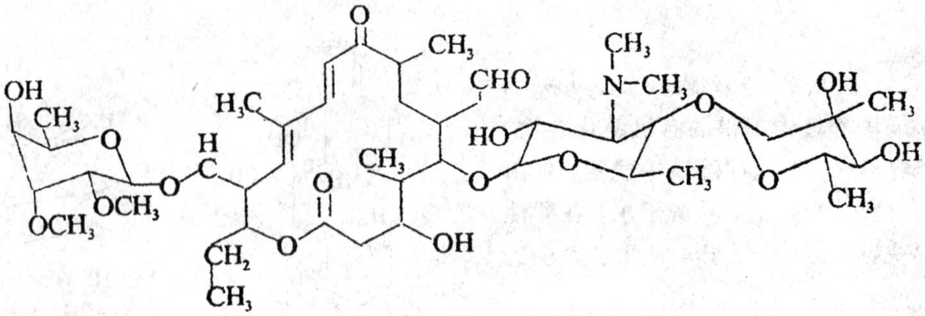

本品又称泰洛星，为链霉菌培养液中提取得到的弱碱性化合物，微溶于水，可与酸制成易溶于水的盐，该盐水溶液在弱碱与弱酸性溶液中稳定。临床上常将泰乐菌素制成酒石酸盐、盐酸盐和磷酸盐。

泰乐菌素为畜禽专用抗生素。体外试验证明，它对革兰氏阳性菌和一些阴性菌有效，特别对霉形体有更为显著的疗效。

临床上泰乐菌素可用于防治鸡、火鸡和其它动物的支原体感染，对猪的霉形体仅有预防作用而无治疗效果。此外，泰乐菌素用于金葡菌，化脓性链球菌，大肠弧菌和螺旋体等感染所引起肺炎、乳腺炎、子宫炎及肠炎有效；但对大肠杆菌、巴氏杆菌等感染无明显疗效。泰乐菌素还可用于家禽预防球虫感染及浸泡种蛋以预防火鸡支原体传播。

泰乐菌素多用作饲料添加剂，其混饲浓度为10～100 g/t 饲料，可以控制泰乐菌素敏感菌所致的疾病。

本品毒性小，内服泰乐菌素以酒石酸盐吸收为好，磷酸盐吸收为差。口服比肌内注射或皮下注射等量泰乐菌素的血药浓度为低。但不论什么方式给药，泰乐菌素在乳中的浓度比血清要高 4～5 倍。泰乐菌素在尿和胆汁中浓度极高，可能是其排出的主要途径。

泰乐菌素敏感菌和霉形体易产生耐药性，并易与红霉素等本类抗生素产生交叉耐药性。

麦迪霉素 Midecamycin

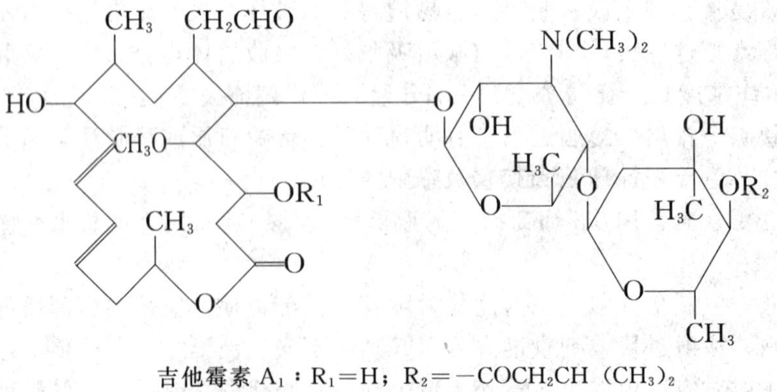

吉他霉素 A_1：$R_1=H$；$R_2=-COCH_2CH\ (CH_3)_2$

吉他霉素 A_6：$R_1=-COCH_3$；$R_2=-COC_2H_5$

麦迪霉素 A_1：$R_1=R_2=-COC_2H_5$

麦迪霉素为新型的抗生素，抗菌谱广，对革兰氏阳性菌感染有效，其抗菌谱主要为球菌，对葡萄球菌、链球菌、肺炎球菌及白喉杆菌等有较强的抗菌活性，同时也能有效地抑制部分耐红霉素的金葡菌的感染。本品口服易吸收。

临床应用为主治呼吸道感染（如肺炎，支气管炎）、尿道感染、肠炎等疾病，及皮肤或粘膜等各种软组织的感染。

螺旋霉素 Spiramycin

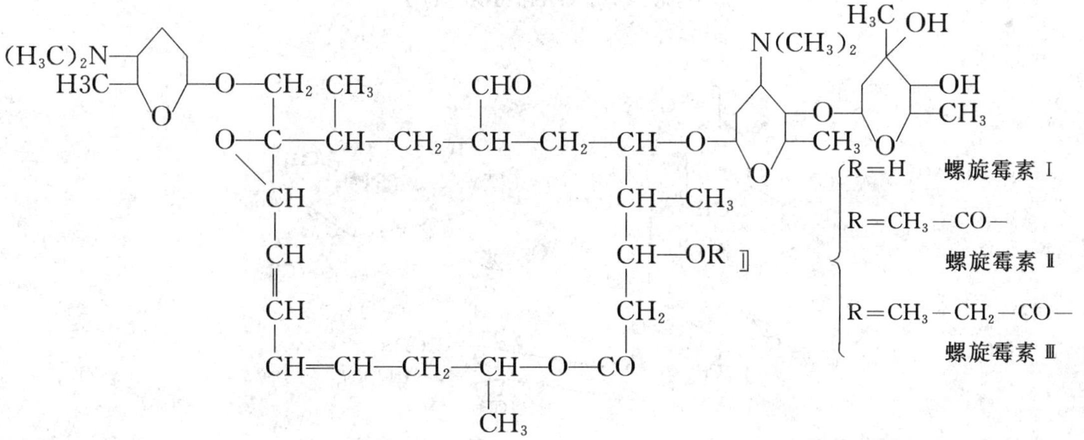

螺旋霉素为链霉菌（*Streptomyces ambofaciens*）产生的抗生素混合物。螺旋霉素游离碱为白色至淡黄色粉末，味苦，微溶于水，易溶于多种有机溶剂，本品效价为每毫克含 2 700 U，常用其硫酸盐，稳定、易溶于水与乙醇。

本品的抗菌作用与红霉素、泰乐菌素相近或稍差，主要对革兰氏阳性菌，少数革兰氏阴性菌如痢疾杆菌及立克次氏体、衣原体、螺旋体有效。本品对组织亲和力强，因而在体内的抗菌效力优于其它有些同类抗生素，特别是对肺炎球菌，链球菌效力更佳，临床上主要用于防治葡萄球菌感染和霉形体病，也作为猪饲料添加剂，用以防治敏感菌引起的感染或促进生长。

本品与红霉素、泰乐菌素之间有部分交叉耐药性。动物吸收药物后，肺、肝、肾、脾、肌肉等组织内的药物浓度远高于血中浓度。据报道，停药后 48 h，动物组织中仍有残留物。因此，供食用的畜禽用药后需经较长的休药期方可上市。

螺旋霉素口服易在胃肠道吸收前部分降解失活，乙酰螺旋霉素对酸稳定，因而疗效高，持效时间长。

吉他霉素 Kitasamycin（KT）

吉他霉素的结构式见麦迪霉素部分。

本品又称柱晶白霉素或北里霉素，为北里链霉菌（*Streptomyces kitasatoensis*）所产生的抗生素。吉他霉素碱为白色或淡黄色粉末，无臭，可溶于甲醇、乙醇、丙酮、氯仿及乙醚，难溶于水，不溶于石油醚。注射剂为酒石酸盐，易溶于水，丙酮、乙醇等溶剂。吉他霉素碱在干燥下稳定，而酒石酸盐在干燥状态下遇热易失活。

本品的抗菌谱与红霉素相似，其抗菌革兰氏阳性菌的抗菌作用与红霉素相同，主要敏感菌是金黄色葡萄菌（包括耐青霉素金葡菌）、肺炎双球菌、链球菌、白喉杆菌、枯草杆菌以及钩端螺旋体，对霉形体的作用与泰乐菌素相似，吉他霉素可经任何途径投药获得治疗效果。单独应用时，吉他霉素常用做饲料添加剂，用于治疗时，还可与链霉素、青霉素等配合应用。

吉他霉素经口投服时比红霉素易吸收，其体内分布动态与红霉素相似，能广泛分布于各脏器中，但以胆汁内浓度高，尿中排出量较少，其代谢消除速率较快。本品毒性较小，细菌对本品的耐药性产生也较慢。

竹桃霉素 Oleandomycin

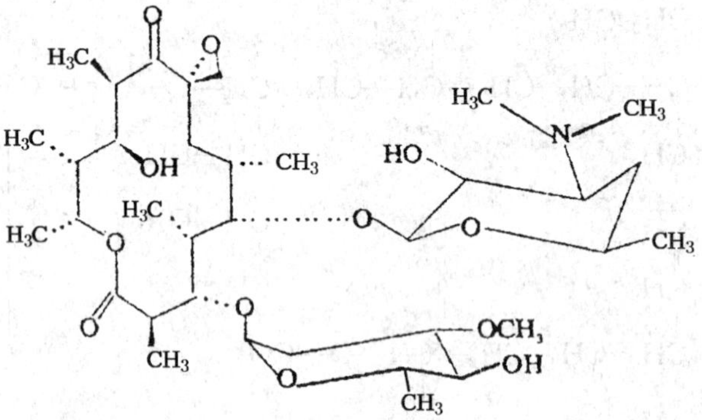

本品为抗生链霉菌（*Streptomyces antibioticus*）所产生的抗生素，常用其磷酸盐，白色或淡黄色晶体性粉末，易溶于水和乙醇，且稳定。

本品的抗菌谱与红霉素相似，特别对葡萄球菌和链球菌有效，对一些红霉素不敏感菌仍然有效，对霉形体也有效。其作用机理与红霉素抗菌机理相似，因而两者之间有部分交叉耐药性。临床主要用作治疗仔猪下痢、猪丹毒、乳腺炎、腐蹄病和禽支原体病，也可用作促进畜禽生长的饲料添加剂。

本品毒性低，磷酸盐较难吸收，吸收后在肝、肾、心、胰腺和胆汁中均可检出。本品不能进入脑组织，不良反应少，偶见有皮肤过敏或少数腹泻的出现。

五、林可霉素类

林可霉素类主要有天然林可霉素及其半合成的衍生物克林霉素。

林可霉素 Lincomycin

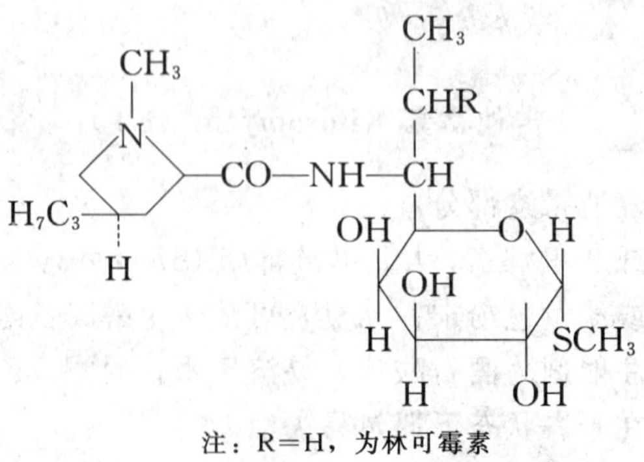

注：R=H，为林可霉素

R=Cl，为克林霉素

林可霉素又称洁霉素，常用其盐酸盐。

【性状】

盐酸林可霉素为白色结晶性粉末，无臭或微臭，味苦，易溶于水，溶于乙醇，遇酸、光和空气稳定。水溶液为右旋，本品 1.15 g 相当于 1 g 盐基（林可霉素）。

【抗菌作用】

本品对革兰氏阳性菌有效。与红霉素素作用相近，对葡萄球菌（包括耐青霉素 G 者）、链球菌、破伤风杆菌、肺炎球菌及魏氏梭菌、少数放线菌有良好的疗效；对霉形体也有效，但不及红霉素对革兰氏阴性菌作用极差；对病毒、真菌等无效。

【抗菌机理】

与 50S 亚基结合，但仅与革兰氏阳性菌的核蛋白体形成复合物，对革兰氏阴性菌的核蛋白体无亲和力。同时应注意与核蛋白体结合点至少有一部分与红霉素重合，且后者亲和力大，因而与红霉素相互竞争结合位点，呈现出拮抗作用。对其它抗生素如青霉素、头孢菌素、四环素之间无交叉耐药性。

【体内过程】

本品口服吸收差，肌内注射吸收良好，体内分布广，特别集中于骨组织与乳汁内。脑脊液中正常时很少渗入，在炎症时其浓度达血中的 40%左右。胆汁与粪便排出量大，尿中排出量少，乳汁排出量与泌乳量相关，乳中的浓度为血药浓度的 4～6 倍，持续时间长达 6～8 h。

【作用与应用】

本品对革兰氏阳性菌引起的感染，特别对青霉素、红霉素的耐药菌、痢疾杆菌、霉形体或副嗜血杆菌引起的猪、羊、犊牛、猫、犬的肺炎、肠道炎均有效。也可用于对青霉素过敏的病例。本品可用于链球菌引起的产后母猪乳房炎—子宫炎—无乳症的治疗。

本品单用混饲（55 g/t）可促进仔猪增重，减少仔猪腹泻，与大观霉素（1∶1）配伍，混饲（120 g/t）投喂母猪分娩前后各 10～15 天，可预防母猪产后无乳症发生，减少仔猪的死亡；与大观霉素（1∶2）配伍，用于鸡败血支原体与犬大肠杆菌感染，其疗效远较其单用或较泰乐菌素强。

【不良反应】

大剂量口服有胃肠道反应如腹泻或肠炎，尤以马、牛为严重，应慎用。肌内注射给药疼痛刺激感强，或吸收不良。本品对家兔敏感，易引起严重反应或死亡，故不宜用。

克林霉素 Clindamycin

本品又称氯洁霉素或氯林可霉素。结构式见林可霉素部分。

【性状】

克林霉素盐酸盐（或磷酸酯）为白色结晶性粉末，味苦，易溶于水（100 mg/ ml），微溶于甲醇和乙醇，干燥品稳定。

【作用与应用】

抗菌谱与林可霉素相似，其抗菌强度高于林可霉素 4～8 倍，因两者的抗菌机理相同，故有完全交叉耐药性。同理，该药与红霉素间常呈拮抗，不宜合用；对青霉素、红霉素、四环素等有耐药性的细菌，使用本品仍有效。细菌对本品耐药性的发展较缓慢，适应症与林可霉素相同。本品口服易吸收，且明显强于林可霉素，因而完全可替代后者。

【不良反应】

本品主要在肝内代谢，肝功不良者不宜用。新生幼畜及孕畜也不宜用。静脉注射给药宜缓，以防发生血栓性静脉炎。

六、多肽类

杆菌肽 Bacitracin

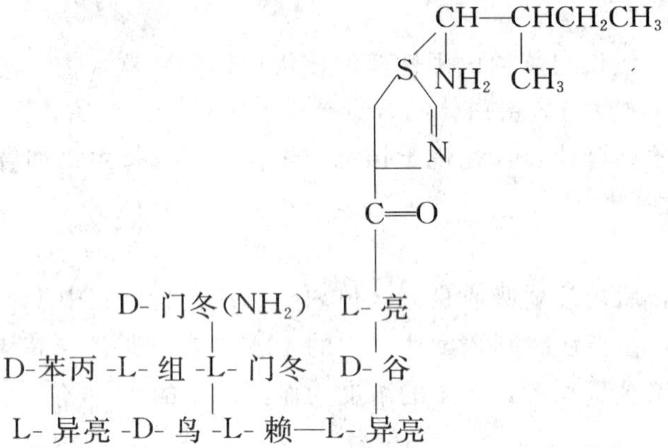

杆菌肽为含噻唑环的多肽化合物。在商品制剂中为多种成分的混合物，以A成分为主。国产品中其杆菌肽A的含量达90%以上。

杆菌肽稳定性差，杆菌肽锌在干燥条件中较稳定。该锌盐为白色或淡黄色粉末，无臭，味苦，具吸湿性，易溶于水。水溶液在室温下易失活，pH值<3时易析出，pH值>9时不稳定。本品在干燥状态下稳定，室温下可保存2年不失效。

本品对革兰氏阳性菌具有高度活性，对金葡菌（包括耐青霉素G金葡菌）、溶血性链球菌均有极强的抗菌活性；对肺炎球菌、白喉杆菌、产气荚膜杆菌、某些放线菌及螺旋体有良好疗效；对脑膜炎球菌、淋球菌也有效。

本品与青霉素抗菌谱相似，抗菌机理与青霉素也近似，主要抑制细菌细胞壁的合成。此外杆菌肽又与敏感菌细胞膜结合，损害细菌细胞膜的完整性，导致营养物质与离子外流。本品抗菌机理有特殊性，因而不与其它抗菌药产生交叉耐药性。细菌对本品产生耐药性缓慢，产生获得性耐药菌也较少，但金葡菌较其它菌易产生耐药性。

兽医临床上，杆菌肽主要用于治疗各种动物细菌性下痢、乳腺炎及局部革兰氏阳性菌感染，为促进动物生长和控制疾病，将杆菌肽锌常作为饲料添加剂应用。

本品局部应用时很少吸收，用于全身抗感染易引起严重肾毒性反应。口服时不易吸收，因而在临床上多供局部之用，用于治疗疖、痒、溃疡等皮肤疾病，也可用于口腔、眼科及外科伤口等。本品也可配制成生理盐水溶液稀释液（500～1 000 U/ml）供气雾吸入或膀胱灌注，子宫冲洗之用。

制剂与用法

(1)注射用青霉素钠盐或钾盐　粉针剂：20万U/瓶，40万U/瓶，80万U/瓶，100万U/瓶。

临用时配制成溶液，可供肌内注射及静脉滴注。钾盐刺激性大，静脉给药时切忌静脉推注，滴注时也应计算钾的含量（每 60 万 U 青霉素 G 含钾离子 39 mg），注意滴注速度，以防止血钾过高症，肾功能不全病例应改为钠盐滴注，以防引起高血钾症。

肌内注射量：马、牛、驹、犊 0.5 万～1 万 U/kg；羊猪、犬 1 万～1.5 万 U/kg；鸡5 万 U/只，每日 2～3 次；乳牛乳房内灌注量：10 万 U/乳室，每日 1～2 次。

(2) 普鲁卡因青霉素 G 注射剂 40 万 U/瓶，80 万 U/瓶，每 40 万 U 内含普鲁卡因青霉素 G 30 万 U 及青霉素 G 钾 10 万 U。肌内注射，可产生速效及长效作用。肌内注射量，各动物 1 万～2 万 U/kg，1 日 1 次。

(3) 苄星青霉素注射剂 临用时加适量注射用水配制成混悬液供肌内注射，肌内注射量，各动物 1 万～2 万 U/kg。2～3 日注射 1 次。

(4) 苯唑西林（新青霉素Ⅱ） 肌内注射量：马、牛、猪、羊 15～25 mg/kg，1 日 2～3 次。

(5) 萘夫西林（新青霉素Ⅲ）胶囊 内服量：马、牛、猪、羊 10～15 mg/kg，1 日 2～4 次。

(6) 注射用萘夫西林钠 肌内注射同内服量。

(7) 氯唑西林钠胶囊 内服量：马、牛 2～5 mg/kg，羊猪 4～10 mg/kg，1 日 2～4 次。

(8) 注射用氯唑西林钠 肌内注射量同内服量。用于非泌乳乳房内灌注量，每个乳室 0.2 g。

(9) 注射用双氯西林钠或胶囊剂 用法与用量同氯唑西林钠。

(10) 注射用氨苄西林钠 肌内或静脉注射量：马、牛、羊、猪 4～15 mg/kg，1 日 2～4 次。肌内或皮下注射量：鸡 25 mg/kg，治疗禽类肠道大肠杆菌感染时可用饮水给药，浓度为 1.65 g/L，连饮 4 天。

(11) 羧苄西林钠注射剂 静脉注射或肌内注射量：各种动物 10～30 mg/kg；每日 4～5 次。

(12) 头孢噻吩（头孢菌素Ⅰ）注射剂 肌内注射量：马、牛、猫、犬 25 mg/kg，1 日 3 次，家禽 10 mg/kg。1 日 4 次。

(13) 头孢唑林（头孢菌素Ⅱ）注射剂 肌内注射量同头孢噻吩。

(14) 头孢氨苄（头孢力新，苯甘头孢霉素）注射剂 肌内注射量同头孢噻吩。

(15) 红霉素片（粉） 内服量：马、犊、驹、羔羊、仔猪、犬 10～20 mg/kg，家禽 10 mg/kg。

(16) 注射用乳糖酸红霉素 临用时注射用水配成 5%注射液，再用 5%葡萄糖注射液稀释成 0.5%注射液，缓缓静脉注射或分点肌内注射。静脉或肌内注射量：牛、羊、猪 5～10 mg/kg，马 10～15 mg/kg，家禽 10～40 mg/kg。1 日 2 次。

(17) 红霉素丙酸酯十二烷基硫酸盐（红霉素硫酸月桂酸酯，无味红霉素）内服量同红霉素片。

(18) 泰乐菌素注射剂 肌内注射量：各种动物 2～10 mg/kg。

(19) 泰乐菌素粉 混饲 10～100 g/t 饲料，作为猪、鸡、牛饲料添加剂。防治雏禽霉形体的饮水浓度为 0.05%，连续 2～5 日。

(20) 杆菌肽片（粉） 饲料添加剂，促进犊牛、仔猪、雏鸡等生长，混饲浓度为 20 万

～100万U/t；内服量：马、牛1万～2万U，1日2次；犊、驹0.5万U，仔猪800U，1日2～3次，雏（100只）0.2万～0.5万U，中雏（100只）0.4万～1万U，成鸡（100只）1万～2万U，1日1次。

（21）杆菌肽锌　为杆菌肽锌盐，比杆菌肽稳定，作饲料添加剂，用量同杆菌肽。

（22）硫酸螺旋霉素注射剂　肌内或皮下注射量：马、牛2～20 mg/kg，羊、猪10～50 mg/kg，家禽25～50 mg/kg，每日1次。饲料添加剂，仔猪为5～100 g/t，雏鸡5～20吨。

（23）竹桃霉素磷酸盐　饲料添加剂，雏鸡1～5 g/t，仔猪0.8～40 g/t。

（24）吉他霉素酒石酸盐　肌内或皮下注射量：各种家禽5～25 mg/kg，鸡25～50 mg/kg。内服量：各种家禽1.5～12 mg/kg；鸡饮水，每升饮水中加入15～30 mg（必要时可加入氯霉素15～30 mg配合饮用）。

（25）盐酸林可霉素　内服：1次量，马、牛6～10 mg/kg，猪、羊、犬10～15 mg/kg，1日3～4次。注射液：1 ml∶300 mg；2 ml∶600 mg；10 ml∶3000 mg。静脉注射：1次量，家畜5～10 mg/kg，1日2次；肌内注射：1次量，家畜10 mg/kg，1日2次。

（26）克林霉素片剂　内服或肌内注射：1次量，犬、猫10 mg/kg，1日2次。

第三十三章　主要作用于革兰氏阴性菌的抗生素

抗革兰氏阴性菌的抗生素主要有氨基苷类和多粘菌素类，兽医临床上氨基苷类抗生素使用极为普遍。

一、氨基苷类

氨基苷类（Aminoglycosides）系有氨基糖分子的一类抗生素，主要有链霉素、双氢链霉素、庆大霉素、卡那霉素和新霉素。这些抗生素多数是各自一族混合物。如庆大霉素有 A、C_1、C_{1a}、C_2 等。氨基苷类抗生素对多数细菌都有作用，临床应用极广，是极为重要的抗生素。这些抗生素在化学结构（图 33-1）和抗菌的作用机理上颇为相似。

【抗菌作用机理】

本类抗生素的抗菌机理是阻碍细菌蛋白质合成。细菌的蛋白质合成过程与动物相似，在完成蛋白质合成中均有信息核糖核酸（mRNA）、转运核糖核酸（tRNA）、核蛋白体及催化酶参与。蛋白质合成的主要过程有：①氨基酸连接在 tRNA 上，激活与鉴别不同的氨基酸；②在核蛋白体上发生氨基酸聚合反应；③在核蛋白体 mRNA 到达一个特异终止信号，聚合结束。肽酰 tRNA、核蛋白体和 mRNA 的三元复合物解离，核蛋白体循环使用。核蛋白体是蛋白质合成场所。

动物及人的核蛋白体沉降系数为 80S，细菌的核蛋白体的大小及组成成分与动物的不同，沉降系数为 70S，且可分为 30S 与 50S 两亚基。氨基苷类抗生素仅对 70S 核蛋白体有作用，对人及动物 80S 核蛋白体无作用，这类抗生素可以与 30S 小亚基以不同分子的比例结合，对蛋白质合成的起始、延长及终止各阶段产生影响。

氨基苷类抗生素作用于起始复合物，可以致使甲酰蛋氨酸 tRNA 从起始复合物中脱落；或与 30S 小亚基结合，使氨基酰 tRNA 不能正确地将氨基酸输送至 mRNA 模板上的相应密码位置，出现误认密码的现象。"误认密码"导致合成"错误的"蛋白质或"有害的"蛋白质，从而干扰细菌中必要的蛋白质合成；在肽链合成终止时，该类抗生素能抑制 70S 核蛋白体解离成 50S 和 30S 小亚基，使这两种小亚基的反复利用受阻，干扰起始复合物的生成。该类药物能致使细菌细胞膜和细胞质的蛋白质合成多方受阻。

抑制蛋白质合成的抗生素数量多且种类繁杂。氨基苷类抗生素为核蛋白体功能抑制剂。链霉素能不可逆地与核蛋白体 30 S 亚基的一个位点（位于 30 S 亚基与 50 S 亚基交界面点）结合，导致 A 位点的破坏，阻碍氨基酰 tRNA 正确定位，阻止甲酰蛋氨酰 tRNA 的结合，阻止转录的起始。卡那霉素、庆大霉素、丁胺卡那霉素等与链霉素不同，与核蛋白体有一个以上位点结合，对 30 S 亚基能显示出更强烈的亲和力，且作用位点不同于链霉素。因而这些抗生素的抗菌效果均强于链霉素，故对链霉素耐药菌株仍然有效。氨基苷类抗生素对细菌蛋白质合成出现强烈的作用，致使细菌细胞膜和细胞质的蛋白质合成全面受抑制，达到杀灭敏感菌的作用（图 33-2）。

化学结构和抗菌机理的相似性使得氨基苷类抗生素具有一些共同特点：

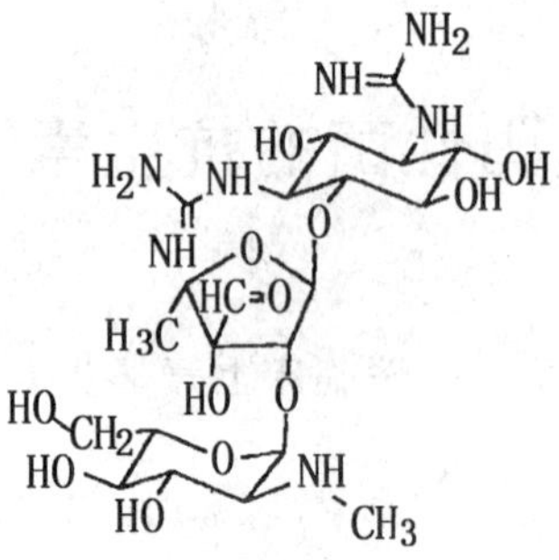

链霉素

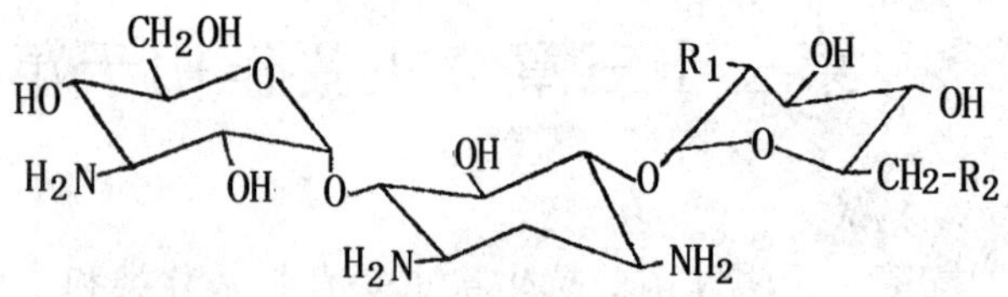

卡那霉素A $R_1=-OH$, $R_2=-NH_2$
卡那霉素B $R_1=-NH_2$, $R_2=-NH_2$
卡那霉素C $R_1=-NH_2$, $R_2=-OH$

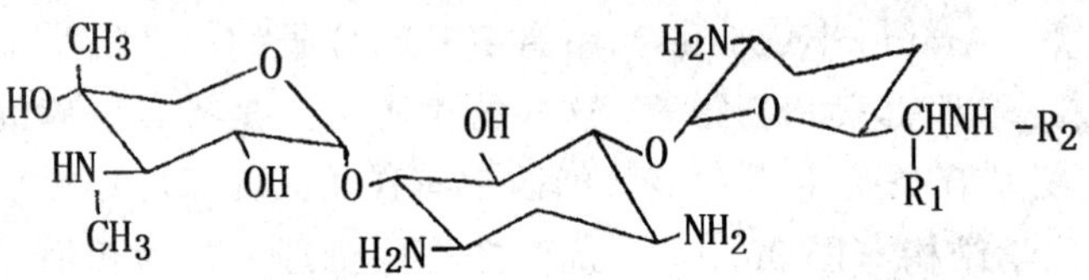

	R_1	R_2
庆大霉素 C_{1a}	H	H
庆大霉素 C_1	CH_3	CH_3
庆大霉素 C_2	CH_3	H

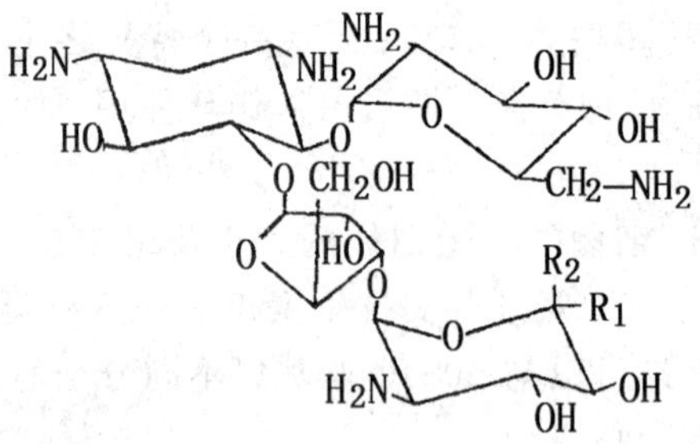

新霉素B $R_1=-H$, $R_2=-CH_2-NH_2$
新霉素C $R_1=-CH_2-NH_2$, $R_2=-H$

图 33-1 氨基苷类的化学结构

（1）化学结构中有多个氨基和胍基碱性基团的存在，因而为较强的有机碱化合物，常用制剂为硫酸盐，水溶液性质较稳定。该类抗生素盐的解离度大，脂溶性小，口服不易吸收，通常注射给药。进入体内的药物主要分布于细胞外液，不易进入脑脊液。多数以原形由肾脏排出。

（2）抗菌作用强，抗菌谱相近。对革兰氏阴性菌具有强烈的杀灭作用，对革兰氏阳性球菌也比较敏感。碱性环境中能增强药物的抗菌活性。

（3）该类抗生素都可损害第八对脑神经和肾脏功能，影响听力，损害前庭器官功能及导致肾功能减退，出现蛋白尿；阻滞神经肌肉冲动传导，使骨骼肌松弛，呼吸肌麻痹，甚至呼吸停止。该毒副作用在动物使用全麻药或肌松药之后，以及妊娠后期母畜中更易发生，用药时应予以警惕。

链霉素 Streptomycin

链霉素是由放线菌属的灰色链丝菌培养液中提取获得。硫酸链霉素易溶于水，性质较稳

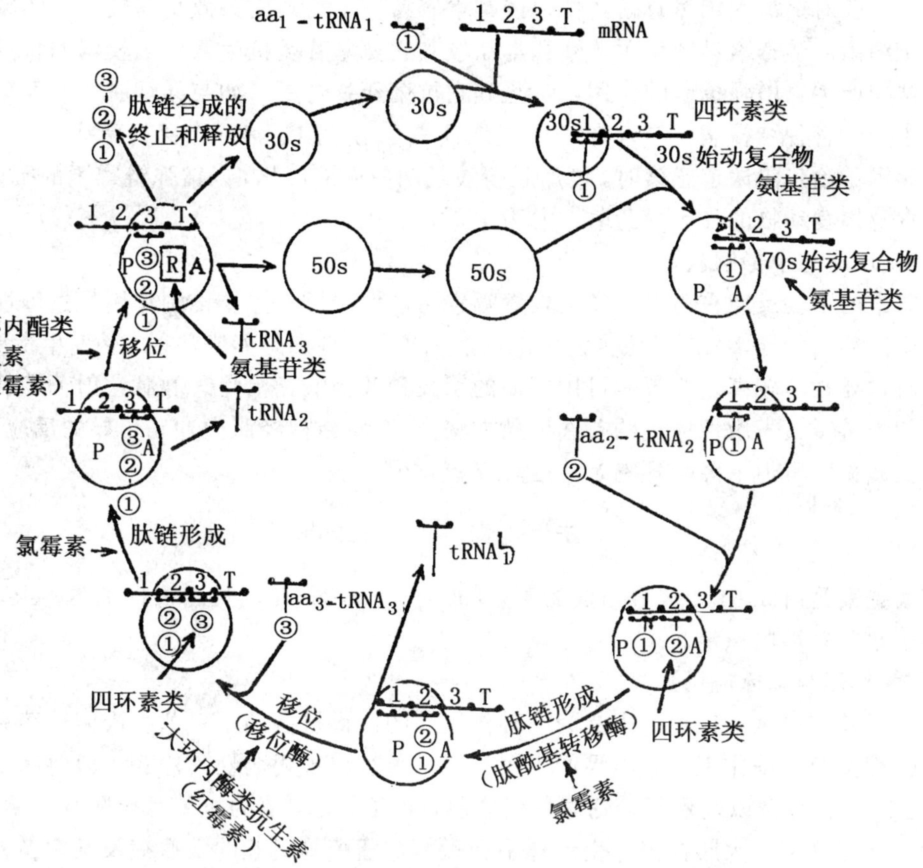

图 33-2　核蛋白体循环及有关抗生素作用部位图解

注释：30s、50s 表示组成核糖体的两个亚基，A、P 分别表示 A 位、P 位，R 表示终止因子，aa_1、aa_2、aa—tRNA 表示 tRNA1、2、3、携带三种不同的活化氨基酸，[tRNA 符号] 表示 tRNA，上面三个小点表示反密码，它能翻译 mRNA 上相应的密码 mRNA 上的 1、2、3、T 表示四个密码，T 为终止密码，即停止合成的密码，T 前可能有许多密码，为图示简便，仅顺序标出在 T 前的三个密码。每个密码包括三个核苷酸，称为三联密码。

定，口服时，本品不为胃酸破坏；遇热、氧化剂与还原剂时均易失效，故临床仍采用粉针，临用时溶解供注射用。

【抗菌作用与临床应用】

抗菌谱较广，对大多数革兰氏阴性杆菌和革兰氏阳性球菌有效，特别是对磺胺药和青霉素所不能奏效的多种革兰氏阴性杆菌和结核杆菌都有极强的杀菌作用。这些敏感菌有大肠杆菌、变形杆菌、痢疾杆菌、巴氏杆菌、布氏杆菌、沙门氏菌及鼠疫杆菌等。链霉素对结核杆菌有突出的疗效，为抗结核的首选药。同时，它又是抗鼠疫杆菌感染的首选药。对伤寒杆菌和绿脓杆菌作用很弱，但对革兰氏阳性球菌如金葡菌也敏感。临床上主要用于治疗肺炎、幼驹副伤寒、猪肺疫、禽出血性败血症、牛肺疫、乳腺炎及各敏感菌所致尿路感染等。

细菌对链霉素较易产生耐药性，用药时间越长，耐药性发生率越高，甚至产生依赖性菌株。耐链霉素细菌对卡那霉素、庆大霉素、新霉素仍然有效。但对卡那霉素、庆大霉素及新霉素的耐药菌对链霉素仍然有耐药性。链霉素容易发生耐药而失效是其较明显的缺点。

鉴于细菌对链霉素易产生耐药性和本品较其它氨基苷类抗生素作用较弱的特点，为延缓耐药菌株的产生，增强抗菌的作用，常与其它抗菌药物合用，如与异烟肼、对氨基水杨酸合用，用于治疗各种结核病；与青霉素G或四环素合用，用于治疗布氏杆菌病。

本品用于治疗泌尿道感染时，可加服碳酸氢钠使尿液碱化，以增强链霉素的抗菌效力。这点在杂食及肉食动物的临床用药时，尤为重要。

【不良反应与中毒解救】

链霉素的不良反应在兽医临床上较青霉素少，但严重。主要毒副作用是过敏性休克和阻滞神经肌肉冲动传导。大剂量肌内注射或腹腔内给药，特别是静脉注射，易发生毒副作用，一旦发生时，死亡率较高。抢救时可用新斯的明或葡萄糖酸钙治疗。静脉注射葡萄糖酸钙或其它钙制剂为链霉素过敏性休克的首选解救方法，它对阻断神经肌肉冲动传导的反应也有效。医药临床上多见有听力下降、耳鸣，甚至耳聋等发生。

庆大霉素 Gentamicin

庆大霉素是由3～4个成分组成的复合物。各成分的抗菌活性与毒性基本一致。其硫酸盐极易溶于水，且性质稳定。

【抗菌作用与临床应用】

与本类其它抗生素比较，本品为一种作用强的广谱抗菌药，对革兰氏阳性菌和阴性菌都有强烈的抑菌及杀菌作用，且不易产生耐药性，一旦出现耐药性，停药一段时间也可以恢复敏感性。对绿脓杆菌以及耐药金葡球菌极敏感，有显著疗效，为抗革兰氏阴性杆菌的首选药。临床用于绿脓杆菌、大肠杆菌、变形杆菌和耐药金葡菌等引起的败血症及其它各种严重感染如肠道、尿道、胆道等感染，以及肺炎、化脓性腹膜炎。由于口服不吸收，本品口服还可用于肠炎和菌痢。

【不良反应】

本品的不良反应与链霉素相似，但较之为少。其主要的不良反应为对肾脏功能损害，这可能较链霉素常见。

卡那霉素 Kanamycin

卡那霉素有A和B两种成分。国产卡那霉素主要成分为A。卡那霉素主要成分为B的，称新卡霉素，以前在兽医上多用，被称之为猪喘平。临床上常用硫酸盐，该盐易溶于水，对温度、酸和碱都稳定。

【抗菌作用与临床应用】

与链霉素比较，本品抗菌作用较强，对金葡菌、大肠杆菌作用较强且不易产生耐药性，对耐链霉素的结核杆菌仍然有效，对耐四环素的细菌仍敏感，对绿脓杆菌无效。临床上多用于耐青霉素金葡菌所引起的各种感染，如败血症、心内膜炎、肺部感染、胆道感染和尿道感染以及耐药的结核菌感染。对本品产生耐药性的菌株对链霉素可产生交叉耐药性。

【不良反应】

与链霉素相似，对肾脏和第八对脑神经的毒力较大。

新霉素 Neomycin

新霉素的抗菌作用与卡那霉素类似，但毒性较大，不宜用于全身抗感染，主要用于肠道和局部抗感染，如肠道炎、乳房炎等。

大观霉素 Spectinomycin

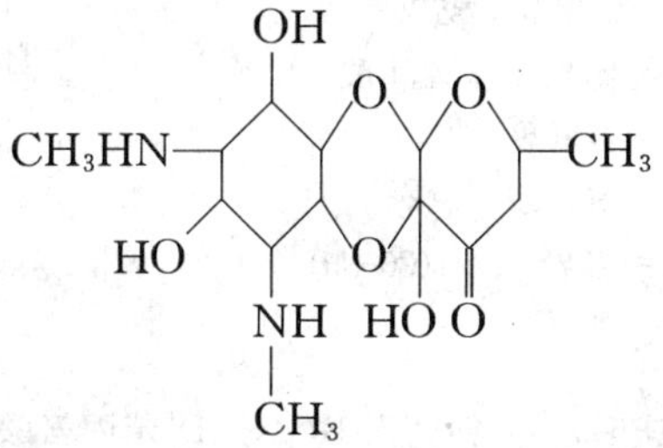

本品又称壮观霉素，有硫酸盐（含 2 分子水）及盐酸盐（含 5 分子水）两种，均为白色或类白色粉末，易溶于水，干燥状粉稳定性良好，保存两年有效。

【作用与应用】

本品为广谱抗菌药，对革兰氏阳性菌及革兰氏阴性菌均有抑杀作用，如布氏杆菌、肺炎杆菌、变形杆菌、绿脓杆菌、金葡菌等。本品为淋球菌感染的首选药。

本品内服不吸收，肌内注射吸收良好。体内过程与本类其它抗生素一致。对肾脏及听神经副作用小。新生幼畜、妊娠母畜慎用。本品不宜静脉给药。

临床上可用于治疗犊牛、猪、禽大肠杆菌病、禽沙门氏菌病及霍乱等。作饲料添加剂（或与林可霉素配比）可用于防治猪鸡慢性呼吸道病、大肠杆菌、巴氏杆菌及其它细菌性感染。

安普霉素 Apramycin

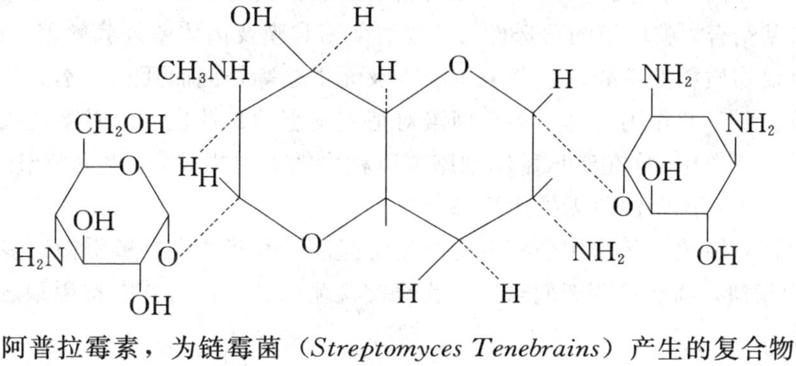

本品又称阿普拉霉素，为链霉菌（*Streptomyces Tenebrains*）产生的复合物。

本品给犊牛、仔猪肌内注射对大肠杆菌感染有效；也对鸡沙门氏菌病、大肠杆菌病及禽霍乱有效。肌内注射效果较口服好，其抗菌强度近于氯霉素。其它临床疗效国内科研单位尚在观察中。

二、多粘菌素类

多粘菌素类抗生素有 A、B、C、D、E 五种成分。其多粘菌素 B（Polymyxin B）与多粘菌素 E（抗敌素，Colistin），常用做饲料添加剂。多粘菌素 B 与 E 基本化学结构相似，均含有游离的氨基与羧基。

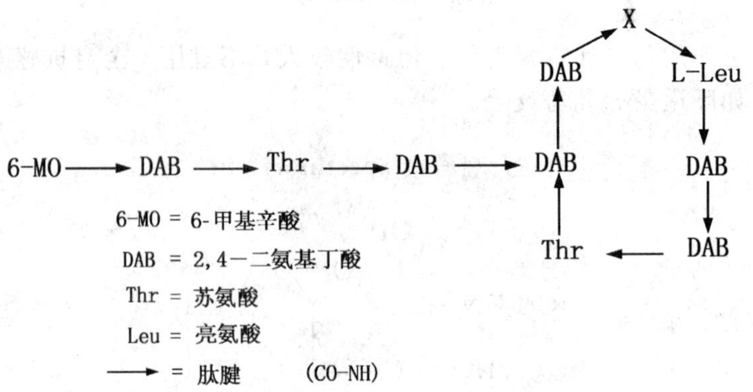

图 5-9 多粘菌素 B（X=D-苯丙氨酸）
和多粘菌素 E（X=D-亮氨酸）的结构

【理化性状】

多粘菌素 B 与 E 的硫酸盐为白色或淡黄色粉末，无臭、易溶于水，水溶液在酸性 pH 时稳定，碱性溶液中稳定性差。本品在干燥时相当稳定且耐热。

多粘菌素 B 纯品每毫克相当 1 万 U，多粘菌素 E 纯品每毫克相当于 3 万 U。

【抗菌作用】

多粘菌素对革兰氏阴性杆菌有强大的抗菌作用，对革兰氏阳性菌不敏感。其主要敏感菌有大肠杆菌、沙门氏菌、巴氏杆菌、布氏杆菌、弧菌、痢疾杆菌、绿脓杆菌等。它的抗菌机理在于对敏感菌的细胞浆膜有强大的附着作用，与细菌细胞膜的阴离子结合部位中的磷脂相结合。革兰氏阴性菌细胞壁的外膜中存在磷脂的磷酸根具有很强负电性，与药物分子中带正电荷的游离氨基结合，破坏膜的通透性，导致细菌细胞膜及菌体壁外膜解聚，丧失生物活性，致使细胞内重要物质如氨基酸、核苷酸、嘌呤及无机盐等外漏而死亡。本类抗生素对细菌各生活期均有效。鉴于此作用机理，多粘菌素对宿主细胞的毒性也大。对革兰氏阳性菌无论球菌或杆菌均无抗菌作用，这在于该菌体细胞壁以粘多糖为主要成分，更无菌壁外膜之结构，因而本类抗生素对革兰氏阳性菌无抗菌活性。

本类抗生素对敏感细菌作用强，不易产生耐药性或耐药性产生极缓慢。多粘菌素 B 与多粘菌素 E 结构相似，细菌对两者间可产生完全交叉耐药性，但与其它抗生素之间并无交叉耐药现象。

【临床应用】

多粘菌素口服不吸收，用于全身抗感染对肾脏有严重毒害作用。一般宜用于肠道及其它局部抗感染治疗。如预防犊牛、仔猪细菌性肠炎、下痢等。或用于中耳炎、眼部绿脓杆菌感染及皮肤或粘膜、子宫等器官感染。

用作饲料添加剂，能调节肠道菌群平衡，促进动物生长。

【不良反应】

多粘菌素用于全身抗感染时最常见的毒性反应为肾功能损伤，可引起肾小管坏死，电解质紊乱，其程度与剂量、疗程及先前有无肾脏疾病有关。多粘菌素B的肾毒性作用高于多粘菌素E。注射给药时局部反应强烈，持续时间长。静脉滴注时可能引起脉管炎。吸入给药可引起支气管炎。在注射给药时还可能有过敏反应出现，抗组胺药对之有效。

制剂与用法

（1）硫酸链霉素粉针 肌内注射量：马、牛、猪、羊 10 mg/kg，1日2次；成年家禽100～200 mg/只，雏鸡 2～25 mg/只，每日2次。内服量：驹、犊1 g/头，1日2～3次，仔猪、羔羊 0.25～0.5 g/只，1日2次；家禽饮水药物的浓度为每千克水 20～120 mg。

（2）硫酸双氢链霉素粉针（或针剂） 剂量同硫酸链霉素。

（3）硫酸卡那霉素注射液 肌内注射量：马、牛、猪、羊 5～15 mg/kg，家禽 10～15 mg/kg，每日2次。

（4）兽用硫酸卡那霉素注射液（猪喘平） 本品主要含卡那霉素B（约40%），肌内注射量：猪 10～20 mg/kg，每日2次，其它动物的治疗量参考硫酸卡那霉素。

（5）硫酸庆大霉素注射液 肌内注射（或静脉滴注）量：驹、犊、仔猪、羊 1～1.5 mg/kg 体重，家禽 2～3 mg/kg，每日2～3次。内服量：驹、犊、仔猪、羔羊 3～5 mg/kg，1日3次。

（6）硫酸新霉素片 内服量：马、牛 2～3 g，驹、犊 1～2 g，仔猪、羔羊 0.3～0.5 g，犬 0.1～0.2 g，每日2次内服（羊、猫不宜内服）。

（7）注射用硫酸新霉素 肌内注射量：各动物 2～4 mg/kg，1日2次。

（8）多粘菌素B片 内服量：犊牛、仔猪 0.5～0.7 mg/kg，1日3次。

（9）注射用多粘菌素B 肌内注射量：马、牛、羊、猪 0.5～1 mg/kg，1日2次。

（10）硫酸多粘菌素B片 内服量：犊牛、仔猪 1.5～5 mg/kg，家禽 3－8 mg/kg，1日2次。预防犊牛、仔猪等细菌性下痢可按 5～40 g/t 饲料混饲。

（11）硫酸多粘菌素E注射液 肌内注射量参见多粘菌素B。

第三十四章　广谱抗生素

四环素类和氯霉素类抗生素的抗菌谱极广，对革兰氏阳性菌和革兰氏阴性菌、螺旋体、立克次氏体、霉形体、衣原体、原虫如球虫与阿米巴原虫等均可产生抑制作用，故称为广谱抗生素。

一、四环素类

四环素类（Tetracyclines）为并四苯母核的化学结构而得名（图 34-1）。本类药物有酸碱两性特征，但常为盐酸盐。该盐性质稳定，且易溶于水。水溶液稳定性较差，注射用为粉针剂，临用时新鲜配制。

四环素类抗生素有天然品的金霉素、四环素和土霉素，以及半合成品的多西环素。其它四环素类抗生素如甲烯土霉素（Metacycline）、二甲胺四环素（Minocycline）等，国内兽医临床未见应用。

表 34-1　四环素类抗生素的化学结构

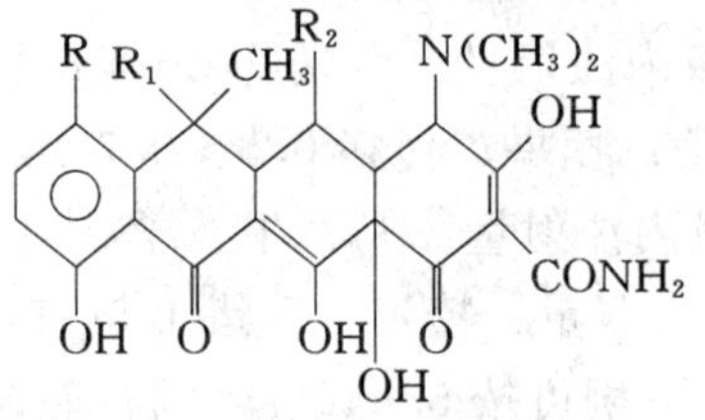

药　名	R	R_1	R_2
金霉素	Cl	OH	H
四环素	H	OH	H
土霉素	H	OH	OH
多西环素	H	H	OH

金霉素（Chlortetracycline）、四环素（Tetracycline）和土霉素（Oxytetracycline）为兽医临床常用的抗生素，抗菌谱广，经济，应用方便。由于耐药菌株日益增多，因而现时临床疗效受到一定的影响。

【体内过程】

本类抗生素口服易吸收，但不完全。口服吸收的速度和程度可因动物种属和胃肠内容物的多寡而异。单胃动物以鸡吸收为快，口服 1～2 h 可达到峰值浓度。肉食动物和杂食动物可能在 2～4 h，多胃动物则更缓慢需在 4～8 h 才达峰值浓度。药物的吸收部位主要在胃及小肠前部。其吸收程度受钙、镁、铁、铝等金属离子结合沉淀而减少。这三种抗生素之间，土霉素的吸收较四环素慢，但血液中的消除速度较快，血清中半衰期短。

肌内注射给药时，一般 5～10 min 可在血液中出现，达到峰浓度时间也需要 1～2 h。增加剂量可增加血中浓度和持效时间，但有一定限度。这些抗生素主要分布于细胞外液，可进入腹腔、胸腔、胎儿循环及乳汁中，但不通过血脑屏障进入脑脊液。四环素易在牙齿和骨骼组织中沉淀。肾脏是四环素类抗生素主要的排出器官。重复给药时，一般临床剂量以尿原形方式排出的药物都能达到尿中抑制敏感菌生长的所需浓度。四环素类相当一部分可由胆汁排入肠道，并再被吸收利用，形成“肝肠循环”，进而延长药物在体内持效时间。这种循环利用方式与给药途径无关。

【抗菌作用与抗菌机理】

本类药物抗菌谱广，抗菌作用不强，为广谱抑菌剂。对四环素类抗生素敏感菌有链球菌、布氏杆菌、嗜血杆菌、大肠杆菌、巴氏杆菌、沙门氏杆菌、炭疽杆菌等；对金葡菌现时多有耐药性。总之，四环素类抗生素对革兰氏阳性菌的作用强度不如青霉素类和头孢菌素类，对革兰氏阴性菌的作用强度不如氨基苷类和氯霉素，对结核杆菌、绿脓杆菌及伤寒杆菌均无效。

本类抗生素主要与30S小亚基结合，进而干扰氨基酰tRNA与30S小亚基结合，使氨酰基tRNA不能进入mRNA上的受位，抑制了蛋白质合成时的肽链延长（图33.2）。此外，它还可以阻止已合成的蛋白质肽链释放。四环素类抗生素对70S和80S核蛋白体都有作用，但抑制作用有所不同。细菌对该类抗生素有主动转运体系使药物特异性地透过进入菌体内，动物细胞却有主动外排该抗生素的机制，因而对70S核蛋白体的作用更敏感，对细菌的蛋白质合成能更有效地抑制。

四环素类抗生素与30S小亚基结合，但其结合力较弱，通常大多数为可逆的，即使能抑制甲酰蛋氨酰tRNA与30S小亚基结合，但其抑制的程度仅为抑制其它氨基酰tRNA的1/10。鉴于此作用机理，本类抗生素的作用仅呈现为抑菌作用，而不是杀菌作用。

【临床应用】兽医临床上多用土霉素治疗肠道多种病原菌感染。其临床应用有：

（1）治疗沙门氏杆菌引起的犊牛白痢，雏鸡白痢及大肠杆菌性的仔猪黄痢、白痢。

（2）治疗鸡巴氏杆菌引起的霍乱。

（3）对猪喘气病和猪肺疫——猪肺炎霉形体引起的猪喘气病和巴氏杆菌引起的猪肺疫有效，与卡那霉素B（猪喘平）联合使用可提高效疗。

（4）局部应用于各动物组织中坏死杆菌感染引起的坏死或子宫脓肿炎症。

（5）可用于血孢子虫感染的牛边缘边虫病、泰勒焦虫病、放线菌病、钩端螺旋体病等。

金霉素多用作饲料添加剂用于动物促生长，也可用作局部用药如软膏剂。

由于药物化学结构相似，细菌又易产生耐药性，所以也易产生交叉耐药性。产生耐药性的原因可能是细菌对本类抗生素的通透性下降，致使菌体内药物浓度低下而达不到抑菌作用。

【不良反应】

本类药物常用盐酸盐，具有刺激性，肌内注射可产生局部炎症。

口服四环素类抗生素后，在剂量过大或使用时间稍长时，极易引起成年草食动物肠道菌群紊乱，维生素缺乏和肝功能损害，引起动物消化机能失常，造成肠炎和腹泻，并形成新的感染（二重感染）。四环素类药物为广谱抗生素，进入肠道后，敏感菌受到抑制，不敏感或耐药菌如真菌、大肠杆菌、变形杆菌、绿脓杆菌、魏氏梭菌趁机繁衍，致使肠道菌群紊乱，产生新的感染菌原。为防止消化机能障碍的发生，成年草食动物及反刍兽均不宜口服给药。同时也应注意，大剂量或长时间注射给药也能招致动物的消化机能失常。患畜二重感染时，应先注意真菌的危害，必要时应用制霉菌素等加以治疗。

多西环素 Doxycycline

本品又称强力霉素或脱氧土霉素，为长效、高效、低毒的半合成四环素类抗生素。常用其盐酸盐。

多西环素的抗菌谱与四环素类其它抗生素相一致，但抗菌效力强。对四环素、土霉素耐药的金葡菌，本品仍然有效。

本品口服时吸收快且生物利用度高，维持有效时间较长，组织分布广，又易进入细胞内。静脉注射给药时血药浓度上升较口服快又高，但持效时间较短，消除时以肠道粘膜排泌和肾脏排出为主。经肠道粘膜排泌时，药物多以结合型或者与肠道内容物形成稳定的复合物而失效，故不能对肠道菌群产生影响，因而对动物的消化机能的影响远比本类其它抗生素的作用小得多。在经肾脏排出时，由于本品具有较强脂溶性，也就极易被肾小管重吸收，因而也是持效长的重要原因。

多西环素的用量少，一般仅为四环素的1/10～1/5，临床上多用于禽类的慢性呼吸道疾病或全身性感染，对其它动物的应用报道尚属少见。据报道，动物中马属动物远较其它动物敏感，曾有过严重反应及死亡的报道。

二、氯霉素类（Chloramphenicols）

本类抗生素包括氯霉素（Chloramphenicol）、甲砜霉素（Thiamphenicol）和氟苯尼考（Florfenicol）。

氯霉素 Chloramphenicol

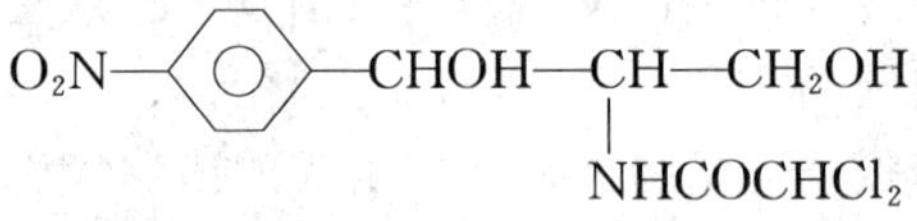

氯霉素为人工合成的第一个抗生素。

氯霉素为左旋体，中性有机化合物，水中微溶，味苦。其水溶液性质稳定，且耐热，易溶于乙醇、乙二醇、丙二醇和二甲基乙酰胺，但不溶于植物油。氯霉素棕榈酸盐供口服，且无苦味，又称无味氯霉素。氯霉素又能与琥珀酸酯化成琥珀氯霉素酯，后者与无水碳酸钠混合制成的灭菌粉末，易溶于水，可供静脉注射或肌内注射。

【体内过程】

口服氯霉素后，在杂食或肉食动物的血液中均能达到有效浓度（5 μg/ml），且能维持10 h之久，但在草食或反刍动物体内，则不易达到有效浓度，可能在胃肠道中受到微生物破坏。

肌内注射给药时，易局部滞留，吸收缓慢，血中浓度也低。静脉注射氯霉素，能立即达到最高血药浓度，但各动物体内药物动力学变化差异很大，因而维持有效时间也各有不同。以静脉注射给药的血浆半衰期为例，马为0.9 h，猫为5.1 h，犬为4.2 h，山羊为2.0 h，猪为1.4 h，牛为3.5 h，为维持体内的有效浓度，仍需频频静脉注射给药，使临床应用困难增大。

氯霉素广泛分布于各组织和体液中，也易进入脑脊液内。本品在肝组织中与葡萄糖醛酸结合而失效，并经肾脏排出，尿中仅有10%原形药物。少数氯霉素可随胆汁排出，肠道中仍可被重吸收利用。幼龄动物因其肝与肾功能低下，应用氯霉素治疗时，可获得较高的血药浓度和较长的持效时间。成年动物也可因肝、肾功能不良造成蓄积性中毒。

【抗菌作用与临床应用】

氯霉素为广谱抑菌抗生素，对革兰氏阳性和阴性菌都有作用，但以对革兰氏阴性菌作用为强。其敏感菌有大肠杆菌、沙门氏菌、伤寒杆菌、副伤寒杆菌、产气杆菌、布氏杆菌、巴氏杆菌、炭疽杆菌、肺炎球菌、链球菌及葡萄球菌等等。特别对伤寒杆菌及副伤寒杆菌有显著疗效，为临床首选药物。氯霉素对少数衣原体、立克次氏体和某些原虫有一定疗效，但对绿脓杆菌、真菌、病毒不敏感。

氯霉素通过抑制细菌蛋白质合成呈现强的抑菌作用，它对70S核蛋白体有效，而对80S核蛋白体无作用。它可与50S亚基结合，抑制其转肽酶所催化的反应，致使核蛋白体变形，导致氨基酰tRNA与肽酰tRNA不能与转移酶结合，使氨基酸不能借助肽链联结，抑制肽链的生成。在氯霉素作用下可能生成不具备完整功能、长短不一的蛋白质，导致细菌生长抑制。

现在有实验表明，氯霉素作用于50S亚基，抑制转移酶，抑制肽酰转移反应，其结合点的区域称功能区，相近于红霉素的结合区，因而同时应用时显示出部分交叉竞争性拮抗。

细菌在体内外均可对氯霉素产生耐药性，尤以大肠杆菌明显，产生耐药性细菌都能释放乙酰转移酶，使氯霉素乙酰化而失效。

兽医临床上，氯霉素对多种感染有治疗作用，对肠道感染，如幼畜副伤寒、家禽副伤寒及幼畜的沙门氏菌病的疗效显著。同时，本品还可用于局部抗感染，如子宫炎、乳腺炎、传染性角膜炎等。

【不良反应】

氯霉素不与80S核蛋白体结合，但能与线粒体的核蛋白体结合。氯霉素对人和动物骨髓细胞、肝细胞产生的毒性作用，就是药物抑制骨髓细胞内线粒体的蛋白质合成所致。氯霉素能抑制血红素合成酶的活性，使血红蛋白的生长受到抑制，造成幼红细胞和网织细胞出现空泡化，同时还可在粒细胞和巨核细胞中出现，因此在应用氯霉素之后除见有贫血发生外，还可见有白细胞和血小板减少。这些不良反应多见于幼年动物，其原因在于幼年动物肾功能低下，肝功能不完全，葡萄糖醛酸转移酶缺乏活性等所致。其它不良反应可见有消化功能紊乱，维生素B缺乏症，但不及四环素类抗生素突出。

氯霉素为肝细胞微粒体药酶的抑制剂，临床应用之后，能明显地延缓其它药物的代谢，与之合并使用，既可延长某些药的疗效，又可增强某些药的毒性，应用时应予注意。

甲砜霉素 Thiamphenicol

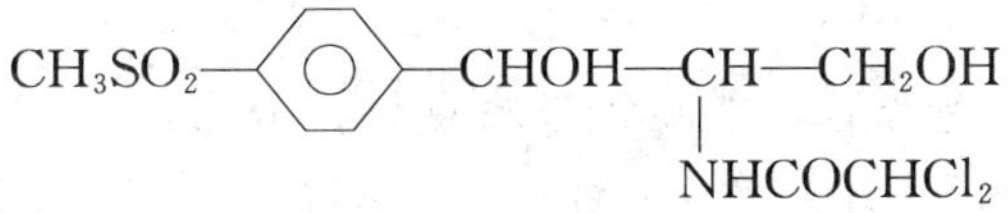

甲砜霉素为氯霉素化学结构上硝基被甲磺基取代的衍生物。

本品为人工合成的广谱抗菌药。20世纪90年代在国内用于兽医临床。

甲砜霉素为无色无臭结晶性粉末，味微苦，为一中性物质，对光和热稳定，有吸湿性。室温下水中溶解度为0.5%～1%，醇中溶解度约为5%，其稳定性与溶解度不受pH值的影响。甲砜霉素的甘氨酸盐酸盐为白色无臭结晶性粉末，无苦味，1 g相当于甲砜霉素0.792 g，易溶于水，水溶液的pH值为4。当pH增高时溶液内迅速释放甲砜霉素。

【体内过程】

甲砜霉素口服或注射给药后迅速吸收且完全。进入体内的药物与血清蛋白结合率低，可以全身内广泛分布，其中以肾、脾、肝、肺等组织中的含量较高。在肾与肝中比同剂量氯霉素高 3～4 倍，也可进入脑组织中。本品在肝脏不易被代谢，也不与葡萄糖醛酸结合，胆汁中浓度高，且比血药浓度高出数十倍，有肝肠循环过程。甲砜霉素由肾小球滤过，以原形方式排出。肾功能不良时尿中排出量明显减少，血药浓度明显相应升高，其升高的程度与肾功能减退程度呈比例。

【抗菌作用】

本品的抗菌谱及抗菌作用与氯霉素基本相似，对金葡菌、沙门氏菌、大肠杆菌、肺炎杆菌等作用可能较氯霉素略差。甲砜霉素在体内呈现较强的抗菌活力。在感染性实验中，其保护作用可超过氯霉素，主要原因在于本品在肝内不易被代谢失活，血中游离型甲砜霉素浓度高。

甲砜霉素与氯霉素的抗菌机理相同，主要抑制细菌蛋白合成，因而两者间呈完全交叉耐药性。实验观察到本品与四环素类间有部分交叉耐药性。细菌可产生乙酰转移酶，使甲砜霉素失活，且可通过质粒传递，使原来敏感菌株转化成耐药株。

【临床应用】

本品的临床应用与氯霉素相同，对畜、禽的沙门氏菌病和大肠杆菌病疗效好。在兽医临床上，可用于防治幼畜白痢、幼畜副伤寒、幼畜肺炎、幼畜肺炎双球菌性败血病和巴氏杆菌病；对禽白痢、禽霍乱等疗效极佳。本品还可用于尿道、胆道及呼吸道各种敏感菌感染的治疗。

【不良反应】

本品在兽医临床上应用时间尚短，有关不良反应资料不多见，据报道，甲砜霉素对红细胞生成抑制作用较氯霉素少见，对免疫系统的抑制作用较氯霉素弱。妊娠母畜及幼畜应慎用。严重肾功不良时应延长给药间期或减量。

氟苯尼考 Florfenicol

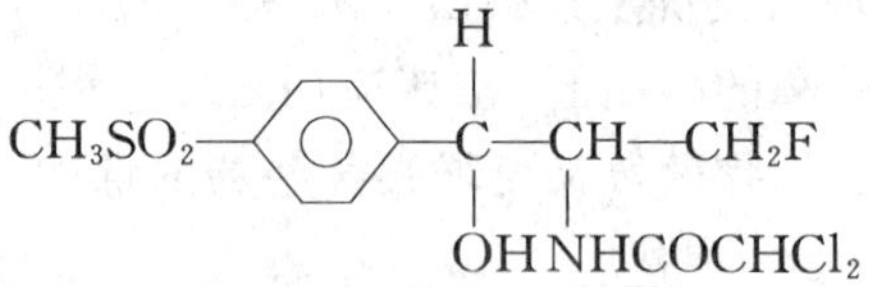

本品又称氟甲砜霉素。氟苯尼考是甲砜霉素的单氟衍生物。

【体内过程】

内服或肌内注射氟苯尼考后，牛和猪吸收良好，分布广。猪肌内注射后血药浓度可达 13.6 μg/ ml，半衰期为 2.5 h，在鱼类（如虹鳟）内服吸收良好，其组织浓度与血浆浓度相近，消除速度快，主要经尿和胆汁排泄。

【抗菌作用与作用机理】

氟苯尼考的抗菌作用及作用机理与氯霉素和甲砜霉素相同，它主要是干扰细菌蛋白质的合成。氟苯尼考能与 50S 核糖体亚基结合，并能抑制蛋白质合成中的关键酶——肽酰基转移酶的活性。氟苯尼考抗菌谱广，对革兰氏阳性和阴性细菌均有效，尤其对多杀性巴氏杆菌、胸膜肺炎放线菌、肺炎霉形体和链球菌的作用效果更好。与甲砜霉素一样，其分子结构中没有硝基化基团。而该基团是导致氯霉素产生骨髓样毒性和基因毒性的主要原因。所以，氟苯尼考的毒副作用较氯霉素小得多。

【临床应用】

由于其广谱性，可用于各种革兰氏阳性和阴性菌感染。临床上主要用于治疗和预防畜禽由巴氏杆菌、胸膜肺炎放线菌及霉形体引起的呼吸系统疾病，也可用于控制敏感菌引起的鱼虾疾病。

制剂与用法

(1) 土霉素片 内服量：中、小动物 10～15 mg/kg，1 日 2～3 次；鸡 0.1～0.2 g/只；成年反刍动物、马属动物及兔不宜口服。

(2) 土霉素粉 混饲拌料：幼猪 200～500 g/t 饲料；鸡 100～600 g/t 饲料，饮水 60～250 mg/L。

(3) 盐酸土霉素粉针 肌内注射或静脉注射量：马、牛、猪、羊、犬 5～10 mg/kg，每日 2 次。肌内注射时可用盐酸土霉素专用溶媒（含 5%氯化镁和 2%盐酸普鲁卡因溶液）稀释成 5%注射液供应用；静脉注射时，应用注射用水、生理盐水或 5%葡萄注射液溶解，稀释成 0.5%以下浓度，供用。

(4) 土霉素（油）注射液 为 25%土霉素灭菌油（花生油、鱼肝油、大豆油等）混悬液，供肌内注射，肌内注射量：猪 15 mg/kg，3 天 1 次。专用于治疗猪喘气病。

(5) 土霉素眼膏 0.5%，每支 4 g，外用。

(6) 土霉素软膏 3%，每支 5 g，10 g，外用。

(7) 四环素片 内服量同土霉素。

(8) 注射用盐酸四环素 肌内注射或静脉注射量同土霉素。

(9) 多西环素粉 内服量：马、牛 1～3 mg/kg，羊、猪 2～5 mg/kg，犬 3～10 mg/kg，家禽 10～20 mg/只，每日 2 次。家禽饮水每千克水 50～100 mg。

(10) 注射用多西环素 静脉注射量：马、牛 1～2 mg/kg，羊、猪 1～3 mg/kg，犬 2～4 mg/kg，每日 1 次。注射时，应用 5%葡萄糖注射液稀释成 0.1%以下浓度，缓缓注入，切勿漏出皮下。

(11) 氯霉素片（粉） 内服量：马、猪、羊、犬 50 mg/kg，1 日 2 次，鸡 0.1 g/只。

(12) 氯霉素注射液 肌内注射或静脉注射量：马、牛 25 mg/kg，猪羊 10～30 mg/kg，家禽 50～100 mg/kg。皮下注射量：马、牛 25 mg/kg。肌内注射时应深部肌内注射。静脉注射时，应加 5%葡萄糖注射液稀释。

(13)注射用琥珀酸钠氯霉素 按氯霉素计算肌内注射或静脉注射量：马、牛 2～4 mg/kg，犊、驹、猪、犬 10 mg/kg，1 日 2 次，临用时应加 5%葡萄糖注射液稀释。

(14) 氯霉素栓 子宫内用。

(15) 甲砜霉素片（粉） 内服量：马、猪、羊、犬 5～10 mg/kg，1 日 2 次，鸡 0.1 g/只。

(16)氟苯尼考粉 内服：猪、鸡 20～30 mg/kg，1 日 2 次，连用 3～5 天；鱼 10～15 mg/kg，1 日1 次，连用 3～5 天。

(17)氟苯尼考注射液 肌内注射：猪、鸡 20 mg/kg，每隔 48 小时 1 次；鱼 0.5～1 mg/kg，1 日 1 次。

第三十五章　抗真菌药与抗病毒药

一、抗真菌药

真菌的种类繁多。动物机体感染真菌之后，应用通常的抗生素治疗大多无效。根据真菌侵袭部位的不同，真菌大体可分为两类：一为体表浅部真菌，如口腔，消化道等，常见为癣菌；二为深部组织和内脏器官的真菌，如脑、肝脏及肺部等，较多为白色念珠菌和新形隐球菌。兽医临床上常用的抗真菌药有多烯类和非多烯类抗真菌药。前者有两性霉素 B 和制霉菌素，后者有灰黄霉素和克霉唑。

两性霉素 B Amphotericin B

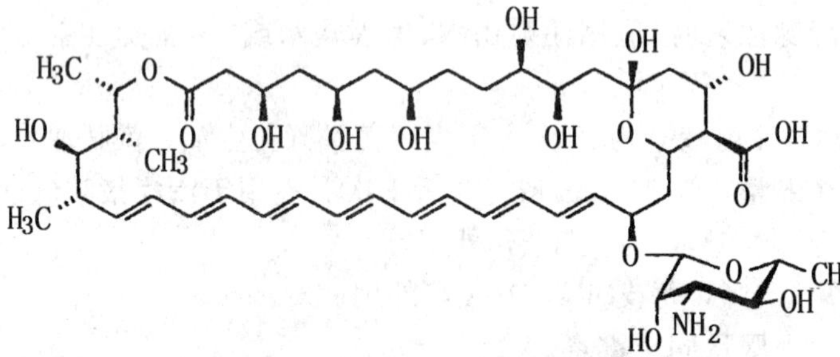

两性霉素 B 为多烯类抗真菌药，不溶于水，微溶于稀醇液，pH 4～10 时稳定，对热不稳定。临床上多使用低醇度混悬液或制成去氧胆酸钠盐，制成胶体混悬液供注射。该药毒性大，临床应用受到限制。新合成的甲酯衍生物——两性霉素 B 甲酯盐酸盐，为水溶性酯化物，pH 6 时较稳定，其毒性仅为两性霉素的 1/15。

【体内过程】

两性霉素 B 及其甲酯衍生物口服不吸收，肌内注射也难吸收，主要给药途径为静脉注射。静脉滴注可维持有效浓度时间较长，血浆半衰期可达 24 h，体内分布较广，但不易进入脑脊液中。肾为其主要排出器官，排出极缓慢。

【抗菌作用与临床应用】

本品为广谱抗真菌药，对隐球菌、球孢子菌、白色念珠菌、芽生菌等真菌都有抑制作用。尤其对深部真菌有强烈的抑制作用。本品抗菌作用机理可能是多烯抗真菌药物中多烯发色基团能与真菌细胞膜上固醇类结合而使真菌菌体生物膜受损害而产生抑菌作用。细菌细胞膜不含固醇类，因此对细菌无效。

本品可用于犬组织胞浆菌病、芽生菌病、球孢子菌病，可预防白色念珠菌感染以及各种真菌的局部炎症，如甲或爪的真菌感染及雏鸡嗉囊真菌感染。

【不良反应】

两性霉素 B 毒性极大，小鼠静脉注射 LD_{50}为 5 mg/kg 体重，猫每天静脉注射 1 mg/kg 体重连续 17 天即可出现严重溶血性贫血。本品口服不吸收，故毒性反应较小，对消化道系统真菌感染的治疗仍可为首选药，有条件时，可选用两性霉素B甲酯盐酸盐取代之。

制霉菌素 Nystatin

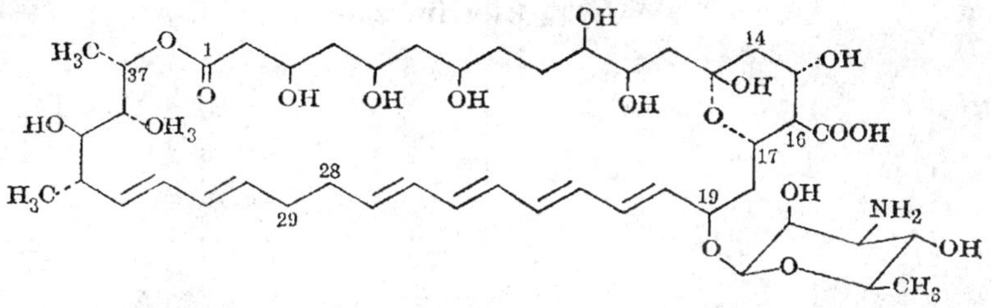

制霉菌素难溶于水，性质极不稳定，易受光、热、氧等破坏，在冰冻下可保存数年。

本品口服不易吸收，多数随粪便排出。因其毒性大，不宜用于全身治疗。

临床上，本品对多种真菌有抑制作用，对白色念珠菌、烟曲霉菌、隐球菌、曲霉菌等有强烈的抑制作用，可用于治疗由这些真菌引起的胃肠道感染，以及其它部位，如粘膜、子宫、乳腺、耳部等局部感染。用于局部感染时，常用其可溶性多聚醛制霉菌素钠溶液冲洗。小动物肺部真菌感染时还可用本品气雾吸入治疗。

本品毒性大，不宜静脉注射给药。口服及局部用药不良反应较少，但剂量过大时可引起动物呕吐，食欲下降。

灰黄霉素　Griseofulvin

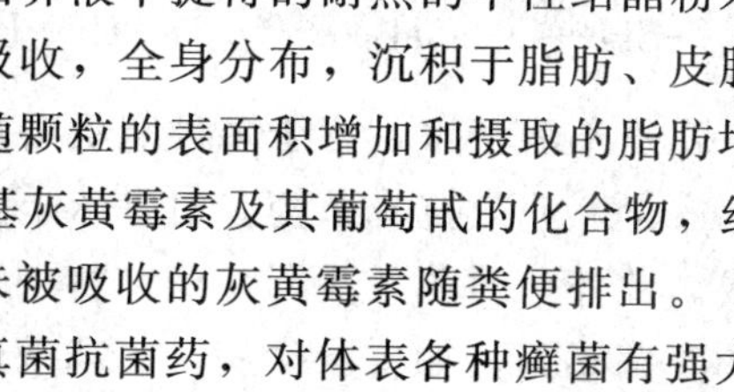

灰黄霉素为灰黄青霉菌培养液中提得的耐热的中性结晶粉末，味微苦，难溶于水。

本品口服后，从胃肠中吸收，全身分布，沉积于脂肪、皮肤、毛发、爪和甲的新上皮细胞内。灰黄霉素的吸收程度随颗粒的表面积增加和摄取的脂肪增多而增高。进入体内的灰黄霉素在肝内被代谢成5-二甲基灰黄霉素及其葡萄甙的化合物，经肾脏排出体外，少数原形药物直接经尿和乳汁中排出，未被吸收的灰黄霉素随粪便排出。

灰黄霉素系口服的抑制真菌抗菌药，对体表各种癣菌有强大的抑菌作用，对其它真菌和细菌无效。它能抑制敏感菌菌丝生长，但不能杀灭。其机理是，灰黄霉素在表皮细胞中被真菌吸收，由于本品化学结构与鸟嘌呤相似，能竞争性地抑制和阻止鸟嘌呤进入脱氧核糖核酸（DNA），干扰真菌DNA的合成，从而抑制其生长，但无杀灭作用。经较长时间治疗后，受感染的角质层完全脱落或趾（指）甲新生，即可将感染的菌丝体完全脱去，新的正常组织替代而治愈。

临床上主要用于大、小孢子菌，毛癣霉菌及表皮癣菌引起各种真菌病，如头癣，体股癣，趾癣，毛发癣，达瓦癣。本品以内服为主，外用其药液，由于不易透入皮肤而难以奏效。

动物试验证明，猫、犬、驹、犊牛内服毒性小，较长时间或较大于治疗量使用时未见有毒副反应。小鼠口服大剂量药物可引起肝脏细胞坏死，胆汁淤积。另外，本品可能有致癌和致畸胎作用。目前不少国家已将其淘汰。

克霉唑 Clotrimazole

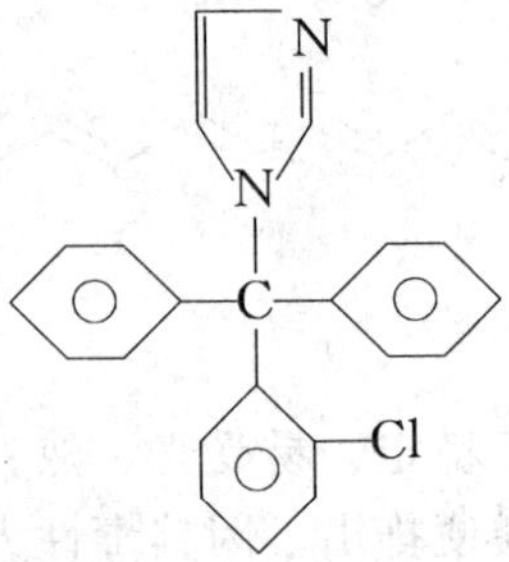

又称三苯甲咪唑，为人工合成的广谱抗真菌药物。

本品口服易吸收，单胃动物约4 h可达血峰浓度。体内分布广，肝脏为主要代谢器官，经肝代谢后的产物，大部分由胆汁排出，仅少量经肾脏由尿排出。

克霉唑为广谱抗真菌药，对体表真菌的作用和抗菌谱与灰黄霉素相似，对深部真菌作用良好，但不及或近似于两性霉素B。临床将其与两性霉素B合用，可获得良好疗效。本品具有抗全身性或深部真菌性感染，以及浅部真菌感染和毛癣的作用。

本品为抑菌剂，毒性小，各种真菌不易产生耐药性。长时间使用可见有肝功能不良反应，停药后即可恢复。

益康唑 Econazole

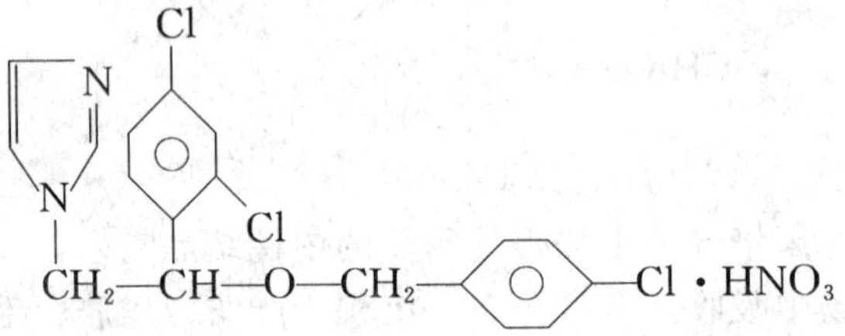

本品为白色结晶性粉末，几乎不溶于水，溶于多种有机溶剂。

益康唑为新合成的广谱、安全、速效抗真菌药。对临床上致病菌均有抗菌活性，其作用机理是干扰真菌胞浆膜的合成。此外，对革兰氏阳性菌，特别是球菌有较强的抑菌作用。临床上适用于治疗皮肤或粘膜的真菌感染，如皮肤癣病，念球菌阴道炎等。现有软膏、酊剂及栓剂供用。

二、抗病毒药

病毒是属于非细胞形态的微生物，在许多方面与其它微生物不同，它们是绝对寄生于细胞内生长繁殖。寄生于人与动物的病毒，能引起人类与动物很多严重的疾病。目前在实验中虽有不少抗病毒药物在应用，但其临床疗效较多不肯定。寻找有特效的抗病毒药物仍是医学领域当前突出课题。

吗啉胍 Moroxydine

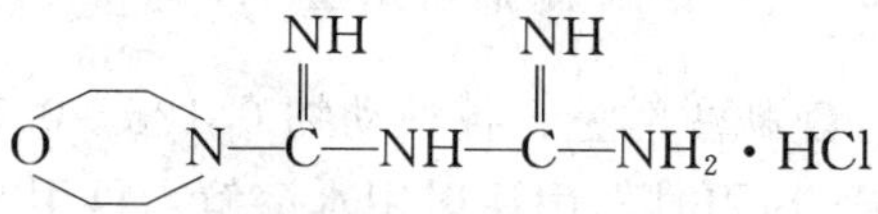

本品又称病毒灵，为盐酸盐，白色结晶性粉末，无臭，易溶于水，水溶液较稳定。

口服易吸收，对多种病毒如流感病毒 A、A_1、A_2、B 型，3 型和 8 型腺病毒及带状疱疹病毒，鸡痘病毒，鸡传染性支气管炎病毒、呼吸道合胞病毒均有一定的作用。

兽医临床用于预防和治疗的实践有限，其疗效尚在验证之中。用于鸡痘、雏鸡传染性支气管炎防治疗效较明显。

金刚烷胺 Amantadine

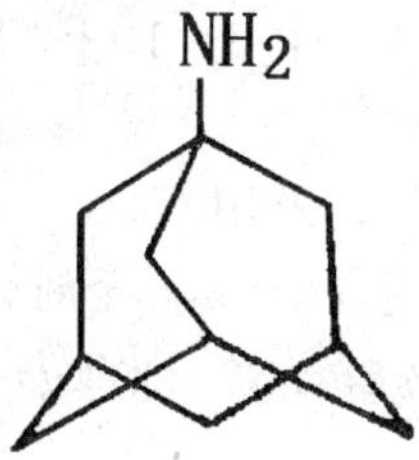

本品盐酸盐为白色结晶，易溶于水和乙醇。

口服易吸收，能阻止病毒穿入细胞，保护未被感染的细胞，对 A_2 型流感病毒有效，可用于该病毒性流感的预防，对已发病者，本品有退热作用，与抗生素配伍对病毒性肺炎、禽流感（欧洲鸡瘟），比单独应用抗生素疗效好。

本品有一定退热作用，与解热止痛药并用时可能会增强疗效，对病毒无杀灭作用。

利巴韦林 Ribavirin

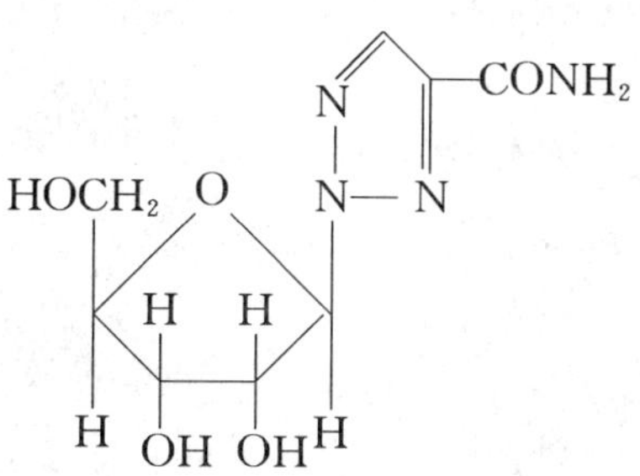

本品又称病毒唑（Virazole）或三氮唑核苷，为无色晶体，无臭，易溶于水，且有两种晶体，在体内、外的抗病毒效力无明显差别。

本品为广谱抗病毒药，对多种病毒（DNA 型与 RNA 型）均有明显抑制作用，如流行性乙型脑炎病毒、牛痘、角病毒、副流感病毒、疱疹病毒、腺病毒、合胞病毒及肠病毒等。本品能阻止病毒复制，但对病毒无直接灭活作用，无交叉耐药性，无抗菌作用。

本品口服易吸收且完全，肝中浓度较高，肺、肾、脾等器官浓度高于血中浓度，脑脊液中浓度极低，兽医临床曾用于治疗鸡传染性支气管炎、禽流感、猪传染性胃肠炎、口蹄疫等病毒性传染病，可获得减轻症状缩短疗程，减少死亡的疗效。

制剂与用法

(1) 注射用两性霉素B　静脉注射量：各种动物0.125～0.5 mg/kg。隔日1次或1周2次，总剂量不超过11 mg/kg。临用时先用注射用水溶解，再用5%葡萄糖注射液（切勿用生理盐水）稀释成0.1%注射液，缓缓静脉注入。

(2) 两性霉素B甲酯盐酸盐　作用与用途、剂量同两性霉素B。

(3) 多聚醛制霉菌素钠　内服量：马、牛250万～500万U；猪、羊50万～100万U，1日3～4次；犬（日量）2.2万U/kg体重；雏禽：40万～100万U/kg饲料，混饲（或0.5万～1万U/只，混饲）每日2次，连用2～10天。

(4) 灰黄霉素片（粉）　内服量：马10 mg/kg，牛20 mg/kg，犬25～60 mg/kg，家禽40 mg/kg。连用1～2周。

(5) 克霉唑片（粉）　内服量：马、牛5～10 g；驹、犊、猪、羊1～1.5 g，每日2次。雏鸡每100只为1 g，混饲给药。

(6) 克霉唑软膏　3%，5%软膏剂，外用。

(7) 益康唑　2%软膏剂，1%酊剂及50 mg栓剂。

(8) 吗啉胍（片）粉　内服量：鸡25～30 mg/kg，饮水1～2 g/L，混饲每千克饲料添加1～2 g，每日2～3次，连用3～5天。

(9) 复方吗啉胍片（含吗啉呱100 mg、氨基比林100 mg、维生素C100 mg，扑尔敏2 mg）　内服量：羔羊0.1 g/次，1日2次，连用5天。

(10) 吗啉胍注射液　肌内注射：1次量，大家畜（50 kg以上）1～1.25 g，中家畜(25～50kg) 0.5～1 g，小家畜（10～25kg）0.2～0.5 g，每日2次。

(11) 利巴韦林注射液　肌内注射：1次量，猪、羔羊、犊牛5～10 mg/kg，1日2次。

(12) 利巴韦林（片）粉　内服量：猪、羔羊、犊牛10～20 mg/kg，鸡10 mg/kg。

第三十六章　抗菌药物的合理应用与饲料添加剂

一、抗菌药物的合理应用

抗菌药物的广泛应用，在防治许多传染病中取得可喜的效果。但随之也产生许多必须注意的问题，如抗菌药物的滥用、对动物机体的毒副反应和细菌耐药性等。特别是药物的滥用问题更加严重。为了防止和减少上述情况的产生，必须切实合理应用抗菌药。

（一）明确诊断，选择用药

抗菌药物的选择应紧密结合临床诊断、致病微生物的种类及其对药物的敏感性。多数抗菌药物仅对有限范围的致病微生物有效，对病毒或真菌无作用，因此对病毒传染病或估计为病毒性疾病，不宜选用抗菌药物。对真菌性感染应选用抗真菌的药物，不宜选用一般抗菌药物。在临床上选用抗菌药物时，应以细菌学诊断为依据，或者以药敏试验做基础，如有条件时可进行细菌学的分离与鉴定来确定抗菌药物的应用。凭发病过程及感染部位推断致病菌，选择抗菌药物固然可达到一定疗效，但仍存在一定的实践经验问题。如不注意严格掌握适应症，选择抗菌作用强、疗效好、不良反应少的抗菌药物，而盲目地使用，甚至将抗菌药视为常规用药随便应用，对抗菌药物的治疗范围与不良反应不做全面了解与估价，将可能导致治疗的失败。

（二）正确选用剂量与合理疗程

抗菌药物的应用必须有足够剂量与疗程。总的来说，开始剂量与急重病例的剂量应当比较大，症状已控制或轻症病例的剂量可适当减少。疗程应充足，一般传染性疾病和感染可连续 3～4 天，直到症状消失后，再加以巩固 1～2 天，以防止复发。然而，结核病例的治疗需要更长的疗程。

药物的剂量选择应以药物的体内过程特点和给药途径为基础。药物的体内过程特点，可以帮助推断药物在感染部位的浓度高低。细菌性的脑部感染应选用磺胺嘧啶就是典型例子。合理的给药途径是药物取得疗效的保证。一般认为，危重病例应以肌内注射或静脉注射给药，消化道感染以口服为主，严重消化道感染与并发败血症、菌血症时应口服，并配合注射给药，局部感染，如子宫炎、乳房炎还可选用主要用于局部抗感染的药物。局部用药还有用药量少，副作用小，疗效高等特点。

（三）注意不良反应及加强饲养管理

在应用抗菌药物治疗过程中除密切注意疗效之外，还应注意可能出现的不良反应。肝功能不良或肾功能不良的病例，易导致以肝或肾脏代谢灭活药物的蓄积，产生不良反应。有条件时应更换使用这类抗菌药物。否则，必须减少药物的剂量或延长给药间隔时间，以减少药物蓄积性的毒副反应。在用药期，应对动物定期进行血、尿常规检查，肝、肾功能化验，一旦出现异常或加重，应立即停药。

动物机体的机能状态不同，对药物的反应也明显不同。动物机体营养不良，体质衰弱或妊娠时均可引起药物的敏感性升高，不良反应也剧烈。新生或幼龄动物的肝、肾功能尚未发育完全，中枢神经系统的机能尚未健全，血脑屏障机能未完全形成，这时动物对药物的敏感性高，不良反应明显。

加强饲养管理既可增强动物体质，也能减少传染性病原菌的传播。定期消毒，清洁场所，是控制耐药菌传播的重要措施。

（四）密切注意疗效，及时修改治疗方案

症状好转或减轻，应坚持用药，疗效不佳或不明显，应及时修改治疗方案。治疗失败的可能原因及相应的措施是：

(1) 抗菌药物选择不当，应改换其它抗菌药物。

(2) 剂量不足或给药途径不当，应增加剂量或改换给药途径。

(3) 深部隐匿脓肿，应配合外科切开引流术。

(4) 病原菌产生耐药性或产生二重感染，应选用敏感药物或联合用药。

（五）抗菌药物的联合应用

为了获得更好的抗菌效果，常将两种或两种以上抗菌药合并应用，称联合用药。抗菌药物的联合应用，应具备下列临床指征：

(1) 病情急，病因不明的严重传染病或败血症。

(2) 单一药物已不能控制的混合感染。

(3) 细菌可能对某一药物产生耐受性。

(4) 某一抗菌药物对组织细胞内的病原菌无效时，应配合易透过细胞膜能杀灭细胞内病原菌的抗菌药。

(5) 减少药物剂量和降低毒性。

抗菌药物联合应用必须能达到以下目的：

(1) 增强抗菌效应和对耐药微生物的疗效。

(2) 获得协同的效果。

(3) 减小或延缓耐药菌株的产生。

(4) 扩大抗菌谱，增强对混合感染的疗效，防止二重感染的发生。

临床实践证明，抗菌药物联合应用时，可以获得的效果是：

(1) 相加作用　即其抗菌活性为各药单独作用之和。

(2) 拮抗作用　即其抗菌活性较各药单独作用低。

(3) 增加作用　即其抗菌活性较各药单独作用之和还强。

抗菌药物依其作用性质可分为四类：第一类为繁殖期杀菌剂，如青霉素类、头孢菌素类等；第二类为静止期杀菌剂，如氨基苷类、多粘菌素类等，不论细菌在静止期或在生长期的敏感菌均有杀灭作用；第三类为速效抑菌剂，如四环素类、氯霉素类和大环内酯类等；第四类为慢效抑菌剂，如磺胺类等。

来自体外和动物试验资料证明，第一类和第二类都是杀菌剂，合用常获增强作用。青霉素类破坏细胞壁的完整性，有利于氨基苷类抗生素等进入细菌体内发挥作用。青霉素与链霉素或庆大霉素的联合应用都有临床意义。第一类与第三类合用常为拮抗作用，青霉素与氯霉素或四环素类合用，可因后两者能迅速抑制细胞蛋白质合成，使细菌处于静止状态，致使繁殖期杀菌剂干扰细胞壁的合成不能获得充分发挥，降低其抗菌效能。第一类与第四类合用一般不会有重大影响，在有明显指征时如磺胺药与青霉素合用治疗脑部细菌性感染，能明显地提高疗效。第二类与第三类合用常可获得相加作用或增强作用，不发生拮抗作用，第三类和第四类合用，由于都为抑菌剂，一般可获得相加效果。

联合用药可获得良好效果，但并非绝对有利而无弊，除拮抗作用之外，还可能增加药物的不良反应的发生率或导致二重感染。滥用抗菌药联合也可以使细菌同时对各种抗菌药产生耐药性，增加临床用药的困难。

联合用药发挥抗菌药协同作用是控制严重感染，消除病原菌的基本措施。对一般感染的常规治疗，切不必联合用药。联合用药一般仅限于两种抗菌药，通常不超过三种。联合用药时尤应注意药物的相互作用及配伍禁忌。

二、饲料添加剂

在畜牧业生产中已经证实，广泛使用饲料添加剂能满足畜禽的营养要求，促进生长发育。畜禽的饲料添加剂包括：

（1）营养添加剂　如维生素、氨基酸、矿物质微量元素。

（2）药物添加剂　如抗生素、防霉菌素、抗寄生虫药等。

抗菌药物作为饲料添加剂，占很低的浓度，就能促进畜禽生长，减少发病及提高饲料转化率。抗菌药物作为饲料添加剂之所以能促进幼龄畜禽生长发育，提高饲料报酬的主要原因，就在于药物能对有害微生物产生强大的杀灭或抑制作用，进而免除畜禽消化道受有害微生物的侵袭。国内外实验资料和生产实践证明，正确、合理使用抗菌药物饲料添加剂，一般都能提高仔猪、雏鸡等动物生产率10%～20%，降低死亡率，减少饲料消耗率10%左右。对于饲养管理不良的畜禽，效果更为明显。

作为添加剂使用的抗菌药物应该对畜禽毒性低、难吸收，即使长时间连续喂饲也不易在畜产品中发生残留，使畜禽体内的残留量极低或者无残留。常用的有土霉素、金霉素、黄霉素、杆菌肽锌、泰乐菌素、抗敌素等。为了减少耐药菌株的产生，有利于临床疗效的发挥，一些国家已经明确规定禁止使用治疗人畜共用的抗菌药物作为饲料添加剂，并筛选和生产一些供兽用的抗菌药，如泰乐菌素、杆菌肽锌、盐霉素、莫能菌素等作为畜禽专用的抗菌药物添加剂，这样既有利于畜牧业发展，也对人体健康无害。同时应用时还应注意：

（一）添加剂的合理选用

为了达到添加剂应用之目的，抗菌药物在畜禽生长中应能促进动物体内有益菌群的生长与繁殖，抑制其有害菌群或病原体的繁衍，改善物质代谢，促进营养物质的转化与吸收，并有利于预防疾病或控制感染。

（二）添加剂的合理用量

作为饲料添加剂，抗菌药物的浓度应该很小，据世界卫生组织资料，饲料中抗菌药物的浓度，一般应该限制在10～15 g/，不论是单用或并用均不应超过50 g/t。在急性传染病时，添加剂的剂量可高于100～150 g/t。由于提高了用药浓度，故应缩短给药时间。滥用抗菌药物既浪费，又增加耐药菌株的形成、药物残留和毒性反应的机会。

（三）添加剂的正确使用

实践证明，饲料添加剂用于幼年畜禽饲喂时要比成年的效果明显。因此，一般适用于幼龄畜禽。在使用抗菌药物作为饲料添加剂时，同时应加强饲养管理，减少传染性病原菌的传播，控制或延缓耐药菌株的形成。由于长时间使用低浓度抗菌药作为添加剂，可能使某些细菌对抗菌药产生耐药性，给人、畜某些疾病的防治造成困难。为了延缓或阻止耐药菌株的产生，还可采用交替使用某一抗菌药的办法，以防病原菌改变代谢途径，阻止耐药菌的产生。

为了确保人体的健康，保证肉、蛋、乳食品的卫生质量标准，世界各国政府都在颁布畜禽应用不同药物制剂时的休药期，颁布食用组织中药物的允许残留量。休药期的长短可随动物种属、药物种类、制剂类型、用药剂量等不同而异，一般有几小时，几天到几周，这与药物在体内的消除率和允许残留量有关。

当前广泛使用药物添加剂，其目的是为了促进畜禽的生长发育，提高产品质量，提高饲料报酬，增强机体的抗病能力，防治疾病，减低成本，增加经济效益。

第三十七章　消毒防腐药

消毒药（Disinfectants）是指用于杀灭微生物的药物，防腐药（Antiseptics）是指其用于抑制微生物生长繁殖的药物。两类药物之间作用的差异（产生杀灭或抑制）主要依赖于药物作用的浓度和时间，低浓度的消毒药可用于防腐，防腐药在高浓度时可用于消毒，故其本质上并无差异。

在动物厩舍环境卫生中，消毒防腐药的作用十分重要，兽医临床上为防治各种传染病，使用消毒药要比其它灭菌方法广泛得多。即便是引进健康动物时，也必须使用消毒药对周围环境进行必要的预防性消毒。

消毒防腐药的种类繁多，常用消毒防腐药有酚类、醇类、醛类、卤化物、氧化物、表面活性剂、金属化合物和染料等，但其作用机理主要通过下列几种而发挥杀菌或抑菌作用：①使细菌蛋白质变性凝固（如乙醇、甲醛、酚类）或沉淀（如重金属盐）；②氧化作用使细菌蛋白质变性（如氧化剂或卤化剂等）；③抑制细菌重要酶（如金属离子与巯基结合抑制巯基酶活性）；④改变细菌膜通透性（如表面活性剂）。

常用消毒防腐药的化学性质差异悬殊，为使药物作用达到最安全和最佳疗效，应注意选用有利于促进消毒防腐药发挥抗菌效应的因素以避弃不利影响，这些因素有：①药物溶液浓度及作用时间要符合规定，浓度过高刺激性大，腐蚀性强，既不安全又浪费药物；时间短，作用效果差，延长药物作用时间，消毒防腐效果相对显著；②药物必须与微生物充分接触，用于环境消毒时，尤其要注意动物排泄物及各有机物的不利影响，清除各种污物有利于提高药物杀菌效力；③选用微生物敏感的药物，多数药物选择性差，仅对生长繁殖型的细菌作用强，对芽孢杆菌和病毒的作用差，如对炭疽杆菌、破伤风杆菌或病毒，应选用甲醛或氢氧化钠溶液等作为消毒防腐药；④温度能增强消毒效果，一般温度每增加10℃，消毒药的抗菌强度可增强1倍左右，故对加热不被破坏的消毒药如氢氧化钠等常用热水溶液；⑤注意配伍禁忌，阳离子表面活性剂切忌与阴离子表面活性剂配伍。

酚　　类 Phenols

酚类有苯酚、煤酚、六氯酚及间苯二酚。这些药物中以煤酚制剂（来苏尔，克辽林）使用最广泛，酚类药物能使细菌蛋白质变性沉淀而产生杀菌作用。

甲酚（Cresol）　又称煤酚，为对位、间位和邻位三种甲基酚的混合物。该混合物中以间甲酚的抗菌作用最强，毒性小，市售煤酚中间甲酚的含量应在40%以上，其含有50%的肥皂溶液称煤酚皂液（Lysol，来苏尔），为常用消毒剂，可用于手及皮肤消毒（2%水溶液），器械消毒（3%～5%），排泄物消毒（5%～10%），但不适用于芽孢和病毒污染物消毒。煤酚有异臭气味，不宜用于食品加工车间的使用。

克辽林（Creolin）　又称臭药水，为煤焦油皂溶液，含煤酚的粗制品，加煤焦油、松香、肥皂等制成，抗菌作用弱，其它同煤酚皂。

苯酚（Phenol）　又称酚或石炭酸，为无色针状结晶或白色晶块，易氧化变红，可溶于水，能杀死一般细菌，对芽孢和病毒无效。本品消毒作用弱，毒性大，价格较高而实用价值小。

醇、醛及酸类

醇类（Alcohols） 乙醇（Ethyl alcohol）为常用药，能使蛋白质变性而杀菌，其最有效的杀菌浓度（*W/W*）为70%，过高浓度能迅速使细菌膜表面形成一层凝固蛋白质的保护膜，使其作用减弱。常用70%乙醇溶液是杀灭繁殖型病菌和一些病毒的良好消毒药，可用于各动物体表、医疗器械、注射器械等消毒，有杀菌快，清洁皮肤的特点。

醛类（Aldehydes） 能使菌体蛋白质、核酸、氨基酸、羧基或巯基发生烷基化反应，呈现杀菌作用。醛类药物杀菌作用强、范围广，对细菌、芽孢、病毒、霉菌和各种寄生虫及其卵都有作用。甲醛（Formaldehyde）又称蚁醛，其40%溶液通称福尔马林（Formalin），为该类常用代表药。甲醛水溶液和气体有很强的杀菌力，1%～2%福尔马林用于器械消毒。厩舍、用具和排泄物的消毒常用其5%～10%甲醛溶液喷洒，不能用水冲洗的被污染物消毒时，可用其蒸气消毒。每立方米容积用本品20 ml加等量水，或加热或加入40%高锰酸钾，封闭消毒10～24 h，4%～10%的甲醛溶液作为解剖尸体或生物标本的固定液和防腐剂。甲醛蒸气刺激性强，使用时，人畜应离开。

酸类（Acids） 该类药物溶液中有较高浓度H^+，能使蛋白质水解和变性，破坏细菌原生质的功能而发挥抑菌或杀菌作用。水杨酸（Salicylic acid）、醋酸（Acetic acid）、乳酸（Lactic acid）、十一烯酸（Undecylenic acid）、苯甲酸（Benzoic acid）和硼酸（Boric acid），为这类药的常用药。

醋酸和乳酸有杀菌作用，口服可以制酵防腐，其蒸气可用于空气消毒。其它有机酸有较强的抗真菌作用，多用于皮肤、粘膜治疗霉菌及其它微生物感染。但硼酸抑菌作用弱，刺激性较小，多用作眼和粘膜冲洗药物（2%～4%）。

碱 类 Alkalies

常用碱类药物有氢氧化钠（Sodium hydroxide）、氧化钙（Calcium oxide）、碳酸钾（Potassium carbonate）等。这些化合物在水中极易释放出氢氧根离子（OH^-）。后者进入细菌细胞内可使菌体的蛋白质、核酸及多肽等生物活性物质水解、变性，也可使细胞壁的结构解体而死亡。因此，这些药物的抗菌强度完全取决于该化合物中氢氧根离子的解离度，解离度越大，抗菌活性越强。

氢氧化钠（苛性钠） 为强消毒剂，既能杀死细菌及病毒，又能杀灭寄生虫及其卵。常用1%～2%溶液消毒细菌病毒污染场地、车辆。消毒炭疽芽孢时其浓度为3%～5%，高浓度消毒时有极强腐蚀性，消毒后应注意用清水冲洗，防止其腐蚀作用。

氧化钙、碳酸钾（或草木灰） 抗菌作用较弱，但价廉易得，适用于畜棚、地面及其它场地应用。

卤 化 物 类 Halogens

卤化物类主要是含碘或氯的物质。其特点是化学活性强，能使蛋白质卤化变性，具有快和强的杀菌作用。

碘和碘制剂 常用药物有碘（Iodine），碘酊（Iodine tincture），碘甘油（Iodine

glycerine)，碘仿（Iodoform）。碘可用于消毒水源。碘酊为含碘量有2%、5%和10%各种浓度的酒精溶液。2%碘酊可用于皮肤消毒，刺激性强，不宜用于破损皮肤或粘膜；用于皮肤消毒待干后，宜用70%酒精擦去，以免刺激。5%和10%浓碘酊有强烈刺激作用，常用于外涂慢性肌腱炎、腱鞘炎、关节炎或淋巴腺肿患处。碘甘油、碘仿可用于口腔粘膜、咽部、化脓创伤等消炎或防腐，对霉菌也有杀灭作用。

聚维酮碘（Povidone iodine）　为有机碘络合物，可溶于水，本品遇到还原物能缓缓释放出游离碘，用来消毒皮肤和粘膜，效力较碘酊稍差，但对组织刺激性小，毒性低，作用持久，无过敏现象，可用于畜禽体表及手术机械消毒。

氯和含氯化合物　氯有强的杀菌或杀病毒的作用。常用含氯的化合物有含氯石灰（Chlorinated lime，漂白粉）和氯胺T（Chloramine-T）。漂白粉含次氯酸钙，在水中形成具有快而强的杀菌活性的次氯酸，同时又进一步释放出有活性的氯原子和初生态氧，产生强的杀菌作用。可用于饮水、厩舍、粪池及其它排出物的消毒，但不适用于皮肤、粘膜等消毒。氯胺为有机物，在水中缓缓释放出次氯酸。因此，其杀菌效力较漂白粉小，但作用持久，对组织的刺激性也小。除有漂白粉相同用途外，还可用于创伤、化脓疮和各种粘膜的消毒。

二氯异氰尿酸钠（Sodium dichlorisocyanurate，优氯净）和三氯异氰尿酸（Trichlorisocyanuric acid）　是氯胺类消毒药中的新品种，有效氯含量高，前者约60%，后者约90%。其作用与用途与氯相同，其在pH6～10消毒力稳定，杀菌力强，杀菌谱广，用于饮水消毒，作用快，在近中性水源中持效时间可达7天之久。目前用于水产养殖、环境净化、畜禽厩舍与饲槽及用具等的消毒。

氧　化　剂 Oxidizing Agents

常用于消毒防腐的氧化剂类药物有过氧化氢、高锰酸钾、过氧乙酸。该类消毒药在与有机物接触中放出初生态氧而氧化蛋白质，呈现杀菌作用。

过氧化氢（双氧水，Hydrogen peroxide）　常用3%溶液，遇组织过氧化氢酶迅速分解，放出新生态氧而发挥作用，并形成大量微小气泡、松动脓污物、血块和坏死组织，常用于清洗伤口、瘘管等。

高锰酸钾（Potassium permanganate）　为强氧化剂，有较强杀菌作用。0.1%溶液用于洗涤伤口，消毒冲洗粘膜。高锰酸钾既是消毒药又是生物碱中毒物氧化破坏的解毒剂，如马、猪、犬单胃动物误食有毒物（如士的宁等）时，可用其0.01%～0.05%溶液洗胃。

过氧乙酸（Peracetic acid）　杀菌作用强而快，为一高效消毒剂，杀菌范围广，对细菌、病毒、芽孢、霉菌均有效。其作用不受温度的影响。在通常使用浓度（0.1%以下）时，对人和畜无害，又无残留。故为各种食品工厂、车间等空间环境良好的消毒药。过氧乙酸稳定性差，高浓度时有强刺激性，用时应加以注意。

二氧化氯（ClO_2）　是一种具强刺激性而又不稳定气体，高浓度易发生爆炸，使运输、储存、应用受到限制。由于稳定化后的二氧化氯（2%，W/V）液，具有无色、无味、无臭、无腐蚀性、不易燃、不挥发，在-5℃～95℃性质稳定，不分解之特性，因而本品在医学上有广泛应用价值。它的杀菌、消毒作用机理与甲醛、酚、次氯酸、氯气等不同，为具有活泼自由基，能使微生物蛋白质中的氨基酸氧化分解，因而具有广谱性抗微生物作用，包括细菌、真菌、病毒及藻类等，而对高等动物细胞基本无影响，可用于食品加工消毒，食品保鲜，环境与饮水消毒。是既无残留又无环境污染的消毒剂。

表面活性剂 Surface-activated Compounds

表面活性剂具有亲水和疏水基团，能降低表面张力，使油、水乳化，故有清除油污的清洁作用，又称清洁剂或洗涤剂；同时又能吸附于脂性菌膜上，改变膜通透性，使菌体内或膜上的酶、辅酶或其它营养物质脱落或外逸而呈现抑菌或杀菌作用。此类药物有阳离子表面活性剂和阴离子表面活性剂两种。阳离子表面活性剂作用较强，对革兰氏阳性、阴性菌和多种真菌、病毒都有杀灭作用，因而有抗菌谱广、作用强、毒性低、无刺激等特点。阴离子表面活性剂抗菌作用弱，仅对革兰氏阳性菌有一定的杀灭作用。非离子型表面活性剂则无抗菌作用。阴、阳离子表面活性剂相遇时，还可抵消抗菌性能，故不宜配伍。常用的阳离子表面活性剂有苯扎溴铵和氯已定。

苯扎溴铵（Benzalkonium bromide） 又称新洁尔灭，为季铵盐类，灭菌作用快而强，对多种革兰氏阳性菌和阴性菌（如葡萄球菌、大肠杆菌等）有杀菌作用，对病毒效果差，不能杀灭结核杆菌、霉菌和炭疽芽孢，对组织刺激性小。广泛用于手术前洗手（0.1%浸泡 5 min)、皮肤粘膜消毒，也用于器械和玻璃搪瓷等器具（0.1%浸泡 5 min）消毒。用时切忌与阴离子表面活性如肥皂和合成洗涤剂合用。

此外，这类药物还有消毒净，度米芬。其特点是抗菌作用较强或强，对组织刺激性小，不损害器械等。为皮肤极其良好的消毒药。

双链季铵盐如双十烷基二甲溴化铵（Baidusha，百毒杀） 为新洁尔灭单链季铵盐衍生的新一代产品。本品穿透力强，灭菌作用强且快，对多种细菌、真菌有效，还能杀灭病毒，如新城疫病毒、猪瘟病毒、口蹄疫病毒及乙型肝炎病毒等，被认为是当今消毒药最新换代产品之一。

氯已定（Chlorhexidine） 又称洗必太，为双胍化物而非季铵类，其醋酸盐稍易溶于水（1∶100）及乙醇，呈强碱性，盐酸盐水溶性较差。对革兰氏阳性、阴性菌（包括绿脓杆菌）和霉菌都有杀灭作用。毒性小，无刺激性。可用于烧伤感染（0.05%）、术前洗手（0.02%）、术野消毒（0.05%酒精溶液）、冲洗伤口（0.05%）和手术器械（0.1%）等。

肥皂类属于阴离子型表面活性剂，常见有硬皂（钠型肥皂）、软皂（钾型肥皂）和药皂（含有 2%～5%六氯酚肥皂）。本类药物杀菌力差，去污力强，刺激性小，毒性低，有清除体表及创伤细菌的功能。药皂除上述功能外，还具有一定抗菌能力。

重金属化合物

氯化汞（Mercuric chloride） 又称升汞，在水中溶解度大，汞离子能与巯基酶结合，也能使蛋白质沉淀，具有强而快的杀菌作用。汞离子对动物组织有强刺激作用和腐蚀作用，吸收后又有极大毒性作用，现已罕用。

硫柳汞（Thiomersal） 为有机汞制剂，抗菌作用强，刺激性小，常用作皮肤、粘膜消毒或常用其（0.1%）水溶液作为鼻、喉、眼、尿道粘膜灌注剂或冲洗剂。本品忌与酸、碘类、银盐等配伍。1∶10 000 浓度可用来保存血浆、血清、免疫制剂及其它生物制品。

汞溴红（Merbromin） 又称红汞，为有机汞制剂，抗菌作用弱，消毒效果不可靠，现已为其它药物取代。

黄氧化汞（HgO，黄降汞）　为黄色细粉，不溶于水和醇。其较粗粉为红色，又名红降汞。本品与组织接触后游离出微量汞离子而发挥抗菌作用。对组织刺激性小，常用其1%眼膏治疗结膜炎和角膜炎。应用时，切不可内服碘化物或溴化物，以免在眼内形成具有腐蚀的碘化汞或溴化汞。

硫酸锌（Zinc sulfate）　为无色透明结晶状粉末，易溶于水，3%以下溶液有抗菌、收敛和刺激作用；10%～20%溶液对粘膜有腐蚀性。常用0.25%～0.5%溶液洗眼或点眼，治疗结膜炎等。

染　料　类 Dyes

甲紫（Methylrosanilinum chloride）　为紫色染料，对革兰氏阳性菌和霉菌有强的杀灭作用，无刺激性，其1%～2%水溶液称为“紫药水”，常用于皮肤、粘膜创伤感染或溃疡，能与坏死组织结合形成保护膜，有一定收敛和抗菌作用。

利凡诺（Rivanol）又称依沙吖啶（Ethacridine），为黄色染料，无刺激性，对革兰氏阳性菌有强的杀灭作用，对少数革兰氏阴性菌也有效，特别对化脓性菌敏感，如魏氏梭菌和化脓性链球菌等。治疗时，可用其0.1%～0.5%的溶液冲洗或湿敷创伤，也可用其软膏或撒粉涂布。但其溶液稳定性差，用时应新鲜配制。

焦　油　类 Tar Oils

煤焦油、松节油、鱼石脂为多种成分的混合物，含有各种抗菌有效成分，因而有消毒防腐作用，可用于皮肤炎症，湿疹及深部创伤，以及口服制酵。

消毒防腐药的选用

理想的消毒防腐药应具有：①杀菌性能强，作用快；②对人与畜无害；③性质稳定，易溶于水，无色无味；④无腐蚀性、无刺激性、无易燃或易爆性；⑤价廉易得。上述这些要求，从现有的消毒防腐药来看均无法达到。故应根据临床实际、药物的杀菌力、化学稳定性、刺激性和腐蚀性等来加以选用。

（1）用于环境和用具等的消毒防腐药　用于厩舍、粪池、污染场地、水源、屠宰场等以及运输工具、器械之类消毒的药物，通常可供选用的有：煤酚、甲醛、氢氧化钠、碳酸钾、含氯石灰、氧化钙、氯胺、过氧乙酸等。

（2）用于皮肤、粘膜及创伤消毒防腐药　这些药物应具有吸收少、毒性小、刺激性弱或无，作用快而持久，不受有机物的影响等特点。临床选用的情况是：

皮肤消毒可用苯扎溴铵、消毒净、度米芬、乙醇、碘酊、氯已定；烧伤或创伤感染时可用龙胆紫、高锰酸钾；瘘管、化脓创伤可用过氧化氢、硼酸、苯扎溴铵、度米芬、利凡诺；口腔、鼻、耳、咽等粘膜消毒时可用硼酸水、苯扎溴铵、氯已定、消毒净、龙胆紫、碘仿；眼病时用药可选硼酸水。

（3）用于真菌性感染可有十一烯酸、水杨酸。

（4）内服制酵药物有甲醛、来苏尔、克辽林，鱼石脂、酒精、高锰酸钾、松节油。

第三十八章 抗 蠕 虫 药

蠕虫可分为线虫、吸虫和绦虫三大类。抗蠕虫药（Anthelmintics）是指能驱除或杀灭畜禽体内寄生虫的药物，亦称驱虫药。畜禽蠕虫病是危害畜牧生产的一类常见病和多发病，它不仅造成畜禽的生产性能下降或引起死亡，而且某些人畜共患的蠕虫病还能危及人体健康。因此，防治畜禽寄生虫病，对于发展畜牧业生产和保障人民健康具有重要意义。

【抗蠕虫药的作用机理】

抗蠕虫药的种类繁多，其作用机理亦是各不相同，许多尚从蠕虫的生化过程和药物的构效关系研究，目前可归纳为三个类型。

（1）抑制虫体内的酶　不少抗蠕虫药能抑制虫体内酶的活性，而使虫体的代谢发生障碍。例如左旋咪唑、硝硫氰胺和硝氯酚能抑制虫体内琥珀酸脱氢酶的活性，阻断延胡索酸还原为琥珀酸，减少能量的产生；噻苯达唑等抑制延胡索酸还原酶，阻碍虫体对葡萄糖的利用；新胂凡纳明能与虫体内含有巯基的酶相结合；有机磷酸酯类能与胆碱酯酶结合，阻碍乙酰胆碱的降解，使虫体内乙酰胆碱蓄积增多，引起虫体兴奋痉挛，最后麻痹死亡。

（2）干扰虫体的代谢　某些抗蠕虫药能直接干扰虫体内的物质代谢，影响其代谢的正常进行。例如三氮脒等能抑制 DNA 的合成，而影响原虫的生长繁殖；锑制剂、萘磺苯酰脲和呋喃类药物能干扰虫体的糖代谢，使其失去能量的来源；有机氯类杀虫剂能干扰虫体内的肌醇代谢；锥黄素化学结构中的阳离子能与原虫细胞内蛋白质的羧基相结合，使虫体蛋白质发生变性。

（3）影响虫体内受体的作用　某些抗蠕虫药作用于虫体内的受体，影响虫体内递质与受体的正常结合。例如哌嗪等能阻断虫体神经肌肉接头处的胆碱受体，阻碍神经冲动的传导，而使虫体麻痹；噻嘧啶等能与虫体的胆碱受体相结合，产生与乙酰胆碱相似的作用，且其作用较乙酰胆碱强而持久，最终引起虫体肌肉剧烈收缩，导致痉挛性麻痹。

【理想抗蠕虫药应具备的条件与选用原则】

抗蠕虫药发展的主要趋向是，要求具备高效、广谱、低毒、投药方便、价格低廉、无残留和不易产生耐药性等条件。这些是衡量抗蠕虫药临床价值的标准，也是选用抗寄生虫药的基本原则。

（1）高效　良好的抗蠕虫药应该是使用小剂量即能引起满意的驱虫效果。。所谓高效的抗寄生虫药其虫卵减少率应达95%以上，若小于70%则属疗效较差。此外，还要求不仅对成虫而且对幼虫甚至虫卵也有较好的驱杀作用。但目前较好的抗蠕虫药也难达到如此效果。对幼虫无效者则需间隔一定时间重复用药。

（2）广谱　是指驱虫范围广。家畜的寄生虫侵袭多属混合感染，选用广谱驱虫或杀虫药，就显得更有实际意义。目前对两种蠕虫有效的驱虫药已经不少，例如阿苯达唑对线虫和吸虫均有效；吡喹酮可用于治疗血吸虫和绦虫感染；伊维菌素对线虫和体外寄生虫有效。但是，目前可治疗线虫、血吸虫、绦虫等混合感染的理想广谱驱虫药仍很少，因此在实际应用中可根据具体情况，联合用药以扩大驱虫范围。

(3) 低毒 抗蠕虫药应当对虫体有强大的杀灭作用，而对宿主无毒或毒性很小。如果所干扰的是虫体特异的生化过程而不影响宿主，则该药安全范围就大。安全范围大小的衡量标准是化疗指数，其越大越好，表示药物对机体的毒性越小，越安全。一般认为化疗指数必须大于 5，才有临床应用意义。

(4) 投药方便 抗蠕虫药应无味或无特殊气味，又能溶于水，这样可通过饮水、混饲或喷雾给药。此外，抗蠕虫药的剂型改革和给药方法也是很重要的，例如国内外应用较多的左旋咪唑浇注剂（透皮剂）、阿苯达唑瘤胃控释制剂，前者给药方便，后者一次投药能维持药效达 2～3 个月，可节省人力，提高工作效率，便于大规模驱虫。

(5) 防止耐药性的产生 某些蠕虫对抗蠕虫药可产生耐药性，甚至对同一类药物可产生交叉耐药性。虽然蠕虫的耐药现象不如细菌耐药那么普遍和严重，但也应引起足够的注意。轮换使用几种不同的抗蠕虫药，是减少或延缓产生耐药性的有效措施之一。

(6) 无残留 畜禽体内的抗蠕虫药应能及时迅速地消除，否则畜禽产品如肉、乳和蛋会有药物残留，这不仅影响畜禽产品的质量，而且危害人类的健康。目前世界各国都很重视这个问题，明文规定抗寄生虫药应在屠宰前一定时间停药，《中国兽药典》也规定了抗寄生虫药的休药期。

【抗蠕虫药分类】

根据抗蠕虫药主要作用对象和蠕虫分类，抗蠕虫药可分为驱线虫药（Anti-nematodal drugs）、驱吸虫药（Anti-fluke drugs）和驱绦虫药（Anti-cestodal drugs）。

一、驱线虫药

（一）驱胃肠道线虫药

1. 有机磷酸酯类

有机磷酸酯类中一些低毒的化合物可用于驱虫，其中有敌百虫、哈洛克酮、敌敌畏、库马磷等。我国应用较多的是敌百虫和哈洛克酮。

敌百虫 Dipterex

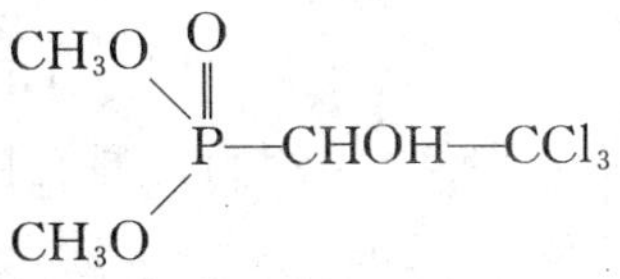

敌百虫为白色晶粉，易溶于水，且呈酸性反应，性质不稳定，宜新鲜配制。遇碱性时水溶液不稳定，可变成敌敌畏，增加毒性。

【体内过程】

本品与其它有机磷酸酯相似，经任何方式给药都能吸收，以肝、肾、心、脑及脾的含量为高，脂肪及肌肉组织为少。体内代谢较快，猪皮下注射 25 mg/kg，6～7 h 血中含量可达 1 μg/ml，半衰期仅 2 h，其代谢物主要由肾排出，乳中分布很少。鸡内服或外用 10 mg/kg，蛋中几乎无残留。

【作用与应用】

本品驱虫范围广泛，即可杀灭畜禽体外寄生虫，又能对体内寄生虫有效。

敌百虫内服或肌内注射后，对许多蠕虫有效。对猪、羊、牛的毛圆线虫、食道口线虫等，对牛、羊的捻转血矛线虫，羊的夏伯特线虫，细颈线虫，鸡的蛔虫及猪的姜片吸虫都有驱虫作用。

实验动物中，敌百虫可以治疗小白鼠的蛲虫感染，能驱除狗的犬弓首蛔虫、犬钩口线虫等。

敌百虫气雾剂可治疗羊鼻蝇蛆，其溶液可用于牛皮蝇蛆病例浇洒，也可用于马鼻蝇病的鼻腔灌洗而达到治疗目的。

有机磷酸酯敌百虫的驱虫作用机理，为其进入体内后与虫体内胆碱酯酶相结合，形成磷酰化胆碱酯酶，使之失去水解乙酰胆碱的作用而导致虫体内乙酰胆碱蓄积，引起虫体兴奋、痉挛、麻痹而死亡。

敌百虫对马、猪、犬和小鼠比较安全，可用于这些动物驱虫。但对牛，家禽敏感，用于牛应特别慎重，而家禽则不宜使用。

【不良反应与防治】

敌百虫在有机磷酸酯制剂中虽是毒性较低的一种，但其临床剂量与动物的中毒量仍比较相近。中毒原因可认为是该药物抑制动物体内胆碱酯酶，致使机体乙酰胆碱蓄积，使M胆碱受体或N胆碱受体产生兴奋症状。敌百虫体内代谢快，中毒症状表现较轻的动物，一般可在数小时内消失。

产生中毒的因素很多，除剂量过大外，还与药品质量，动物种属，个体体质，给药途径及水质的酸碱性，配制时间等有关。

阿托品是有效的解毒剂，治疗敌百虫等有机磷酸酯中毒时，阿托品剂量可为常用剂量的4～5倍，必要时可反复用药。严重时，与胆碱酯酶复活剂合并应用。

哈洛克酮 Haloxon

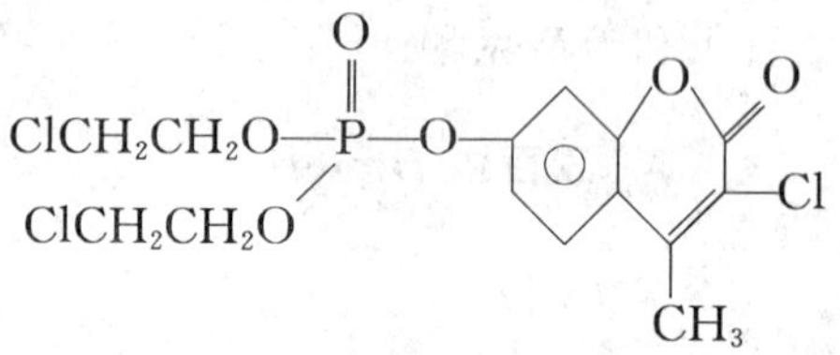

本品又称海罗松，为白色粉末，无臭。常用为可湿性粉剂、液状混悬剂和糊剂。适口性好，可加拌于饲料混饲。

【作用与应用】

其驱虫范围与敌百虫相似。对牛、羊捻转血矛线虫、奥斯特他线虫、古柏线虫、毛线虫、食道口线虫、毛首线虫及细颈线虫等有良好的驱虫效果。但其效果随各种线虫的虫龄而异。如治疗剂量对羊捻转血矛线虫和古柏线虫的7日和14日龄的驱虫作用几近完全，而对牛、羊奥斯特他属线虫，各种7日龄虫体仅有44%的驱虫效果。

哈洛克酮也对火鸡、鸡、鹌鹑和鸽子的毛细线虫或一部分捻转血矛线虫有效。

临床上，哈洛克酮为反刍动物最安全的有机磷酸酯驱虫药。可用于驱除牛、羊皱胃和小肠寄生线虫。用于驱除家禽、猪和马体内某些寄生线虫的效果非常良好，但它们对本品耐受性远比反刍动物为小。牛或羊的中毒剂量为常用治疗量的3～6倍。马、猪、鸡等的中毒剂量与治疗剂量非常接近，鹅非常敏感，故不宜应用。

哈洛克酮同其它有机磷酸酯驱虫药一样，对寄生虫的神经肌肉系统的胆碱酯酶产生抑制作用。阻碍寄生虫正常神经冲动传递作用而使虫体麻痹，进而从肠壁中脱落，被迫排出体外。寄生虫对哈洛克酮的敏感性较宿主高，因而可用于驱虫。

【不良反应与防治】

哈洛克酮比敌百虫、库马磷等的毒性小，但用量过大或时间过长也可产生中毒。羊、牛中毒时表现厌食、腹泻、共济失调、后肢瘫痪等，严重时甚至死亡。

从上述中毒症状可以看出，反刍动物中毒并非完全是由于哈洛克酮抑制突触中的胆碱酯酶所致，因而阿托品不是一种有效解救药。报道称，解磷定是鹅中毒的有效解毒药。

敌敌畏 Dichlorvos

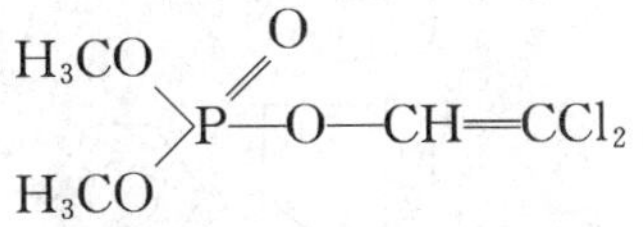

本品为无色流动液体，具有特异气味，不挥发，易溶于乙醇，水溶性稍差（1∶72）。

【作用与应用】

本品对犬、猫、猪和马的消化道寄生线虫有驱虫作用，对猪和狗鞭虫有良好驱虫作用。

敌敌畏能几乎完全驱除犬和猫的钩虫、蛔虫和鞭虫，但对移行的幼虫无效；对猪的一些蛔虫的幼虫、童虫或成虫有一定疗效；对马蛔虫、蛲虫有效。但由于敌敌畏毒性大而很少内服治疗。国外有些推广微粒树脂小丸剂取得良好效果。

反刍动物安全范围相当窄小，鸡等家禽极敏感，均不宜应用。

敌敌畏的作用机理是与寄生虫的胆碱酯酶结合，生成磷酰化胆碱酯酶，进而达到驱虫作用。

由于内服毒性大，国内多外用作体外寄生虫杀虫剂。

【不良反应及防治】

应用大剂量敌敌畏时，动物和人员均可出现中毒，表现为肌纤维束挛缩、呼吸困难及麻痹，其作用完全是乙酰胆碱蓄积所致。

临床上有效解救措施是用抗胆碱药物阿托品和胆碱酯酶复活剂解磷定等治疗。

库马磷 Coumafos

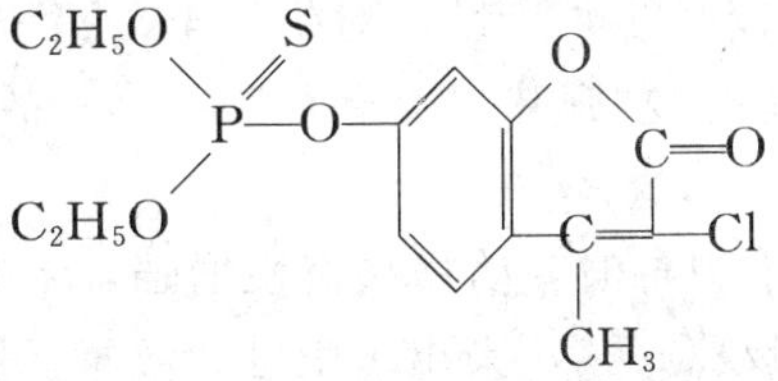

本品又称蝇毒磷，为硫代磷酸酯的化合物，纯品为白色晶粉、水溶性差。国产库马磷为16%乳油剂和20%乳粉剂。

【作用与应用】

本品内服，对家禽及畜体胃肠道寄生虫，牛及羊的各种线虫，如奥斯特他属、毛圆属和古柏属线虫有效；对动物园中的白尾鹿、黑尾鹿、野牛及红褐色美洲骆驼等动物的上述线虫感染也有治疗效果。内服本品也可用于鸡的蛔虫及毛细线虫的感染。

库马磷的安全范围小，毒性较敌百虫大，一般不用于驱胃肠道寄生虫，而多用于杀灭体外寄生虫。

【不良反应与防治】

内服时，牛每千克体重的剂量为15 mg，若加大则会出现中毒症状或死亡；绵羊在治疗剂量下，体弱者可致死亡。鸡混饲给药时，产蛋鸡较敏感。中毒时，可用阿托品对抗解救。

2. 咪唑骈噻唑类

本类药物主要有噻咪唑、左旋咪唑。前者为混旋体（左、右旋体各占一半），后者为左旋体，为驱虫的有效成分。因此我国及许多国家多用左旋咪唑，而将噻咪唑淘汰。

左旋咪唑 Levamisole

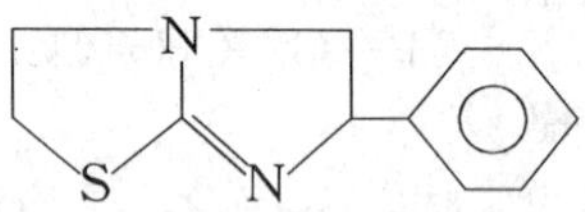

左旋咪唑又称左咪唑，常用其盐酸盐或磷酸盐，均为白色或微黄色晶粉，易溶于水。

【体内过程】

左旋咪唑口服后易从肠道吸收，大鼠在1～2 h可达血中高峰浓度，反刍动物如羊或牛则需3 h左右达血中高峰浓度。大鼠口服后，半数药物可经肾脏排出，半数由粪便排出。反刍动物牛、羊口服药物后，多数药物及代谢产物随尿排出，粪便排出极少。即使旋咪唑代谢速度快，即使使用亚致死剂量时，试验动物用药7日后，各组织均难以检出。

【作用与应用】

本品具有用量小，疗效高，毒性低，副作用小，驱线虫范围广等优点。

左旋咪唑对反刍动物皱胃中的血矛属、奥斯特他属线虫、小肠的古柏属、毛圆属、仰口属线虫，大肠食道口属、毛首属线虫及牛的蛔虫，羊丝状网属线虫的成虫均有良好效果。左旋咪唑还有驱除猪、鸡、猫、犬的蛔虫及其它肠道线虫成虫的良好效果。但对消化道寄生虫的幼虫及童虫驱虫效果没有成虫高。左旋咪唑对马的蛔虫有高效驱虫效果，但对大型园线虫驱除效果差。

左旋咪唑对线虫有麻痹作用，主要干扰虫体的能量供应，阻断虫体内能量物质的形成，减少ATP，或造成ATP的匮乏，干扰细胞正常活动，导致虫体麻痹，被排出体外。

左旋咪唑对多种动物都有较好的耐受性。对牛、羊、猪、鸡、犬、猫等，口服剂量均无不良反应。但对马，特别是骆驼，左旋咪唑安全范围很小，故不宜用。

【不良反应与防治】

投服本药，反刍动物牛、羊中毒时，动物兴奋性增强，流涎、舐唇；马中毒表现不安，惊恐倒地不起，全身肌颤，角弓反张；猪、犬出现呕吐、咳嗽。肌内注射给药产生中毒时，猪、犬极快死亡。左旋咪唑对宿主动物产生这些症状，可能与左旋咪唑产生乙酰胆碱的烟碱样作用，使神经肌肉系统的神经冲动传递作用，先兴奋后阻断，最后引起呼吸肌麻痹所致。左旋咪唑对骆驼非常敏感，绝对禁止使用。

禽类安全范围大，即使给予10倍治疗量也未出现死亡。

3. 四氢嘧啶类

四氢嘧啶类主要有噻嘧啶和莫仑太尔

噻嘧啶 Pyrantel

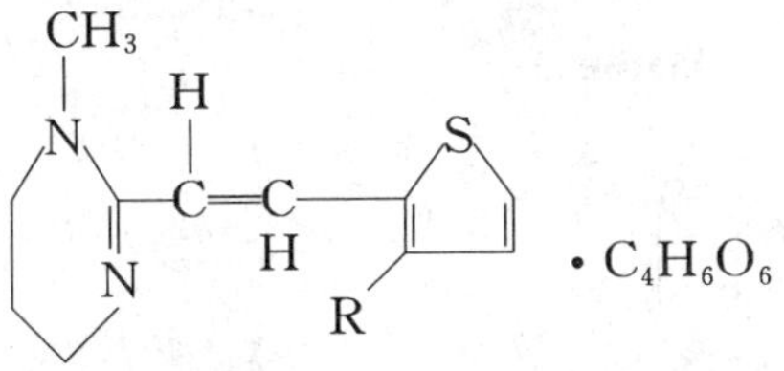

酒石酸噻嘧啶 R=H

酒石酸莫仑太尔 R=CH_3

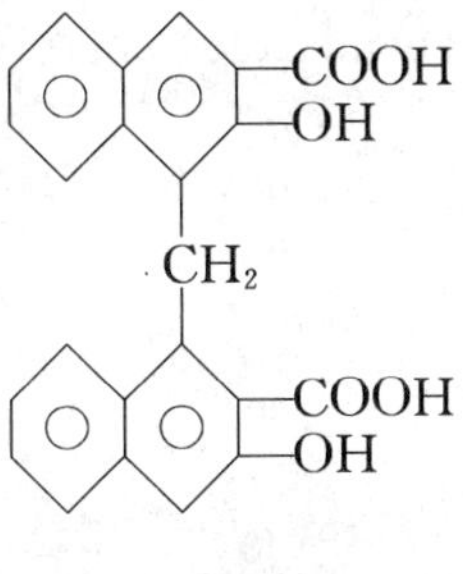

双羟萘酸

本品又称噻吩嘧啶或抗虫灵，常用其酒石酸盐及双羟萘酸盐，为黄色晶粉，固体状态稳定性好，其水溶液或混悬液见光可异构化而失效。在使用时，应新鲜配制。

【体内过程】

单胃动物口服酒石酸噻嘧啶，易充分吸收，反刍动物吸收较少。犬、猪口服后 2～3 h，血浆中出现药物浓度高峰，反刍动物差异较大。单胃动物吸收后，药物易被代谢，其尿中多数为代谢物形式排出，少数未被吸收的药物可随粪便排出。大鼠的代谢物从胆汁排出，尿中排出量较少。

噻嘧啶双羟萘酸盐难溶于水，肠道吸收少，是良好的肠道驱虫药。

【作用与应用】

本品对马、牛、猪、羊、骆驼、鸡、犬等多种消化道线虫都有良好的驱虫作用。

酒石酸噻嘧啶是牛、羊高效广谱驱虫药，对牛、羊捻转血矛线虫、毛圆线虫、细颈线虫、奥斯特他线虫、古柏线虫、食道口线虫、仰口线虫、夏伯特线虫均有良好驱虫效果；对猪的蛔虫、鸡的蛔虫、犬的钩虫及弓首蛔虫、马副蛔虫都有良好效果。

酒石酸噻嘧啶除用于牛、绵羊及犬的治疗外，还可用做胃肠道寄生虫良好的预防药物。用药时可减少各种寄生虫感染。噻嘧啶双羟萘酸盐特别适用于驱除动物消化道后段蛲虫感染。

噻嘧啶的驱虫作用，在于有类似于乙酰胆碱的烟碱样作用，使虫体肌肉收缩而麻痹死亡。它与乙酰胆碱作用不同，在于它能使虫体神经肌肉产生不可逆的去极化作用。

【不良反应】

噻嘧啶毒性很小，在高于治疗量 5～7 倍时，未见宿主中毒反应。对孕畜、幼龄动物也无不良临床反应。

马对酒石酸盐比双羟萘酸盐的耐受性差。中毒时可见有大汗与运动失调的反应。在特大剂量下，牛、猪中毒时，可见有运动失调。

莫仑太尔 Morantel

莫仑太尔的结构式见噻嘧啶部分。

本品又称甲噻嘧啶或甲噻吩嘧啶或保康灵，为噻嘧啶的衍生物，常用其酒石酸盐，易溶于水，性质稳定，对光敏感可异构化而失效。

莫仑太尔较噻嘧啶疗效好，用量小，毒性低，安全范围大，驱虫范围与噻嘧啶相近，效力较强。

4．苯骈咪唑类

苯骈咪唑类中常用的有噻苯达唑、阿苯达唑和芬苯达唑，其余还有奥芬达唑、氧阿苯达唑、甲苯达唑（Mebendazole）和坎苯达唑（Cambendazole）等也开始在国内应用。

噻苯达唑 Thiabendazole

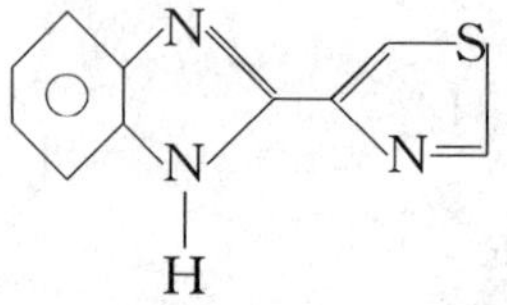

本品又称噻苯咪唑或噻苯唑，为白色或米黄色晶体粉末，无味、难溶于水，稍可溶于醇和酯类。

【体内过程】

内服噻苯达唑，在肠道中易吸收，其血液中高峰浓度时间为给药后 4～5 h，体内分布广，组织代谢快。其代谢物 5-羟噻苯唑可与硫酸或葡萄糖醛酸结合，在 3 天内几乎完全由尿排出。原形药物排出不足总药量 1%。少数未被吸收的药物可随粪便排出。乳汁也可排出，因而用药后其乳品 4～5 天不宜供人饮用。

【作用与应用】

噻苯达唑是用于各种动物胃肠道的广谱驱虫药。本品既可用于治疗又可用于预防，对幼虫和虫卵均有一定抑制作用。

口服噻苯达唑，对牛、羊绝大多数消化道线虫有较好驱虫效果。对牛、羊消化道中的多种线虫的成虫有效，甚至对未成熟的虫体也有效；对马的大型线虫、小型圆形线虫效果好，但对马的蛔虫疗效较差；对猪胃肠道线虫及对鸡的线虫有一定的预防作用。

连续用 0.025%噻苯达唑拌饲，对小狗或猪的蛔虫、钩虫和鞭虫有较强的预防感染的作用。

噻苯达唑对虫体的强效作用，可能是其抑制虫体内许多重要代谢途径，其中最重要的是抑制延胡索酸还原酶，阻断虫体获得必要的能量而发挥驱虫作用。

【不良反应】

本品毒性低，安全范围大，治疗剂量无不良反应。对胎畜、孕畜也无不良影响。在增大治疗剂量 5～6 倍时，才有个别动物有反应，呈现精神沉郁、厌食、流涎等。

狗比其它动物敏感，中毒时可见有呕吐、虚弱，并引起白细胞减少。长时间连续给药，可引起持续性贫血。

阿苯达唑 Albendazole

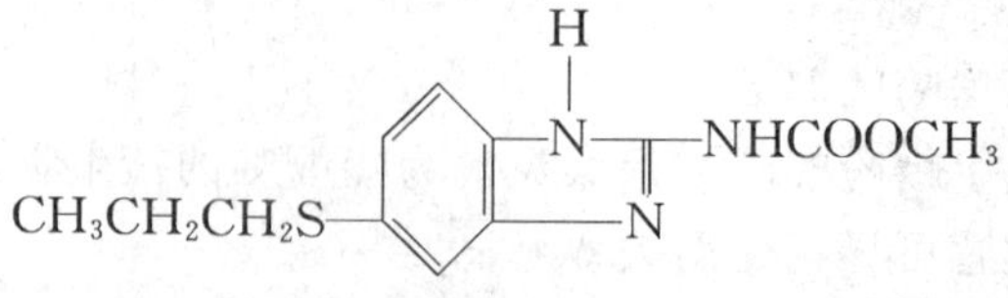

本品又称丙硫（苯）咪唑和阿咪唑（Valbazen），为白色或淡黄色粉末，味涩，不溶于水，应避光密闭保存。

【体内过程】

体内过程与噻苯达唑相似，内服后仅部分药物在胃肠道内被吸收。多数以原形由粪便排出。被吸收的药物，体内分布广，组织代谢也快，其羟化代谢物主要由尿排出，乳汁中也有少量排出，乳用家畜不可应用本药，或用药时其乳品在5～6日不宜供人饮用。

【作用与应用】

本品与噻苯达唑同属于广谱、高效、低毒的驱虫药，对反刍动物、马、猪、犬及家禽等胃肠道线虫、肺线虫、肝片吸虫和绦虫均有效；单用本品即可驱除畜禽体内混合感染的寄生虫。例如对反刍兽的肠道多种线虫、猪肾虫、食道口线虫、蛔虫、鞭虫、马圆线虫及蛲虫、鸡蛔虫及异刺线虫等均有强的驱虫作用。本品对牛的绦虫、肝片吸虫、前后盘吸虫、矛形双腔吸虫有效。特别对猪、牛囊尾蚴更有明显效果。尤其是杀灭囊尾蚴，对虫体杀灭作用快，杀灭力强，毒副作用小，价廉，为当前治疗囊尾蚴病的良好药物。在许多综合评价上有明显优于吡喹酮的特点。

体内外实验证明，本品的驱虫作用可能是抑制虫体内延胡索酸还原酶的活性，进而抑制虫体对葡萄糖的利用使糖原与ATP耗尽，以致蠕虫无法生存而死亡。

【不良反应】

阿苯达唑毒性低，不良反应少，畜、禽耐受性良好。在临床使用剂量下对动物的生殖功能无影响，也不引起畸胎作用。本品适口性差，用于混饲给药时应尽量少添多喂。

芬苯达唑 Fenbendazole

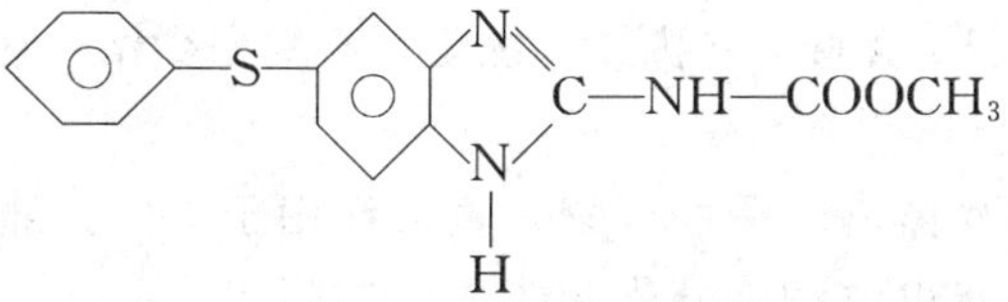

本品又称苯硫咪唑，为白色结晶性粉末，无臭，难溶于水。

【体内过程】

内服仅少量吸收。犊牛和马的血药峰值浓度分别为0.11 μg/ml和0.07 μg/ml。芬苯达唑在体内的代谢活性产物为磷氧苯咪唑亚砜和砜。在家畜体内，44％～50％以原形从粪便排泄，尿中排出不到1％。

【作用与应用】

广谱驱虫药物。对畜禽大多数消化道线虫及某些吸虫、绦虫有效。临床上可用于驱除马的大多数消化道线虫（如蛔虫等）；用于驱除牛、羊血矛属、奥斯特属、毛圆属、古柏属、食道口属线虫，对其幼虫的驱除率达90％以上；对牛、羊的某些吸虫、莫尼茨绦虫也有效；用于驱除猪、禽的消化道线虫，其中对蛔虫的效果优于噻苯咪唑；也用于犬猫的驱线虫和带状绦虫。

奥芬达唑 Oxfendazole

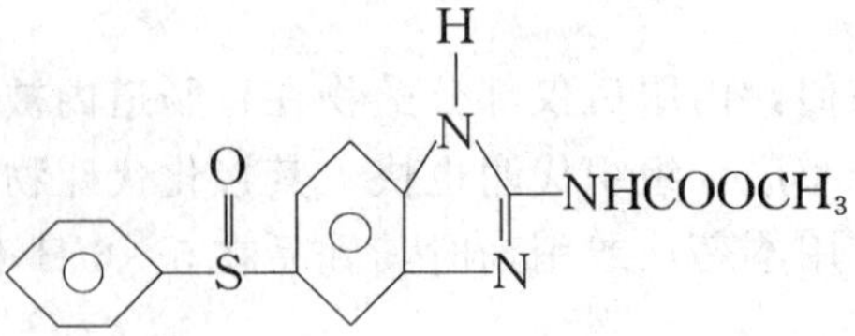

本品又称硫氧苯唑或苯亚砜苯咪唑。

本品从胃肠道吸收较迅速，绵羊和山羊的半衰期分别为 7.5 h 和 5.2h h，奥芬达唑在体内代谢为有活性的亚砜和砜代谢物。临床上可用于驱除马、牛、羊、猪消化道线虫，对成虫和幼虫均有效，也可用于驱除猪肺线虫。奥芬达唑的驱消化道线虫效果大多优于噻苯达唑。对绦虫、吸虫作用较差。

应用时应注意，本品若与驱吸虫药溴代水杨酰苯胺配伍应用，可导致牛流产和绵羊死亡。

氧阿苯达唑 Albendazole Oxide

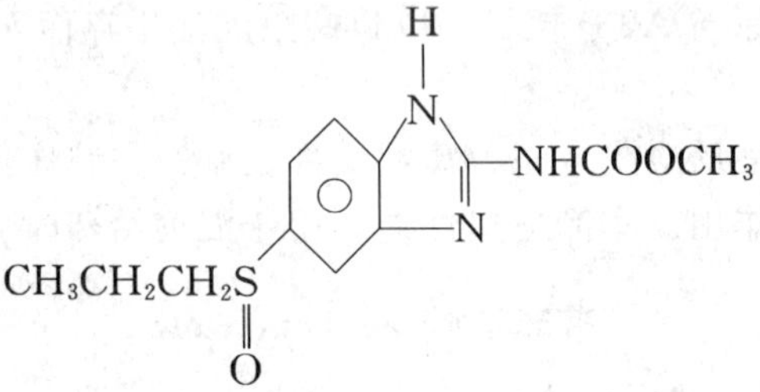

本品为白色粉末，无臭、无味，在丙酮、氯仿、乙醇中微溶，在醋酸乙酯中几乎不溶，不溶于水，易溶于冰醋酸。

本品系阿苯达唑在动物体内的活性产物，直接作用于虫体，通过抑制虫体微管系统和抑制延胡索酸还原酶系统引起虫体细胞分化和能量代谢障碍。

氧阿苯达唑属于广谱驱虫药，驱虫谱同阿苯达唑，对寄生于牛、羊等动物体内的线虫、绦虫和吸虫均有效。以 5～20 mg/kg 剂量单次内服，对反刍动物的食道口线虫、奥斯特他线虫、细颈线虫等胃肠道线虫和莫尼茨绦虫的虫卵减少率和驱虫率均可达 100%。临床上主要用于牛、羊的驱虫。

牛、羊妊娠 45 天内禁用，休药期 14 天。

奥苯达唑 Oxibendazole

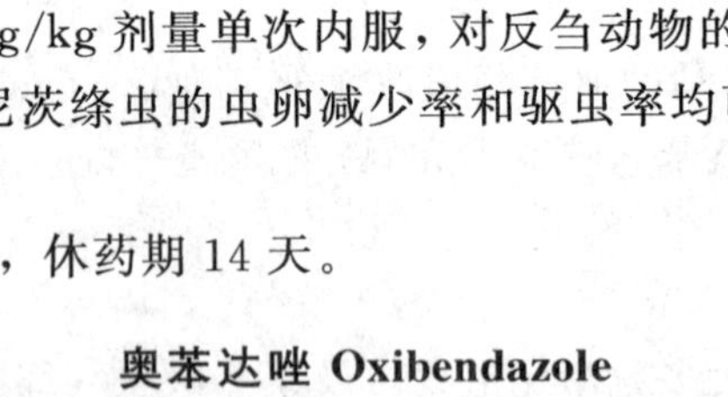

本品又称丙氧苯唑。

本品在消化道难吸收，吸收后 24～72 h 约有 34%随尿排出，6 天后测不到原形药。奥苯达唑对马、牛、羊、猪等动物消化道的多种线虫有效，对成虫和幼虫均有效。临床上主要用于家畜的消化道驱线虫药。

5. 其它驱消化道线虫药

哌嗪 Piperazine

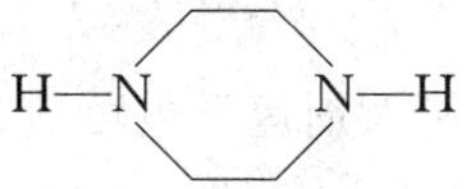

哌嗪的性质不稳定。常用其枸橼酸盐（驱蛔灵）和磷酸盐，其性质稳定。前者水溶液呈酸性反应，后者难溶于水。

【体内过程】

哌嗪及其盐类，极易吸收。进入体内的药物，部分经组织代谢后，随同原形药物经肾脏排出体外。一般可在给药后 24 h 内全部排毕。

【作用与应用】

本品主要用于驱除畜禽体内蛔虫、尖尾线虫和食道口线虫，以驱蛔虫作用最强。可用于马、牛、羊、猪、犬、猫及鸡等动物的驱蛔虫药，对其它消化道线虫作用差或无效。

哌嗪的驱虫作用机理，在于它对虫体的神经肌肉接点有阻断胆碱受体的作用，阻断神经冲动传递，使虫体麻痹和丧失活动机能，虫体随肠道蠕动而被迫排出体外。

【不良反应】

本品毒性较小，用治疗剂量的 4 倍时，犊牛、猪可呈现精神沉郁、腹泻等反应，再加大剂量，猪及犬可产生呕吐，腹泻，其它无明显毒副作用。

吩塞秦 Phenothiazine

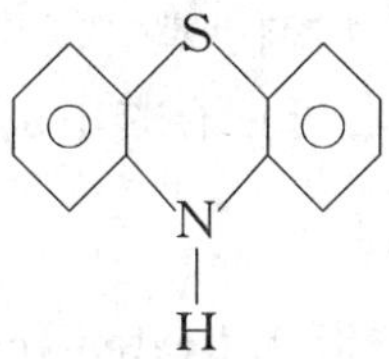

本品又称吩噻嗪或硫化二苯胺，为淡黄色粉末，干燥时稳定，受潮时易氧化，且不溶于水。

本品内服后约有近半数被消化道吸收，在消化道内起驱虫作用。对反刍动物的血矛线虫、食道口线虫、奥斯特他线虫、毛圆线虫和仰口线虫有效；对其它线虫效果差；对上述各线虫的幼虫和童虫多数无效；对猪的食道口线虫有效；对鸡和火鸡的异刺线虫效果好，而对蛔虫驱除作用差。

吩塞秦的毒性反应以猪、猫、犬为敏感，易中毒，因而少用或不用；牛，尤以青年牛较其它反刍动物毒性反应为重，治疗剂量应用时，青年牛易在阳光直射下引起失明，其它动物多可在阳光照射下，发生精神沉郁，肌无力等反应。山羊、绵羊、家禽耐受性较强，治疗剂量下，无明显反应。

羟萘苄芬宁 Bephenium Hydroxynaphthoate

本品又称灭虫宁，为无臭黄绿色晶粉，难溶于水。口服不易吸收，故肠道内有驱虫作用。本品对牛、羊有较强驱虫作用，可驱除血矛线虫、食道口线虫、古柏线虫、奥斯特他线虫、仰口线虫、毛圆线虫；对犬的钩虫、猪的蛔虫及食道口线虫有效，甚至对上述一些线虫的童虫和幼虫也有效。

本品不良反应少、毒性低。但在特大剂量下也可引起猪、犬的呕吐，流涎及腹泻等反应。

潮霉素 B Hygromycin B

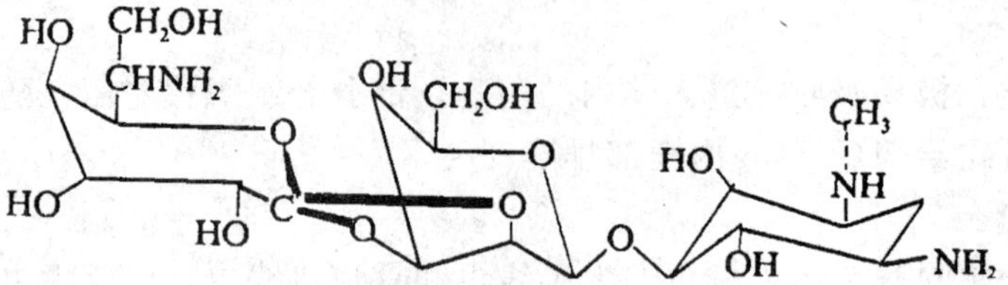

本品为黄褐色粉末，呈碱性，易溶于水。在酸性和中性水溶液中稳定，在碱性溶液中稳定性稍差。粉末在室温下稳定，应防潮，密闭保存。

【抗菌作用】

本品对革兰氏阳性菌或阴性菌及某些放线菌、抗酸菌均有效，但抗菌活性较低。本品对猪、鸡常见线虫，如猪蛔虫、结节虫和鸡蛔虫、盲肠虫有特异性驱虫效果。本品为专用畜禽抗生素。

【临床应用】

用作预防雏鸡、猪肠道寄生虫的添加剂。鸡：每吨料添加本品 8 g；猪：每吨料添加本品 10 g，连续饲喂 8 周。通常在用药 2 周后可见有粪中虫卵急剧减少。本品毒性小，长时间饲喂毒副作用极小。

越霉素 A Destomycin A

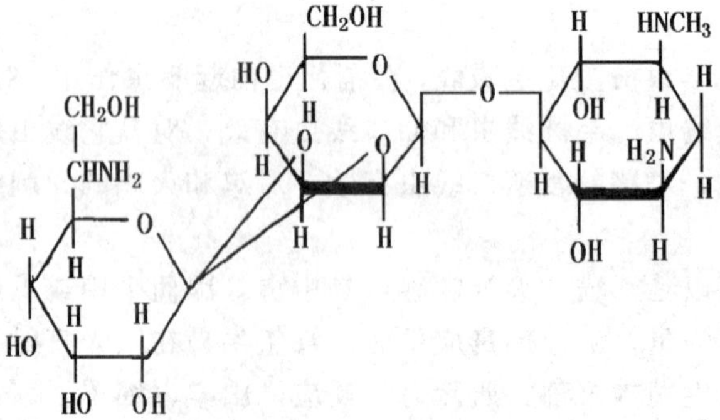

本品为白色粉末，易溶于水及乙醇。粉末应封闭、防潮保存，本品室温下稳定。

【抗菌作用】

本品有广谱抗菌作用，对革兰氏阳性及阴性菌有效，特别对植物的病原性霉菌具有较强作用。本品对猪蛔虫、结节虫和鞭虫及鸡蛔虫等有抑制产卵及驱虫效果。

【临床应用】

主要用作驱除猪、鸡肠道线虫的饲料添加剂。本品用量少，每吨饲料添加本品 5～10 g，饲喂 2～3 周，虫卵数急剧减少。本品吸收极少，无残留，适口性强，对健康猪无不良影响。使用时连续混饲 8～10 周均可。

阿维菌素 Avermectin

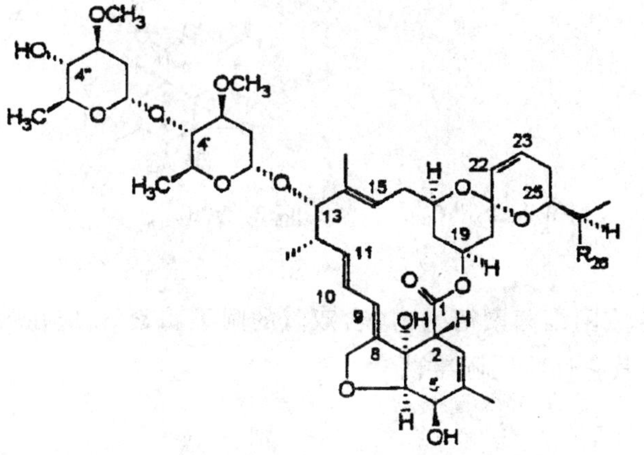

B_{1a}:R_{26}为C_2H_5　　B_{1b}:R_{26}为CH_3

本品为B_{1a}与B_{1b}的混合物，其中B_{1a}含量≥80％，B_{1b}含量≤20％，此外含有少量的A_{1a}、A_{1b}、A_{2a}、A_{2b}、B_{2a}、B_{2b}等 6 种成分，本品不溶于水，可溶于甲醇、乙醇、乙酸乙酯、丙二醇等有机溶剂。

【抗虫谱】

本品为强力、高效广谱的肠道驱线虫药，对牛、羊、猪、马、犬、兔等动物的多种线虫如蛔虫、蛲虫、旋毛虫、钩虫、肾虫及心状丝虫、肺线虫均有良好的作用，现认为是极佳的驱线虫抗生素。本品对螨虫、虱子等也有良好效果；对吸虫与绦虫无效。

【作用机理】

本类药物的作用机制可能是，一些虫体内 γ-氨基丁酸（GABA）是一种抑制性神经递质。而本品能促进虫体 GABA 释放，产生抑制性作用，致使虫体麻痹、死亡。

【临床应用】

本品可口服、肌内注射、皮下注射及透皮涂擦等途径给药。用于治疗各种肠道线虫及体表的虱、螨及蝇等引起的感染。

【不良反应】

本品用量少，用量过大时易引起不良反应。英国种牧羊犬应慎用。中毒时无特异性药物解救，阿托品有一定疗效。

【应用注意】

本类药物猪用药后 28 天内，羊用药后 21 天内不得宰食，用药后 28 天内羊奶不得供人饮用。

伊维菌素 Ivermectin

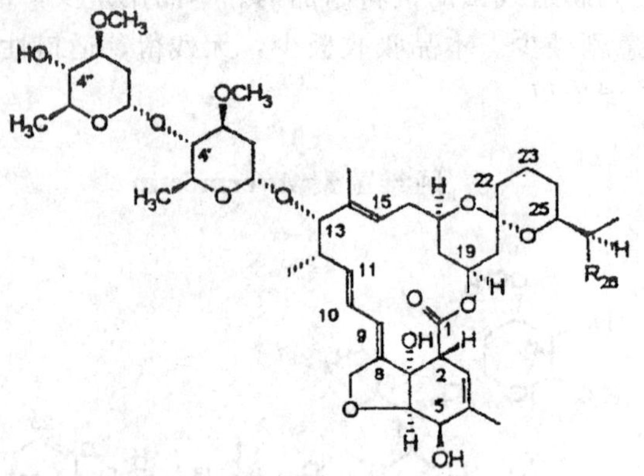

H_2B_{1a}:R_{26}为C_2H_5　　H_2B_{1b}:R_{26}为CH_3

本品为人工半合成阿维菌素衍生物，含双氢的阿维菌素 B_{1a}应在 80%以上，含双氢阿维菌素 B_{1b}在 20%以下。其它性状同阿维菌素。

【作用与应用】

与阿维菌素相同。

【不良反应】

同阿维菌素，毒性作用较小。

【应用注意】

见阿维菌素。

（二）驱肺线虫药

肺线虫主要寄生于动物支气管，大多数驱除胃肠道线虫药物无法奏效。左旋咪唑对猪、牛、羊的肺线虫有强的驱虫效力，具有用量小，毒性低的特点，为当前广泛应用的药物。此外，乙胺嗪（海群生）、氰乙酰肼也有一定疗效。

左旋咪唑 Levamisole

本品内服，皮下或肌内注射都能对各种肺线虫包括牛胎生网尾线虫、马的肺线虫、猪的后圆线虫、绵羊及山羊丝状网尾线虫及原圆科线虫有效，也能对其幼虫产生作用。

乙胺嗪 Diethylcarbamazine

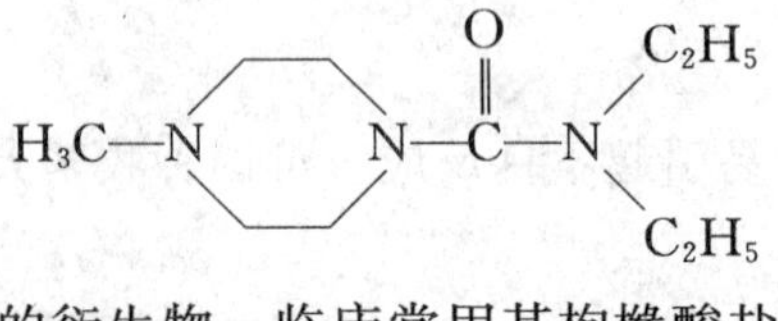

本品又称海群生，为哌嗪的衍生物，临床常用其枸橼酸盐。

【体内过程】

本品内服吸收快，体内分布广，排出快。给药后 24 h，尿中可排出给药量的 2/3，48 h 后基本消除完毕。原形药物排出为尿排出量的 10%左右。

【作用与应用】

本品对牛、羊网尾线虫的感染早期有较好效果；对羊原圆科线虫和猪后园线虫也有一定驱虫效果。此外还可用于犬的心脏丝虫、羊和马脑脊髓丝虫和人丝虫的驱虫。

乙胺嗪驱除丝虫在于能使血中微丝蚴迅速集中于肝脏微血管中而被网状内皮系统包围吞噬，成虫在淋巴结或淋巴管内被吞噬细胞包围吞噬。药物无直接杀灭作用。

本品为牛、羊、猪、马有效驱肺线虫药，也是犬丝虫病的预防药。

该药特点是毒性反应小，但犬长期服用可引起呕吐。

（三）抗丝状虫药

丝状虫为线虫类的寄生虫，常见有犬心脏丝虫、羊和马脑脊髓丝状虫等。常用药除乙胺嗪外，还有锑波芬、盐酸二氯苯胂、硫胂胺钠。

锑波芬 Stibophen

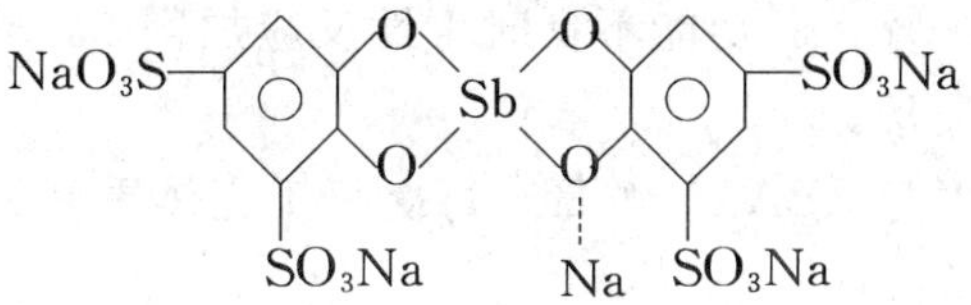

本品又称锑酚，为三价锑制剂，易溶于水，临床上常用肌内注射或静脉注射给药。

【体内过程】

药物进入体内后，有半数很快从尿中排出，有少数从胆汁中排入肠道内，留于体内的药物多分布于心、肝和肾组织中，排出较慢，后逐渐随胆汁排出，储于肝和肾组织内的药物可加剧肝和肾炎症。

【作用与应用】

本品主要用于犬心脏丝虫病，静脉给药可驱除血液中微丝蚴，连续给药可杀灭成虫。犬静脉注射量为 1.0～1.5 mg/kg，连用或间日注射数次均可。

【不良反应】

本品为锑制剂，治疗剂量连续多次应用可能会引起心脏扩张、搏动渐弱，肾和肝内药物蓄积，可发生肝炎、肾炎等。

二氯苯胂 Dichlorophenarsine

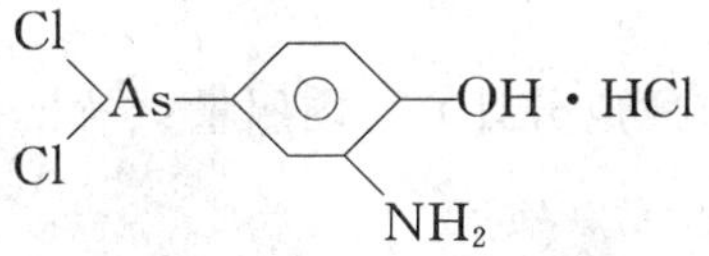

二氯苯胂为三价砷的白色晶粉，常用盐酸盐，易溶于水。

本品对犬丝虫的成虫有效，且作用强；对马锥虫、脑髓丝状虫也有效。可用于犬心脏丝虫病和马、羊脑脊髓丝状虫病。

本品对宿主毒性小，但有刺激性。注射给药时应适当稀释，且不能漏出血管外，以免引起局部炎症或坏死。

硫胂胺钠 Thiacetarsamide Sodium

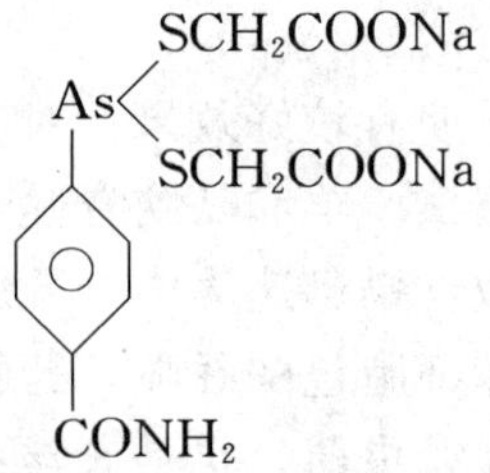

本品又称硫胂酰胺钠，为对苯胂甲酰胺二硫化乙酸钠盐，易溶于水，且稳定。

本品内服不吸收，且有较强刺激性，故用静脉注射给药。进入体内药物立即分布于各组织，以肾、肝、脾、骨髓为多；部分与红细胞、血浆蛋白结合，不易进入脑脊液中。经代谢的药物以五价砷的有机砷酸盐形式，从胆汁和肾排出。

本品可杀灭犬心脏丝虫的成虫，对微丝蚴无影响，其作用机理可能是药物分子中的砷与丝虫的酶系统中巯基相结合，抑制虫体代谢而杀灭丝虫。

本品对肝、肾毒性大。肾、肝功能不良时毒性反应加剧，严重导致死亡。一般还可引起犬呕吐，重度时可致肝功失常。

本品中毒时可用二巯丙醇（BAL）解毒。每次每千克体重剂量为 2 mg，每天 4 次，可减轻其症状。

制剂与用法

（1）敌百虫　内服量：马 30～50 mg/kg（极量 20 g），牛 20～40 mg/kg（极量 15 g），绵羊 80～100 mg/kg，山羊 50～70 mg/kg，猪 80 mg/kg。粉剂时应新鲜配溶液内服。

（2）哈洛克酮　内服量：马 50 mg/kg，羊、牛及猪 30～50 mg/kg，鸡 50～70 mg/kg

（3）盐酸左旋咪唑　内服量：马、牛、羊及猪 8 mg/kg，禽 20～40 mg/kg。皮下、肌内注射量：牛 4～5 mg/kg，猪、羊 5～6 mg/kg。

（4）枸橼酸哌嗪　内服量：马、牛 250 mg/kg，羊 250～350 mg/kg，猪 300 mg/kg，犬 100 mg/kg，禽 250 mg/kg。

（5）磷酸哌嗪　内服量鸡为枸橼酸嗪内服剂量的 80%。

（6）噻苯达唑　内服量：马、牛、羊及猪 50～100 mg/kg，鸡 0.1%混饲，连用 7 天。

（7）酒石酸噻嘧啶（以有效成分计）　内服量：马 15～20 mg/kg，牛 25 mg/kg，羊25～40 mg/kg，猪 12.5～40 mg/kg。

（8）酒石酸莫仑太尔（以有效成分计）　内服量：马、牛、羊 10 mg/kg，猪 25 mg/kg，犬 5 mg/kg。

（9）吩塞秦　内服量：马 10～30 g，牛 20～50 g，绵羊 10～30 g，山羊 5～20 g，猪 5～20 g，鸡 0.5～1 g。

（10）枸橼酸乙胺嗪　内服量：马 80 mg/kg，牛 50 mg/kg（每天 1 次，连续 3 天），羊 100 mg/kg，犬 60～70 mg/kg（1 日剂量，分 3 次给，连续 30 天）。皮下或肌内注射（配成 30%

溶液）量：牛、羊 20 mg/kg，每天 1 次，连用 7～10 天。

（11）羟萘苄芬宁（灭虫宁）　内服量：牛、羊、犬 250 mg/kg，猪 500 mg/kg。

（12）腓波芬　静脉注射量：犬 1～1.5 mg/kg。

（13）二氯苯胂　静脉注射量：马 3～4 mg/kg，犬 2.5 mg/kg，间隔 4～5 日 1 次。

（14）硫胂胺钠　静脉注射量：犬 2.2 mg/kg，1 日 2 次，缓缓注入，连用 2 日。

（15）敌敌畏　内服量：马 30～40 mg/kg，羊 5～10 mg/kg，猪 10～20 mg/kg，犬 25～35 mg/kg，应混饲后空腹投喂。饮水给药：驱杀马胃蝇幼虫时，马饮用含 80%敌敌畏乳油剂 0.8～1.5 ml/10 L 水。畜舍熏蒸 0.5 mg/m^3。

（16）库马磷　内服量：牛、野牛、羊、鹿及麋等反刍畜 2 mg/kg，混饲给药，连续 6 日；鸡 0.004%浓度混饲，连续 10～14 日，或 0.003%浓度混饲，连喂 14 日。

外用 0.025～0.05%乳液喷洒或药浴，杀灭体外寄生虫。

（17）阿苯达唑　内服量：马、羊 5～20 mg/kg，猪、牛 5～40 mg/kg。

（18）芬苯达唑片（粉）　内服量：马、牛、羊、猪 5～10 mg/kg，犬 22 mg/kg，禽8 mg/kg。

（19）奥芬达唑片（粉）　内服量：马 10 mg/kg，牛 4.5 mg/kg，羊 5 mg/kg，猪3 mg/kg。

（20）氧阿苯达唑片　内服量：牛 7.5～15 mg/kg，羊 5～10 mg/kg。

（21）奥苯达唑片　内服量：马、牛 10～15 mg/kg，羊、猪 10 mg/kg，禽 34～40 mg/kg。

（22）阿维菌素　1 次内服量：牛、羊 100 μg/kg，马 200 μg/kg，犬 100～200 μg/kg，鸡 50～100 μg/kg。1 次皮下注射量：牛、羊、猪 200 μg/kg。

（23）伊维菌素　1 次皮下注射量：牛、羊、犬 200 μg/kg，猪 300 μg/kg。内服与肌内注射，1 次量：马 200～500 μg/kg，猪（内服）300～500 μg/kg，牛 100～200 μg/kg，犬 200 μg/kg。

（24）潮霉素 B　混饲：鸡、猪 6～12 g/t，连续饲喂 8～12 周。

（25）越霉素 A　混饲：鸡、猪 5～10 g/t，连用 8～10 周。

二、抗吸虫药

（一）抗血吸虫药

血吸虫病为人畜共患的寄生虫病，家畜中耕牛易患。药物治疗上主要有锑制剂和非锑制剂等药物。前者为酒石酸锑钾和次没食子酸锑钠；后者常见有六氯对二甲苯（血防 846）和吡喹酮等。

酒石酸锑钾 Antimony Potassium Tartrate

$$\begin{array}{l} \mathrm{HO{-}CH{-}COOK} \\ \qquad\ | \\ \mathrm{HO{-}CH{-}COO(SbO)} \cdot \frac{1}{2}\mathrm{H_2O} \end{array}$$

本品又称吐酒石，为三价锑的有机物，水溶液呈酸性，遇碱时易沉淀，分解失效。

【体内过程】

本品口服易吸收，但未被吸收的药物可产生严重刺激反应。肌内注射或皮下注射可引起炎症或坏死。通常静脉注射给药。

静脉注射时，血中浓度迅速上升，给药后 1 h，药物浓度快速下降至半，24 h 下降到最低点。药物浓度迅速下降是药物迅速分解为酒石酸和锑的结果。前者随尿排出，后者与血浆蛋白结合，未被结合的锑离子，可通过主动吸收进入细胞内，因而红细胞内浓度可为血浆的 5～8 倍。部分锑可随尿和胆汁排出，排入肠道的锑经肝肠循环，再被吸收利用致使锑的作用持久。

【作用与应用】

本品主要有抗血吸虫和脑脊髓丝状虫的作用，也可用于马腹腔丝状虫的治疗。

酒石酸锑钾可直接作用于血吸虫，使虫体吸盘吸附机能丧失，失去吸附能力，然后随血流进入肝脏，被机体网状内皮系统包围消灭，锑剂还能直接抑制虫体生殖系统，使其变性，退化等，并丧失繁殖力，雌虫尤为敏感。

锑制剂杀灭丝虫的微丝蚴效果也明显。

锑制剂的作用机理，可认为是锑离子抑制虫体内含巯基的酶活性，使虫体糖代谢发生抑制，呈现杀虫作用。

【不良反应与防治】

本品毒性较大，黄牛较水牛敏感，中毒时可呈现心脏严重毒性反应，心律失常，期外收缩，严重时可使循环骤停而发生休克，甚至死亡。阿托品可解除迷走神经对心脏的影响，加速药物中毒时窦性心律的恢复，控制室性的异位心律。

治疗期间，应禁用肾上腺素、洋地黄、咖啡因等。

次没食子酸锑钠 Sodium Antimony Subgallate

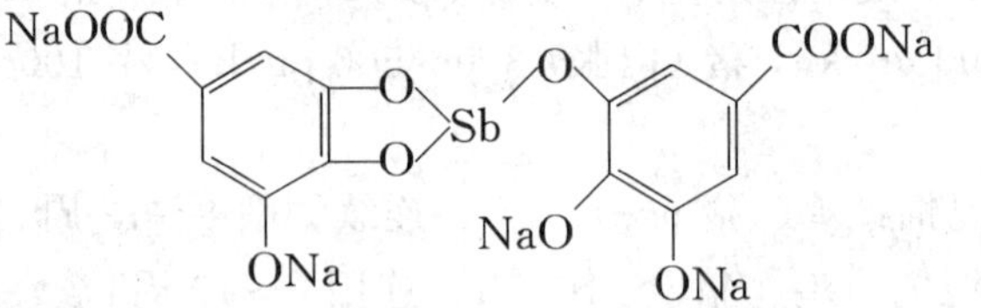

本品又称锑-273，为黄色疏松状粉末，三价有机锑化物，易溶于水，水溶液不稳定。

本品可供口服或肌内注射，易吸收。水溶液制剂吸收快，排出也迅速，但刺激性大，可与甘油等配制，降低刺激性。加硬酯酸赋形剂，供口服时，吸收徐缓，能减缓刺激。进入体内的锑，其过程与酒石酸锑钾相同。

本药作用与酒石酸锑钾基本一致，主要用于牛慢性血吸虫病，肌内注射给药效果良好。

其不良反应等与酒石酸锑钾相同。

六氯对二甲苯 Hexachloroparaxylene

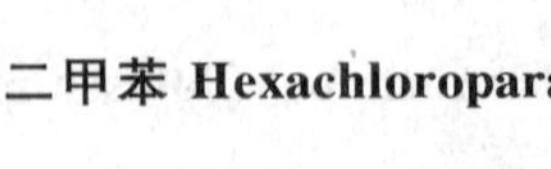

本品又称血防 846，为白色针状晶粉，无味，不溶于水，溶于植物油。

【体内过程】

口服本品，犬吸收最快，牛吸收缓慢，给药后 3～6 天才呈现高峰，停药后两周方才开始消失，故牛连续给药易发生蓄积。进入体内的药物多储存于脂肪。牛乳中浓度极高，可为血浆浓度的 3～5 倍。药物经肝脏代谢后，随尿排出，未被吸收的可随粪便排出。

【作用与应用】

本品为非锑制剂的治疗血吸虫药物，可对血吸虫的童虫和成虫起抑制作用，使其停止发育和变性；对雌虫作用优于雄虫，使性腺变性萎缩。虫体经药物作用后，在转移入肝内被网状内皮系统杀灭。本品还可抑制虫卵发育，使其从肠壁中脱落排出体外。

血防 846 还对牛、羊的肝片吸虫有良好的驱虫效果。还可用于猪姜片吸虫的驱虫。

血防 846 对血吸虫体有选择性作用。用药时，虫体内药量极高，使虫体内酶和蛋白质变性，糖原减少，营养缺乏，虫体萎缩，随血流进入肝脏后，被包围吞噬。

【不良反应】

在治疗剂量下，宿主动物无毒副反应。大剂量中毒时，可见肝、肾、视网膜和下丘脑等出现病变损害。

吡喹酮 Praziquantel

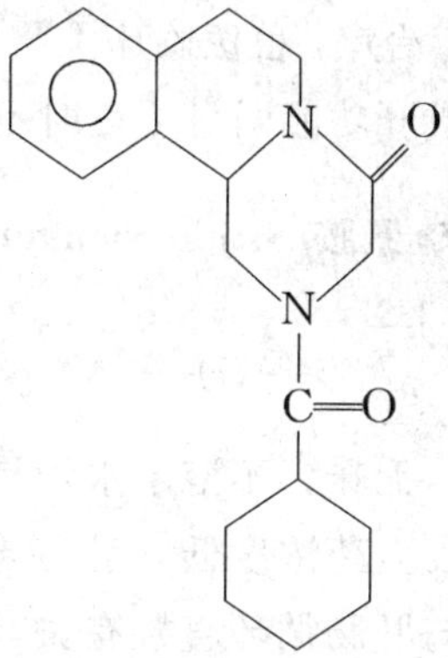

吡喹酮为无色晶体，味苦，性质稳定，难溶于水，易溶于乙酸，氯仿及聚乙二醇等有机溶剂。

【体内过程】

本品口服易吸收且迅速。肌内注射、皮下或静脉注射给药均可吸收。药物吸收后，在肝、肾组织代谢失活。其大部分代谢物与原形药随尿排出，少数代谢物经胆汁排入肠道，随粪便排出体外。

【作用与应用】

吡喹酮对曼氏血吸虫、埃及血吸虫和日本血吸虫的成虫及童虫有效，对虫卵无作用。此外，对人、畜和禽的多种绦虫如牛、猪绦虫，及对犬胞状带绦虫、多头绦虫、棘球绦虫等均有效，且作用迅速；对绵羊矛形歧腔吸虫、肺吸虫及中华支睾吸虫等也能奏效。

吡喹酮的作用机理，在于药物直接作用于虫体，使虫体收缩和失活而被杀灭。

【不良反应】

吡喹酮毒性小，一般口服剂量对牛、羊无不良影响。肌内注射时，可由于溶媒的刺激作用使动物不安。静脉注射给药时，牛可见有步态失调，停药后可自行恢复。

呋喃丙胺 Furapromide

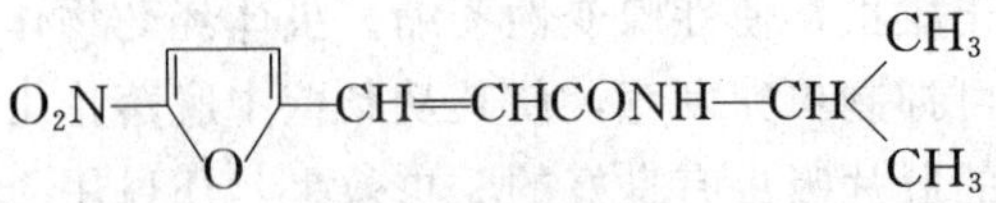

呋喃丙胺属硝基呋喃类化合物，为我国首创的一种非锑剂口服的抗血吸虫药。本品为淡黄色结晶性粉末，无味，无色，微溶于水，水溶液不稳定，久置见光则色渐转深，应遮光密封保存。

本品口服易吸收，首过效应强，经肝脏迅速代谢，进入门静脉后直接与虫体接触达到杀灭作用。本品对成虫与童虫均有作用，但对童虫作用优于成虫。经实验证明，本品能显著抑制虫体内的糖原含量或使糖原消失。因本药外周血液中浓度偏低，特别在肠系膜下静脉及其分枝和直肠上静脉内达不到有效浓度，因而单独使用根除效果不良，故宜在急性血吸虫病全身症状改善后，配合其它抗血吸虫药治疗，兽医临床上将它与敌百虫配伍，可提高本品疗效。

本品在动物消化道溃疡、腹水或肝功能明显不良时不宜应用。

硝硫氰胺 Nithiocyanamine

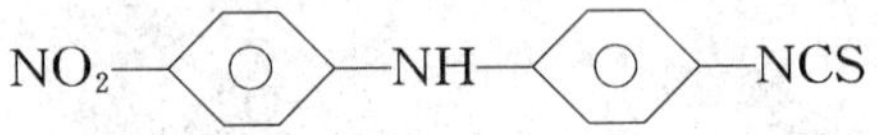

本品为黄色结晶性粉末，无色、无味，不溶于水，易溶于酯类化合物。

本品口服易吸收，全身分布广，血药浓度低，且易与血浆蛋白结合，肝脏浓度最高，其次为脑、肾等。本品排泄缓慢，其与肝肠循环直接有关，因而持效时间长。

本品对童虫作用小，杀灭成虫作用迅速且强。与虫体直接作用，能使虫体功能和形态发生变化，雄虫睾丸消失，雌虫卵巢消亡，然后虫体移入肝脏被吞噬细胞消灭。本品体外抗虫实验证明，其作用机理为阻断虫体内三羧酸循环，导致所必须的能量耗竭，虫体麻痹或死亡。

本品主要用于牛、羊血吸虫病。对猪的姜片吸虫病及钩虫病也有极佳疗效。

本品疗效与微粒度有关，微粒越小疗效越高。本品内服安全性好，但反刍动物所需药量太大，因而用吐温-80 为助溶剂，以其乳剂静脉注射的疗效较佳。

（二）抗消化道及其它吸虫药

抗消化道及其它吸虫的药物是指驱除消化道中肝片吸虫、前后盘吸虫、姜片吸虫、双腔吸虫、前殖吸虫和肺吸虫的药物。家畜吸虫病中，以肝片吸虫病普遍而危害较重。猫和犬主要是肺吸虫病。常用药物除六氯对二甲苯，敌百虫外，介绍如下品种。

硝氯酚 Nitroclofene

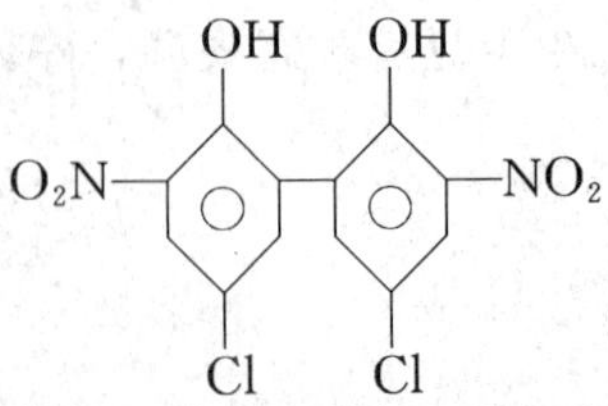

硝氯酚又称拜耳-9015，为橙黄色针状结晶，不溶于水，其钠盐易溶于水。

【体内过程】

牛、羊内服后，药物经24～48 h，血中药物浓度方见高峰，其后迅速下降。5～8天乳中尚存残留药物，故不能饮用。经9～10天，尿和乳品中才难以检出。

【作用与应用】

硝氯酚对牛、羊及猪的肝片吸虫的成虫有良好驱虫效果，对童虫也有一定疗效。驱除童虫时，随其剂量的增加，驱虫效果增强，但安全指数下降。

猪、羊、牛内服时，以每千克体重3 mg即能有效驱除吸虫成虫，但对牦牛无效。使用剂量增至每千克体重6～8 mg时，对牦牛有驱虫效果，但绵羊可能产生副反应。

该药的驱虫效果，较四氯化碳更优、更高效，为低毒较理想的驱虫药。其驱虫机理，可能是抑制虫体内琥珀酸脱氢酶的活性，使虫体内能量供应枯竭，虫体麻痹死亡。

【不良反应】

各种动物对硝氯酚的耐受性差异较大，以牦牛的耐受性最大，绵羊最小，乳牛、黄牛居中等。中毒时动物体温升高，呼吸加快，食欲减退，严重时呼吸困难而死亡。

硫氯酚 Bithionol

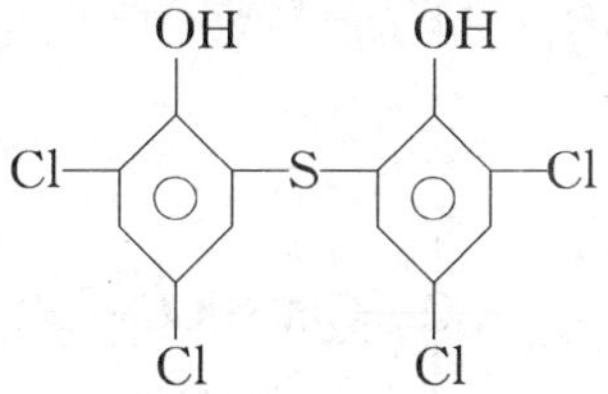

本品又称硫双二氯酚或别丁，为白色粉末，不溶于水，易溶于有机溶剂和稀碱溶液。

【体内过程】

硫氯酚在消化道中吸收量较少。体内药物浓度以胆汁最高，给药后2 h，胆汁浓度可达高峰。胆是其排出的主要器官。

【作用与应用】

硫氯酚对鹿肝片吸虫及牛、羊肝片吸虫、前后盘吸虫，猪的姜片吸虫成虫有效，对肝片吸虫童虫无效，而对前后盘吸虫各日龄童虫有效。

本品对多种绦虫有高效作用。能治疗马裸头绦虫、牛羊莫尼茨绦虫和隧状绦虫等感染；对犬和猫的各种绦虫有高效驱除作用；对鸡和鹅等禽类多种绦虫有效。

硫氯酚用于动物体内驱虫，其作用可能是通过药物分子中强酚性羟基的受氢作用，而阻止氢参与琥珀酸氧化，干扰虫体能量（ATP）产生，导致虫体麻痹而死亡。

【不良反应】

犬、猫、羊、牛、鸡及鹅对本药有较好的耐受性。狗在治疗剂量下偶见有呕吐，其它动物偶有短时腹泻，这可能是药物拟胆碱样作用的结果。动物中黄牛较水牛，山羊较绵羊，鸭较鹅、鸡等敏感。用药时应注意，鸽子禁用。

六氯乙烷 Hexachlorethane

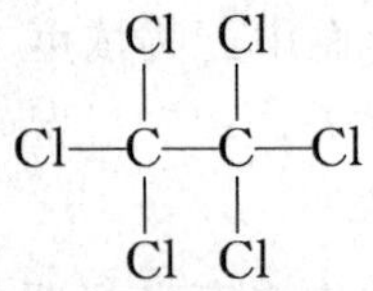

本品又称吸虫灵（Fascioline），为白色或微黄色晶粉，不溶于水，可溶于油及乙醚。

本品内服易吸收，大部分在肝内代谢，经胆汁排出。

该药可驱除鸡和鸭前殖吸虫，牛及绵羊的肝片吸虫、前后盘吸虫的成虫及其它线虫，如捻转血矛线虫和艾氏毛圆线虫等。因本品对牛毒性较小，因而广泛用于驱除牛的各种片形吸虫的成虫。

本品的毒性反应主要表现肝脏功能损害。急性中毒可见反刍减弱，食欲下降，腹泻，绵羊还可见步态蹒跚，超过治疗剂量1倍时，可见有卧地不起，呼吸微弱及麻痹。中毒时，静脉注射葡萄糖酸钙可缓解或消除其部分症状。

海托林 Hetolin

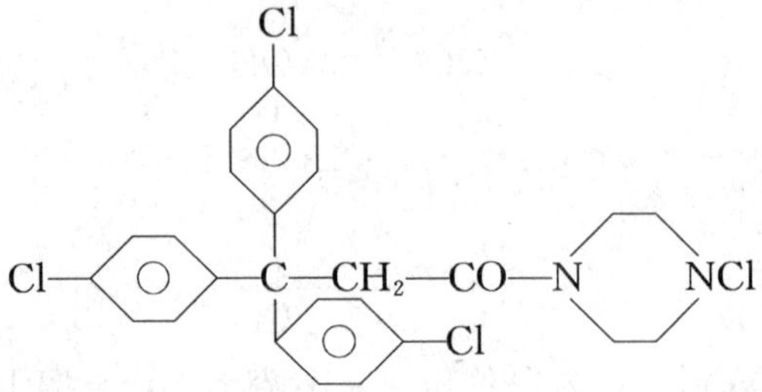

海托林为白色晶粉，微溶于水。

本品为双腔吸虫有效驱虫药，主要用于驱除牛的双腔吸虫，绵羊的矛形双腔吸虫。

本品用于牛、绵羊驱虫时，未见有中毒反应，对孕畜、胎儿也无不良影响。超过治疗剂量3～4倍时，可见有中毒反应，表现不安，呼吸迫促等。

硫溴酚 Thiobromophenole

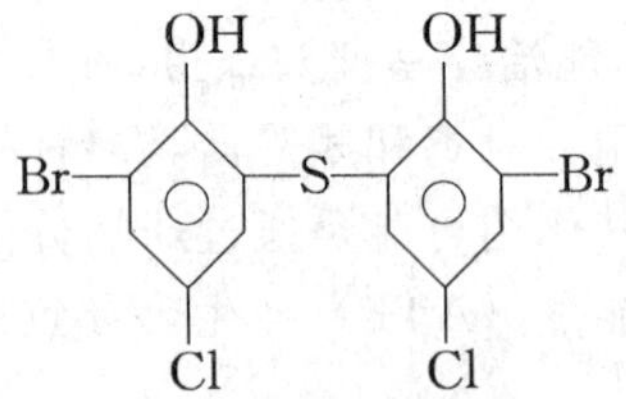

本品为白色片状晶体性粉末，不溶于水，溶于丙酮、乙酸乙酯。

本品对牛、羊、鹿的肝片吸虫有效，对其幼虫有相当强的杀灭作用，对前后盘吸虫和盲肠吸虫也有驱杀虫作用。内服易吸收，体内分布广，胆汁及肝内浓度高，安全性比硫氯酚小。临床应用时，动物个体间差异大，可出现食欲下降、精神沉郁、排粪频繁等，一般2～3天后可消失。

溴酚磷 Bromphenophos

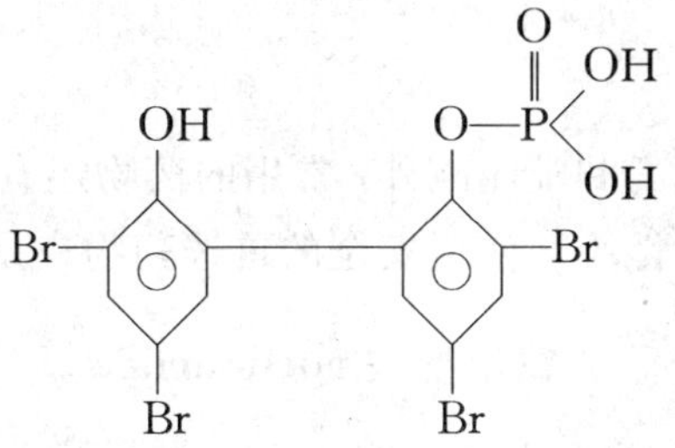

溴酚磷主要用于预防和治疗牛、羊肝片吸虫病，除对成虫有效外，还对移行肝实质内童虫有效。牛内服 12 mg/kg 时，虫卵转阴率为 100%。本品安全范围较窄，应用时必须严格遵守规定用量，切不可过量使用。休药期 21 天。

制剂与用法

(1) 酒石酸锑钾粉针　静脉注射量：牛 6～7 mg/kg，分 3 次给药。每天 1 针，连续 3 天（极量：黄牛 2 g，水牛 3 g），临用时配制成 1%注射液，缓缓注射。剂量在 7 mg/kg，不良反应大，6 mg/kg 以下时疗效低。

(2) 次没食子酸锑钠甘油注射剂（含锑-273 的 15%甘油溶液）　肌内注射量：黄牛 12 mg/kg，水牛 15 mg/kg，黄牛分 5 次和水牛分 6 次注射。每天 1 次。极量：黄牛 3.6 g，水牛 6 g。用时加生理盐水或注射用水稀释成 5%浓度。

(3) 六氯对二甲苯（血防 846）片　内服量：牛 0.1～0.12 g/kg，1 日 1 次，连服 10 天，每天极量：黄牛 28 g，水牛 36 g。以血防乳干粉片吸收率为好。

(4) 吡喹酮注射液　肌内注射（血吸虫）量：牛 10～20 mg/kg，猪 50 mg/kg，每日 1 次，连用 3 日。

(5) 吡喹酮粉剂（或片）　内服量：犊牛 100 mg/kg，猪 200 mg/kg，1 次内服；50 mg/kg，连用 5 日，羔羊 30～50 mg/kg，连用 5 日，75 mg/kg，连用 3 日；犬 2.5～5 mg/kg，鹅、鸭、鸡 10～20 mg/kg。

治疗羊胰吸虫病，内服量：65～80 mg/kg；腹腔注射量：30～50 mg/kg。

治疗犬中华支睾吸虫病，内服量：75 mg/kg；治疗犬肺吸虫病，内服量：50 mg/kg。

(6) 呋喃丙胺肠溶片　内服（与敌百虫合用）黄牛 80 mg/kg，每日下午顿服，每日午内服敌百虫 15 mg/kg，连用 7 日。

(7) 硝氯酚粉（或片）　内服量：黄牛、牦牛及梅花鹿 3～7 mg/kg，水牛 4～6 mg/kg，乳牛 5～8 mg/kg 体重，羊、山羊 3～4 mg/kg。

(8) 硝氯酚钠注射液　肌内注射量：牛 0.8～1 mg/kg，羊 1～2 mg/kg。

(9) 硫氯酚粉（片）　内服量：牛 40～80 mg/kg，猪、羊 70～100 mg/kg，鸡 100～200 mg/kg，鸭 30～50 mg/kg，鹿 50～100 mg/kg。

(10) 六氯乙烷粉（或片）　内服量：牛、羊 200～400 mg/kg，禽 200～500 mg/只混饲，每日 1 次，连喂 3 日。

(11) 海托林粉（或片剂）　内服量：牛 30～60 mg/kg，羊 30～80 mg/kg。

(12) 硫溴酚　内服量：黄牛 40～50 mg/kg，水牛 30 mg/kg，羊 50～60 mg/kg，山羊

30 mg/kg，鹿 100 mg/kg。

（13）溴酚磷片或粉　内服量：牛、羊 12 mg/kg。

三、驱绦虫药

用于驱绦虫的药物除硫氯酚和吡喹酮外，常用的药物还有氯硝柳胺、槟榔碱、丁萘脒，双氯酚等多种药物。疗效高，毒性小，使用安全的首选药物应是氯硝柳胺和硫氯酚。

氯硝柳胺 Niclosamide

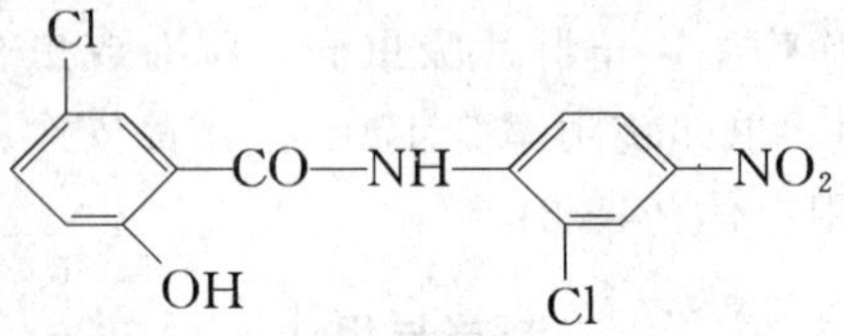

本品又称灭绦灵，为黄色粉末，无臭，无味，难溶于水。

【体内过程】

本品在宿主消化道内极少吸收。被吸收的药物在体内转化为氨基氯硝柳胺而失活。

【作用与应用】

氯硝柳胺为一种杀绦虫药，用药物后虫体死亡被消化液消化。该药对牛、羊的莫尼茨绦虫及隧状绦虫（条纹绦虫），对马的大裸头绦虫、叶状裸头绦虫和侏儒副裸头绦虫，对鹿的隧状绦虫，鸡的绦虫和鱼的绦虫（裂头绦虫）均有效。

氯硝柳胺对犬和猫的多种绦虫有效。可用于驱除犬的豆状带绦虫、胞囊带绦虫和带状带绦虫。但对棘球绦虫，复孔绦虫效果极差。

【不良反应】

该药对牛及绵羊毒性极小，即使应用剂量为治疗量的 40 倍，也不见有任何不良反应。对猫和犬的毒性反应比牛和羊为重，使用 2 倍治疗量时，即可发现有肝、肾功能不良反应，应用时应注意。

丁萘脒 Bunamidine

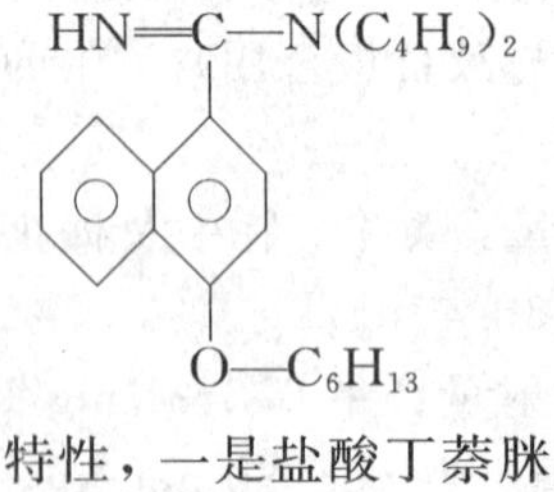

本品有两种盐有较好的抗绦虫特性，一是盐酸丁萘脒（Bunamidine hydrochloride），可广泛用于驱除猫和犬的绦虫；二是羟萘酸丁萘脒（Bunamidine hydroxynaphthoate），为驱除绵羊和山羊的驱绦虫药。两者都是杀虫药。

【体内过程】

盐酸丁萘脒片在胃内溶解后，立即对十二指肠及小肠寄生绦虫产生作用。被吸收药物到达肝脏，几乎全部被代谢，进入血循环系统的药物极少。羟萘酸丁萘脒，不溶于水，其它同盐酸盐。

【作用与应用】

盐酸丁萘脒为广谱驱绦虫药，一次剂量可对犬和猫几乎所有绦虫有效，包括对细粒棘球绦虫的成虫和童虫均有效。必要时在给药后第 6 周进行第 2 次驱虫。

羟萘酸丁萘脒，多用来驱除绵羊和山羊扩展莫尼茨绦虫和贝氏莫尼茨绦虫等。

【不良反应】

盐酸丁萘脒对口腔粘膜有刺激性，能吸收并可增加毒性作用，故不宜用粉剂或溶液剂口服。猫和犬应用药物后，可见有短时呕吐或腹泻。此外，该药可能影响狗的精子形成，但对猫无此作用，对母狗和小狗也很安全。

羟萘酸丁萘脒对绵羊和山羊，在规定治疗量内及加倍剂量时未见有不良反应。

槟榔碱 Arecoline

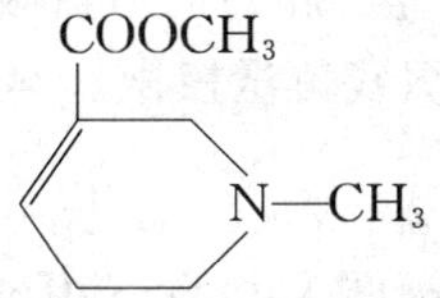

本品为植物槟榔种子中的一种生物碱，常用其氢溴酸盐，其水溶液比较稳定。

【体内过程】

口服槟榔碱溶液，可由口腔粘膜吸收，使吸收量增加。肠衣片剂局限于肠道内吸收。药物在肝脏内迅速灭活，血中浓度低，毒性较小。药物进入肠道可直接作用于肠道平滑肌，加速胃肠蠕动，引起下泻。

【作用与应用】

槟榔碱对犬所有绦虫有效。可驱除豆状带绦虫、胞囊带绦虫；可驱除绵羊带绦虫、多头绦虫和细粒棘球绦虫；对禽类绦虫也有驱除作用。

槟榔碱驱绦虫作用机理，在于药物对虫体产生麻痹作用，使虫体攀附脱落，加之药物促进宿主肠管蠕动，使松脱的虫体排出体外。因此其作用是暂时的，待虫体麻痹消失，再攀附时，驱虫作用消失。

【不良反应与防治】

临床使用剂量的槟榔碱对犬的不良反应少。大剂量时可明显发生呕吐、腹泻及继发昏迷、惊厥。一般中毒剂量可为治疗量的 8 倍之多。

本品对猫不安全，可使其支气管大量分泌粘液而窒息死亡。

阿托品对槟榔碱中毒有解毒和减轻症状的作用。

双氯酚 Dichlorophen

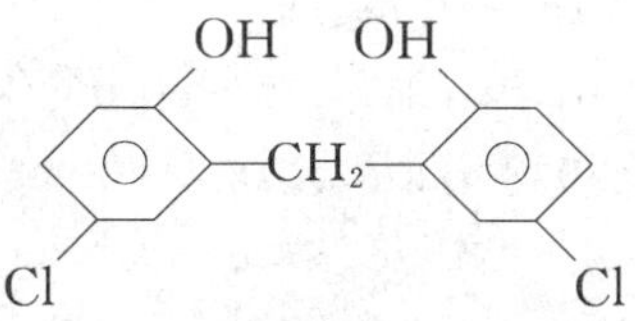

本品为乳白色粉末，有酚臭，难溶于水，可溶于乙醇。

本品对羊的扩展莫尼兹绦虫、犬的带绦虫和瓜实绦虫、鸡的赖利绦虫均有效。其作用方式与氯硝柳胺相似。为提高疗效，用药前禁饲18～24 h，用药后适当禁饲与禁饮。也可与其它驱虫药配伍。合并用药可减少本品的副作用，如呕吐、疝痛、腹泻、厌食等。

雷琐太尔 Resorantel

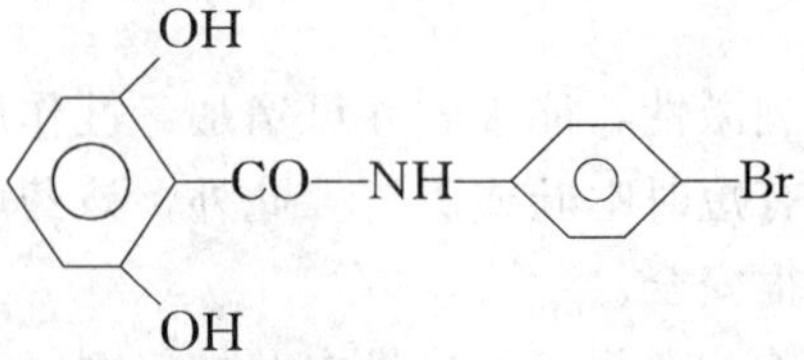

本品又称羟溴柳胺，为白色结晶性粉末，不溶于水。

雷琐太尔为用于反刍动物的新型驱绦虫药。其作用机理与阻断绦虫体内能量代谢有关。对牛、羊的莫尼茨绦虫效果显著；对牛、羊、鹿的前后盘吸虫及其幼虫也有效。本品排泄快，用药后48 h血中测不到药物，3天后组织残留量极微。本品毒性小，安全范围广，不良反应仅偶见腹泻。

硫酸铜 Cupric Sulfate

本品为蓝色结晶性颗粒及粉末，易溶于水。

硫酸铜溶液口服后，对羊、牛莫尼茨绦虫及捻转血矛线虫有效。本品驱虫作用在于铜离子能抑制虫体的氧化还原酶的活性，阻碍虫体代谢功能正常进行而发挥驱虫作用。这种作用只限于能驱除虫体的节段，而对绦虫头节无驱除作用。因此，必要时应进行第二次（间隔15～20天）驱虫。

硫酸铜溶液用于驱虫时，一般浓度不宜高于1%，以免引起对肠粘膜强烈刺激。为提高铜离子浓度，可在其溶液中添加0.1%～0.4%纯浓盐酸，以增强铜离子的驱虫作用。

制剂与用法

（1）氯硝柳胺　内服：每千克体重马0.2～0.3 g，牛0.06～0.07 g，羊0.05～0.07 g，犬0.1 g，鸡0.05～0.06 g。

（2）硫酸铜　制成1%溶液，口服：绵羊1～3日龄10～30 ml，3～6日30～45 ml，6～10日龄40～80 ml，10日龄以上80～100 ml。山羊量减半。犊牛2～3 ml/kg，3～6日龄犊牛1次可服120～150 ml。

（3）槟榔　内服或煎服，马12～60 g，犬20～30 g，鸡1～1.5 g/kg，鸭、鹅0.75 g/kg。

（4）氢溴酸槟榔碱　投药前禁食8～12 h。内服量：犬2～4 mg/kg，鸡3 mg/kg，鸭鹅12 mg/kg。

（5）盐酸丁萘脒　内服量：犬25～50 mg/kg。

（6）萘酸丁萘脒盐　内服量：山羊、绵羊25～50 mg/kg；犬25 mg/kg。

（7）双氯酚　内服量：羊0.25～0.3 g/kg，犬0.2～0.3 g/kg，猫0.1～0.2 g/kg，鸡0.03～0.1 g/kg。

（8）雷琐太尔　内服：牛、羊65 mg/kg。

第三十九章　抗原虫药

畜禽原虫病是由单细胞原生动物所引起的一类寄生虫病，根据原虫种类不同，抗原虫药可分为抗球虫药，抗锥虫药，抗血孢子虫药和抗毛滴虫及其它原虫药。

一、抗球虫药

危害畜禽的球虫主要以艾美耳属（*Eimeria*）的各种球虫为主，其次为等孢子属（*Isospora*）的球虫，畜禽球虫病为寄生于胆管及肠道上皮细胞内的一种原虫病。它能使雏禽、幼兔和犊牛等下痢、便血、贫血、消瘦，甚至大批死亡；慢性者可抑制生长，减少增重和产蛋。畜禽特别是家禽的球虫病会给养殖业带来严重损害。用药时大多数以预防为主，即将一定量药物拌入饲料定期饲喂，预防球虫感染。除个别情况外，药物治疗往往不易奏效。

抗球虫药物可分为人工合成药和抗生素类两大类。

（一）人工合成药

常用人工合成抗球虫药物除前面已经介绍的磺胺二甲嘧啶、磺胺间甲氧嘧啶、二甲氧苄啶及呋喃唑酮等外，国内常见的还有以下几种。

磺胺喹噁啉 Sulfaquinoxaline 和
磺胺氯吡嗪 Sulfaclozine

磺胺喹噁啉又称磺胺喹沙淋。磺胺喹噁啉（SQ）和磺胺氯吡嗪为畜禽专用的磺胺类抗球虫药物。难溶于水，其钠盐易溶于水。

【作用与应用】

本磺胺类药，主要作为抗球虫药而用。可用于鸡、火鸡、鸭、兔球虫感染。本品对小肠球虫感染比对盲肠球虫感染有更好的疗效。由于单独应用毒性反应较大，若使用低浓度时又易产生耐药性，因而多用简单合剂或增效合剂方式给药，例如磺胺喹噁啉加氨丙啉，磺胺喹噁啉加二甲氧苄啶等，以增强作用，降低毒性。磺胺氯吡嗪的疗效优于SQ，尤其适用于球虫爆发症。

氨丙啉 Amprolium

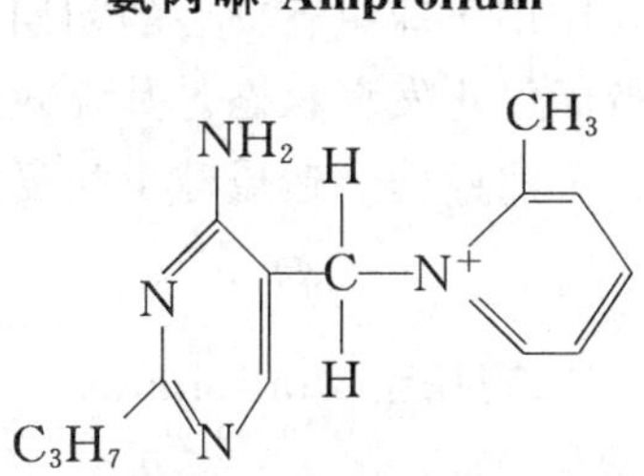

本品又称安普罗铵，其盐酸盐为白色粉末，易溶于水。

【作用与应用】

本品对鸡、火鸡、羔羊、犬和犊牛的球虫感染有效，是毒性小，安全范围大，可用于产蛋鸡的一种抗球虫药。本品作为预防（125 mg/kg）时，可连续混饲，严重感染治疗(250 mg/kg）时，也可连续用药两周。但由于抗球虫范围不广，仅对鸡的柔嫩、毒害、变位、堆型艾美耳球虫有效，而对其它几种球虫的作用弱，因而常与其它抗球虫药合用，以扩大抗球虫范围，提高疗效，如与磺胺喹噁啉复合。

【中毒与解救】

氨丙啉为硫胺素拮抗剂，其化学结构与硫胺素极为相似，因而干扰球虫对硫胺素的利用而发挥抗球虫作用。同样，该药抗球虫效应也可被硫胺素相抵消。因此，氨丙啉过高比例混入饲料而引起宿主产生缺乏硫胺素病症时，饲料中添加硫胺素，即可解除其中毒症状。

氯苯胍 Robenidine

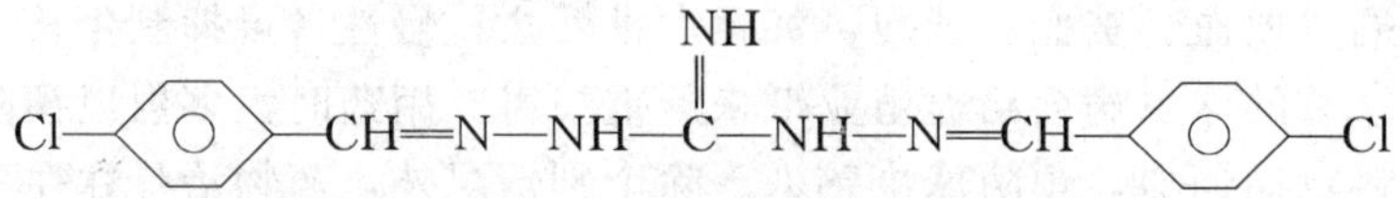

本品又称罗贝胍，常用其盐酸盐，为白色或微黄色结晶粉末，难溶于水，微溶于乙醇。

本品对鸡多种球虫单独或混合感染均有较好的预防作用。对其它抗球虫药产生耐药性的虫株，仍然能有效地控制。如以 33 mg/kg 混饲，可有效地预防雏鸡球虫感染，而对增重无不良影响，但由于该使用浓度较低，易引起球虫耐药性的产生。改用 66 mg/kg 混饲时，可增强抗球虫效应。但因肉用仔鸡或蛋中均有不舒异味而受到限制。

氯苯胍的抗球虫作用机理，主要是抑制虫体内氧化磷酸化，使虫体能量供应枯竭，抑制裂殖体的生长和繁殖。本品毒性小，即使将预防剂量提高 20 倍，仍未见对仔鸡有任何不良反应。

氯羟吡啶 Clopidol

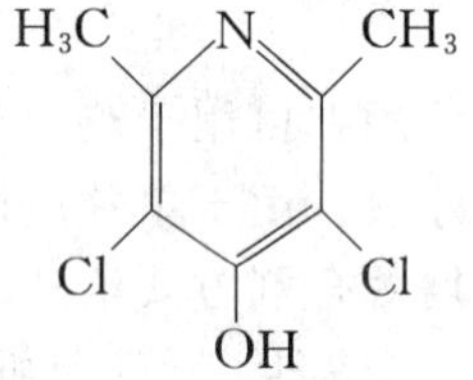

本品又称氯吡多、克球粉和广虫灵，为白色粉末，不溶于水，易溶于氢氧化钠溶液。

氯羟吡啶抑制球虫作用强，作用范围广。使用 125 mg/kg 混饲，可使鸡八种球虫及兔肠道球虫的感染受到抑制。本品主要作用于球虫感染后的初期（第一天），抑制子孢子的发育，能使肠道上皮细胞内的子孢子维持于停止发育状态。其疗效优于二硝托胺及氨丙啉合剂。氯羟吡啶能抑制鸡的抗球虫免疫力，突然停药会造成球虫病复发。本品不宜用于产蛋鸡。休药期 5 天。

二硝托胺 Dinitolmide

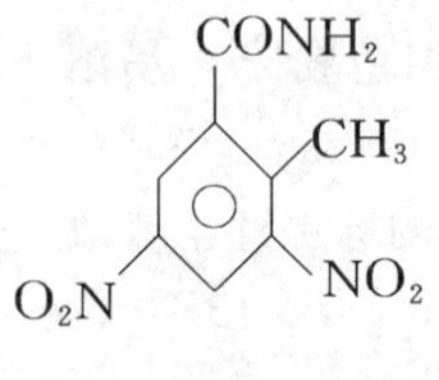

本品又称球痢灵（Zoalene），其化学成分为二硝基苯甲酰胺。本品为淡黄褐色粉末，性质稳定，不溶于水，其抗球虫效力与颗粒大小关系很大，颗粒越细，作用越强。

二硝托胺主要抑制无性生殖的裂殖子，其作用峰期在感染球虫后的第 3 天。本品对鸡和火鸡的多种球虫有效，特别对小肠毒害艾美耳球虫效果更佳。临床上主要用于鸡和火鸡的球虫病，可治疗暴发性球虫病。球虫对本品可产生耐药性，但产生速度较慢。本品以 125 mg/kg 混饲，连续使用时对雏鸡生长发育无明显影响，250 mg/kg 混饲，连续饲喂 15～30 天可抑制雏鸡的增重。本品禁用于产蛋鸡，休药期 3 天。

尼卡巴嗪 Nicarbazin

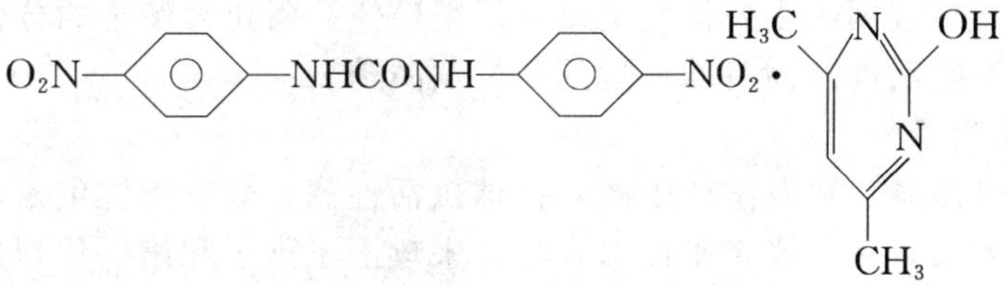

本品为黄色、无味、但稍有异臭的粉末，难溶于水、乙醇、乙醚及氯仿。稳定性强，室温、密闭保存 5 年其性状及含量均不变。

本品为等分子的二硝基二苯脲与二甲基嘧啶酚的复合物。内服两者均不被吸收。两者均有抗球虫作用，其作用峰期为球虫感染后第 4 天，即抑制第二个无性繁殖裂殖体的发育，对卵囊有抑杀作用，对球虫生活史其它各期均无效。本品对多种常见鸡球虫均有有效的防治作用。且与其它种类抗球虫药无交叉耐药性。故在其它抗球虫药耐药时，本品仍然有效，为良好的球虫防治药。

本品可与乙氧酰胺苯甲酯（125∶8）合用。高温高湿季节使用本品会产生“热应激”，应慎用。禁用于产蛋鸡，休药期 5 天。

常山酮 Halofuginone

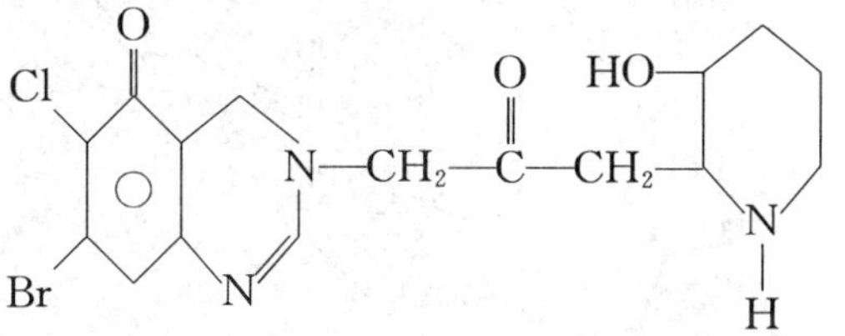

本品又称卤夫酮，为白色或灰白色结晶粉末。原为中药常山中的一种生物碱，现为人工合成品。

本品对鸡多种球虫如柔嫩、毒害、巨型、堆型等艾美尔球虫以及火鸡球虫均有效。其对第一代、第二代裂殖体均有明显抑制效果。本品还可用于羊的住肉孢子虫病。

本品与其它抗球虫无交叉耐药性，安全性强，为鸡与火鸡良好的抗球虫药。鸭对该药物拒食。禁用于产蛋鸡，休药期 5 天。

硝酸二甲硫胺 Dimethialin Nitrate

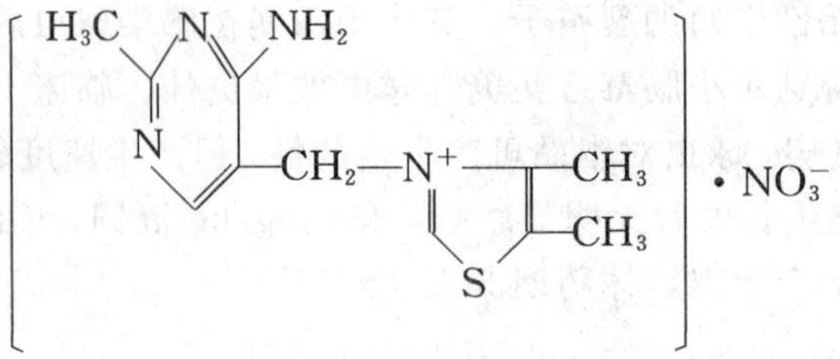

本品为白色或淡黄色结晶性粉末，微臭，略溶于水，不溶于乙醇等有机溶剂。

本品为硫胺素的拮抗剂，主要作用于第一代裂殖体，阻止裂殖子的分化，因而对球虫生活史的第 3 天呈现高峰活性。为鸡球虫病的良好预防药。

（二）聚醚类抗生素

聚醚类抗生素是由微生物发酵产生的，抗球虫活性高。聚醚类抗生素对钠、钾、钙等金属离子有特殊的亲和力，可形成亲脂性络合物，来攻击子孢子和第一代裂殖体，使球虫体内钠离子量急剧增加，妨碍离子的正常平衡和运转，球虫体内过剩的钠离子不能排出，最后使虫体膨胀而死亡，因而也称离子载体抗球虫药。聚醚类抗生素独特的作用机理，使得与人工合成抗球虫药之间没有交叉耐药性的问题。聚醚类抗生素主要有莫能菌素、盐霉素、拉沙洛西、马杜霉素、赛杜霉素和海南霉素等。

莫能菌素 Monensin

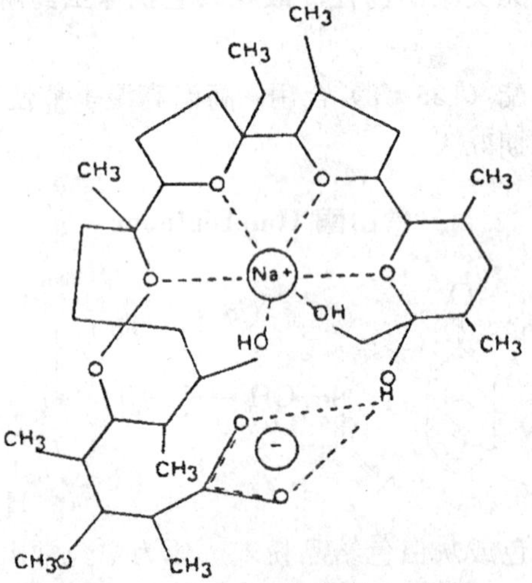

本品又称莫能星或莫能霉素或瘤胃素，白色粉末，不溶于水，一般用其钠盐。

莫能菌素是第一个开发上市的畜禽专用聚醚类抗生素类抗球虫药。它属广谱抗球虫药，对鸡主要的 6 种艾美耳球虫（柔嫩、毒害、巨型、变位、布氏、堆型）都有效。其抗球虫活性主要在球虫生活周期最初 2 天，抑制子孢子或第一代裂殖体。除抗球虫外，莫能菌素对革兰氏阳性菌有抑制作用，但对革兰氏阴性菌作用很弱。临床上主要用于预防鸡和火鸡的球虫病，也可用于犊牛、羔羊和兔的球虫病。莫能菌素还用于肉牛促生长和提高奶牛产奶量。

应用时应注意，本品毒性较大，添加于鸡饲料中，其浓度不要超过 120 mg/kg，禁与泰妙灵、竹桃霉素等合用，否则会大大增加毒性，禁用于马属动物和产蛋鸡，休药期 3 天。

盐霉素 Salinomycin

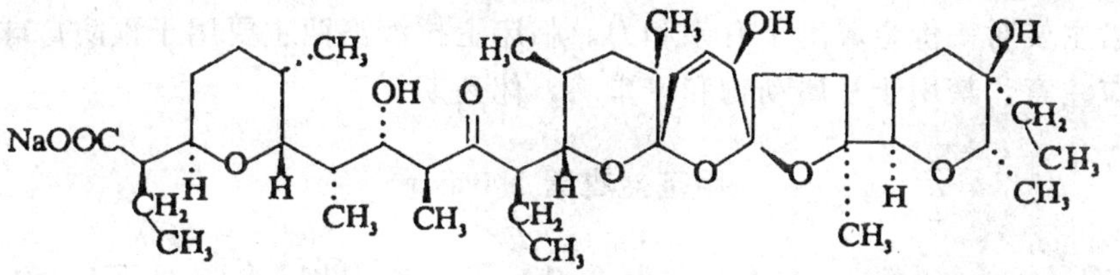

本品又称沙利霉素，一般用其钠盐，白色结晶粉末，不溶于水，易溶于有机溶剂。

本品为畜禽专用聚醚类抗球虫药。其抗球虫作用与莫能菌素相似，对鸡的多种艾美耳球虫均有效。同时，它对革兰氏阳性菌有抑制作用，还能促进家畜生长，提高饲料转化率，临床上主要用于防治畜禽球虫病和猪的促生长。

应用时应注意，本品毒性较大，在鸡饲料中的添加量不要超过 75 mg/kg，否则会抑制鸡的增重和降低饲料转化率，其它注意事项同莫能菌素。

马杜霉素 Maduramicin

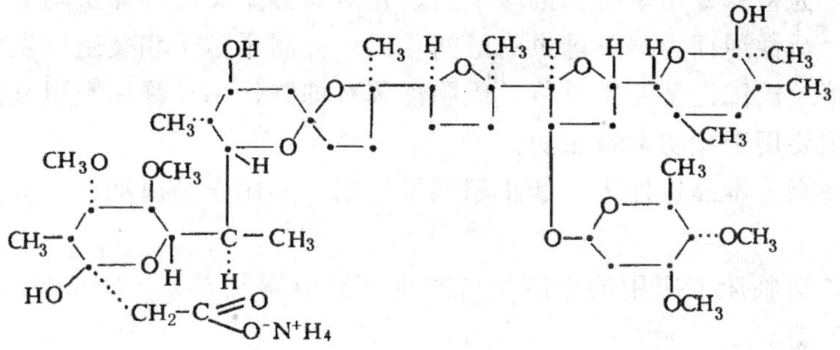

本品又称马度米星，一般用其铵盐，为白色结晶粉末，性质稳定，不溶于水，可溶于有机溶剂。

本品为畜禽专用聚醚类抗球虫药。马杜霉素抗球虫作用与莫能菌素相似，对鸡多种艾美耳球虫均有效，其抗球虫活性周期为子孢子和第一代裂殖体。由于分子结构中有单糖苷聚团的存在，增强了它的抗球虫活性，它对球虫具有杀灭作用。同时，马杜霉素对大多数革兰氏阳性菌有效，对革兰氏阴性菌作用差，临床上主要用于预防禽球虫病。

应用时应注意，本品毒性大，在鸡饲料中添加量不得超过 7 mg/kg，否则，会引起鸡中毒，禁用于产蛋鸡。休药期 5 天。

拉沙洛西 Lasalocid

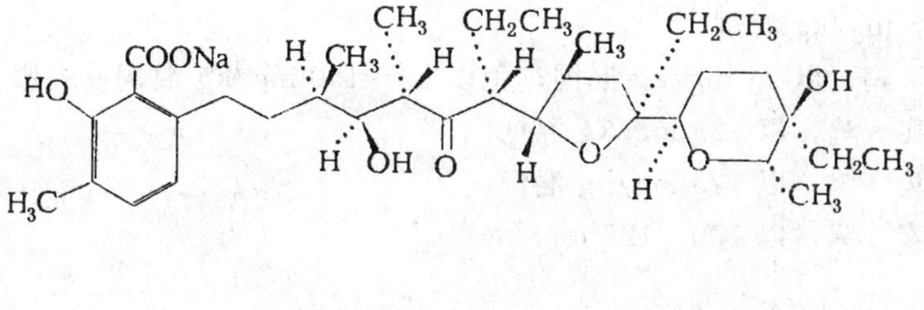

本品又称拉沙洛菌素，一般用其钠盐，白色结晶粉末，不溶于水，可溶于有机溶剂。

本品为畜禽专用聚醚类抗球虫药。抗球虫效果好，对禽多种球虫有效，其作用机理主要是与二价金属离子形成络合物，改变膜的通透性，从而干扰正常离子的平衡和转运。而莫能菌素和盐霉素主要对一价金属离子有亲和力。临床上拉沙洛西主要用于预防禽球虫病。

应用时应注意，禁用于马属动物和产蛋鸡，休药期3天。

甲基盐霉素 Narasin

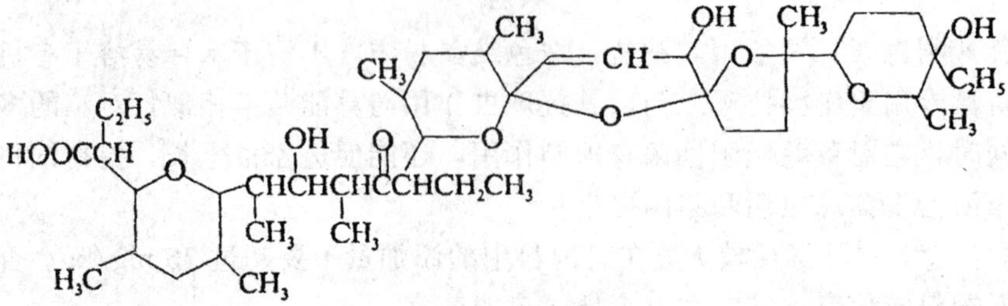

本品为白色结晶粉末，不溶于水，可溶于大部分有机溶剂。

甲基盐霉素为畜禽专用聚醚类抗球虫药。它对鸡常见艾美耳球虫均有效。其作用机理与莫能菌素相似，活性周期为感染球虫的最初几天，抑制子孢子和裂殖体发育。另外，甲基盐霉素对大部分革兰氏阳性菌和部分革兰氏阴性菌有抑制作用。临床上甲基盐霉素常与尼卡巴嗪等量合用，主要用于预防禽球虫病。

应用时应注意，本品毒性大，禁止超剂量使用，禁用于马属动物、火鸡和产蛋鸡。休药期5天。

此外，在兽医临床上应用的聚醚类抗球虫药还有赛杜霉素（Semduramicin）、海南霉素（Hainanmycin）等。

制剂与用法

（1）磺胺喹噁啉　鸡，治疗以500～1 000 mg/kg浓度混饲或以400 mg/kg浓度混饮；预防以120 mg/kg浓度混饲或以66 mg/kg浓度混饮。用药5天，停5天，再用5天。兔球虫病的用药剂量与方法参照鸡。

（2）盐酸氨丙啉　鸡，以62.5～125 mg/kg混饲或以60～240 mg/kg混饮，连用7天，以后剂量减半，再连用14天；羔羊内服50 mg/kg，1日1次；犊牛内服25～60 mg/kg，1日2次。

（3）氨丙啉、乙氧酰胺苯甲酯（125∶8）二合剂　鸡，治疗以266 mg/kg混饲，预防以133 mg/kg混饲。

（4）氨丙啉、磺胺喹噁啉、乙氧酰胺苯甲酯（100∶60∶5）三合剂　鸡，治疗以330 mg/kg混饲，预防以165 mg/kg混饲。

（5）氯苯胍　鸡，以33 mg/kg混饲；兔以75～150 mg/kg混饲或内服5～10 mg/只。

（6）氯羟吡啶　鸡，以125 mg/kg混饲。

（7）二硝托胺　鸡，以125 mg/kg混饲。

（8）尼卡巴嗪　鸡，以100～125 mg/kg混饲。

(9) 尼卡巴嗪、乙氧酰胺苯甲酯（125∶8）二合剂　鸡，以 133 mg/kg 混饲。

(10) 氢溴酸常山酮　鸡，以 2～3 mg/kg 混饲。

(11) 硝酸二甲硫胺　鸡，以 62 mg/kg 混饲。

(12) 莫能菌素　鸡，以 90～110 mg/kg 混饲；肉牛，以每头每天 50～360 mg 饲喂；奶牛，以每头每天 150～450 mg 饲喂。

(13) 盐霉素　鸡，以 50～70 mg/kg 混饲；猪，以 15～60 mg/kg 混饲。

(14) 马杜霉素　鸡，以 5 mg/kg 混饲。

(15) 拉沙洛西　鸡，以 75～125 mg/kg 混饲。

(16) 甲基盐霉素　鸡，以 57～72 mg/kg 混饲。

(17) 甲基盐霉素、尼卡巴嗪（1∶1）二合剂　鸡，以 50～90 mg/kg 混饲。

二、抗锥虫药

我国家畜锥虫病主要是马媾疫锥虫和伊氏锥虫。前者为马媾疫致病原，后者为牛、马、骆驼锥虫病致病原。锥虫为吸血性原虫。消除锥虫病源的危害，首先要消灭昆虫的中间传播。此外，应及时应用药物对因治疗。常用的抗锥虫药有喹嘧胺、新胂凡纳明、舒拉明等，还有三氮脒，将在抗血孢子虫药部分叙述。

喹嘧胺 Quinapyramine

本品又称喹匹拉明或安锥赛，常用其甲基硫酸盐和氯化盐两种。前者易溶于水，后者难溶于水。肌内注射或皮下给药时，氯化喹嘧胺吸收较缓慢，作用持久，常用做预防药物。甲基硫酸喹嘧胺有易吸收，作用快的特点。

喹嘧胺抗锥虫作用主要是抑制虫体代谢，影响虫体细胞分裂。可用于马、骆驼、牛伊氏锥虫和马媾疫锥虫感染的治疗。

氯化喹嘧胺与甲基硫酸喹嘧胺（4∶3）配合应用，预防效果极佳，治疗有效期，马近 3 个月，骆驼可达半年。

皮下或肌内注射治疗剂量的喹嘧胺，作用安全，无副作用。过量时动物有不安、流涎、出汗等现象。马较牛敏感，用时应予注意。

新胂凡纳明 Neoarsphenamine

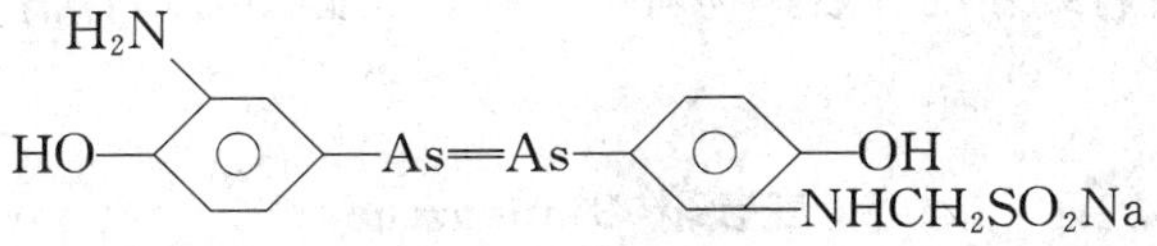

新胂凡纳明为有机砷化合物，化学稳定性差，多置于充氮的玻瓶内储存。易溶于水，也易氧化，氧化后色泽转深，毒性增强。临用时应新鲜配制。

本品对马媾疫锥虫和伊氏锥虫有效，其作用机理是，本品在动物体内氧化成氧苯胂，后者抑制虫体内巯基酶的活性，干扰虫体代谢，导致虫体死亡。本品适用早期治疗，晚期疗效较差。

本品毒性大，刺激性强，仅能静脉注射给药。注射速度过快，用量过大，肝或肾功能不良易引起动物不安、出汗、肌颤、呼吸迫促。轻者能自愈，严重时可用静脉注射二巯丙醇及硫代硫酸钠等解救。

舒拉明 Suramin

本品又称那加宁或萘磺苯酰脲，常用其钠盐，易溶于水，不稳定。用时应新鲜配制。

舒拉明为杀锥虫药。药物进入血液后，与血浆蛋白牢固结合，因而作用持久，甚至可持效1～2个月。本品既是治疗药物，又是预防药物。

本品在机体内能抑制虫体代谢，阻止虫体分裂，并导致虫体溶解、死亡。可用于马、牛、骆驼伊氏锥虫病和马媾疫。

本品毒性大，安全范围小，马较敏感，骆驼耐受性大。毒性反应主要是肝、肾和脾等损害，严重时可出现中枢性运动失调及痉挛。马出现副反应多是荨麻疹、体温升高、食欲下降、精神萎糜等。牛可有呼吸困难、流涎、喘气、步行困难等。骆驼反应少见。及时补充钙制剂可以解除或缓解这些副作用。

制剂与用法

(1) 甲基硫酸喹嘧胺　皮下及肌内注射：马、牛、骆驼5 mg/kg，配制成10%溶液，分3～4点注射。

(2) 喹嘧胺注射剂（甲基硫酸喹嘧胺3份与氯化喹嘧胺2份配制成16.6%注射液）　皮下注射：马、牛、骆驼0.025 ml/kg，2～3个月注射1次。母马于配种前18日注射1次。

(3) 舒拉明　静脉注射：马10～15 mg/kg；牛15～20 mg/kg；骆驼20～30 mg/kg，静脉注射时用生理盐水或葡萄糖氯化钠液配成10%注射液，也可加入500 ml糖盐水中，加入10%氯化钙注射液100 ml，10%安那咖注射液30 ml，进行静脉滴注。

(4) 新胂凡纳明　静脉注射：马10～15 mg/kg（极量6 g），牛、羊10 mg/kg（极量牛4 g，羊0.5 g）；兔40～60 mg/kg，鸡30～50 mg/kg，临用量以生理盐水或5%葡萄糖注射液等溶解，配成5%～10%注射液。配制时不宜加热或用力振荡。

三、抗血孢子虫病

血孢子虫病为蜱传播的寄生于家畜红细胞内，破坏红细胞的原虫性传染病。这类疾病分布极广，我国南方或北方都有发生。发病时，家畜表现体温升高、贫血、黄疸、消瘦、衰弱、甚至死亡。防治本类疾病既要用有效药物对因治疗，又必须有结合消灭中间宿主——蜱的措施，方才有卓著的效果。

三氮脒 Diminazene

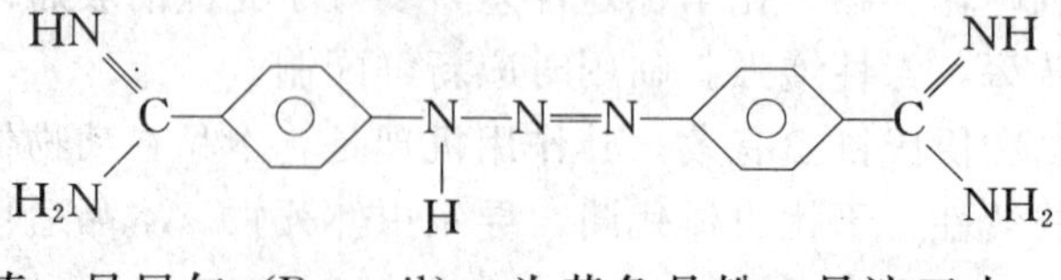

本品又称二脒那嗪、贝尼尔（Berenil），为黄色晶粉，易溶于水。

本品对家畜血孢子虫有明显的杀灭作用。故用于马焦虫、牛的双芽焦虫、巴贝斯焦虫、柯契卡巴贝斯焦虫等感染的治疗，其效果较好，对轻症病例效果更佳。轻症病例一次用药即可使虫体驱尽，重症病例即使增加剂量，疗效也差。

本品还可用于治疗锥虫病，对马媾疫疗效较好，对牛伊氏锥虫病疗效较差。由于骆驼对本品敏感，因而不适用于骆驼锥虫病治疗。

三氮脒对家畜血孢子虫病，既有治疗作用，又有一定预防作用。剂量不足时也易产生耐药性。

三氮脒有轻度刺激性，羊反应较强。过量时，牛起卧不安、心跳加快、肌颤、流涎。水牛又较黄牛敏感，应使用小剂量。马治疗量可见有出汗、流涎、腹痛等反应。

喹啉脲 Quinurone

本品又称阿卡普林或抗焦虫素，常用硫酸盐，为淡黄绿色或黄色粉末，易溶于水。

本品对马、羊、猪、犬的焦虫病，牛的双芽焦虫病、巴贝斯焦虫病、柯契卡巴贝斯焦虫病有效。早期一次给药显效，间隔 24 h，再次给药效果更好。而对牛瑟氏泰勒焦虫病和环形泰勒焦虫病效果极差，远不如三氮脒。

本品毒性大。治疗剂量时，各动物会出现神经兴奋、不安、流涎、出汗、呼吸困难、频繁排粪等症状。羊耐受性较强，牛的副作用明显。为减轻副反应症状，可用小剂量阿托品解毒，但不影响药物杀虫作用。

吖啶黄 Acriflavine

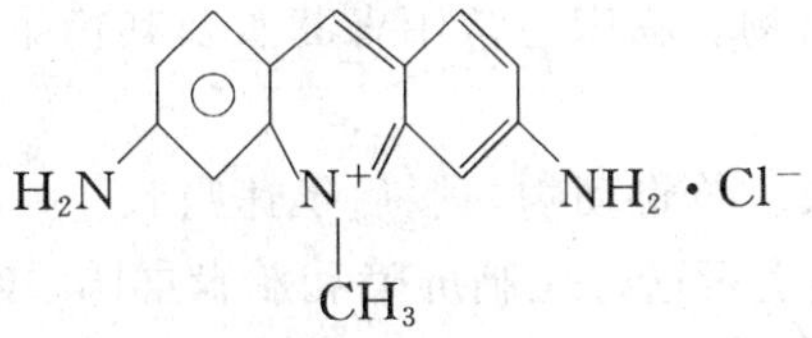

本品又称黄色素或锥黄素，为吖啶染料的衍生物，易溶于水，水溶液不稳定。

该药物是治疗牛、马巴贝斯焦虫感染的选用药物。一次给药可使动物体温下降，虫体从血中消失。此外，本品还可抗革兰氏阳性菌感染，为较强的抗菌药物。

本品毒性大，注射宜慢，过快或浓度过高均可引起动物不安、心跳加快、呼吸迫促。本品刺激性强，静脉注射时切勿漏出血管外，以免引起局部炎症或坏死。

咪多卡 Imidocarb

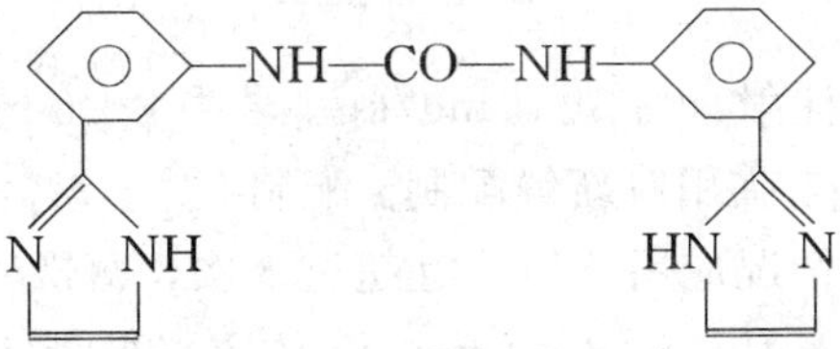

本品又称咪唑苯脲，常用其二盐酸盐和丙二酸盐两种，均易溶于水。

【体内过程】

羊以 2 mg/kg 静脉注射后，瞬时血药浓度为 10.8 μg/ml，1 h 内降至 1.9 μg/ml；以 4.5 mg/kg 肌内注射后 4 h 内，平均血药浓度为 7.9 μg/ml，血浆蛋白结合率为 20.7%～53.3%。药物排泄慢，肌内注射后 24 h 内仅排出给药量的 11%～17%，胆汁和乳汁也是排泄途径。

【作用与临床应用】

本品为新型抗血孢子虫药，对焦虫病有治疗和预防作用。其作用机理尚不完全清楚，可能与通过作用于虫体干扰虫体糖代谢和DNA合成有关。临床上主要用于治疗和预防牛、羊双芽焦虫、巴贝斯焦虫等所致的疾病。一次用药后牛可维持药效达1个月。

【不良反应】

本品有一定毒性，治疗量时有时可出现胆碱酯酶的抑制效应（流涎、兴奋、腹痛等），皮下或肌内注射剂量达5 mg/kg以上时，会引起动物死亡。休药期28天。

青蒿素 Artemisinin

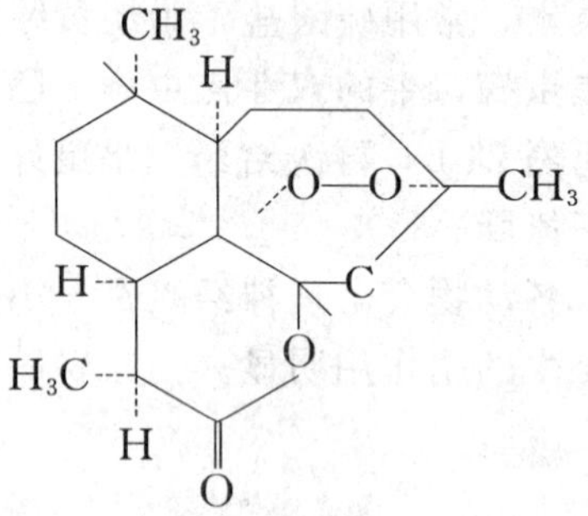

青蒿素是我国于20世纪70年代从青蒿类草本植物（Artemisa annua）中提取的一种能在虫体膜上浓集过氧化物质的药物。临床上常用青蒿素及其衍生物青蒿素琥珀酯、青蒿醚。

【体内过程】

青蒿素吸收迅速，代谢快。单胃动物内服后迅速吸收，0.5～1 h达高峰血药浓度。组织分布广，以胆汁浓度为最高，也可通过血脑屏障和胎盘屏障。经肝内迅速代谢，由肾脏排出。青蒿素琥珀酯在牛体内的药代动力学研究表明，消除半衰期为0.5 h，表观分布容积为0.9～1.1 L/kg，部分青蒿素琥珀酯可代谢为活性代谢物双氢青蒿素。

【作用与临床应用】

人医临床证明，青蒿素对疟原虫在红细胞内的裂殖体有强大的杀灭作用。其作用机理可能是通过干扰蛋白质的合成，引起细胞器的形态和功能损伤而产生杀疟原虫作用的。近年来青蒿素也开始应用于兽医临床，主要用于治疗牛、羊泰勒焦虫病及双芽焦虫病。

制剂与用法

（1）三氮脒粉针　肌内注射：马3～4 mg/kg，乳牛2～5 mg/kg，黄牛3～7 mg/kg；水牛6 mg/kg，羊3～5 mg/kg。临用时新鲜配制。配制5%～7%注射液作深部肌内注射。牛仅注射1次，其它动物可根据情况应用，但不宜超过3次，每次间隔24小时后给药为好。

（2）吖啶黄　静脉注射：马、牛3～4 mg/kg体重（极量2 g），羊3 mg/kg体重（极量0.5 g）。临用配制，注射液浓度为0.5%～1%。

（3）硫酸喹啉脲注射液　皮下注射：马0.6～1 mg/kg体重，牛1 mg/kg体重，猪、羊2 mg/kg体重，犬0.25 mg/kg体重。

（4）咪多卡　皮下或肌内注射：牛1～2 mg/kg；马、犬2～4 mg/kg，1日1次，必要时可连续应用2～3日。本品的丙二酸盐多配成10%注射液，二盐酸盐多配成4.5%注射液应用。

（5）青蒿素混悬液　肌内注射：牛 5 mg/kg，1 日 2 次，连用 2～4 日。

（6）青蒿素琥珀酯片　内服：牛 5 mg/kg，首次量加倍，1 日 2 次，连用 2～4 日。

四、抗滴虫药及抗其它原虫药

本节抗滴虫药是指抗毛滴虫与组织滴虫药，抗其它原虫药是指抗鸡住白细胞虫药。本类药物同时对禽类疟原虫病有效。

甲硝唑 Metronidazole

本品对人的蓝氏贾第鞭毛虫病、阴道滴虫和口腔滴虫、肝脏和肠道阿米巴原虫病有效。在兽医临床上主要用于牛毛滴虫病、犬贾滴虫病、鸽子毛滴虫病及阿米巴原虫性痢疾。本品对蠕形螨感染有效且疗效极佳，对兔球虫也有疗效。

本品用于治疗应配成 0.05%水溶液替代饮水，连用 7 天为一疗程，停药 3 天后再饮一疗程，效果较佳。

地美硝唑 Dimetridzole

本品又称二甲硝咪唑，其抗组织滴虫、纤毛虫及阿米巴原虫的疗效与甲硝唑相近。在兽医临床上也多用于火鸡、鸽、鹅、鸭、雉、珍珠鸡和鹌鹑等禽类的组织滴虫病和六鞭毛虫病。本品可与抗球虫药、抗生素等配伍，达到抗病促进增重的作用。

本品临床应用剂量与甲硝唑相近，毒性与不良反应也相近，但水禽较敏感，应用时应严格掌握剂量（每千克体重不能超过 10 mg）。

磺胺甲氧吡嗪 Sulfamethoxypyridazine

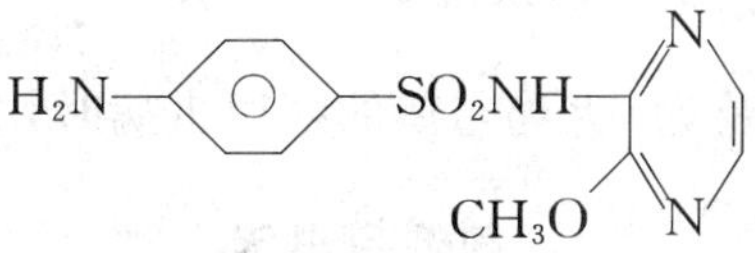

本品（SMP）为白色或淡黄色结晶体，无臭，微苦味，遇光易变黄色或棕黄色，易溶于碱性溶液。

本品口服易吸收，但体内消除缓慢，乙酰化率低，蛋白结合率较高，药效持续时间较长。本品具有抗菌活性，对链球菌、葡萄球菌及大肠杆菌引起的感染有效，但作用不及磺胺嘧啶。本品抗菌机理与其它磺胺药一致，也可与 TMP 增效剂配伍应用以增强疗效。

本品在兽医临床上对禽住白细胞虫及疟原虫病均有效。

对鸡住白细胞虫病治疗时，应用其复方制剂，如与增效剂（TMP）或 1～2 种磺胺药混合配伍疗效较佳，可明显减少药物的不良反应。

乙胺嘧啶 Pyrimethamine

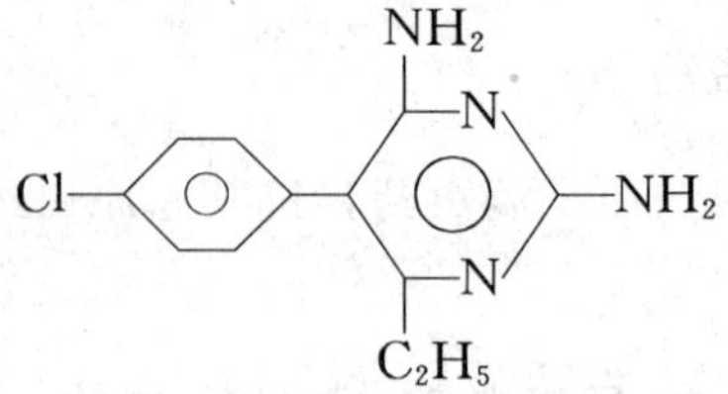

本品为医学上预防疟疾的首选药。本品为白色结晶性粉末，口服易吸收，血浆半衰期长，体内分布广，体内代谢过程缓慢，持效时间长。

本品抗疟原虫活性较低，易产生耐药性，多数与磺胺类合用效果更好，并能减少本品的毒性反应。

本品对虫体的二氢叶酸还原酶有抑制作用，导致四氢叶酸合成抑制，使虫体细胞核分裂受阻。由于它仅作用于叶酸代谢中的一个环节，因而虫体对它易产生耐药性。与磺胺药等配伍可对疟原虫代谢通路产生双重阻断作用而获得协同效果，并能减少耐药性与毒副反应的产生。

兽医临床上，本品对鸡住白细胞虫及鸡、火鸡的疟原虫病有治疗作用。

本品对禽类毒性反应较大，现已被 TMP 或 DVD 等增效剂所替代。

呋喃唑酮 Furazolidone

本品用于治疗禽住白细胞虫病，其混饲浓度为每吨饲料添加 100 g；抗组织滴虫感染，每吨饲料预防用 200 g，治疗用 400 g，连续饲喂时间 5～7 天。

氯羟吡啶 Clopidol

本品用于鸡住白细胞虫病及鸡、火鸡与鹅的疟原虫病时，每吨饲料添加 250 g，连用 7 天。

制剂与用法

（1）甲硝唑粉　混饮：鸡、鸽等 500 mg/L 水，连饮 7 天，停药 3 天，再饮 7 天。

（2）甲硝唑粉　混饲：火鸡、鸡每吨饲料预防 200 g，治疗 400 g，连续 1 周。

（3）地美硝唑粉　混饲：治疗鸽子毛滴虫 500 mg/L 水，连饮 7 天。

（4）地美硝唑粉　水禽 5～10 mg/kg，其它禽鸟 40～50 mg/kg，连用 3～6 天，以后续用应减为 20～25 mg/kg，连续用 15 天。

（5）地美硝唑粉　添加剂：每吨饲料猪 200～500 g；鸡（禽）80～500 g。连续用 7～10 天。

（6）乙胺嘧啶粉　混饲：每吨饲料 1 g。

（7）磺胺甲氧吡嗪　混饲：每吨饲料 200～400 g，连续 3～5 天。

（8）呋喃唑酮粉　混饲：每吨饲料：治疗组织滴虫 400 g；治疗鸡住白细胞原虫 100 g。

（9）氯羟吡啶　治疗鸡住白细胞原虫，每吨饲料 250 g，连用 7 天。

第四十章　杀虫药及杀鼠药

一、杀虫药

畜禽体外寄生虫主要有苍蝇、蚋、蚊、蜱、蝇蛆、虻、蠓、虱、蚤等。由这些体外寄生虫所引起的疾病，不仅给畜禽造成严重的危害，可使畜禽体重减轻，饲料报酬下降，毛、皮质量受影响，甚至贫血和死亡，而且还可以成为严重传染病和侵袭病的传播者。

杀虫药又称除虫药，是指具有杀灭畜禽体外寄生虫作用的药物。它可分为有机氯制剂、有机磷制剂、氨基甲酸酯类和拟除虫菊酯类等。

（一）有机氯制剂

有机氯制剂通常是指六六六（六氯苯，六氯环已烷）和滴滴涕（氯苯乙烷，二二三）。

滴滴涕与六六六为接触毒兼胃毒的杀虫剂，主要侵害寄生昆虫的神经系统，先引起兴奋，后麻痹死亡。对成虫效果好，对虫卵无效。与下述杀虫剂相比，其作用慢，杀虫范围较小，作用弱，作用持效时间较长，毒性较小。可用于杀灭蜱、虱、虻、蚋、蚊、蝇等吸血昆虫，但蜱对本品有抵抗力。

二者对人和畜有一定毒性，污染环境，能长期残存毒力，影响畜产品质量，现已禁用。而下述几种有机氯杀虫剂仍在使用。

三氯杀虫酯 Acetofenate

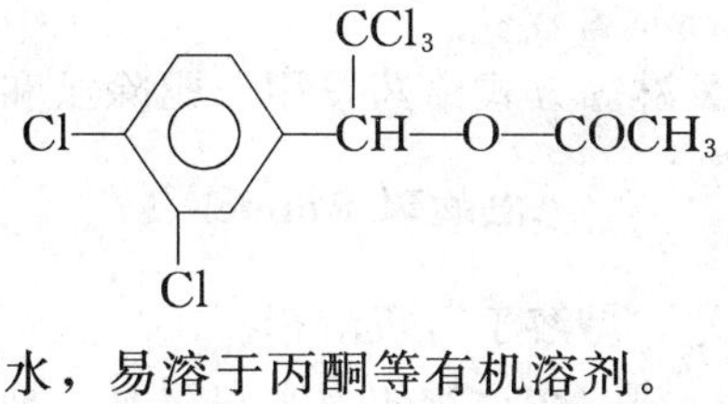

本品为白色晶体，不溶于水，易溶于丙酮等有机溶剂。

该药为滴滴涕的类似物，具有高效、低毒、易降解的特点，为六六六或滴滴涕的替代品，对蚊、蝇有拟除虫菊酯的速效功能，可用于对有机氯或有机磷有耐药性的蚊蝇的驱杀作用。

常用25%乳剂稀释后喷洒（2 g/m^2）厩舍，1%乳剂喷洒体表。也可与敌敌畏或胺菊酯等配伍做气雾喷洒。

氯苯甲脒 Chlorophenamidine

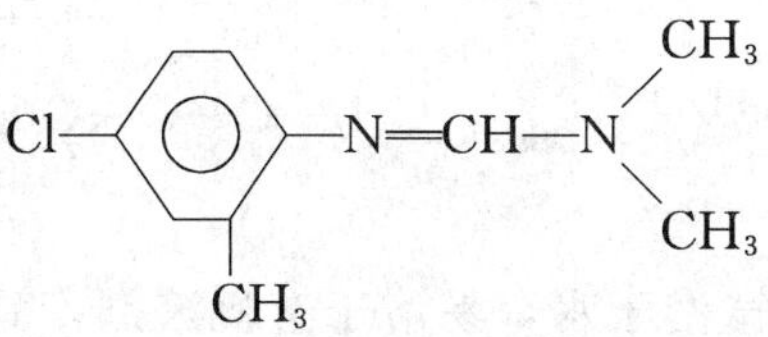

本品又称杀虫脒，为白色针状结晶，易溶于水和乙醇，难溶于有机溶剂。

该药能防治家畜各种螨病，且有杀螨卵及幼虫的作用。它有高效、低毒，残效长等优点，为取代六六六的良好药物。对家畜有轻度毒副作用，主要表现为兴奋不安，呼吸困难，肌肉震颤或痉挛，停止接触后经短时间休息，症状逐渐消失而恢复正常。进入体内的氨苯甲脒很快被代谢经尿排出，无明显蓄积作用。

常用0.1%～0.2%溶液或乳剂，外用喷洒或涂布或药浴。

（二）有机磷制剂

有机磷杀虫剂是一种杀虫效力高，体内消除快，对环境和机体危害小的杀虫剂。尽管有机磷杀虫剂种类多，但其作用机理都是使昆虫体内胆碱酯酶磷酰化，产生无活性胆碱酯酶，使虫体内乙酰胆碱蓄积，引起虫体中毒而死亡。

有机磷杀虫剂对畜禽动物也有很强的毒性，使用不当或剂量过大，易使动物机体产生明显中毒。其中毒毒理、症状和解救均可见驱线虫药和其它有关章节。

常用的有机磷杀虫剂，除在驱线虫药中介绍的敌百虫、敌敌畏、库马磷等之外，另有倍硫磷、皮蝇磷、马拉硫磷等。

倍硫磷 Fenthion

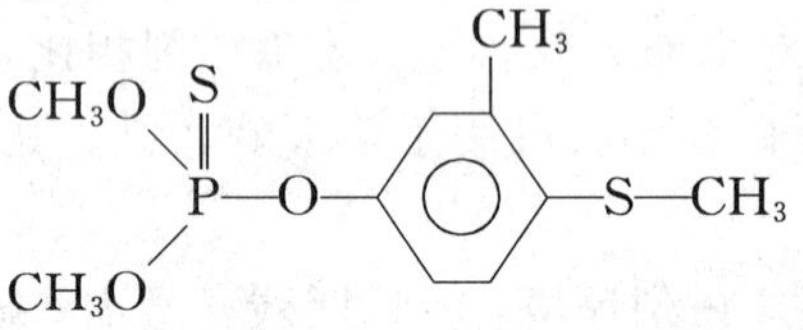

本品又称百治屠，为黄色澄明油状液体，可溶于植物油或其它有机溶剂，水中微溶。

本品为低毒的有机磷杀虫剂，可通过接触毒和胃毒的作用方式，进入虫体，杀灭宿主体外寄生虫，如牛皮蝇幼虫、虱、蝇等。本品为杀灭牛皮蝇幼虫的特效药。尤其对早龄幼虫的杀灭作用明显。

本药可肌内注射或饮水或泼淋等方式给药，用于驱除虱和蝇类时可用喷雾。

皮蝇磷 Ronnel

本品为白色粉末，水溶性差，易溶于有机溶剂。

本品是接触性和全身性杀虫剂，在动物体内水解缓慢，抑制胆碱酯酶的能力也弱，对动物低毒。主要用于防治牛皮蝇幼虫病，对室内苍蝇、蚊、臭虫及蜱等均有效。

本品在宿主体内残留期长，在卵或乳中残留期可达10天以上。

马拉硫磷 Malathion

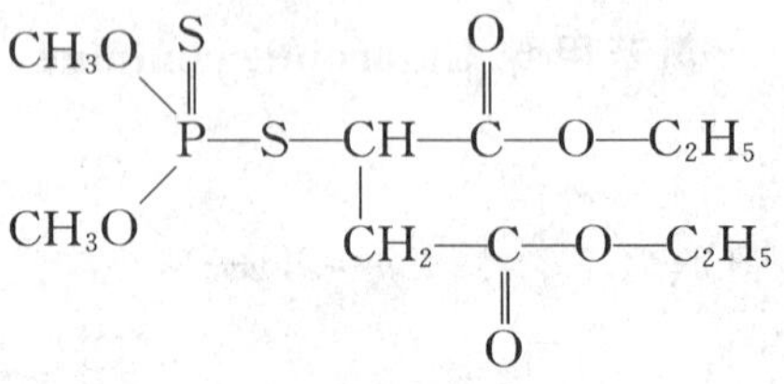

本品为浅黄色油状液体，微溶于水，易溶于有机溶剂，具有蒜臭味，遇碱或酸易分解。

本品具有广谱杀虫剂的特点，且低毒。对人、畜比较安全。本品最适宜于超低容量喷雾杀虫。缺点是残效期短，对蜜蜂，鱼类有毒性。临床上可用于畜禽舍、放牧草地驱杀害虫。

为增加药物稳定性，去除蒜臭味，可向 50%乳剂中加入总体积 1%的过氧化苯甲酰［$(C_6H_5CO_2)_2O_2$)］，振荡、溶解后除臭。本品与西维因、敌敌畏、杀螟松等混合应用，可增强疗效。

二嗪农 Dimpylate

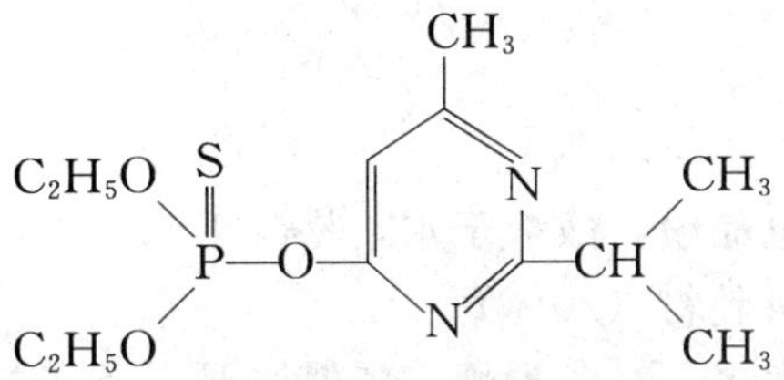

本品又称敌匹硫磷，为无色油状液体，在室温下溶于水（4 mg/L），能溶于多数有机溶剂。工业品纯度在 90%以上，呈淡棕色液体。在水或稀酸中逐渐分解，在稀碱中较稳定。

本品具有广谱杀虫作用，可具有触杀、胃毒及熏蒸作用，通过抑制虫体的胆碱酯酶达到杀灭作用，是一种良好的杀虫剂与杀螨剂。为危害牛、羊、猪等动物的虱子、蜱、疥螨、牛皮蝇的有效杀虫剂。本品使用安全，一旦有不良反应可用阿托品及解磷定预防与解救。本品与其它有机磷酸酯毒性相近，对鸡（禽）、鸟及鱼类有明显毒性。

本品制剂称“螨净”，含有效成分 25%，药浴用于驱杀动物外寄生虫。

巴胺磷 Propetamphos

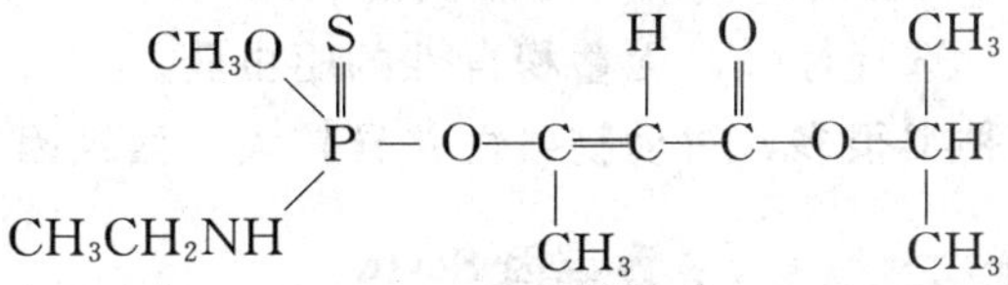

本品又称赛福丁（Safrotin），为淡黄色液体，在室温下水中溶解量为 110 ml/L。可溶于大多数有机溶剂。水溶液中半衰期 pH 值 3 时为 11 天，pH 值 7 时为 47 天，pH 值 9 时为 37 天。

本品为有效广谱杀虫剂，有触杀与胃杀功能。由于毒性小，可用于杀灭家庭害虫与卫生害虫。其作用机理与其它有机磷酸酯相似。对牛、羊、猪等动物体表寄生虫如蚊、蝇、虱、螨等等均有良好杀灭功效。

本品毒性较二嗪农稍高，中毒时解毒急救措施与之相同。鸡（禽）鸟及鱼类有明显毒性。

本品制剂含有效成分 40%。

库马磷 Coumafos

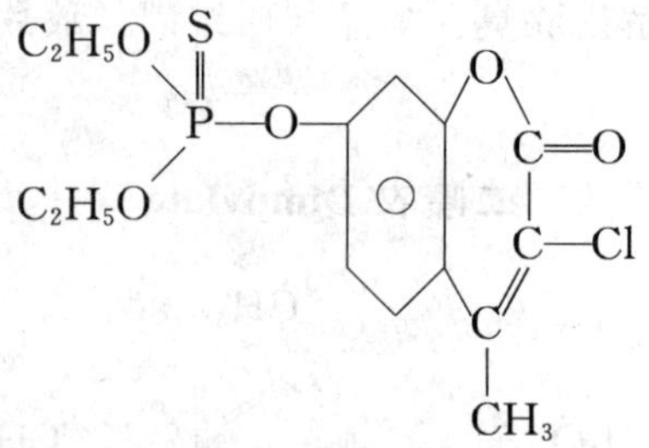

本品又称蝇毒磷，为白色晶粉，微溶于水，易溶于苯、甲苯、二甲苯溶液，国内产品有库马磷乳油（16%）与库马磷乳粉（20%）。

本品主要用于杀体外寄生虫，对各种蝇、疥螨、虱、蚤、羊虱蝇、牛皮蝇幼虫、伤口蛆及厩舍中的各种蚊蝇均有良好疗效，本品对蝇卵亦有作用，雌蜱受药物影响使卵失去活力而不育。本品可用于牛、羊胃肠道寄生线虫的驱虫。

本品内服可吸收，外用经皮肤吸收，吸收后分布于皮肤、脂肪，代谢后由尿、粪排出。

本品毒性较小，可用于鸡（0.004%）线虫、蛔虫的防治；用作肉牛或乳牛饲料添加剂(每千克体重口服 2 mg)，连用 6 天。

（三）氨基甲酸酯类衍生物

氨基甲酸酯类化合物具有杀虫作用，在于氨基甲酰化的活性基团，特别是芳香基酯类。

氨基甲酸衍生物的杀虫作用机理，在于独特地抑制胆碱酯酶的活性，固定该酶，阻止乙酰胆碱的水解。因此，本类药物的杀虫效应与有机磷酸酯制剂相同，相反，其毒性可能要低。本类药物属于高效、速效、选择性强、无蓄积毒性的驱虫药。

氨基甲酸酯类化合物种类很多，对动物毒性差异较大。西维因为其常用药之一。

西维因 Sevin

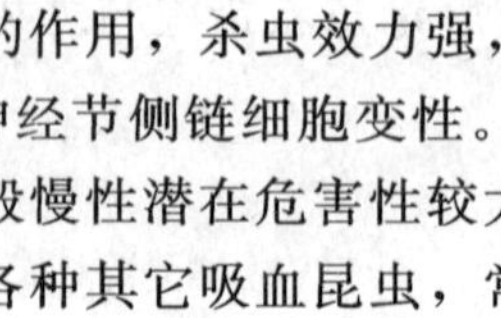

本品又称胺甲萘，为白色无臭晶粉，不溶于水，可溶于有机溶剂，遇光、热及在碱性环境中易分解。

本品对昆虫呈现接触毒和胃毒的作用，杀虫效力强，药物性质稳定。昆虫接触药物后缓缓吸收，药物进入昆虫体内后可使神经节侧链细胞变性。昆虫中毒时先兴奋及痉挛而后死亡。

本品对动物急性毒性很小，一般慢性潜在危害性较大，使用时应特别注意。

临床上主要用于驱除禽羽虱及各种其它吸血昆虫，常用于畜舍和禽舍杀灭害虫。

（四）拟除虫菊酯类

除虫菊酯为菊科植物除虫菊干燥花序的有效成分，对各种虫害有高效、速杀的作用；对人与畜安全无毒。除虫菊酯的化学性质不稳定，残效短，多数昆虫被击倒后可以复苏。人工已合成许多拟除虫菊酯药。拟除虫菊酯类药是一类高效、速效、无残毒、不污染环境、对人畜安全无毒、化学性质较稳定及残效期较长的新型杀虫剂。

现在生产和使用的种类比较多，国内较常见的有戊酸氰醚酯、溴氰菊酯和扑灭可林等。

戊酸氰醚酯 Fenvalerate

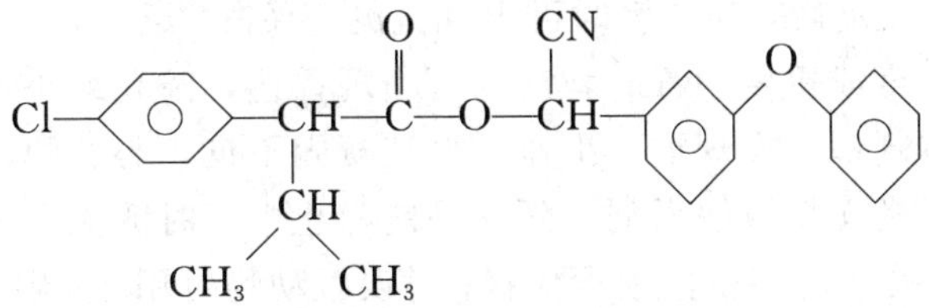

本品又称速灭杀丁（Sumicide）或氰戊菊酯，市售品含量为20%乳油。本品对热和碱不稳定。稀释时应用冷水。

【药理作用与应用】

本品为广谱杀虫剂，对多种体外寄生虫，如螨、虱、蚤、蜱、蚊、蝇、虻等均有良好防治效果，杀虫力强，疗效可靠。有害昆虫接触后药物很快进入昆虫的神经系统，中毒昆虫表现为强烈兴奋、躁动，进而很快地进入麻痹、瘫痪，使昆虫迅速被击倒而杀灭。本品作用快，对寄生于动物体表的昆虫在有效浓度下，10 min 开始中毒，15～20 min 出现死亡。其防治效果比有机磷敌百虫大50～200倍，加之它有一定的残效作用，可使虫卵孵化后再次被杀灭，一般在一次投药下即愈。

本品可用于治疗畜、禽体外寄生虫感染及环境、畜禽舍棚等灭虫。应用时既可用稀释液喷雾或涂擦，还可药浴。

【中毒与解救】

本品毒性小，一般药用稀释液不易发生中毒。

在临床上中由于使用者保管不严可发生误服或严重污染皮肤而中毒。中毒的主要症状是中枢神经和外周神经异常兴奋，乱跳，步态蹒跚，流涎，肌肉抽动，呼吸困难及强直性抽搐，严重时可导致死亡。

拟除虫菊酯中毒基本上无特效解救药，主要措施是彻底清除毒物和对症治疗。误服时可用4%碳酸氢钠洗胃，清洗皮肤或粘膜可防止再次吸收。中枢神经兴奋、抽搐、躁动等症状可用巴比妥或安定等镇静剂对抗治疗。

溴氰菊酯 Deltamethrin

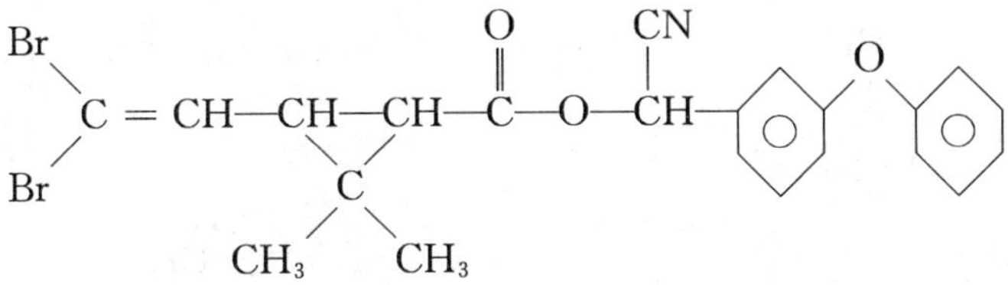

本品又称敌杀死（Decis），不溶于水，可溶于丙酮，对光稳定，挥发性低。

【药理作用与应用】

本品具有杀虫范围广，对多种有害昆虫有杀灭作用，具有杀虫效力强，低残留等优点。溴氰菊酯比有机磷有更大的脂溶性，其杀虫效力比DDT大366倍，比扑灭司林大4～5倍。该药物能直接作用于昆虫的神经系统，使昆虫兴奋、惊厥、麻痹而死亡。

本品在兽医临床上能用做蚊、蝇、蟑螂、虱、螨、蜱等的杀虫剂；也可用于环境，如畜禽棚舍杀虫。

【中毒与解救】

本品毒性小，动物误食后，症状轻时可出现流涎，兴奋，乏力，反应迟钝，瞳孔缩小，肌肉震颤，吸收困难；中度或重度中毒时，动物可出现昏迷，瞳孔缩小，对光反应消失，末梢循环衰竭，紫绀。尸体剖检时发现皮下出血，血液凝固不良，心、脾、肾肿大等。

溴氰菊酯急性中毒尚无特效解毒剂。阿托品能阻止中毒时的流涎症状，其它还应对症治疗，如可用镇静剂巴比妥措抗兴奋性中毒症状；对误服动物可用4%碳酸氢钠洗胃；皮肤接触中毒时可用肥皂水或碳酸氢钠溶液清洗；必要时可配合输液或补给维生素 B_1 或维生素C，以增强机体的解毒能力。

扑灭司林 Permethrin

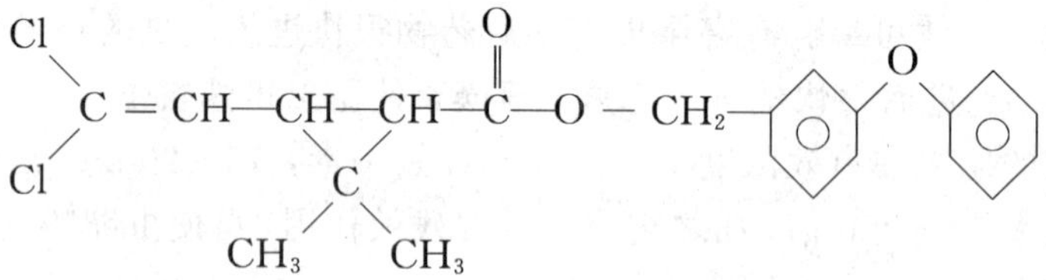

本品又称二氯苯醚菊酯、苄氯菊酯、除虫清，为浅黄色油状液体，不溶于水，能溶于乙醇、丙酮等有机溶剂。本品对光或空气稳定，残效期长，但在碱性环境中易水解。一般情况下，半衰期为10～25天。

【药理作用与应用】

扑灭司林为高效、速效、无残毒、不污染环境的广谱杀虫剂，对多种畜禽体表与环境中的害虫，如蚊、螨、蝇、蜱、虻、蟑螂等均有杀灭作用。其杀灭效力为DDT的100倍。对家禽螨的杀灭效力可维持近1个半月之久。室内灭蝇效力可持续1～3个月。马体表喷雾一次可持效2～4周。

【中毒与解救】

本品中毒的症状与上述拟除虫菊酯类药相似。其解救措施也大致相同。

（五）其它

双甲脒 Amitraz

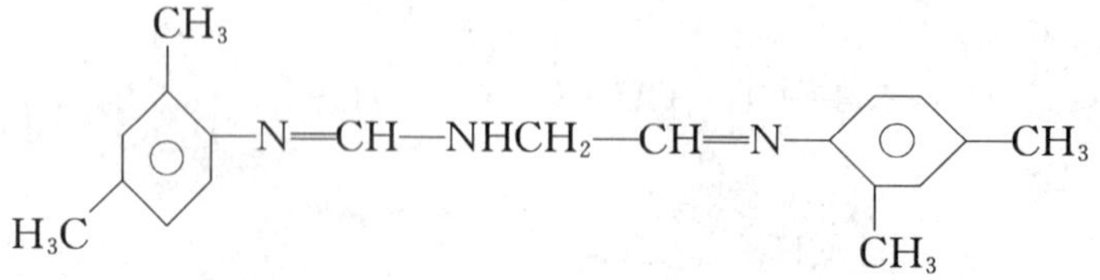

本品又称阿米曲士，为白色针状结晶，水中不溶，易溶于丙酮，在乙醇中缓缓分解。常用制剂为12.5%、20%乳油剂，呈橘黄色油状液体。

【药理作用与应用】

本品为一种接触性广谱杀虫剂，对各种螨、蜱、虱及蝇等均有效。其杀虫机理可能是干扰虫体神经系统的功能，使虫体兴奋性过度亢进，口器麻痹失去吸附能力，脱离动物体表落地，同时药物侵入雌体产卵器及卵内，使之失去发育功能。本品对牛、羊、猪等家畜体表寄生虫有极强驱杀作用。对人及家畜均安全。可用于动物体药浴、喷洒或手洒等。

本品可用于蜂螨的防治，对寄生于蜜蜂的大蜂螨或小蜂螨均有良好的杀灭功效。

【不良反应】本品对人与家畜安全，但禁用于马。

升华硫 Sulfur Sublimat

本品为黄色晶粉，不溶于水，微溶于有机溶剂。

本品对疥螨有效，其作用在于与皮肤接触后转变成硫化氢与亚硫磺酸（$H_2S_5O_6$）而呈现出杀菌（包括真菌）与灭螨之作用。主要用于家畜的疥螨与痒螨病。本品对昆虫效果不佳。

在临床上常用其软膏剂（硫磺软膏）局部涂擦或药浴（硫磺石灰合剂）。

二、杀鼠药

磷化锌 Zinc Phosphide

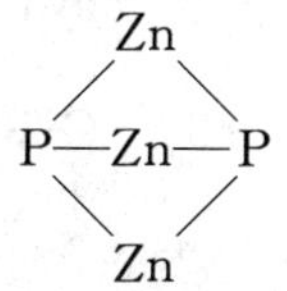

本品为灰黑色粉末，有强烈的类似大蒜的气味，不溶于水，有亲脂性。遇空气及水，可不断放出有毒的磷化氢气体，故必须密闭保存。

鼠食后在胃酸的作用下产生剧毒的磷化氢气体，吸收后作用于鼠的中枢神经系统、心血管及肝脏而致死，对鼠的毒力极强，作用且快，一般食后 24 h 内死亡。凡因食入量不足而未死亡时，鼠以后拒食，致使继续使用效果逐渐下降。

磷化锌对人、畜及禽的毒力与鼠类相近，故应加强保管。配制及使用时，操作者要带手套及口罩，不宜徒手操作，人及动物中毒时可出现呕吐、腹痛、腹泻、发绀、心动过速、全身出血、血尿、昏迷及抽搐；严重时可导致死亡。动物一旦中毒，应立即给予催吐、洗胃及导泻，并配合输液及其对症治疗。

敌鼠 Diphaeinone

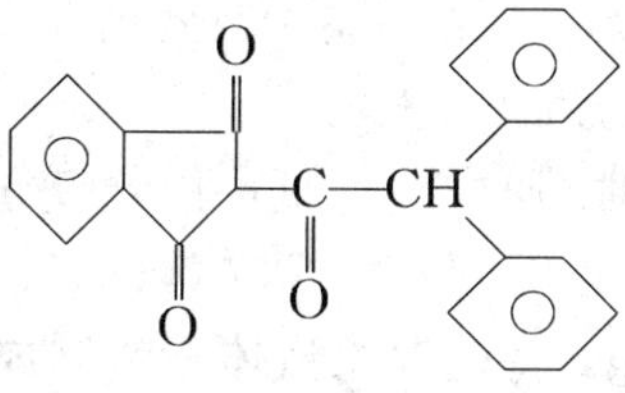

本品为黄色结晶，常用其钠盐，称为敌鼠钠。

本品为一种抗凝血型灭鼠药，鼠食后可在体内产生竞争性抑制维生素 K 的作用，使肝脏凝血酶原的合成减少，凝血机制受到破坏，血液凝固受阻，同时毛细血管壁脆性增加，致使内脏及皮下等出血不止而引起死亡。多次投药效果好，鼠类连续吃 2～3 日，过 6～8 日即死亡。本品适口性好，鼠类对该药无拒食现象。可用于住宅、仓库、车、农田、林地灭鼠。

本品对人、畜毒性较低，但操作时不宜用手直接调制毒饵，误用量大而中毒时，可见有凝血机制障碍及出血症状，应立即注射维生素 K_1 解救。

氟乙酰胺 Fluoroacetamide

$$FCH_2C(=O)NH_2$$

本品为白色结晶，易溶于水，性质稳定，不易挥发，加温也不失效。

本品是一种较强的杀鼠药物。此药主要破坏体内的三羧酸循环，使柠檬酸堆积、三磷酸腺苷（ATP）的生成受阻，致使中枢神经系统受损害引起心力衰竭或呼吸麻痹而死亡。本品作用强而快，鼠食后多死于数米之内，致死时间 1～3 h。本品适口性好，鼠类无拒食。它对人及其它动物均有剧毒，且易经皮肤、粘膜吸收，故应严密做好安全工作。

本品不宜在住宅区内使用，主要用于下水道或牧区灭鼠。在牧区草场投药时，在一个月内严格禁止放牧以免牧畜中毒死亡（人及动物中毒时的解救见第四十一章）。

安妥 Antu

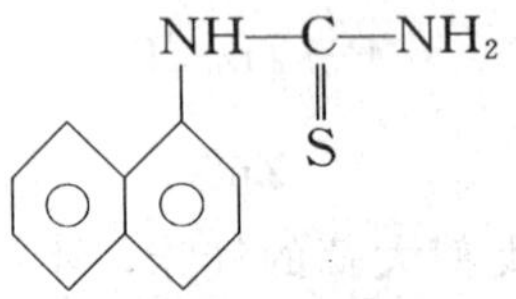

本品为灰色或灰褐色粉末，味苦，不溶于水，化学性质稳定，温度及湿度对其影响不大。

安妥对鼠类毒性大，鼠食后可引起肺毛细血管损害，导致胸膜渗出液大增，造成严重肺水肿、呼吸抑制而死亡。鼠类对本品易产生拒食和耐受性。因此，一次放药后须隔离数周以后再投放，或用其它灭鼠药替换使用。本品目前少用。

本品对人及其它动物毒性较小，误食量过大时也可中毒。中毒时应立即用 0.5%高锰酸钾溶液洗胃，或导泻及对症治疗。

制剂与用法

（1）三氯杀虫酯　常用制剂为 25%乳油，稀释成 1%乳剂后喷洒，可速杀灭蚊，蝇及动物体表寄生虫。厩舍墙棚每平米约 200 ml。

（2）氯苯甲脒　制剂有 25%及 50%溶液，50%乳剂及 20%粉剂。用水稀释 0.1%～0.2%溶液及乳剂，外用喷洒、涂布或药浴。

（3）倍硫磷　制剂有 50%乳油。肌内注射量：牛 5～7 mg/kg；间隔 3 个月后再用药 1 次；内服量：牛 1 mg/kg，1 日 1 次，连用 6 日，或按 0.001%～0.0015%混入水中给药，连用 6 日；背部泼淋时，牛 5～10 mg/kg，将药混入液体石蜡制成 1%～2%溶液应用；外用 0.25%乳剂喷洒，灭虱可用 0.025%～0.1%乳剂。

（4）皮蝇磷　常用制剂为 24%乳剂，25%可湿性粉剂。内服量：牛 0.1 g/kg，1 次内服，或每日内服 15～25 mg/kg，连用 6～7 日，羊 0.1 g/kg。

（5）马拉硫磷　常用 50%乳油或 3%粉剂。稻田、池塘灭蚊量：50～100 ml/亩（超低容量喷雾）；草地灭蝇、蚊、蜱螨量：0.4～0.8 ml/m^2，或粉剂喷洒 50～100 g/m^2；家禽灭虱、蝇等喷洒 1.25%乳剂或 3%粉剂，驱除外寄生虫。

(6) 西维因　常用25%或5%粉剂。灭虱、蝇、蚊、臭虫，室内量：5%粉剂1 g/m²，室外量：5%粉剂2 g/m²，25%应稀释后用。

(7) 戊酸氰醚酯　常用制剂20%乳剂，药浴、喷雾或涂擦。马、牛螨病0.02%，猪、羊、犬、兔、鸡螨病0.02%～0.08%，鸡、牛、猪、犬及兔虱病0.0005%，杀蚤、蚊、蝇及牛虻0.004%～0.008%，鸡舍灭虫用乳剂0.03～0.05 ml/m³，喷雾后密闭4 h。

(8) 溴氰菊酯　常用制剂2.5%乳剂或5%可湿性粉剂。杀灭蜱、螨0.01%～0.0125%，治兔癣0.02%，鸡虱、螨0.005%～0.010%，鸡栖架，产卵箱0.005%喷雾。驱杀蝇、蚊0.01%药液，每平方米喷雾50 ml，密闭4～6 h，喷药时应防止动物舔食药液。

(9) 扑灭司林　常用制剂10%乳剂。杀牛蜱0.025%乳剂喷洒体表，灭羊虱、螨0.02%乳剂药浴，杀灭马、牛蝇0.1%乳剂喷雾。持效时间1～4周，室内灭蝇用10%乳剂喷雾，用量25～125 ml/m²，持效时间可达4～12周。

(10) 磷化锌　用与脂肪食物混合制成毒饵，其混入浓度为2%～5%，野外毒鼠毒饵混入量10%～20%。毒饵宜新鲜配制。

(11) 氟乙酰胺　与麦类或青稞制成毒饵，混入药量为0.2%；也可用0.2%毒液喷洒牧草。喷洒药液后一个月内禁止放牧。

(12) 敌鼠　与面粉、玉米面等制成毒饵，混入浓度为0.05%；或与糖配成0.025%毒液。

(13) 安妥　与饲料或其它食物配制成2%～3%毒饵，在牧区草原可配成20%毒饵使用。

第四十一章　解 毒 药

在广义上讲，凡能消除动物体内毒性作用的药物均称为解毒药（Antidotes）。按兽医临床应用，解毒药可分为一般性解毒药和特异性解毒药。一般性解毒药对毒物无特异性拮抗作用，但它们能通过生理或药物理化作用来减少或消除毒物在肠道中吸收或加速体内毒物的消除，减轻中毒的程度，或不发生中毒；特异性解毒药是一类具有高度专属性解除毒性作用的药物，毒物吸收入血液后，应用这类药物可以收到特异性解毒效果。

一、一般性解毒药

催吐剂　在毒物被胃肠道吸收前，应用催吐剂引起呕吐，排空胃内容物，防止中毒或减轻中毒症状。但当中毒症状十分明显时，使用催吐剂意义不大。常用催吐剂有：0.5%～1%硫酸铜溶液，有条件时可应用吐根碱或阿扑吗啡。但对不具备呕吐功能的动物如禽，可将嗉囊内毒物摘取。反刍动物等可用洗胃或瘤胃内摘除毒物。

保护剂　是指分子量大，不具备药理作用，溶于水呈现胶状溶液如米汤、牛奶、豆浆、淀粉浆或蛋清的一类物质。这类物质在胃肠道内附着粘膜上，保护粘膜不受毒物刺激，且能干扰毒物吸收，但因其作用有限，仅是综合措施中一种辅助方法。

吸附剂　为一些不溶于水而性质稳定的细微粉末状物质，表面积很大，具有很大吸附力以吸附毒物，阻止毒物从胃肠道吸收。常用的有活性炭、白陶土等，安全性大，效果可靠。

沉淀剂　为一些能与毒物产生沉淀反应而阻止毒物吸收的物质。常用有鞣酸（2%～4%）溶液和浓茶。这些对多数生物碱如士的宁、奎宁等及重金属盐有一定效果。

氧化剂　高锰酸钾为常用药，以氧化有机毒物而获解毒效果。它对阿片碱、士的宁、毒扁豆碱、奎宁等生物碱，以及氰化物、磷化物均有氧化作用而使其失去毒性，但对阿托品、可卡因等中毒无效；对农药1059（甲基对硫磷）和1605（对硫磷）等硫磷类中毒，因氧化为毒性更大的对氧磷类，应禁用本品。高锰酸钾作为氧化剂使用后自身被还原为二氧化锰，且与蛋白质结合成蛋白盐类的复合物，因此在低浓度时有收敛作用，高浓度则可产生刺激及腐蚀作用。临床用于洗胃时，通常应用浓度为1∶5 000。

泻下剂　通过导泻促进肠道内的毒物排出体外，减轻中毒。这些药可口服或导胃管注入。兽医临床常用药物有硫酸镁或硫酸钠等盐类泻药。其常用溶液浓度为2%～4%。使用时应让动物充分饮水或灌服适量的水，以防止脱水。

利尿剂　通常选用速尿或利尿酸加速毒物从体内血液中经肾排出。该两药的利尿作用强且作用快，使用方便。既可口服也可静脉注射，是极为实用的急性中毒解救剂。为增强安全性，必要时应以小量重复给药，或静脉滴注。弱酸性药物如水杨酸盐或巴比妥类等中毒时，为促进毒物自血液中排泄，应碱化尿液，促进毒物解离，防止其在肾小管重吸收，从而使尿内排泄增加。应用两药后，尿液碱化可收到同等效果。

拮抗剂　通过药理性拮抗作用，消除或降低毒物的毒性，使已遭破坏的生理功能恢复正常。这种解毒剂可称对症解毒剂。其针对危害生命的重要症状进行治疗，如呼吸兴奋药、升压药等。如不予及时纠正症状，即可有致死的危险。

二、特异性解毒药

特异性解毒药是针对毒物中毒的病因，消除毒物在体内的毒性作用的药物。借助药物高度专属药理性能，拮抗毒物的作用，对临床抢救急性中毒病例具有特殊重要的意义。

（一）金属及类金属中毒的解毒药

动物的金属及类金属中毒是指由金属的铅、铜、锑、钴、镉、镁、铁、钼、铊、锌、锡等与类金属砷、磷、汞等引起的中毒。这些毒物可经口、呼吸道和皮肤等途径侵入动物体内产生毒性反应。它们多数被吸收，能与细胞酶系统中有活性的基团结合，如氧化还原酶中的巯基（—SH）相结合，抑制酶的活性。临床上可表现出各种症状，严重时可导致死亡。

目前可作为金属及类金属中毒的特异性解毒药仅有少数，且都是这些金属或类金属的络合剂。药物进入体内后，能与这些有毒元素的离子螯合，形成可溶性无毒或低毒的螯合物，经肾脏排出，缓和或解除中毒症状，发挥特异解毒药物的作用。这类药物有含巯基的解毒剂及金属络合解毒剂。

二巯丙醇 Dimercaprol

$$\begin{array}{l} H_2C\text{—}CH\text{—}CH_2\text{—}OH \\ \quad\;\, | \qquad\; | \\ \;\; SH \;\; SH \end{array}$$

本品为无色或近无色油状液体，易溶于水，但不稳定。常制成10%油状溶液（其含有9.6%苯甲酸苄酯）。

【作用与应用】

本品上有两个巯基，以其巯基为砷及汞中毒的特异解毒剂，也可用于铋、铬及镍中毒的解救。但对镉和锑中毒解救的效果不可靠，对铅中毒无效。

本品进入体内后，其一，与游离的上述金属离子结合，形成无毒的可溶性螯合物，迅速从肾脏排出，防止酶系内巯基中毒；其二，由于该药物与金属或类金属离子的亲和力要比酶与金属或类金属的离子亲和力大，因此该药进入体内后能夺取已结合在酶上的金属或类金属离子，使酶复活。但本品与金属离子结合后，仍有一定程度的解离。被解离的和尚未结合而游离的二巯丙醇，在体内也可很快被氧化失效，被解离下的金属离子仍有毒性。因此，在治疗过程中应反复给予注射。此外，对与金离子结合过久的巯基酶，不易为二巯丙醇所解除，故应及早给药。

本品以肌内注射给药，在0.5 h内可达血中最高浓度，其半衰期甚短，可在4 h内完全消除并从尿中排出。

【不良反应】

二巯丙醇对一些含金属元素的酶（过氧化氢酶，碳酸酐酶及过氧化物酶等）活性有直接抑制作用。故作为解毒剂的用量应严格掌握。过量时，可使中枢神经系统和循环系统功能紊乱，出现呕吐，中枢性痉挛，血压升高，最后陷于昏迷、抽搐而致死。

一般常用剂量，肌内注射，每千克体重为2～3 mg，以不超过5 mg为安全。

二巯丙磺钠 Sodium Dimercaptopropanesul fonate

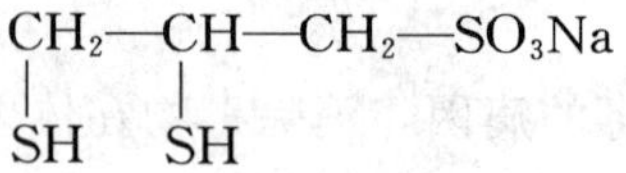

本品为白色晶粉，易溶于水，可供肌内注射或静脉注射。

本品作用原理与二巯丙醇相同，常用于砷、汞中毒的解毒，对铅的结合较依地酸钙二钠差，对镉的解毒作用与二巯丙醇相似。

与二巯丙醇相比，毒性小，作用强，其它作用相似。

二巯丁二钠 Sodium Dimercaptosuccinate

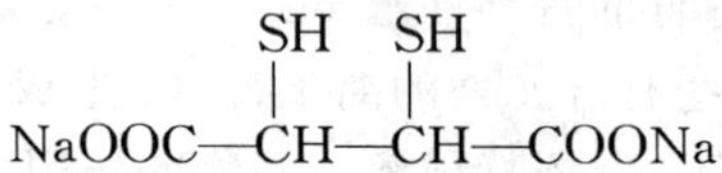

本品为白色粉末，易溶于水，但不稳定。久置色深混浊，毒性增大。静脉注射时应新鲜配制，缓缓静脉注射。

本品为广谱金属解毒剂，对锑的解毒力强，常用于锑、铅、银、汞和砷中毒的解救；也可用于镉、钴、铜、锌、镍、铂等中毒的治疗。

体内过程与二巯丙醇相同，但毒性却低得多。应用于动物急性中毒时，每日可重复给药，一般可连续数日。

青霉胺 Penicillamine

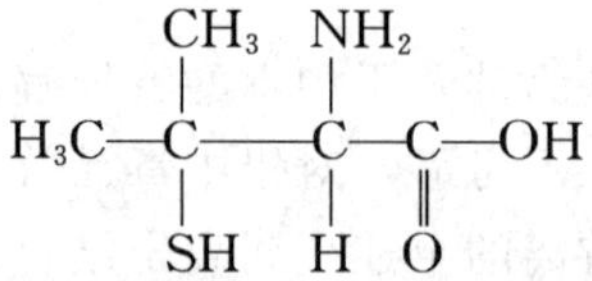

本品为青霉素的水解产物，为含有巯基的氨基酸，易溶于水，临床上应用为D-青霉胺。

本品是铜、汞、锌和铅等中毒的有效络合剂，内服给药有效。

本品毒性比二巯丙醇低，疗效也稍差。

依地酸钙钠 Calcium Disodium Edetate

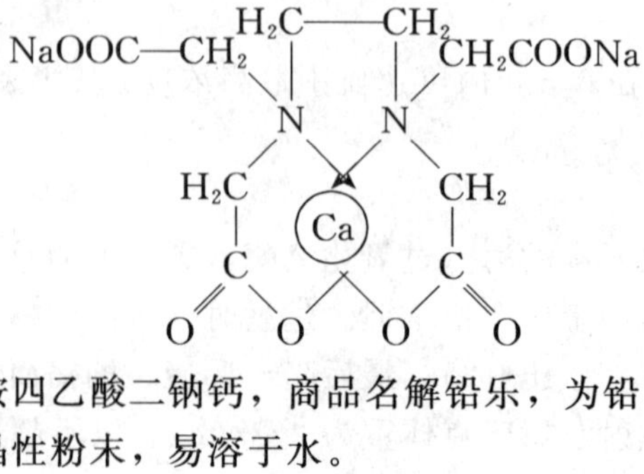

依地酸钙钠又称乙二胺四乙酸二钠钙，商品名解铅乐，为铅中毒的特效解毒剂。

依地酸钙钠为白色结晶性粉末，易溶于水。

【作用与应用】

依地酸在体内能与多种重金属离子络合形成稳定而可溶的金属络合物，从肾脏排出。依地酸与金属离子的结合强度，随络合物的稳定常数的不同而改变。与无机铅、锌等金属离子结合的稳定常数大而结合力最强，与钙、镁、钾、钠等金属的结合稳定常数小而结合力弱。因而依地酸成为可用来治疗某些金属离子如铅、钴、锰、铜、镉等中毒的解毒剂。

依地酸二钠静脉注射可与血液中钙离子结合，使机体产生低血钙，产生痉挛。依地酸钙钠则不发生与血液钙离子结合，产生低血钙的症状。因此，依地酸钙钠可用于铅、钴等金属中毒的解救。

依地酸钙钠对汞、锶中毒以及有机铅的中毒无效。

依地酸钙钠口服吸收不良；通常肌内注射给药，且很快缓解中毒症状。该药不仅为铅中毒的特异解毒剂，而且是铅中毒早期诊断的手段。

喷替酸钙钠 Calcium Trisodium Pentetate

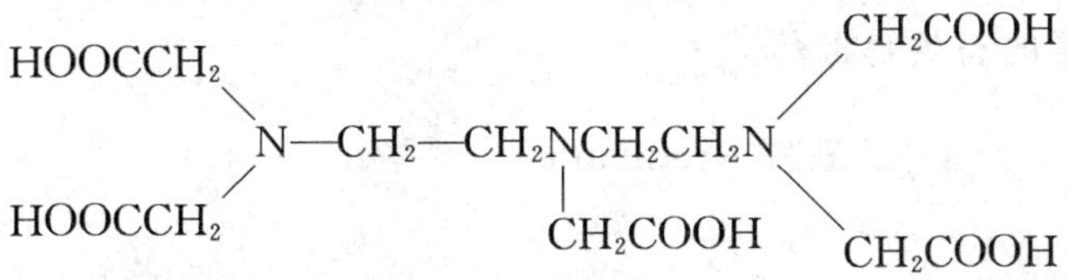

本品为钠盐与钙盐的络合物，名为“促排灵”（Panthamil，DTPA-CaNa_2），可溶于水。

与依地酸钙钠的作用相似，可与多种金属结合，其稳定性较依地酸钙钠强，可用于铅、铁、锌、钴、铬中毒及治疗钚、铀、锶、钇等放射性元素对机体的损害。

本品口服不易吸收，注射作用快，给药后 2 h 可从尿中排出 40%。肾功能不良时慎用。

去铁胺 Deferoxamine

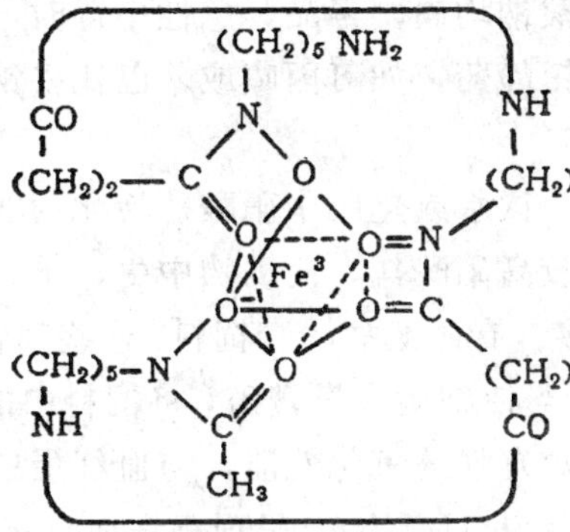

去铁胺与铁络合

本品又称去铁敏，为铁（Fe^{3+}）离子络合剂。在体内本品与 Fe^{3+} 相遇时，络合成无毒络合物，由尿迅速排出。1 分子的去铁胺能络合 3 分子的铁离子。它能络合铁蛋白和含铁血黄素中的铁离子，但不络合血红蛋白的铁离子。本品口服不易从胃肠道吸收，但能阻断从胃肠道中吸收铁，肌内或静脉注射给药后可见尿中铁排泄明显增加。去铁胺对其它金属络合作用甚弱。

本品主要用于急性铁中毒。对口服中毒病例，经口给药以限制铁在胃肠道吸收；肌内或静脉注射铁制剂中毒时应以肌内注射或静脉注射给药。常用制剂有甲磺酸去铁胺。

（二）有机氟化物中毒的解毒药

有机氟化合物常有氟乙酰胺（敌蚜胺）、氟乙酸钠（杀鼠药）。这些有机氟化物可由消化道、呼吸道及开放创伤面吸收进入血液，从而影响机体机能。

有机氟化物氟乙酰胺或氟乙酸钠能阻断机体糖代谢中的三羧酸循环，使动物机体产生中毒。氟的有机物进入体内后，被转化为氟乙酸，随后与乙酰辅酶A的乙酰基结合，形成氟乙酰辅酶A，然后与草酰乙酸结合成氟柠檬酸，后者抑制顺乌头酸酶，从而抑制柠檬酸转变成异柠檬酸，使组织大量蓄积柠檬酸，阻断三羧酸循环，阻断细胞内氧化能量代谢。对机体的脑、心等重要器官产生严重损害，导致机体死亡。

有机氟中毒时，动物临床表现除急性肠炎外，各有所不同：犬和豚鼠主要出现兴奋不安，过度激动，狂吠，强直性痉挛，最后因中枢抑制死亡；马、牛、羊、兔及猴等表现心律不齐，心动过速，心室纤维颤动，最后抽搐致死；猫、猪则上述兴奋和心律不齐兼有。

乙酰胺是有机氟化物中毒的有效解毒药。

乙酰胺 Acetamide

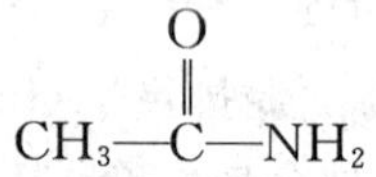

本品又称解氟灵，为白色晶粉，易溶于水。

乙酰胺能延长有机氟中毒的潜伏期及解除其中毒症状。乙酰胺的分子中有酰胺键（—CO—NH—）在体内可被酰胺酶水解，脱去氨基成乙酸。后者以竞争的方式对抗有机氟形成的氟乙酸阻断三羧酸循环的作用，缓解或消除氟的中毒。

有机氟化物氟乙酰胺和氟乙酸钠均属剧毒品，急性中毒时，发病急，病情重。解毒时宜早应用，应给足量。必要时配合镇静药，如氯丙嗪或苯巴比妥钠等治疗。

（三）亚硝酸盐中毒的解毒药

动物亚硝酸盐中毒多为饲料、饮水或化肥中硝酸盐转化为亚硝酸盐而产生。有些青饲料如包心菜、甜菜、南瓜秧等含有较高硝酸盐，而动物中牛、羊、猪消化道内又有微生物能将之转化为亚硝酸盐。如果食入太多含有硝酸盐的青饲料，这些动物则易发生亚硝酸盐中毒。此外，青饲料储存或调制（煮焖）不当使细菌大量繁殖，将饲料中的硝酸盐转化为亚硝酸盐，动物食入后也可发生中毒。亚硝酸盐有强的氧化性能，与血红蛋白结合后，使正常血红蛋白的二价铁氧化为三价铁的高铁血红蛋白（MHb），呈现高铁血红蛋白症。

正常机体内，由于各种氧化作用和MHb还原系统的存在，红细胞内经常有少量（约占血红蛋白总量1%）的MHb。当机体食入多量亚硝酸盐后，使MHb生成速度大大超过MHb还原的速度，导致红细胞内的MHb量大大增加。由于MHb失去携带氧的功能，造成组织器官严重缺氧。MHb量越大，中毒症状越严重，特别是大脑及其它生命中枢、心脏等重要器官组织细胞严重缺氧，导致窒息死亡。动物中犬、马、猪较牛、羊敏感，急性中毒时，动物呈现不安，运动失调，心跳快而弱，呼吸迫促而困难，体温下降，微血管舒张发绀，血液呈酱色而不凝等症状。

亚甲蓝为亚硝酸盐中毒的特异性解毒剂。

亚甲蓝 Methylene Blue

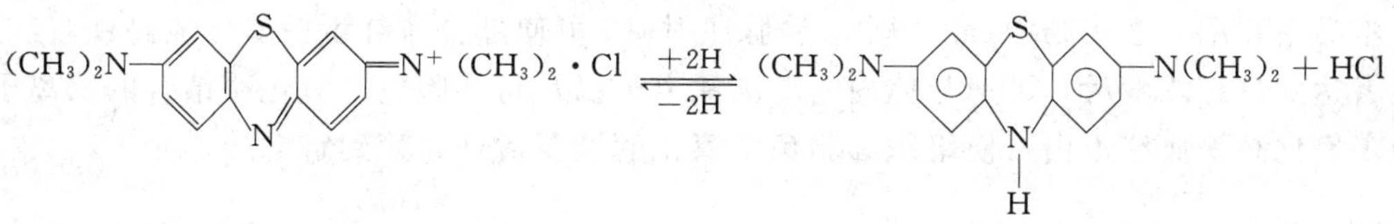

甲烯蓝（氧化型）　　　　甲烯白（还原型，无色）

本品又称美蓝、甲烯蓝，为深绿色有光泽的柱状晶粉，易溶于水和醇。

本品具有氧化还原的性质。小剂量亚甲蓝在体内还原型辅酶Ⅱ的作用下，形成还原型 MBH_2，此后 MBH_2 使高铁血红蛋白 MHb 还原为正常的亚铁血红蛋白（Hb），使之恢复携氧功能。还原型 MBH_2 被氧化成氧化型亚甲蓝（MB）。

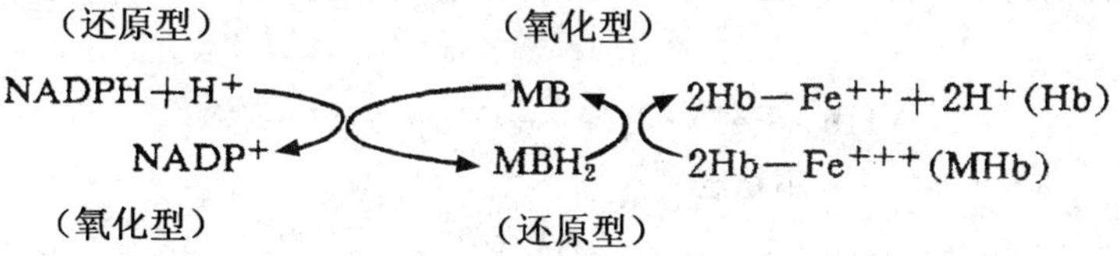

亚硝酸盐急性中毒时，小剂量亚甲蓝缓缓静脉注射可作为中间电子传递体，促进 NADPH ＋H^+还原 MHb 为 Hb，用于治疗高铁血红蛋白过多症。

增加 MB 剂量时，由于体内还原型辅酶Ⅰ的量有限，过量氧化剂 MB 能使 Hb 氧化为 MHb，使病情加重。因此，用于治疗亚硝酸盐中毒时，亚甲蓝剂量宜小，静脉注射速度宜慢，若临床效果不明显时，可在半小时左右，小剂量重复给药一次。

MB 可使 Hb 氧化为 MHb 的作用是该药用于治疗氢氰酸盐中毒的依据，详见下节中氰化物中毒的解救。

（四）氰化物中毒的解毒药

动物可因食入含有氰甙或氢氰酸的饲草料或氰化物污染的牧草及饲料而引起中毒。苦杏仁和亚麻子含有氰甙，在胃酸作用下转变为有毒的氢氰酸；高粱幼苗、玉米幼苗、马铃薯幼芽及南瓜秧等为常见含有氢氰酸的植物。工业原料及农药中的氰化物也是动物氰化物中毒的来源。

吸收进入组织的氰离子（CN^-）能与细胞色素氧化酶的 Fe^{3+} 结合，妨碍正常细胞呼吸，使细胞产生缺氧性中毒。

在细胞内有各种细胞色素，电子传递按细胞色素排列的一定顺序进行。细胞色素 a_3 是呼吸链中最后一个电子传递体，它能与 CN^- 离子结合，形成氰化高铁细胞色素氧化酶，使细胞色素分子中的高铁（Fe^{3+}）离子不能再接受电子，还原成低铁（Fe^{2+}）离子，丧失电子传递体的作用，致使电子无法传递给氧生成离子（O^{2-}），使整个电子传递的呼吸链中断，造成细胞窒息死亡。

氰化物中毒过程极快。病畜常见兴奋不安，流涎，呼吸加快，粘膜微血管鲜红，血液呈现鲜红色，全身肌无力，站立不稳，肌肉痉挛，呼吸浅表而微弱，以致死亡。

常用氰化物中毒的特异性解毒药是亚硝酸钠注射液，亚甲蓝注射液及硫代硫酸钠注射液。

亚硝酸钠 Sodium Nitrite

亚硝酸钠易溶于水，不稳定。

本品主要用于氰化物中毒的解救。静脉注射时，可使部分血红蛋白氧化成高铁血红蛋白，使后者达到一定浓度后，迅速与体内的游离氰离子以及与细胞色素氧化酶结合的氰离子形成较稳定氰化高铁血红蛋白，使组织细胞色素氧化酶恢复活性，达到解毒的作用。

$Hb \cdot Fe^{2+} \xrightarrow{NaNO_2} Hb \cdot Fe^{3+}$

$Hb \cdot Fe^{3+}$ + 细胞色素 $a_3Fe^{3+}-CN \longrightarrow$

$Hb \cdot Fe^{3+}-CN$ + 细胞色素 a_3-Fe^{3+}（复活酶）

但氰化高铁血红蛋白（$Hb \cdot Fe^{3+}-CN$）不稳定，易解离出游离 CN^-，使 CN^- 重新与细胞色素氧化酶结合，再度发生中毒。因此，宜在注射亚硝酸钠注射液之后，再注射硫代硫酸钠。它可在肝内硫氰化酶作用下，将 CN^- 转变成可溶性无毒的 SCN^-，随尿排出体外，此反应式如下：

$$\underset{\text{不稳定}}{Hb \cdot Fe^{3+}-CN} \xrightarrow{\text{解离}} Hb \cdot Fe^{3+} + CN^-$$

$$CN^- + Na_2S_2O_3 \xrightarrow{\text{硫氰化酶}} SCN^- + Na_2SO_3$$

亚硝酸盐与硫代硫酸钠合并应用时，可以同时给药。若症状仍不消失，可再单独给予硫代硫酸钠，但不宜再给亚硝酸钠，以免引起高铁血蛋白症和血管扩张，造成血压下降等症状。

硫代硫酸钠 Sodium Thiosulfate

本品又称次亚硫酯钠或大苏打，为无色晶体，极易溶于水，水溶液呈微碱性。

本品用于氰化物中毒，静脉注射给药后，在硫氰化酶作用下，能与游离氰离子或氰化高铁血红蛋白中的氰离子结合，生成无毒可溶性硫氰化物，从尿中排出体外。

硫代硫酸钠还具有还原剂特性，在体内能与多种金属、类金属离子结合成无毒可溶性硫化物，由尿排出体外。因此，本品也可在砷、汞和铅等中毒时应用，但疗效不及二巯丙醇。

硫代硫酸钠应用时应新鲜配制，常用其 5%～20%注射液。

亚甲蓝 Methylene Blue

静脉注射大剂量亚甲蓝可使血红蛋白氧化成高铁血红蛋白。后者可与体内游离氰离子及已经与细胞色素氧化酶结合的氰离子结合，形成氰化高铁血红蛋白，解除组织细胞缺氧性中毒症状。但疗效不及亚硝酸钠，一般只可用于轻度中毒症状。

使用亚甲蓝后，也必须再注射硫代硫酸钠，使之与释放出的氰离子形成无毒的硫氰化合物，促进 CN^- 从尿中排出。

制剂与用法

（1）二巯丙醇注射液　肌内注射量：马、牛首次为 5 mg/kg，以后每隔 4 小时再注射半量，2 日后可依病情酌情减少用量。其它动物用量为 2～3 mg/kg。

（2）二巯丙磺钠注射液　肌内注射或静脉注射量：马、牛 5～8 mg/kg；羊、猪 7～

10 mg/kg。

(3) 二巯丁二钠粉针　静脉注射量：20 mg/kg，1 日 1～2 次，直至痊愈。临用时用灭菌生理盐水稀释后缓缓静脉注射。

(4) 青霉胺片　内服量：中等动物 0.3g，1 日 3～4 次，连续 5～7 天为一疗程，停药 2～3 日后，可根据病情决定第二疗程。

(5) 依地酸钙钠（Ca－Na EDTA）注射液　静脉注射量：马、牛 3～5 g；羊、猪 1～2 g。1 日 2 次。临用时用灭菌生理盐水稀释成 0.25%～0.5%溶液。

(6) 乙酰胺注射液　肌内注射量：0.1～0.3 g/kg，可重复注射。

(7) 亚甲蓝注射液　亚硝酸盐中毒时，静脉注射量：1～2 mg/kg；氰化物中毒时静脉注射量：8～10 mg/kg。

(8) 亚硝酸钠注射液　静脉注射量：马、牛 2 g；羊、猪 0.1～0.2 g。

(9) 硫代硫酸钠注射液　静脉注射或肌内注射量：马、牛 5～15 g；羊、猪 1～3 g。

中英文药名

一画

乙酰水杨酸	Acetylsalicylic Acid
乙酰甲胆碱	Methacholine
乙酰甲喹	Maquindox
乙酰丙嗪	Acepromazine
乙酰胺	Acetamide
乙酰胆碱	Acetylcholine
乙胺嘧啶	Pyrimethamine
乙胺嗪	Diethylcarbamazine
乙酸	Acetic Acid
乙醇	Alcohol
乙醚	Ether

二画

二乙酰吗啡（海洛因）	Diacetylworphine（Heroin）
二甲苯胺噻唑（静松灵）	Xylazole
二甲氧苄氨嘧啶	Diaveridine
二甲基硅油	Dimethicone
二氟沙星	Difloxacin
二氧化氯	Chlorine Dioxide
二硝托胺	Dinitolmide
二氯苯胂	Dichlorophenarsine
二氯异氰尿酸钠	Sodium Dichlorisocyanurate
二嗪农	Dimpylate
二巯丙醇	Dimercaprol
二巯丁二钠	Sodium Dimercaptosuccinate
二巯丙磺钠	Sodium Dimercaptopropanesulfonate
丁卡因	Tetracaine
丁萘脒	Bunamidine
十一烯酸	Undecylenic Acid
人工盐	Sol Carolinum Factitium

三画

三氮脒	Diminazene
三氯杀虫酯	Acetofenate

三氯异氰尿酸 Trichlorisocyanuric Acid
土霉素 Oxytetracycline
士的宁 Strychnine
大黄 Rhizoma Rhei
大黄素 Emodin
大蒜 Allium Sativum
大蒜酊 Garlic Tincture
大观霉素 Spectinomycin
山梨醇 Sorbitol
山莨菪碱 Anisodamine
己烷雌酚 Hexestrol
己烯雌酚 Diethylstilbestrol
马波沙星 Marbofloxacin
马拉硫磷 Malathion
马钱子酊 Tinctura Nucis Vomicae
马杜霉素 Maduramicin
凡士林 Vaseline
干酵母 Dried Yeast

四画

六亚甲四胺（乌洛托品） Methenamine（Urotropin）
六氯乙烷 Hexachlorethane
六氯对二甲苯 Hexachloroparaxylene
六氯酚 Hexachlorophene（Hexachlorophane）
水合氯醛 Chloral Hydrate
水杨酸 Salicylic Acid
水杨酸钠 Sodium Salicylate
水杨酸秘 Bismuth Salicylate
双甲脒 Amitraz
双氢链霉素 Dihydrostreptomycin
双氢克尿塞 Hydrochlorothiazide
双氯西林 Dicloxacillin
双氯酚 Dichlorophen
双复磷 Toxogonine
双解磷 Trimedoxime
双甲脒 Amitraz
巴比妥 Barbital
巴比妥钠 Sodium Barbital
巴胺磷 Propetamphos

毛果芸香碱	Pilocarpine
毛花丙苷	Cedilanide
乌拉坦	Urethane
贝尼尔	Berenil
贝母	Fritillaria
内吸磷	Demeton
戈拉碘铵	Gallamine Triethiodide
马杜霉素	Maduramicin
升华硫	Sulfur Sublimat

五画

头孢哌酮	Cefoperazone
头孢唑啉	Cefazolin
头孢氨苄	Cefalexin
头孢噻呋	Ceftiofur
头孢噻吩	Cefalotin
头孢噻肟	Cefotaxime
头孢曲松	Ceftriaxone
头孢羟氨苄	Cefadroxil
甲苯达唑	Mebendazole
甲芬那酸	Mefenamic Acid
甲砜霉素	Thiamphenicol
甲氧苄啶	Trimethoprim（TMP）
甲硝唑	Metronidazole
甲酚	Cresol
甲萘醌（维生素 K_3）	Menadione
甲氯芬那酸	Meclofenamic Acid
甲基盐霉素	Narasin
甲泼尼松	Meprednisone
甲紫	Methylrosanilinium Chloride
甲醛	Formaldehyde
甲睾酮	Methyltestosterone
可卡因	Cocaine
可的松	Cortisone
可待因	Codeine
甘草	Liguorice Root
甘草浸膏	Glycyrrhiza Extract
甘油	Glycerin
甘露醇	Mannitol

戊二醛	Glutaral
戊四氮	Pentetrazole
戊巴比妥	Pentobarbital
戊酸氰醚酯	Fenralerate
尼卡巴嗪	Nicarbazin
尼可刹米	Nikethamide
尼硝唑	Nimorazole
去甲肾上腺素	Noradrenaline
去铁胺	Deferoxamine
对乙酰氨基酚	Acetaminophen
对氨基苯甲酸	Para-aminobenzoic Acid
对羧基卡胺	Gumbix
对硫磷	Parathion
石灰	Lime
石蜡油	Liquid Paraffin
右旋糖酐（葡聚糖）	Dextran
右旋糖酐铁	Iron Dextran
卡那霉素	Kanamycin
卡巴多司	Carbadox
左旋咪唑	Levamisole
丙酸睾酮	Testosterone Propionate
东莨菪碱	Scopolamine
四环素	Tetracycline
叶酸	Folic Acid
乐果	Cygon
皮蝇磷	Ronnel
白陶土	Kaolin
布美他尼	Bumetanide
扑灭司林	Permethrin
台盼蓝	Trypan Blue
龙胆	Radix Gentianae

六画

安洛血	Adrenobazone
安妥	Antu
安乃近	Analgin
安那度	Anadol
安普霉素	Apramycin
异丙肾上腺素	Isoprenaline

异丙嗪	Promethazine
异戊巴比妥	Amobarbital
孕马血清	Pregnant Mare Serum (PMS)
亚甲蓝	Methylene Blue (MB)
亚叶酸	Folinic Acid
亚硝酸钠	Sodium Nitrite
亚硒酸钠	Sodium Selenite
次没食子酸锑钠	Sodium Antimony Subgallate
羊毛脂	Wool Grease
羊角拗苷	Divaside
过氧乙酸	Peracetic Acid
过氧化氢	Hydrogen Peroxide
地西泮	Diazepam
地塞米松	Dexamethasone
地美硝唑	Dimetridozole
红霉素	Erythromycin
红汞	Mercurochrome
多巴	Dopa
多巴胺	Dopamine
多四环素	Doxycycline
多粘菌素 B	Polymyxin B
多粘菌素 E（抗敌素）	Polymyxin E (Colistin)
吗啡	Morphine
吗啉胍	Moroxydine (ABOB)
灰黄霉素	Griseofulvin
色甘酸钠	Sodium Cromoglycate
西咪替丁	Cimetidine
西维因	Sevin
依米丁	Emetine
竹桃霉素	Oleandomycin
优氯净	Sodium Dichlorosocyanurate
达诺沙星	Danofloxacin
曲安西龙	Triamcinolone
吉他霉素	Kitasamycin
吖啶黄	Acriflavine
伊维菌素	Ivermectin
庆大霉素	Gentamycin

七画

阿片	Opium
阿卡普林	Acaprine（Pirevan）
阿司匹林	Aspirin
阿托品	Atropine
阿扑吗啡	Apomorphine
阿拉伯胶	Acacia
阿地普林	Aditoprim（ADP）
阿莫西林	Amoxicillin
阿苯达唑	Albendazole
阿维菌素	Avermectin
呋喃丙胺	Furapromide
呋喃西林	Nitrofural
呋喃妥因	Nitrofurantoin
呋喃唑酮	Furazolidone
呋喃旦啶	Furadantin
呋吗他酮	Furaltadon
呋塞米	Furosemide
抗坏血酸	Ascorbic Acid
麦角	Ergot
麦角新碱	Ergometrine
麦角胺	Ergotamine
麦角毒	Ergotoxine
麦芽	Malt
麦迪霉素	Midecamycin
克辽林	Creolin
克林霉素	Clindamycin
克拉维酸	Clavulanic Acid
克霉唑	Clotrimazole
吡多醇	Pyridoxine
吡哌酸	Pipemidic Acid
吡喹酮	Praziquantel
肝素	Heparin
肝素钠	Sodium Heparin
利凡诺	Rivanol
利巴韦林	Ribavirin
利多卡因	Lidocaine
沙拉沙星	Sarafloxacin

杆菌肽	Bacitracin
杆菌肽锌	Bacitracin Zine
芬太尼	Fentanyl
芬苯达唑	Fenbendazole
苄青霉素	Benzylpenicillin
远志	Siberian Milkwort Root
尿素	Urea
纳洛酮	Naloxone
吩塞秦	Phenothiazine
吲哚美辛	Indomethacin
两性霉素 B	Amphotericin B
含氯石灰	Chlorinated Lime
库马磷	Coumafos
汞溴红	Merbromin

八画

苯扎溴铵	Benzalkonium Bromide
苯甲酸	Benzoic Acid
苯甲酸钠咖啡因	Caffeine Sodium Benzoate
苯丙酸诺龙	Nandrolone Phenylpropionate
苯佐卡因	Benzocaine
苯唑西林	Oxacillin
苯巴比妥	Phenobarbital
苯妥英钠	Phenytoin Sodium
苯酚	Phenol
苯海拉明	Diphenhydramine
依米丁	Emetine
依他尼酸	Etacrynic Acid
依地酸钙钠	Calcium Disodium Edetate
依色林	Eserine
依沙吖啶	Ethacridine
依诺沙星	Enoxain
青霉素 G	Penicillin G
青霉胺	penicillamine
青蒿素	Artemisinin
明胶	Gelatin
明胶海绵	Gelfoam
明矾	Alumen
乳酸	Lactic Acid

乳酸钠	Sodium Lactate
乳酶生	Lactasin（Biofermin）
罗硝唑	Ronidazole
罗通定	Rotundine
非那西丁	Phenacetin
金刚烷胺	Amantadine
金霉素	Chlortetracycline
肾上腺素	Epinephrine
环丙沙星	Ciprofloxacin
泼尼松	Prednisone
泼尼松龙	Prednisolone
林可霉素	Lincomycin
松节油	Terebenthene
鱼石脂	Ichthyol
拉沙洛西	Lasalocid
肥皂	Soap
组胺	Histamine
矿物油	Mineral Oil
矽炭银	Argysical
咖啡因	Caffeine
制霉菌素	Nystatin
垂体后叶素	Pituitrin
垂体促卵泡激素	Follicle Stimulating Hormone（FSH）

九画

氟乙酰胺	Fluoroacetamide
咪多卡	Imidocarb
氟芬那酸	Flufenamic Acid
氟苯尼考	Florfenicol
氟氢可的松	Fludrocortisone
氟轻松	Fluocinolone
氟硝唑	Flunidazole
氢化可的松	Hydrocortisone
氢氧化钠	Sodium Hydroxide
氢氯噻嗪	Hydrochlorothiazide
毒扁豆碱	Physostigmine
毒毛花苷 K	Strophanthin K
毒蕈碱	Muscarine
洋地黄	Digitalis

洋地黄毒苷	Digitoxin
枸橼酸钠	Sodium Citrate
枸橼酸铁铵	Ferric Ammonium Citrate
哌嗪	Piperazine
哌替定	Pethidine
促黄体激素	Luteinizing Hormone (LH)
促肾上腺皮质激素	Adrenocorticotropic Hormone (ACTH)
洛贝林	Lobeline
洛美沙星	Lomefloxacin
浓碘酊	Strong Iodine Tinctrue
浓氯化钠注射液	Concentrated Sodium Chloride Jnjection
钙	Calcium
前列腺素	Prostaglandine (PG)
柳氮磺胺吡啶	Sulfasalazine
奎宁	Quinine
茶碱	Theophylline
除虫菊	Pyrethrum
胃蛋白酶	Pepsin
保泰松	Phenylbutazone
胆碱	Choline
药用炭（活性炭）	Medicinal Charcoal
绒促性素	Chorionic Gonadotrophin
咪达唑仑	Midazolam
哈洛克酮	Haloxon

十画

氨甲酰胆碱	Carbamylcholine
氨甲酰甲胆碱	Carbamylmethylcholine
6-氨基已酸	6-Aminohexanoic Acid
氨苄西林	Ampicillin
氨苯喋啶	Triamterene
氨基甲酸乙酯（乌拉坦）	Ethy Carbamate
氨茶碱	Aminophylline
氨基比林	Amidopyrine
氨丙啉	Amprolium
倍他米松	Betamethasone
倍氯米松	Beclometasone
倍硫磷	Fenthion
氧化钙	Calcium Oxide

氧化锌	Zinc Oxide
氧氟沙星	Ofloxacin
氧阿苯达唑	Albendazole Oxide
烟酸	Nicotinic Acid
烟碱	Nicotine
烟酰胺	Nicotinamide
海南霉素	Hainanmycin
海托林	Hetolin
海洛因	Heroin
高渗葡萄糖	Hypertonic Glucose
高锰酸钾	Potassium Permanganate
益母草	Motherwort Herb
益康唑	Econazole
莫仑太尔	Morantel
莫能菌素	Monensin
酒石酸锑钾	Antimony Potassium Tartrate
恩诺沙星	Enrofloxacin
诺氟沙星	Norfloxacin
桔梗	Platylodon Root
桂皮	Cortex Cinnamomi
莨菪	Hyoscyamus Niger
泰乐菌素	Tylosin
铃兰毒苷	Convallatoxin
敌百虫	Dipterex
敌敌畏	Dichlorvos
敌鼠	Diphaeinone
盐霉素	Salinomycin
核黄素	Riboflavin
胰酶	Pancreatin
土霉素	Oxytetracycline
铁	Iron
钴	Cobalt
钾	Potassium

十一画

维生素 A	Vitamin A
维生素 B_1	Vitamin B_1
维生素 B_2	Vitamin B_2
维生素 B_6	Vitamin B_6

维生素 E	Vitamin E
维生素 K	Vitamin K
维生素 C	Vitamin C
维生素 D	Vitamin D
黄色素（吖啶黄）	Acriflavine
黄芩甙	Baicalin
黄夹苷	Thevetin
黄体酮	Progesterone
淀粉	Starch
淀粉海绵	Starchy Sponge
麻黄碱	Ephedrine
麻醉乙醚	Anaesthetic Ether
萘夫西林	Nafcillin
萘啶酸	Nalidixic Acid
球痢灵	Zoalene
酚酞	Phenolphthalein
培氟沙星	Pefloxacin
罗通定	Rotundin
烯丙吗啡	Nalorphine
羟布宗（羟基保泰松）	Oxyphenbutazone
羟萘苄芬宁	Bephenium Hycboxyaphthoate
常山酮	Halofuginone
酞磺胺噻唑	Phthalylsulfathiazole（PST）
脒波芬	Stibophen
密胆碱	Hemicholine
铜	Copper
硒	Selenium

十二画

氯化汞	Mercuric Chloride
氯化钠	Sodium Chloride
氯化钾	Potassium Chloride
氯化铵	Ammonium Chloride
氯化钴	Cobaltum Chloride
氯灭酸	Chlorfenamic Acid
氯胺酮	Ketamine
氯胺 T	Chloramine T
氯丙嗪	Chlorpromazine
氯羟吡啶	Clopidol

氯己定	Chlorhexidine
氯苯甲脒	Chlorphenamidine
氯苯那敏	Chlorphenamine
氯苯胍	Robenidine
氯唑西林	Cloxacillin
氯霉素	Chloramphenicol
氯噻嗪	Chlorothiazide
氯硝柳胺	Niclosamide
氯磷定	Pyraloxime Methylchloride
硫代硫酸钠	Sodium Thiosulfate
硫氯酚	Bithionol
硫溴酚	Thiobromophenole
硫喷妥	Thiopental
硫柳汞	Thiomersal
硫胂胺钠	Thiacetarsamide Sodium
硫酸钠	Sodium Sulfate
硫酸镁	Magnesium Sulfate
硫酸锌	Zinc Sulfate
硫酸铜	Cupric Sulfate
硫酸亚铁	Ferrous Sulfate
硫酸喹啉脲	Quinurone Sulfate
葡萄糖	Glucose （Dextrose）
葡聚糖铁	Dextran iron （Dexdriferron）
葡聚糖铁钴	Fe-Co-Dextrau
葡萄糖酸钙	Calcium Gluconate
喹乙醇	Olaquindox
奥芬达唑	Oxfendazole
奥苯达唑	Oxibendazole
奥美普林	Ormetoprim （OMP）
喷他佐辛	Pentazocine
喷托维林	Pentoxyverine （Carbetapentane）
喷替酸钙钠	Calcium Trisodium Pentetate
稀盐酸	Diluted Hydrochloric Acid
稀醋酸	Diluted Acetic Acid
稀氨溶液	Diluted Ammonium Solution
喹啉脲	Quinurone
喹嘧胺	Quinapyramine
硝硫氰胺	Nithiocyanamine
硝氯酚	Nitroclofene

硝酸二甲硫胺	Dimethialin Nitrate
普鲁卡因	Procaine
普鲁卡因青霉素	Procaine Penicillin
琥珀酰胆碱	Succinylcholine
筒箭毒碱	d-Tubocurarine
强心苷	Carodiac Glycosides
滑石粉	Talc Powder
链霉素	Streptomycin
越霉素 A	Destomycin A
舒拉明	Suramin
替硝唑	Tinidazole
锌	Zinc

十三画

溴化物	Bromides
溴化钠	Sodium Bromide
溴化钾	Potassium Bromide
溴化铵	Ammonium Bromide
溴酚磷	Bormphenophos
溴氰菊酯	Deltamethrin
碘	Iodine
碘化钾	Potassium Iodide
碘甘油	Iodine Glycerine
碘仿	Iodoform
碘酊	Iodine Tincture
解磷定	Pyraloxime Iodide
新胂凡纳明	Neoarsphenamine
新斯的明	Neostigmine
新霉素	Neomycin
羧苄西林	Carbenicillin
硼酸	Boric Acid
蓖麻油	Castor oil
愈创木酚甘油醚	Glyceryl Guaiacolate
雷琐太尔	Resorantel
锰	Manganese

十四画

雌二醇	Estradiol
雌三醇	Estriol

槟榔	Semen Arecae
槟榔碱	Arecoline
碳酸氢钠	Sodium Bicarbonate
碳酸钙	Calcium Carbonate
碳酸钾	Potassium Carbonate
赛拉嗪	Xylazine
赛杜霉素	Semduramicin
聚甲醛	Paraformaldehyde
聚维酮碘	Povidone Iodine
碱式碳酸铋	Bismuth Subcarbonate
碱式硝酸铋	Bismuth subnitrate
睾酮	Testosterone
缩宫素	Oxytocin
镁	Magnesium

十五画

醋氨酚	Acetaminophen
醋酸	Aectic Acid
醛酸可的松	Cortisone Acetate
醋酸泼尼松	Prednisolone Acetate
醋酸钾	Potassium Acetate
樟脑	Camphor
潮霉素 B	Hygromycin B
箭毒	Curare
罂粟碱	Papaverine

十六画

磺胺	Sulfanilamide（SN）
磺胺二甲嘧啶	Sulfdimidine（SM_2）
磺胺地索辛	Sulfadimethoxine（SDM）
磺胺甲嘧啶	Sulfamerazine（SM_1）
磺胺甲噁唑	Sulfamethoxazole（SMZ）
磺胺对甲氧嘧啶	Sulfamethoxydiazine（SMD）
磺胺间甲氧嘧啶	Sulfamonomethoxine（SMM）
磺胺异噁唑	Sulfisoxazole（SIZ）
磺胺嘧啶	Sulfadiazine（SD）
磺胺嘧啶银	Sulfadiazine-Silver（SD-Ag）
磺胺脒	Sulfaguanidine（SM）
磺胺氯吡嗪	Sulfaclozine

磺胺醋酰	Sulfacetamide（SA）
磺胺噻唑	Sulfathiazole（ST）
磺胺喹噁啉	Sulfaquinoxaline（SQ）
磺胺多辛	Sulfadoxine（SDM'）
磺胺甲氧吡嗪	Sulfamethoxypyridazine
磺胺米隆	Mafenide
噻苯达唑	Thiabendazole
噻嘧啶	Pyrantel
凝血质	Thromboplastin
凝血酸	Transamic Acid
颠茄	Belladonna
醛固酮	Aldosterone
薄荷脑	Menthol

十七画以上

鞣酸	Tannic Acid
鞣酸蛋白	Albumin Tannate
螺旋霉素	Spiramycin
螺内酯	Spironolactone
磷	phosphorus
磷化锌	Zinc Phosphide